AF537494

EUL VERLAG

Reihe: Personal, Organisation und Arbeitsbeziehungen · Band 60
Herausgegeben von Prof. Dr. Fred G. Becker, Bielefeld, Prof. Dr. Stefan Süß, Düsseldorf, und Prof. Dr. Maike Andresen, Bamberg

Dr. Ann Kristin von der Mosel

Regain Management als Element des externen Personalmarketings

Entwicklung eines Entscheidungsrahmens

Mit einem Geleitwort von Prof. Dr. Fred G. Becker, Universität Bielefeld

Bibliografische Information der Deutschen Nationalbibliothek

Die Deutsche Nationalbibliothek verzeichnet diese Publikation in der Deutschen Nationalbibliografie; detaillierte bibliografische Daten sind im Internet über <http://dnb.d-nb.de> abrufbar.

Dissertation, Universität Bielefeld, 2015

Dissertation zur Erlangung des Grades eines Doktors der Wirtschaftswissenschaften der Fakultät für Wirtschaftswissenschaften der Universität Bielefeld

Erstgutachter: Prof. Dr. Fred G. Becker

Zweitgutachter: Prof. Dr. Reinhold Decker

ISBN 978-3-8441-0415-8
1. Auflage August 2015

© JOSEF EUL VERLAG GmbH, Lohmar – Köln, 2015
Alle Rechte vorbehalten

JOSEF EUL VERLAG GmbH
Brandsberg 6
53797 Lohmar
Tel.: 0 22 05 / 90 10 6-6
Fax: 0 22 05 / 90 10 6-88
E-Mail: info@eul-verlag.de
http://www.eul-verlag.de

Bei der Herstellung unserer Bücher möchten wir die Umwelt schonen. Dieses Buch ist daher auf säurefreiem, 100% chlorfrei gebleichtem, alterungsbeständigem Papier nach DIN 6738 gedruckt.

Geleitwort

Arbeitsmärkte stehen im Zeichen des demografischen Wandels. Angebot und Nachfrage spezifischer Qualifikationen haben sich zu Ungunsten von Arbeitgebern verschoben. Gerade für *potenzialträchtige und/oder leistungsfähige Arbeitnehmer_innen* ist ein Arbeitsplatzwechsel „ungefährlicher“ geworden, zumindest solange er einer Karriereplanung dient oder extern verursacht wurde. Ein Wechsel des Arbeitgebers kann viele Gründe haben: private, Gen Y-bedingte Suche nach Abwechslung, Herausforderung und Qualifikationsentwicklung, betriebsbedingte u. a. – ohne dass eine (gegenseitige) Unzufriedenheit vorliegen muss.

Vielen Arbeitgebern fällt es derzeit in spezifischen Arbeitsmarktsegmenten schwer, vakante Positionen in Umfang und Qualität zu besetzen. Um mit dieser Problematik umzugehen, haben sie ihr Personalmarketing ausgebaut. Dies betrifft neben dem internen Personalmarketing (i. S. einer *Mitarbeiterbindung*) vor allem das *externe Personalmarketing*. Hier versucht man sich als Arbeitgeber zielgenau im Wettbewerb um Arbeitskräfte zu „vermarkten“ und idealtypisch eine *Employer Brand* aufzubauen bzw. zu verstärken. Vielfältige Möglichkeiten bieten sich hier an.

Eine erst in jüngerer Zeit diskutierte Möglichkeit ist das *Regain Management* (i. S. systematischer Aktivitäten zur Rückgewinnung ehemaliger Arbeitnehmer_innen). Dem liegt die These zugrunde, dass in Zeiten eines scharfen, komplexen Wettbewerbs um gute Arbeitskräfte es sowohl für Unternehmungen als auch für Non-Profit-Organisationen immer wichtiger wird, neben der üblichen Anwerbung neuer und der dauerhaften Bindung bereits beschäftigter Mitarbeiter_innen, auch auf das Arbeitskräftepotenzial ehemaliger Beschäftigter zu setzen. Mit einem Regain Management wird gezielt versucht, nach dem Ausscheiden von leistungsfähigen und potenzialträchtigen Mitarbeiter_innen mit diesen in regelmäßigem Austausch zu bleiben, um die Chancen eines Wiedereinstiegs zu erhöhen. Regain Management kann einen wichtigen Baustein im Rahmen eines externen Personalmarketings darstellen.

Frau *von der Mosel* hat mit einer sehr profunden Kenntnis der Materie einen wichtigen, gerade in konzeptioneller Hinsicht gut durchdachten Beitrag zur Forschung im Bereich des Personalmarketings geliefert. Zugleich bietet sie – via der praxeologischen Ausrichtung der Arbeit – betrieblichen Entscheidungsträgern vielfältige, besonnen reflektierte Hinweise zur Ergänzung eines Personalmarketings um ein Regain Management.

Bielefeld, im Juni 2015 Prof. Dr. Fred G. Becker

Vorwort

Die Arbeit zum „Regain Management als Element des externen Personalmarketings“ ist im Rahmen meiner Tätigkeit als wissenschaftliche Mitarbeiterin am Lehrstuhl für BWL, insb. Personal, Organisation und Unternehmungsführung an der Universität Bielefeld entstanden, in Hamburg fertiggestellt worden und wurde im Juni 2015 als Dissertation angenommen.

Auf dem Weg von der Idee, sich mit der Thematik des Regain Managements zu beschäftigen, bis hin zur Vollendung der Dissertation haben mich unterschiedliche Personen begleitet, denen ich im Rahmen dieses Vorwortes meinen Dank aussprechen möchte.

Zuerst möchte ich meinem Doktorvater Herrn Prof. Dr. Fred G. Becker danken. Durch das Angebot einer Vielzahl von internen und externen Doktorandenkolloquien habe ich mich in meinem wissenschaftlichen Arbeiten kontinuierlich sehr gut begleitet gefühlt. Ebenso möchte ich mich bei Herrn Prof. Dr. Reinhold Decker für die Erstellung des Zweitgutachtens sowie bei Herrn Prof. Dr. Christian Stummer für seine Funktion als Drittprüfer bedanken.

Auch meinen Kollegen und Mitdoktoranden möchte ich ganz herzlich für die mentale und fachliche Unterstützung während meines Dissertationsprojektes danken: Dipl.-Kffr. Vanessa Friske, Jana Gieselmann (M. Sc.), Inga Knoche (M. Sc.), Dipl.-Kfm. Hendrik Langen, Dr. Astrid Meißner, Erika Mohnhardt, Dr. Yves Ostrowski, Dr. Sascha Piezonka, Maximilian Steppuhn (M. Sc.), Christoph Strunk (M. Sc.), Dipl.-Kfm. Wögen Nikkels Tadsen, Jeannette Toumli, Annabelle Volk (M. Sc.) und Prof. Dr. Ellena Werning. Herzlichen Dank für die großartige gemeinsame Zeit und die vertrauensvolle Zusammenarbeit!

Des Weiteren bedanke ich mich bei Friederike Buhr, Vanessa Friske und Christina Weiß für die konstruktiven Diskussionen, die lieben und aufmunternden Worte und das intensive Korrekturlesen meiner Arbeit. Für das formale Korrekturlesen danke ich insbesondere Erika Mohnhardt.

Ein großer Dank gilt meinen Eltern Angelika und Horst Gosewehr sowie meiner Schwester Marie Theres Gosewehr, die mich in all meinen Vorhaben unterstützen und mir auch immer wieder die richtigen Prioritäten aufgezeigt haben. Auch möchte ich mich bei meinen Großeltern Anneliese und Wolfgang Möhring bedanken, die immer fest an mich glauben und hinter mir stehen.

Inniger Dank gilt meinem Mann Felix, zum einen für seine emotionale, methodische und inhaltliche Unterstützung im Rahmen meines Dissertationsprojektes und zum anderen dafür, dass er immer an meiner Seite ist. Ihm widme ich dieses Buch.

Hamburg, im Juni 2015 Ann Kristin von der Mosel

Inhaltsübersicht

Inhaltsverzeichnis

Abbildungsverzeichnis

Tabellenverzeichnis

Abkürzungsverzeichnis

akt.	aktualisiert
Aufl.	Auflage
bzgl.	bezüglich
bzw.	beziehungsweise
DGFP e. V.	Deutsche Gesellschaft für Personalführung
d. h.	das heißt
erg.	ergänzt
erw.	erweitert
i. e. S.	im engeren Sinne
gestalt.	gestaltet
ggf.	gegebenenfalls
H.	Heft
Hrsg.	Herausgeber
Jg.	Jahrgang
LISREL	Linear Structural Relationships
S.	Seite
Sp.	Spalte
u.	und
u. a.	unter anderem
überarb.	überarbeitet
Vgl.	Vergleiche
vollst.	vollständig

1. Einleitung

1.1 Problemstellung und Zielsetzung der Arbeit

Der demografische Wandel führt zu einer Verknappung der Erwerbspersonen, welches neben gesellschaftlichen Folgen auch weitreichende ökonomische Konsequenzen für Unternehmungen[1] birgt. Ursächlich dafür ist neben der sinkenden Anzahl an Hochschulabsolventen und der ansteigenden Anzahl an Arbeitnehmern[2], die altersbedingt den Arbeitsmarkt verlassen, der zunehmende Geburtenrückgang.[3] Vor allem in Deutschland stehen sich die Nachfrage nach qualifizierten Arbeitnehmern und die Folgen des demografischen Wandels in einem Spannungsfeld gegenüber.[4] Im Jahr 2020 werden laut einer Studie von MCKINSEY 6,1 Millionen Arbeitskräfte fehlen, davon 1,2 Millionen Akademiker.[5] Diese Entwicklung verdeutlicht die zunehmende Knappheit der Ressource „Personal" und unterstreicht die damit verbundene ansteigende Bedeutung des Humankapitals für Unternehmungen.

Die Wichtigkeit des Humankapitals kann in diesem Kontext durch die ressourcenorientierten Ansätze verdeutlicht werden. Ausgangspunkt dieser Sichtweise ist, dass der Erfolg bzw. Nichterfolg einer Unternehmung durch deren spezifischen und einzigartigen Ressourcen determiniert wird.[6] Darauf basierend können die Arbeitnehmer einer Unternehmung als wichtigste und langfristigste Ressource fungieren und somit als strategischer Wettbewerbsfaktor verstanden werden.[7]

---

1 Die Termini „*Unternehmung*" und „*Unternehmen*" werden im Rahmen dieser Arbeit synonym verwendet, wobei diese erwerbswirtschaftlich orientierte Betriebe darstellen und als eine Unterform der Termini „*Betrieb*" oder „*Organisation*" zu verstehen sind. Vgl. Berthel/Becker (2013), S. 4.

2 Die Termini „Arbeitnehmer" sowie „Mitarbeiter" beziehen sich im Folgenden sowohl auf Arbeitnehmer bzw. Mitarbeiter als auch auf Arbeitnehmerinnen bzw. Mitarbeiterinnen. Dies erfolgt aus Gründen der Übersichtlichkeit.

3 Vgl. u. a. Birg (2005), S. 15-16; Brandenburg/Domschke (2007), S. 27.

4 Vgl. Achouri (2007), S. 1-2; Flato/Reinbold-Scheible (2008), S. 25-27.

5 Vgl. Ransweiler (2011), S. 37.

6 Vgl. Penrose (1995), S. 74-76. Der ressourcenorientierte Ansatz stellt einen Gegenpol zu der Annahme dar, dass insbesondere unternehmungsexterne Faktoren das Verhalten und den Erfolg einer Unternehmung beeinflussen. Diese Sichtweise wird auch als Structure-Conduct-Performance-Paradigma umschrieben. Vgl. Macharzina/Wolf (2012), S. 64-65.

7 Vgl. Bartlett/Ghosal (2002), S. 34-36; Becker (2011), S. 199; Bühner (2005), S. 2-3; Sattelberger (1997), S. 700; Vollmer (1993), S. 180. Um dies zu gewährleisten, müssen die Voraussetzungen Einzigartigkeit, geringe Substituierbarkeit, eine dauerhafte Verfügbarkeit der Humanressource sowie eine fehlende kurzfristige Substituierbarkeit durch Wettbewerber gegeben sein. Vgl. Becker (2009a), S. 334; Berthel/Becker (2013), S. 18-20; Pietschmann/Bell (1999), S. 177; Prezewowsky (2007), S. 13. Des Weiteren muss die Unternehmung die Fähigkeit besitzen, diese spezifischen Ressourcen für die eigene unternehmerische Tätigkeit zu nutzen. Vgl. Becker (2009a), S. 334; Berthel/Becker (2013), S. 19 sowie S. 731.

In Zuge dessen erhält die Bindung von qualifizierten Mitarbeitern an die Unternehmung eine eminente Bedeutung.[8] Die Bindung von Mitarbeitern ist als Aufgabe dem internen Personalmarketing zugeordnet.[9] Im Rahmen dessen reicht es nicht aus, sich ausschließlich auf die Bleibebereitschaft des Mitarbeiters, d. h. den faktischen Erhalt des Beschäftigungsverhältnisses, zu konzentrieren. Stattdessen muss ebenfalls der Erhalt der Leistungsbereitschaft angestrebt werden, da nur so eine Leistung erzielt werden kann, die zum unternehmerischen Erfolg beiträgt.[10] BECKER hebt hervor, dass bei einer fehlenden Bindung zu den Mitarbeitern das strategische Personalrisiko ansteigt.[11] Daher kann eine nicht vorhandene Mitarbeiterbindung den Verlust qualifizierter Mitarbeiter bedeuten und somit zu einer Beeinträchtigung des ökonomischen Erfolges führen.[12] Dies lässt sich u. a. an der Abwanderung von Know-how oder anfallenden Kosten für die Rekrutierung und Einführung neuer Mitarbeiter ablesen.[13]

Trotz der dargestellten ökonomischen Relevanz einer Mitarbeiterbindung, ist eine vollständige Bindung aller Mitarbeiter einer Unternehmung aus Bedarfs- und Kostengesichtspunkten wenig erstrebenswert. Die Unternehmung schränkt sich in ihrer Flexibilität ein und es entstehen Kosten für die Maßnahmen zur Stärkung bzw. zur Erhaltung der Mitarbeiterbindung.[14]

Ein weiterer Grund für die sinkende Bindungsbereitschaft ist der durch die Globalisierung hervorgerufene Wertewandel, wodurch Werte wie Kontinuität, Sicherheit, Tradition und Verlässlichkeit aufgrund des ständigen Wandels und der ansteigenden Flexibilisierung immer mehr in den Hintergrund geraten. Diese sind neben dem Vertrauen zwischen der Unternehmung und seinen Mitarbeitern die Basis für eine langfristige Bindung.[15] Externe Einflüsse durch globale Finanzmärkte, häufige Veränderungen innerhalb der Strukturen und Prozesse der Unternehmung durch Fusionen oder Zukäufe, die Virtualisierung der Kommunikationska-

8 Vgl. Becker (2010), S. 231; Horn/Griffeth (1995), S. 2-3; Meißner/Becker (2007), S. 395.

9 Vgl. Becker (2010), S. 235; Berthel/Becker (2013), S. 338.

10 Vgl. Becker (2009a), S. 343; Becker (2010), S. 233-235; Friedli/Thom (2001), S. 3-4.

11 Vgl. Becker (2010), S. 238. Dabei sind *Personalrisiken* „potenzielle Gefahren, die einem Unternehmen drohen, wenn Mitarbeiter ausscheiden oder sich illoyal verhalten und damit die Leistungsfähigkeit des Unternehmens beeinträchtigen." Gmür/Thommen (2007), S. 215. Kobi differenziert unterschiedliche Risiken: Engpassrisiko, Austrittsrisiko, Anpassungsrisiko sowie das Motivationsrisiko. Vgl. Kobi (2009), S. 51-52; Kobi (2012), S. 3-5.

12 Vgl. TowersPerrin (2007), S. 14-15; vom Hofe (2005), S. 1.

13 Vgl. Jensen (2004), S. 23; Klimecki/Gmür (2001), S. 13; vom Hofe (2005), S. 1.

14 Vgl. Felfe (2008), S. 16; Szebel-Habig (2004), S. 23.

15 Vgl. Becker (2010), S. 236; Felfe (2008), S. 15-16.

näle sowie eine Reduktion unbefristeter Beschäftigungsverhältnisse machen den Aufbau einer Bindung erheblich komplexer.[16]

Im Rahmen dieser Entwicklung stößt auch die Bereitschaft zur Bindung an eine Unternehmung aus Sicht der Mitarbeiter an ihre Grenzen. Die Mitarbeiter können ihre opportunistischen Ziele verfolgen, welche sich in einer starken Ich-Orientierung äußern. Dies führt zu einer geringeren Bindung, einer kürzeren Verweildauer sowie häufigeren Wechseln des Arbeitsplatzes.[17] Werte wie Eigenverantwortung, Selbstständigkeit, Selbstverwirklichung und Individualität spielen dabei eine wichtige Rolle.[18] Die zunehmende Relevanz dieser Werte kann zu einem Bestreben nach Abwechslung, insbesondere im Berufsleben, führen, welches sich in einer geringeren Bindung äußern und durch einen Arbeitsplatzwechsel befriedigt werden kann.[19] Somit findet eine Veränderung in der Berufs- und Karriereplanung statt, so dass aufgrund höherer Anforderungen an Flexibilität und Mobilität die lebenslange Bindung an eine Unternehmung seltener vorzufinden ist.[20]

Die dargestellten Grenzen der Mitarbeiterbindung, verknüpft mit den Konsequenzen des demografischen Wandels und des resultierenden Fachkräftemangels, verdeutlichen die Notwendigkeit neuer Konzepte und Denkansätze im Rahmen des Personalmanagements, insbesondere im Hinblick auf die externe Personalbeschaffung. Dabei hebt WILKENS hervor, dass nur geringe Einflussmöglichkeiten hinsichtlich des Bindungsverhaltens von Arbeitskraftunternehmern[21] bestehen. Für sie stellen „Autonomie, Identifikation mit dem Vorgesetzten über dessen Leistung und die gemeinsame Vertrauensbeziehung, professions-basierter Austausch

[16] Vgl. Felfe (2008), S. 17-20; Szebel-Habig (2004), S. 23. Scholz hebt hervor, dass nur die Unternehmungen, denen es gelingt, sich gemäß des darwinistischen Prinzips „survival of the fittest" an die marktgegebenen Veränderungen anzupassen, in der Lage sind, ihre Wettbewerbsfähigkeit zu erhalten. Vgl. Scholz (2003b), S. 63.

[17] Vgl. Becker (2009a), S. 342; Breuer (2011), S. 184; Leidig (2002), S. 758; Scholz (2003b), S. 63.

[18] Vgl. Picot et al. (2003), S. 4.

[19] Vgl. Meifert (2005), S. II. Das Streben nach Abwechslung wird auch als *Variety Seeking* bezeichnet und stellt ein verhaltenswissenschaftliches Konstrukt aus der Konsumentenforschung dar, in dem der Kunde aus dem Wechsel der Marke einen Nutzen zieht. Vgl. Bänsch (1995), S. 344; Bauer/Jensen (2001), S. 13 und S. 18; Helmig (2001), S. 727; McAlister/Pessemier (1982), S. 311; Peter (2001), S. 100; Tscheulin (1994), S. 54.

[20] Vgl. Breuer (2011), S. 186; Felfe (2008), S. 18; Gmür/Klimecki (2001), S. 28; Szebel-Habig (2004), S. 55-56. Die darwinistische Verhaltensweise der Unternehmungen einerseits sowie die opportunistische Einstellung der Mitarbeiter andererseits fasst Scholz unter dem Begriff „*Darwiportunismus*" zusammen und beschreibt so die Bindungslosigkeit beider Seiten. Vgl. u. a. Becker (2009a); Scholz (2003a); Scholz (2003c).

[21] Der Begriff „*Arbeitskraftunternehmer*" wird auf die Soziologen Voß und Pongratz (1998) zurückgeführt und beschreibt einen neuen Typ von Arbeitnehmer im Wandel der neuen Arbeitsverhältnisse. Dieser zeichnet sich insbesondere durch eine aktive Selbststeuerung der eigenen Arbeitskraft, durch eine individuelle Selbstvermarktung auf dem Arbeitsmarkt sowie durch die Eigenverantwortung für die Gestaltung des eigenen Lebenslaufes aus, welches zu einer zunehmend unternehmerischen Verhaltensweise führt. Vgl. Hornberger (2010), S. 47-48; Voß/Pongratz (1998), S. 139-140.

innerhalb und zwischen Organisationen sowie Netzwerkeinbindung"[22] mögliche Ansatzpunkte für eine Bindung dar. WILKENS betont, dass die wichtigste Voraussetzung für eine langfristige Mitarbeiterbindung die Öffnung organisationaler Grenzen ist. Dementsprechend kann die kontinuierliche und direkte Bindung eines Mitarbeiters an die Unternehmung im Rahmen eines Beschäftigungsverhältnisses nicht die ausschließliche Zielsetzung darstellen.[23] Dieser Gedanke stimmt mit einem weitergefassten Bindungsverständnis überein, welches neben der Bindung bestehender Mitarbeiter auch die Bindung zu ehemaligen Mitarbeitern berücksichtigt. Dabei wird der Kontakt zu ehemaligen Mitarbeitern einer Unternehmung hergestellt bzw. gehalten, um diese ggf. als potenzielle Arbeitnehmer wiederzugewinnen. Die Rückgewinnung dieser Ehemaligen der Unternehmung ist somit in ein ganzheitliches Bindungsmanagement integriert.[24]

Zusammenfassend zeigt dies, dass die organisationalen Grenzen geöffnet werden und der Kontakt zu einem Mitarbeiter auch über Phasen der Nicht-Beschäftigung in der Unternehmung hinausgehen sollte, um das Spannungsfeld zwischen den Folgen des demografischen Wandels und der steigenden Nachfrage nach qualifizierten Arbeitnehmern auszugleichen.

Der angeführte Prozess der Rückgewinnung ehemaliger Mitarbeiter, auch als Regain Management bezeichnet, hat seinen konzeptionellen Ursprung im Kundenbeziehungsmanagement.[25] In diesem Rahmen stellt es neben der Gewinnung und der Bindung die dritte Säule dar, welche auf die Rückgewinnung ehemaliger Kunden abzielt.[26] Das Konzept der Kundenrückgewinnung findet aufgrund abnehmender Loyalitätsraten sowohl in der Praxis als auch in der wissenschaftlichen Auseinandersetzung immer mehr Beachtung.[27] Begründet wird das steigende Interesse an diesem Ansatz mit den zunehmenden Kosten für die Neukundengewinnung sowie eines potenziell höheren Bindungsgrades zwischen der Unternehmung und dem Kunden nach einer erfolgreichen Wiedergewinnung.[28] Des Weiteren können Informationen hinsichtlich der Abwanderungsgründe zur Verbesserung des Angebots genutzt werden.[29]

---

22 Wilkens (2004), S. 184.

23 Vgl. Wilkens (2004), S. 184-185.

24 Vgl. Becker (2010), S. 235-236.

25 Vgl. Meffert et al. (2012), S. 60-62.

26 Vgl. Büttgen (2001), S. 397; Diller et al. (2005), S. 29-30; Homburg et al. (2007), S. 461; Homburg/Schäfer (1999), S. 1; Liljander/Strandvik (1995), S. 148; Reinartz/Kumar (2003), S. 78; Rust/Chung (2006), S. 571; Stauss/Seidel (2007), S. 25.

27 Vgl. Bruhn/Michalski (2005), S. 253; Büttgen (2003), S. 61; Seidl (2009), S. 5; Stauss (2000a), S. 579; Stauss/Friege (2006), S. 511.

28 Vgl. Christopher et al. (1991), S. 157; Ritschel (2011), S. 2; Sauerbrey/Henning (2000), S. 20; Stolpmann (2000), S. 18; Venetis/Ghauri (2004), S. 1577-1578; Zineldin (2005), S. 332.

29 Vgl. Schöler (2011), S. 501-502.

Übertragen umfasst das Regain Management von Mitarbeitern die systematische Kontakterhaltung sowie die Möglichkeit, diese zukünftig als Arbeitnehmer zurückzugewinnen.[30]

Die Thematik des Regain Managements innerhalb des Personalmanagements befindet sich in den Anfängen. In der Praxis lassen sich erste Erfahrungen mit einem Regain Management finden. In der Studie Workplace Survey von ROBERT HALF sind 76 % der befragten deutschen Manager offen gegenüber der Rückgewinnung ehemaliger Mitarbeiter, wenn gleich auch eine erneute Prüfung dieser bevorzugt wird.[31] Das Interesse der Unternehmungen an ehemaligen Mitarbeitern steigt, weshalb viele Unternehmungen über eine Professionalisierung der Kontaktpflege nachdenken bzw. diese bereits umsetzen. Exemplarisch genannt seien an dieser Stelle Unternehmungen wie DELOITTE, PWC, MCKINSEY und die BOSTON CONSULTING GROUP, welche bereits seit langem unternehmungseigene Alumni-Netzwerke implementiert haben. Dabei werden primär drei Zielsetzungen verfolgt: zum einen die Verbesserung des Arbeitgeberimages, zum zweiten die Akquise neuer Kunden oder Kooperationspartner und zum dritten die Wiedergewinnung ehemaliger Mitarbeiter als „neue" Arbeitnehmer.[32] Die Professionalisierung der Kontaktpflege wird durch die Entwicklung zu einer globalisierten Wissensgesellschaft, die mit modernen Kommunikationsmöglichkeiten ausgestattet ist, erheblich erleichtert.[33] Dennoch existieren bisher nur wenige Unternehmungen, welche die Implementierung eines Ehemaligen-Netzwerkes zu ihren Personalbeschaffungsstrategien zählen. Ein Grund hierfür ist der fehlende Nachweis, inwieweit ein Netzwerk bei der Rückgewinnung von Mitarbeitern behilflich ist.[34]

Das Potenzial ehemaliger Mitarbeiter als potenzielle Arbeitnehmer wird jedoch erkannt. Sie weisen ein hohes Know-how auf, haben sich weiterentwickelt und weitere Kontakte geknüpft.[35] Zudem bringen sie aufgrund des vorherigen gemeinsamen Beschäftigungsverhältnisses umfassende Kenntnisse hinsichtlich der Strukturen, Prozesse und der Kultur der Unternehmung mit, wodurch die Zeit der Einarbeitung, das Risiko des Scheiterns sowie die Unge-

30 Vgl. Hirschfeld (2006), S. 25; Ostrowski (2012), S. 31; Ostrowski et al. (2011).

31 Vgl. o. V. (2010). Die Studie „Workplace Survey" wird von der Unternehmensberatung Robert Half drei Mal im Jahr durchgeführt und hat 3.052 Manager befragt. Inhaltlich beschäftigt sich die Studie mit Karrieretrends und Entwicklungen auf dem Arbeitsmarkt auf Basis einer Untersuchung von 13 Ländern.

32 Vgl. Freitag/Student (2012), S. 31-33; Schikora (2011), S. 66.

33 Vgl. Breuer (2011), S. 186-187.

34 Vgl. Schnittker (2008), S. 27. Auch im Mittelstand lassen sich kaum Unternehmungen finden, welche Alumni-Arbeit umsetzen, obwohl das Potenzial von ehemaligen Mitarbeitern erkannt wird. Vgl. Gertz (2008), S. 20.

35 Vgl. Gertz (2008), S 21.

wissheit reduziert werden.[36] In Anlehnung an die Kundenrückgewinnung scheint es kostenintensiver, neue Mitarbeiter zu rekrutieren und einzuarbeiten als ehemalige Mitarbeiter zurückzugewinnen.[37] Darüber hinaus sind möglicherweise auch ehemalige Mitarbeiter an einer Kontaktpflege mit der Unternehmung interessiert. So gaben 90 % der Teilnehmer der Studie „BEWERBUNGSPRAXIS 2010" an, daran interessiert zu sein, den Kontakt mit der ehemaligen Unternehmung und ihren Mitarbeitern zu halten, wobei 44 % sich vorstellen könnten einem Alumni-Netzwerk der Unternehmung beizutreten.[38]

In der wissenschaftlichen Literatur haben sich zum jetzigen Zeitpunkt kaum Autoren einem Regain Management gewidmet. Es lassen sich lediglich erste Ansätze finden, in welchen die Zielgruppe ehemaliger Mitarbeiter betrachtet wird. Hier wird der Umgang mit der Zielgruppe ehemaliger Mitarbeiter insbesondere als Aufgabe des externen Personalmarketings gesehen.[39]

Die Kluft zwischen dem wachsenden Interesse an der Zielgruppe ehemaliger Mitarbeiter in der Praxis und der geringen wissenschaftlichen Auseinandersetzung mit dieser Thematik verdeutlicht die Relevanz sowie den Forschungsbedarf des Regain Managements.

In Anbetracht der oben geschilderten Defizite in der sowohl wissenschaftlichen als auch praktischen Auseinandersetzung liegt das Erkenntnisziel dieser Arbeit in der systematischen Entwicklung eines Entscheidungsrahmens[40] *für ein Regain Management ehemaliger Mitarbeiter als Element des externen Personalmarketings.*

1.2 Methodologie

Die Ausführungen zur Problemstellung und Zielsetzung verdeutlichen, dass es sich um einen unerforschten und wenig strukturierten Untersuchungsgegenstand handelt. Der Untersuchungsgegenstand zum Regain Management lässt sich daher in die Forschung im *Entdeckungszusammenhang*, d. h. in die erste Phase des Forschungsprozesses einordnen.[41] Für eine

36 Vgl. Hennige (2008), S. 24; Ransweiler (2011), S. 37; Schwuchow (2008), S. 23; Wolz (2003), S. 80.

37 Vgl. Pick/Krafft (2009), S. 121.

38 Vgl. Schikora (2011), S. 67.

39 Vgl. Brast/Cordes (2010), S. 7; Berthel/Becker (2013), S. 337-339; Bröckermann/Pepels (2002), S. 8; DGFP (2006), S. 33.

40 Unter einem Entscheidungsrahmen ist ein Bezugsrahmen zu verstehen, in welchem allgemeine Handlungsvorschläge zur Lösung praktischer Problemstellungen angeboten werden. Vgl. Grochla (1978), S. 65. Der Terminus des Entscheidungsrahmens wird in Kapitel 1.2 erläutert.

41 Vgl. Weber/Kolb (1977), S. 62. Für eine Unterscheidung zwischen Entdeckungs-, Begründungs- und Verwendungszusammenhang vgl. Weber/Kolb (1977), S. 62-69.

Forschung im Entdeckungszusammenhang bietet sich die *explorative Vorgehensweise* an, welche die kreative, aber dennoch systematisierte „Erfassung, Präzisierung, Strukturierung und Erklärung von vorher weitgehend unbearbeiteten realen Problemen“[42] umfasst. Demnach zielt die explorative Forschung im Entdeckungszusammenhang auf ein gedankliches Konstrukt bzw. eine Theorieentwicklung ab, die jedoch noch nicht empirisch überprüft ist.[43] Dieses gedankliche Konstrukt lässt sich durch die *Funktionen* explorativer Forschung weiter konkretisieren. Im Rahmen der deskriptiven Funktion wird die Beschreibung realer Probleme angestrebt. Darauf aufbauend umfasst die erklärende Funktion die Erfassung erkannter und vermuteter Beziehungen, um letztendlich erste Aussagen zur Lösung realer Probleme abzuleiten.[44]

In der explorativen Forschung ist eine systematische Vorgehensweise notwendig, um die intersubjektive Nachvollziehbarkeit, d. h. die Nachvollziehbarkeit des Vorgehens durch Dritte, sicherzustellen.[45] Die *bezugsrahmenorientierte* Vorgehensweise eignet sich als Methodologie, um die geforderte Systematik zu gewährleisten. Bezugsrahmen werden als Ordnungsschemata verstanden, welche sich mit komplexen Problemzusammenhängen beschäftigen. Die bezugsrahmenorientierte Vorgehensweise eignet sich daher insbesondere als Methodologie im Entdeckungszusammenhang.[46] Dies wird durch KUBICEK bestätigt, welcher das Bestreben, „durch Fragen an die Realität und die theoretische Verarbeitung des dabei gewonnenen Erfahrungswissens zu weiteren Fragen vorzustoßen, [...] als die einzige Möglichkeit [sieht], Verständnis und Beherrschung zumeist sehr komplexer Probleme unter den Bedingungen eines geringen Erkenntnisstandes zu verbessern“[47].

Die bezugsrahmenorientierte Vorgehensweise wird in vielen Forschungsarbeiten im Kontext des Personalmanagements als Methodologie gewählt. Auffällig ist jedoch, dass oftmals ein konzeptioneller Rahmen oder ein theoretischer Bezugsrahmen aufgestellt wird, diese Vorgehensweise aber weder als Methodologie benannt, noch auf bestehende Vorschläge zur bezugsrahmenorientieren Forschung zurückgegriffen wird.[48] Auch bei den bisher bestehenden An-

---

42 Becker (2006), S. 286.

43 Vgl. Weber/Kolb (1977), S. 62.

44 Vgl. Becker (2006), S. 287.

45 Vgl. Becker (2006), S. 289; Lamnek (2010), S. 23.

46 Vgl. Becker (2006), S. 285 und S. 289; Kirsch (1977), S. 111-120; Kirsch (1984), S. 752-769; Raffée (1993), S. 42-43. Theoretische, gedankliche oder konzeptionelle Bezugsrahmen werden als Synonym verstanden. Vgl. Kubicek (1977), S. 17.

47 Kubicek (1977), S. 14.

48 So lassen sich sowohl Monographien als auch Artikel aus z. B. VHB-gerankten Journals finden, welche im Kontext des Personalmanagements einen Bezugsrahmen als Methodologie verwenden. Für Mono-

sätzen zur Rückgewinnung von ehemaligen Mitarbeitern lässt sich eine bezugsrahmenorientierte Vorgehensweise finden, jedoch wird auch hier der Terminus des Bezugsrahmens nur teilweise verwendet bzw. nicht auf Basis der vorhandenen Literatur zur Methodologie von Bezugsrahmen erstellt.[49] Anhand der beschriebenen Beobachtungen lässt sich schlussfolgern, dass die bezugsrahmenorientierte Forschung eine aktuellen und internationalen Forschungsstandards entsprechende methodologische Vorgehensweise im Forschungsbereich des Personalmanagements darstellt.

In der wissenschaftlichen Literatur liegen unterschiedliche methodologische Vorschläge zur bezugsrahmenorientierten Forschung vor, wie z. B. BECKER, GROCHLA, KIRSCH sowie KUBICEK.[50] Der Bezugsrahmen nach BECKER wird vor allem in Zusammenhang mit explorativen Studien verwendet, während die Bezugsrahmen von KIRSCH sowie von KUBICEK einen weniger starken Anwendungsbezug aufweisen.[51] GROCHLA wird insbesondere bei Untersuchungen verwendet, in denen sowohl ein theoretisches als auch ein pragmatisches Wissenschaftsziel verfolgt wird und weist einen hohen Anwendungsbezug hinsichtlich der Ausgestaltung von Bezugsrahmen auf.[52] Die Unterscheidung zwischen einem theoretischen und einem pragmatischen Wissenschaftsziel ist in der Literatur häufig vorzufinden, wobei sich ersteres dem Streben nach Erkenntnissen im kognitiven Sinne widmet und letzteres als Lösung von praktischen Problemstellungen zu verstehen ist.[53] GROCHLA hebt hervor, dass das pragmatische Wissenschaftsziel ohne eine theoretische Fundierung nicht möglich ist, welches den Zusammenhang der beiden Ziele verdeutlicht.[54] Er versteht gedankliche Bezugsrahmen als „Ordnungsschemata für erkenntnisbezogene und handlungsbezogene Vorstellungen über die Realität“[55], sodass diese eine Verknüpfung zwischen dem theoretischen und pragmatischen Wissenschaftsziel

graphien vgl. bspw. Bandte (2007); Becker (1990); Becker (2009b); Fallgatter (2002); Fleer (2001); Günther (2001); Zaugg (2009). Für Artikel mit einer bezugsrahmenorientierten Vorgehensweise vgl. u. a. Johri/Misra (2014); Stahl/De Luque (2014); Zhang (2013). Auch liegen Ausarbeitungen vor, welche einen Bezugsrahmen aufstellen und diesen als Basis für eine empirische Untersuchung verwenden, vgl. bspw. Meifert (2005); Merk (2008); Moser/Saxer (2008); Wunderer/Küpers (2003). Die Wahl der Methodologie ist daher abhängig vom Erkenntnisziel der Arbeit.

49 Vgl. bspw. Brast/Cordes (2010); Breitsohl/Ruhle (2013); Kirchgeorg/Müller (2011); Ruhle/Breitsohl (2012).

50 Vgl. u. a. Becker (2006); Grochla (1978); Kirsch (1977; 1984); Kubicek (1977). Vgl. auch Martin (1989).

51 Für Untersuchungen, welche den Bezugsrahmen nach Becker in Zusammenhang mit einer explorativen Studie verwenden vgl. bspw. Fröhlich-Glantschnig (2005); Lee (2008); Meißner (2012); Piezonka (2013).

52 Vgl. für Monographien, die bezugsrahmenorientiert nach Grochla vorgehen bspw. Fallgatter (1996); Ostrowski (2012); Stötzer (2009); Werning (2013); Zaugg (2009).

53 Vgl. Kubicek (1975), S. 31-33; Schanz (1992), S. 58-63.

54 Vgl. Grochla (1978), S. 61-62.

55 Grochla (1978), S. 65.

gewährleisten und eine Präzisierung des pragmatischen Wissenschaftsziel erlauben. Dabei sind Bezugsrahmen als Richtlinien zu verstehen, die es dem Forscher ermöglichen, auf die Besonderheiten des Forschungsgebietes einzugehen und einen systematischen Zugang zu entwickeln.[56]

Da es sich bei der vorliegenden Untersuchung zum Regain Management um ein wenig strukturiertes und unerforschtes Untersuchungsfeld handelt, ist daher zunächst eine theoretische Fundierung der Thematik anzustreben, bevor ein möglicher Handlungsspielraum für praktische Problemlösungen eröffnet wird. Dazu bietet sich als Methodologie die *sachlich-analytische Forschungsstrategie* nach GROCHLA an.[57] Diese zeichnet sich durch eine Analyse und kritische Darstellung komplexer Wirkungszusammenhänge aus und schafft darauf aufbauend eine Basis für weitere Handlungen. Basierend auf einer deduktiven Vorgehensweise werden primär Plausibilitätsüberlegungen sowie logische Schlussfolgerungen gezogen.[58] Es geht um „eine Art gedankliche Simulation der Realität mit dem Erkenntnisziel, die Beziehungen transparent zu machen und hieraus direkt Handlungsempfehlungen abzuleiten"[59]. Die Besonderheit der Forschungsstrategie liegt in ihrem spekulativen Charakter, welches es ermöglicht, nach neuen Größen und deren Wirkungszusammenhang zu suchen.[60]

Die unzureichend erforschte Thematik begründet zudem die Entscheidung gegen die empirische sowie die formal-analytische Strategie nach GROCHLA. Auf eine eigene *empirische Untersuchung* zum Stellenwert und zu den aktuellen Ansätzen des Regain Managements in der Praxis wird demnach in dieser Arbeit verzichtet, da ohne fundierte und umfassende theoretische Erörterung keine empirische Untersuchung sinnvoll erscheint.[61] Die Bildung einer theoretischen Fundierung zum Regain Management durch die bezugsrahmenorientierte Vorgehensweise bildet im Rahmen der Arbeit die Basis für das Aufzeigen von Lösungsvorschlägen praktischer Probleme. Darüber hinaus können die Ergebnisse als Ansatzpunkt für weitere em-

56 Vgl. Stötzer (2009), S. 348.

57 Grochla differenziert zwischen der sachlich-analytischen, der empirischen sowie der formal-analytischen Forschungsstrategie. Er hebt jedoch hervor, dass in der Realität die meisten Forschungsvorhaben auf alle Strategien zurückgreifen, jedoch mit unterschiedlicher Ausprägung. Vgl. Grochla (1978), S. 68 und S. 71-72.

58 Vgl. Grochla (1978), S. 72. Für Zaugg lässt sich die deduktive Vorgehensweise im Rahmen der sachlich-analytischen Forschungsstrategie auch im Begründungszusammenhang anordnen, indem Begründungen durch die Systematisierung bestehenden Wissens sowie durch logische Kombinationen hergeleitet werden können. Vgl. Zaugg (2009), S. 7.

59 Grochla (1978), S. 72.

60 Vgl. Grochla (1978), S. 72-73.

61 Vgl. MacInnis (2011), S. 151; Raffée (1993), S. 42-43. In dem Beitrag von McInnis wird die Rolle der konzeptionellen Forschung im Marketing diskutiert. Aufgrund der eingenommenen Meta-Ebene der Autorin ist es auf den Bereich des Personalmanagements übertragbar.

pirische Forschungsarbeiten genutzt werden.[62] Im Rahmen der sachlich-analytischen Strategie wird jedoch „keine eigene systematische empirische Überprüfung entwickelter Aussagen angestrebt“[63].

Da die Methodologie den Aufbau sowie das Vorgehen der Arbeit prägt, wird die bezugsrahmenorientierte Vorgehensweise nach GROCHLA im Folgenden erläutert.[64] GROCHLA differenziert zwei unterschiedliche Arten von Bezugsrahmen: der (1) Konzeptionsrahmen sowie der (2) Entscheidungsrahmen. Der (1) *Konzeptionsrahmen* dient der Aufdeckung unerforschter Felder. Dabei kann auf unterschiedliche Forschungsgebiete zur Generierung eines Begriffs- und Hypothesenschemas zurückgegriffen werden, die in einen gemeinsamen Kontext eingeordnet werden. Inhaltlich setzt sich der Konzeptionsrahmen mit der konkreten Forschungsfrage und den damit verbundenen relevanten Größen, Indikatoren sowie deren Beziehung auseinander. In Bezug auf das postulierte Erkenntnisziel dieser Arbeit dient der Konzeptionsrahmen eines Regain Managements der Darstellung angrenzender Forschungsbereiche sowie der systematischen Diskussion bestehender theoretischer, konzeptioneller sowie empirischer Ansätze. Dies bildet den Ausgangspunkt für eine spätere Übertragung der theoretischen Überlegungen auf die Konzeption eines Regain Managements.

Aufbauend auf dem Konzeptionsrahmen, beschäftigt sich der (2) *Entscheidungsrahmen* stärker mit verallgemeinerten praktischen Problemstellungen sowie der Entwicklung von Empfehlungen zu deren Lösung. Damit verbunden ist es wichtig, die relevanten Zielgrößen und Aktionsparameter zu identifizieren sowie die jeweils herrschenden Bedingungen festzulegen, um die Wirkungen antizipieren zu können.[65] In Bezug auf das Erkenntnisziel der Arbeit liefert der Entscheidungsrahmen eines Regain Managements eine systematische Orientierungshilfe hinsichtlich möglicher Zielgrößen, Aktionsparameter sowie Wirkungszusammenhänge für praktische Problemstellungen.

Im Rahmen des dargestellten Forschungsprozesses – von der Erstellung des Konzeptionsrahmens bis zur Entwicklung des Entscheidungsrahmens – werden vier Stufen durchlaufen, siehe Abbildung 1.

---

62 Vgl. Raffée (1993), S. 42-43.

63 Grochla (1978), S. 72.

64 Vgl. Becker (2006), S. 285. Vgl. auch bspw. Schanz (1988a), S. 1-3; Schanz (1988b), S. 19-24.

65 Vgl. Grochla (1978), S. 62-64. Bei der Entwicklung des Entscheidungsrahmens müssen die begrifflichen, beschreibenden und erklärenden Aussagen des Konzeptionsrahmens auf die Ebene der praktischen Anwendbarkeit übertragen werden. Dabei ist es unabdingbar, dass die relevanten Größen des Forschungsvorhabens bereits im Konzeptionsrahmen integriert werden.

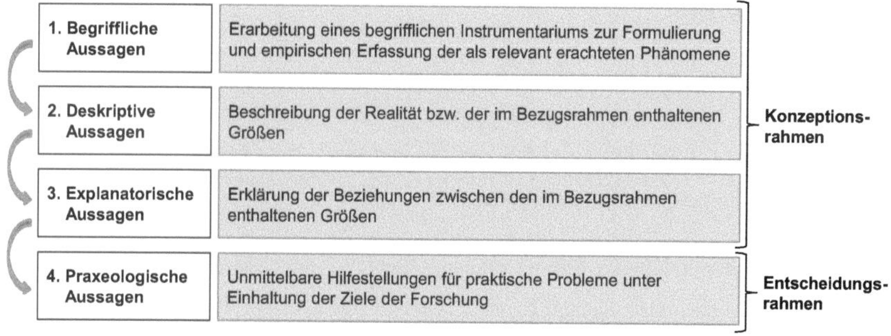

Abbildung 1: Forschungsstufen nach Grochla.

Quelle: In Anlehnung an Grochla (1978), S. 68.

Zuerst wird mit Hilfe begrifflicher Aussagen versucht, das Forschungsvorhaben zu erfassen und so eine einheitliche definitorische Grundlage zu schaffen. Anschließend erfolgt auf Basis deskriptiver Aussagen die Beschreibung der in der Realität beobachteten Phänomene, die den Ausgangspunkt für das Forschungsvorhaben ausmachen. Die dritte Stufe setzt sich mit den Zusammenhängen der beobachteten Phänomene auseinander, wobei es primär um die Schaffung von Transparenz geht. Diese Stufen lassen sich dem Konzeptionsrahmen zuordnen.[66]

Die vierte Stufe der praxeologischen Aussagen entspricht dem Entscheidungsrahmen. Dieser zielt darauf ab, Lösungen für praktische Probleme zu liefern, jedoch muss vom Forscher deutlich analysiert werden, „unter welcher Zielsetzung, welche Maßnahmen für bestimmte Aufgaben unter den jeweils herrschenden Bedingungen bei Berücksichtigung der Wirkungen ergriffen werden können“[67].

Die vier Stufen eines Forschungsprozesses nach GROCHLA werden mit Hilfe der sachlich-analytischen Forschungsstrategie durchlaufen. Die Zielsetzung der sachlich-analytischen Strategie liegt in der Erreichung einer hohen Informativität sowie teilweise einer entscheidungstechnischen Verwendbarkeit.[68] Um diese methodologischen Ziele zu erreichen ist es unabdingbar, Theorien, Konzepte und empirische Erkenntnisse unterschiedlicher Forschungsbereiche zu nutzen sowie durch einen konzeptionellen Pluralismus eine Art Theorieersatz zu schaffen und Thesen über die relevanten Größen und Wirkungszusammenhänge zu bilden.

---

[66] Vgl. Grochla (1978), S. 68-70.

[67] Grochla (1978), S. 70.

[68] Vgl. Grochla (1978), S. 73. Grochla legt drei *Ziele der Organisationsforschung* fest: Einen hohen Informationsgehalt, eine hohe empirische Bestätigung sowie eine entscheidungstechnische Verwendbarkeit. Diese Ziele können durch die Entwicklung gedanklicher Bezugsrahmen erreicht werden und dienen zugleich als Qualitätsstandards. Vgl. Grochla (1978), S. 66.

1.3 Aufbau der Arbeit

Vor dem Hintergrund des dargestellten Forschungsprozesses zur Erreichung des Erkenntnisziels lässt sich die Arbeit in fünf Kapitel gliedern, wobei Kapitel 2 und 3 den Konzeptionsrahmen bilden, welcher anschließend im vierten Kapitel in den Entscheidungsrahmen mündet. Abbildung 2 verdeutlicht den Aufbau der Arbeit.

Im Anschluss an das einleitende Kapitel erfolgt in Kapitel 2 eine Darstellung der für die Bearbeitung erforderlichen Grundlagen. Es wird zunächst das Konzept des Personalmarketings erläutert, welches das Begriffsverständnis sowie die theoretische Verortung beinhaltet (Kapitel 2.1). Dies stellt die Basis für die Einordnung des Regain Managements als Element des externen Personalmarketings dar.

Anschließend konzentriert sich Kapitel 2.2 auf das Regain Management. Zuerst wird die Begriffsexplikation des Regain Managements vollzogen, welche den Terminus hinsichtlich des neuen Kontextes festlegt. Dabei werden die Begriffsinhalte eines Regain Management auf Basis unterschiedlicher Forschungsbereiche abgeleitet sowie mit Hilfe einer Arbeitsdefinition vorläufig begrifflich und terminologisch festgelegt. Dem folgt eine Einordnung des Regain Managements in das externe Personalmarketing.

Der Hauptteil der Arbeit setzt sich aus dem Konzeptionsrahmen (Kapitel 3) und dem Entscheidungsrahmen (Kapitel 4) zusammen, in deren Mittelpunkt die Bearbeitung des Erkenntnisziels steht. Im dritten Kapitel betrachtet der Konzeptionsrahmen theoretische, konzeptionelle wie empirische Erkenntnisse aus angrenzenden Forschungsbereichen der Kundenrückgewinnung, der Alumniforschung, der Reintegration sowie der Mitarbeiterbindung und Mitarbeiterfluktuation. Somit bildet er eine differenzierte und fundierte konzeptionelle Basis eines Regain Managements, um Implikationen für den Entscheidungsrahmen zu liefern.

Das vierte Kapitel stellt den Entscheidungsrahmen dar, in dem zuerst auf den Aufbau und die Vorgehensweise eingegangen wird. Außerdem stehen die grundlegenden, strukturellen, inhaltlichen sowie prozessualen Elemente eines Regain Managements im Mittelpunkt der Betrachtung. Dies soll eine systematisch wissenschaftliche Auseinandersetzung mit dem Thema sowie die Identifikation von ersten allgemeinen Handlungsempfehlungen für Unternehmungen ermöglichen.

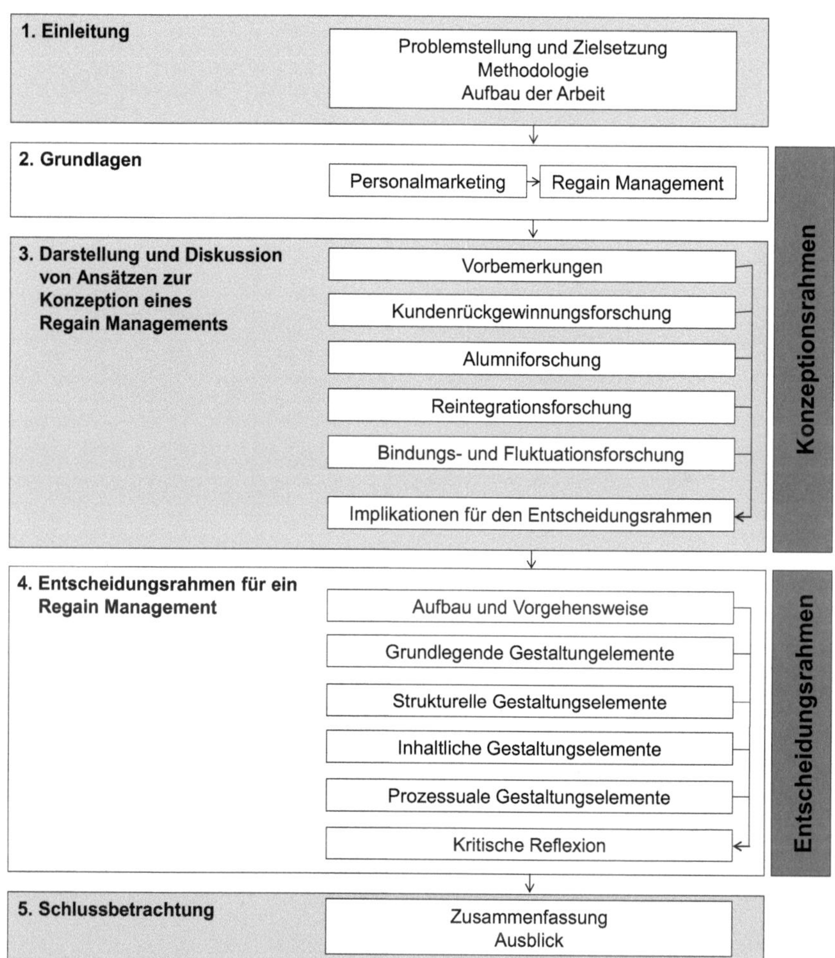

Abbildung 2: Aufbau der Arbeit.

Abschließen wird die Arbeit mit einer Schlussbetrachtung (Kapitel 5), welche eine Zusammenfassung sowie einen Ausblick hinsichtlich des weiteren Forschungsbedarfs beinhaltet.

2. Grundlagen

2.1 Personalmarketing

Der Begriff des Personalmarketings, also die Verknüpfung der betrieblichen Personalarbeit mit dem Marketing, wurde im deutschsprachigen Raum zum ersten Mal in den sechziger Jahren diskutiert, hervorgerufen durch einen schwerwiegenden Arbeitskräftemangel.[69] Eine „gute Personalarbeit" sollte sich jedoch nicht nur an die aktuelle Arbeitsmarktsituation anpassen, d. h. während eines bestehenden Personalbedarfs auf dem Arbeitsmarkt, sondern eine langfristige Perspektive verfolgen.[70]

Um den Begriff des Personalmarketings erläutern zu können, werden zur besseren Einordnung zunächst die Begriffe „Personal" und „Personalmanagement" betrachtet. Der Begriff *Personal* umfasst alle in einer Unternehmung beschäftigten Mitarbeiter mit ihren jeweiligen Qualifikationen und Motivationen.[71] Dementsprechend kann das Personal aus einer ökonomischen Perspektive als Produktionsfaktor verstanden werden, der sich jedoch durch eine höhere Komplexität von den anderen Produktionsfaktoren der Betriebsmittel und Werkstoffe unterscheidet. Auch wird das Personal nicht als Verbrauchsfaktor, sondern als Potenzialfaktor charakterisiert und sollte daher langfristig eingesetzt werden.[72]

Das Personalmanagement beschäftigt sich daher mit dem Management des Potenzialfaktors Personal zur Erreichung der Unternehmungsziele.[73] SCHOLZ begreift das Personalmanagement als Teil des allgemeinen Managementprozesses mit unternehmerisch orientierten Erkenntnis- und Gestaltungszielen.[74] Auch nach BERTHEL/BECKER wird der Begriff des *Personalmanagements* als Teilfunktion des übergreifenden Managementsystems und -prozesses

---

69 Vgl. Berger/Geißler (1968), S. 26; Bleis (1992), S. 8; Scherm/Süß (2010), S. 33; Scholz (2014), S. 485. Autoren aus dieser Phase sind u. a. Büchner (1972); Hunziker (1973); Overbeck (1968); Rippel (1973); Ruhlender (1978); Schmidtbauer (1974); von Eckardstein/Schnellinger (1971).

70 Vgl. Berthel/Becker (2013), S. 339; Reich (1993), S. 164; Strutz (2004), Sp. 1600; Thom/Zaugg (1994), S. 74. Auch Freimuth hat die Kontinuität, die Widerspruchsfreiheit der einzelnen Bestandteile sowie die Vollständigkeit der Personalmarketingaktivitäten einer Unternehmung als Voraussetzung für den Erfolg hervorgehoben. Vgl. Freimuth (1987), S. 145.

71 Vgl. Berthel/Becker (2013), S. 11. Vgl. auch Jung (2008), S. 8-9. Der Begriff des *Arbeitnehmers* eines Betriebes kann als Produktionsfaktor im betrieblichen Leistungsprozess verstanden und primär als kostenverursachender Faktor wahrgenommen werden. In dieser Sichtweise spielen die Förderung und Entwicklung sowie die individuellen Motive und Motivationen nur eine untergeordnete Rolle. Vgl. Berthel/Becker (2013), S. 707. Dem hier vertretenen Menschenbild wird in dieser Arbeit nicht gefolgt, so dass die Begriffe Mitarbeiter und Arbeitnehmer synonym verstanden werden. Darüberhinaus kann der Terminus des Arbeitnehmers auch den Geltungsbereich des Arbeitsrechts verdeutlichen. Vgl. u. a. Maschmann (2004).

72 Vgl. Scherm/Süß (2010), S. 4.

73 Vgl. Meckl (2009), S. 898.

74 Vgl. Scholz (2014), S. 49 und S. 87.

verstanden, welches impliziert, dass diese durchgängig von personellen Aspekten betroffen sind. Demgemäß umfasst das Personalmanagement sowohl die Systemgestaltung als auch die Prozesssteuerung. Unter der Systemgestaltung sind die Gestaltung von Systemen zur Lenkung des Verhaltens des Personals, z. B. die Personalentwicklung oder die Arbeitsbedingungen in der Unternehmung, sowie das System zur Verhaltenskonditionierung, z. B. durch Anreize, zu verstehen. Die Prozessteuerung umfasst die Steuerung des Mitarbeiterverhaltens (Verhaltenssteuerung), vor allem durch die Führung der Mitarbeiter durch die Führungskräfte. Dies zeigt, dass das Personalmanagement nicht nur Aufgabe der Personalabteilung einer Unternehmung ist. Die Systemgestaltung und die Verhaltenssteuerung beeinflussen die aktuellen Mitarbeiter einer Unternehmung, aber auch die potenziellen Bewerber.[75] Der Begriff „Personal" bezieht sich daher nicht nur auf die bestehenden, sondern auch auf die potenziellen Mitarbeiter. Im Rahmen der Arbeit wird das Verständnis von Personalmanagement nach BERTHEL/BECKER verwendet, um den Blickwinkel der Systemgestaltung sowie der Prozesssteuerung zu berücksichtigen.

Zur Einordnung des Personalmarketings in das Personalmanagement ist es notwendig zu erläutern, welche Ansatzpunkte und Teilsysteme dem Personalmanagement zugeordnet werden, um den Zusammenhang zwischen dem Personalmarketing und dem Personalmanagement zu analysieren. In der Literatur sind unterschiedliche Versuche der Systematisierung der personalwirtschaftlichen Funktionen zu finden.[76] Diese Arbeit folgt aufgrund der umfassenden Darstellung der einzelnen Funktionen sowie deren Zusammenwirken den Erläuterungen der primären und sekundären Teilsysteme des Personalmanagements nach BERTHEL/BECKER.[77] Zu den *primären Systemen des Personalmanagements* zählen die Personalforschung, die Personalbedarfsdeckung, die Personalfreisetzung, die Anreizsysteme, die Arbeitsbedingungen sowie die betrieblichen Arbeitsbeziehungen. Es wird deutlich, dass die primären Personalsysteme der Verhaltenssteuerung der Mitarbeiter dienen und sich auf die aktuellen und teilweise zukünftigen Arbeitnehmer einer Unternehmung beziehen. Die *sekundären Personalsysteme* zielen nur indirekt auf die betriebliche Personalarbeit ab, da sie entweder die Basis für das Personalmanagement darstellen (Personalorganisation sowie das strategisch-orientierte Personalmanagement) oder unterstützend wirken (Personalkostenplanung und -controlling).[78] Die primären und sekundären Personalsysteme beeinflussen sich sowohl innerhalb der Bereiche

---

75 Vgl. Berthel/Becker (2013), S. 15-16.

76 Vgl. für viele Drumm (2008), S. 32-34; Scherm/Süß (2010), S. 6-7; Scholz (2014), S. 83-87.

77 Vgl. Berthel/Becker (2013), S. 22.

78 Vgl. Berthel/Becker (2013), S. 22.

als auch gegenseitig. Abbildung 3 fungiert als Basis für die spätere Einordnung des Personalmarketings.[79]

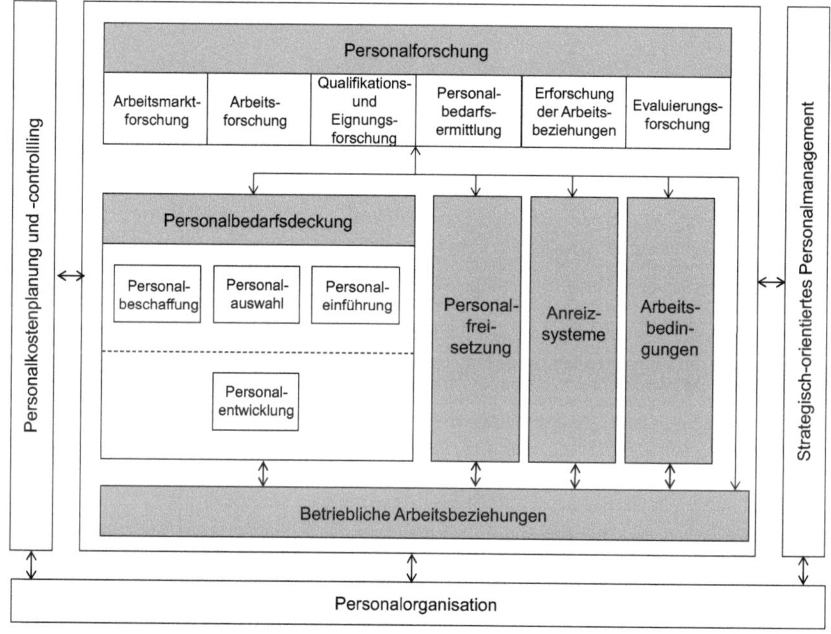

Abbildung 3: Teilsysteme des Personalmanagements.[80]

Quelle: Berthel/Becker (2013), S. 22.

Nachdem die Begriffe „Personal“ und „Personalmanagement“ erläutert wurden, ist im Folgenden der Begriff des „Personalmarketings“ zu erörtern. Das Personalmarketing hat die Aufgabe, „fähige Mitarbeiter für sich zu gewinnen und durch die Schaffung auf sie zugeschnittener Leistungen bzw. Anreize fest an sich zu binden“[81]. Dabei wird eine langfristige Sicherung des Personalbedarfs angestrebt.[82] Durch die Anziehung potenzieller Mitarbeiter und die Bindung bestehender Mitarbeiter können Wettbewerbsvorteile generiert werden.[83]

---

79 Zu einer detaillierteren Darstellung der einzelnen personalwirtschaftlichen Felder der primären und sekundären Teilsysteme vgl. Berthel/Becker (2013).

80 Die primären Systeme des Personalmanagements sind in der Abbildung grau gefärbt, die sekundären Personalsysteme sind weiß hinterlegt.

81 Kolter (1991), S. 6.

82 Vgl. Dincher (2007), S. 2.

83 Vgl. Berthel/Becker (2013), S. 339-340. Der Begriff des Personalmarketings muss vom „*Internal Marketing*“ abgegrenzt werden, welches sich eher auf die Konsumentenwünsche und nicht auf eine mitarbeiterorientierte Personalpolitik konzentriert. Vgl. Weibler (1996), S. 306. Vertiefend vgl. Glassman/McAfee (1992).

Der Umfang des Personalmarketingbegriffs wird in der Literatur diskutiert und weist demnach ein „erhebliches begriffliches und konzeptionelles Spektrum auf"[84]. Zur Diskussion stehen die mit dem Begriffsverständnis verbundenen Ziele, Objekte sowie die Methodik.[85] Es liegen unterschiedliche Begriffsverständnisse vor, welche sich teilweise auf die konzeptionelle Einordnung[86] oder die betroffene Zielgruppe des Personalmarketings beziehen.[87] Um die in der Literatur existierenden Begriffsverständnisse darzustellen und voneinander abzugrenzen, werden im Rahmen der Arbeit die Differenzierungskriterien des (1) Zielgruppenbezugs sowie die (2) Einordnung in den Gesamtkontext des Personalmanagements zugrunde gelegt.[88]

Das erste Differenzierungskriterium ist der (1) **Zielgruppenbezug**. Als Zielgruppen kommen die aktuellen Mitarbeiter sowie die zukünftigen Mitarbeiter einer Unternehmung in Frage.[89] Tabelle 1 zeigt zusammengefasst den jeweiligen Zielgruppenbezug mit der zugehörigen Bezeichnung, auf die im Folgenden näher eingegangen wird.

Tabelle 1: Zielgruppenbezug des Personalmarketings.

	Personalmarketing im engeren Sinne		Personalmarketing im weiteren Sinne
Zielgruppenbezug	Nur aktuelle Mitarbeiter (*internes Personal-marketing*)	Nur potenzielle Mitarbeiter (*externes Personal-marketing*)	Aktuelle und potenzielle Mitarbeiter

Zum einen kann sich das Personalmarketing auf den internen Arbeitsmarkt, d. h. die *internen Mitarbeiter*, beziehen. In diesem Fall wird vom *internen Personalmarketing* gesprochen, welches den Erhalt der Attraktivität der Unternehmung als Arbeitsplatz für die aktuellen Mitarbeiter, die Vermeidung von Fluktuation sowie die Stärkung der Motivation und Qualifikation als Ziele umfasst.[90] Im Fokus steht somit die Erhöhung der Bleibe- und Leistungsmotivation.[91]

84 Scherm/Süß (2010), S. 33. Vgl. u. a. Beck (2008); Kreklau (1974); Strutz (2004).

85 Vgl. Becker, M. (2010), S. 316; Scherm/Süß (2010), S. 33.

86 Autoren, welche dieser Vorgehensweise folgen, sind u. a. Kolter (1991), S. 22-23; Reich (1995), S. 10-11.

87 Autoren, welcher dieser Vorgehensweise folgen, sind u. a. Berthel/Becker (2013), S. 337-339; Kirchgeorg/Müller (2011), S. 65; Scherm/Süß (2010), S. 34.

88 Die Ableitung bzw. Auswahl der Differenzierungskriterien erfolgt in Anlehnung an den in der Literatur verwendeten Merkmalen, nach denen die Verständnisse des Begriffs „Personalmarketing" unterschieden werden. Vgl. beispielsweise Thom/Zaugg (1994), S. 72; Weibler (1996), S. 305.

89 Vgl. Bröckermann/Pepels (2002), S. 8.

90 Vgl. Dincher (2007), S. 2; Felser (2010), S. 14; Strutz (2004), Sp. 1595.

91 Vgl. Berthel/Becker (2013), S. 338. Vgl. auch Bartscher/Fritsch (1992), Sp. 1750. Die *Bleibemotivation* beschreibt die Motivation seitens des Mitarbeiters, in der Unternehmung zu verbleiben. Die *Leistungsmoti-*

Zum anderen stehen im Rahmen des *externen Personalmarketings* potenzielle, d. h. *externe Personen* im Mittelpunkt der Betrachtung, welche noch nicht in der Unternehmung beschäftigt sind, jedoch als zukünftige Mitarbeiter in Frage kommen.[92] Daher umfasst das externe Personalmarketing „alle Aktionen mit dem Ziel der Stärkung oder Sicherung von Attraktivität und Akquisitionspotential der Unternehmen bei relevanten Zielgruppen im Hinblick auf die Mitarbeitergewinnung“[93]. Dabei zielt das externe Personalmarketing vornehmlich auf die Gewinnung, d. h. die Steigerung der Teilnahmemotivation von potenziellen Mitarbeitern ab.[94] Dafür ist notwendig, dass die Anreize der eigenen Unternehmung die der Konkurrenz übersteigen und somit Wettbewerbsvorteile generiert werden können,[95] um kurz- bis langfristig eine große Anzahl an qualifizierten Bewerbern auf vakante Stellen zu erhalten.[96]

Neben den Aktionsfeldern des internen und des externen Personalmarketings wird von einigen Autoren auch die Personalforschung als ein Bestandteil des Personalmarketings gesehen. Hierbei geht es hauptsächlich um die Beschaffung relevanter Informationen zur Verbesserung der strategischen Ausrichtung sowie der Maßnahmen des Personalmarketings. Dabei sind Informationen bezüglich des externen Arbeitsmarkts (z. B. das Bildungs- und Ausbildungsverhalten bedeutsamer Zielgruppen) als auch des internen Arbeitsmarkts (z. B. Fehlzeiten- und Fluktuationsanalysen) hilfreich.[97] Im Rahmen dieser Arbeit wird in Anlehnung an das Verständnis von BERTHEL/BECKER die Personalforschung als primäres Teilsystem des Personalmanagements verstanden. Dies beinhaltet, dass die Personalforschung einen wichtigen informatorischen Beitrag für das Personalmarketing darstellt.

KOLTER spricht von einem *Personalmarketing im engeren Sinne*, wenn ausschließlich der interne Arbeitsmarkt (internes Personalmarketing) oder der externe Arbeitsmarkt (externes Personalmarketing) betrachtet wird.[98] Umfasst das Begriffsverständnis sowohl das interne als

---

vation beinhaltet die Motivation des Mitarbeiters, sich für die Unternehmung zu engagieren und Leistung zu zeigen.

92 Vgl. Dincher (2007), S. 2; Strutz (2004), Sp. 1594.

93 Strutz (2004), Sp. 1594.

94 Vgl. Bartscher/Fritsch (1992), Sp. 1750. Um dieses Ziel zu erreichen, kann u. a. eine positive Arbeitgebermarke in den beschaffungsrelevanten Arbeitsmärkten auf- bzw. ausgebaut werden. Vgl. Berthel/Becker (2013), S. 338; Dincher (2007), S. 12. Die *Arbeitgebermarke* (Employer Brand) stellt eine Ausprägung der Unternehmungsmarke (Corporate Brand) dar und impliziert, wie die Unternehmung als Arbeitgeber auf aktuelle und zukünftige Mitarbeiter wirkt. Vgl. Gmür et al. (2002), S. 14-15; Zirnsack (2008), S. 80-83.

95 Vgl. Simon et al. (1995), S. 16.

96 Vgl. Berthel/Becker (2013), S. 338; Dincher (2007), S. 2.

97 Vgl. Strutz (1993), S. 7-8.

98 Vgl. Kolter (1991), S. 22. Rafiq/Ahmed beziehen die engere Sichtweise ausschließlich auf die Gewinnung neuer Mitarbeiter. Vgl. Rafiq/Ahmed (1993), S. 219-221.

auch das externe Personalmarketing, lässt sich dies dem *Personalmarketing im weiteren Sinne* zuordnen.[99]

Das zweite Differenzierungskriterium ist die (2) **Einordnung in den Gesamtkontext des Personalmanagements**. Abbildung 4 zeigt die Möglichkeiten der Einordnung.

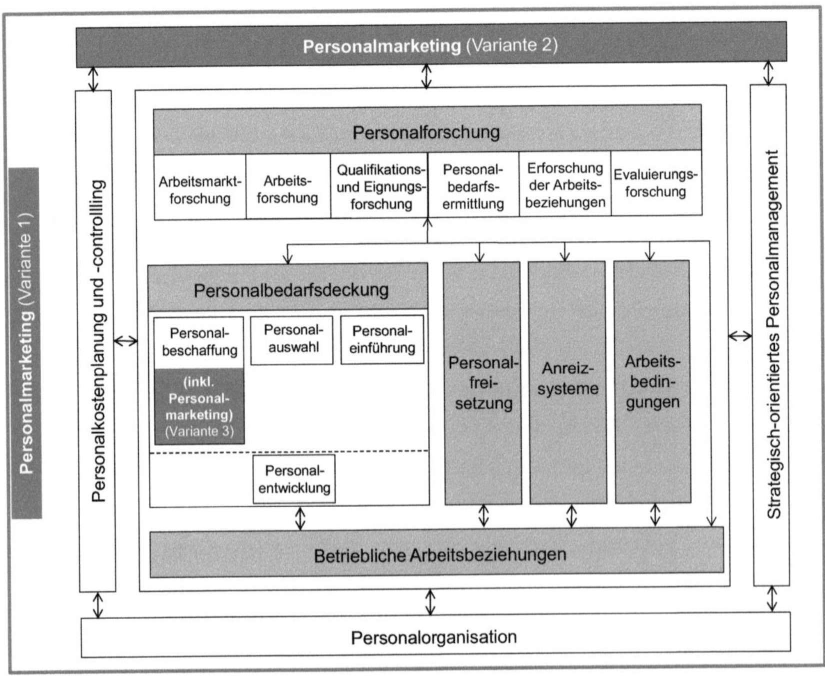

Abbildung 4: Mögliche Einordnungen des Personalmarketings in den Gesamtkontext des Personalmanagements. Quelle: Eigene Darstellung in Anlehnung an Berthel/Becker (2013), S. 22.

In der Literatur lassen sich in Bezug auf die Einordnung des Personalmarketings drei Varianten erkennen.[100] Einige Autoren verstehen Personalmarketing als ein *personalpolitisches Ge-*

---

99 Vgl. u. a. Bröckermann (2012), S. 18; Franke (2000), S. 77; Kolter (1991), S. 22; Scholz (1995), Sp. 2007-2008; Wunderer/Jaritz (2007), S. 213-215. Das Ergebnis des internen Personalmarketings kann auch zu einem Element des externen Personalmarketings werden, wenn bestehende Mitarbeiter einer Unternehmung als Informationsquelle genutzt werden. Persönliche Kontakte zu aktuellen Mitarbeitern einer Unternehmung können bei der Bewerbungsentscheidung eine wichtige Rolle spielen. Vgl. Felser (2010), S. 14-15. Vgl. u. a. Cable/Graham (2000); Gelbert/Inglsperger (2008); Watzka (2003).

100 Autoren wie z. B. Staffelbach und Bleis erachten das Personalmarketing als überflüssig und lehnen es als eigenständiges Konzept ab. Begründet wird diese Ansicht damit, dass zum einen die Verknüpfung des Personalwesens und des Marketings aufgrund der Heterogenität der Konzepte unzweckmäßig ist. Zum anderen gibt das Konzept des Personalmarketing nur die Inhalte bzw. die Umsetzung einer bedürfnisgerechten Personalpolitik wieder. Vgl. Bleis (1992), S. 142-143; Staffelbach (1986), S. 142. Weitere Vertreter dieser Sichtweise sind u. a. Arnold (1975), S. 29-35; Goossens (1975), S. 45; Kreklau (1974), S. 746-748; Remer

samtkonzept (Variante 1), welches nahezu alle personalwirtschaftlichen Teilfunktionen umfasst.[101] Exemplarisch können hier SIMON ET AL. genannt werden, die unter Personalmarketing „die Orientierung der gesamten Personalpolitik eines Unternehmens an den Bedürfnissen von gegenwärtigen und zukünftigen Mitarbeitern mit dem Ziel, gegenwärtige Mitarbeiter zu halten, zu motivieren und neue Mitarbeiter zu gewinnen"[102] verstehen. DINCHER hebt hervor, dass Personalmarketing sich auf den gesamten personalwirtschaftlichen Prozess bezieht und die personalwirtschaftlichen Aufgabenfelder der Personalplanung, Personalbeschaffung, Personaleinsatz, Personalführung, Personalentwicklung, Personalfreistellung sowie Personalcontrolling umfasst.[103] Nach dieser Einordnung können die Termini Personalmarketing, Personalwirtschaft, Personalmanagement oder auch Personalarbeit synonym verwendet werden.[104]

THOM/ZAUGG verstehen das Personalmarketing als *Querschnittsfunktion* (Variante 2) im Rahmen des Personalmanagements. Begründet wird diese Einordnung mit der Nutzung unterschiedlicher Inhalte und Instrumente des Personalmanagements im Hinblick auf die jeweilige Zielgruppe sowie die integrative Sichtweise über die reine Gewinnung von Mitarbeitern hinaus. Somit wird das Personalmarketing als Querschnittsfunktion neben dem Personalcontrolling, der Personalinformation sowie der Organisation des Personalwesens integriert.[105]

Erfolgt eine Differenzierung des Personalmarketings vom Personalmanagement, wird das Personalmarketing als eine *Subfunktion des Personalmanagements* (Variante 3) eingeordnet. Innerhalb dieses Verständnisses lassen sich zwei Formen unterscheiden. Einerseits sind die Aktivitäten in das Personalmarketing integriert, die der Personalauswahl vorausgehen. Dies impliziert, dass die Erhaltung der Attraktivität der Unternehmung aus Sicht der bestehenden Mitarbeiter sowie deren Bindung als Aufgabe des Personalmanagements wahrgenommen wird.[106] Das Personalmarketing zielt dieser Sichtweise nach insbesondere auf die Erschließung des externen Arbeitsmarktes ab, zum einen durch die Etablierung eines positiven Arbeitgeberimages und zum anderen durch die Gewährung von Anreizen zur Generierung von

(1978), S. 348; Staude (1989), S. 170. Diese Sichtweise wird aufgrund der sinnvollen Einordnung des Regain Managements in das Personalmarekting nicht weiter verfolgt.

101 Vgl. Batz (1996), S. 21-23; Berthel/Becker (2013), S. 337-338; Büchner (1972), S. 533; Drumm (2008), S. 293; Schanz (2000), S. 350; Wunderer (1991), S. 120. Vertreter dieses Ansatzes sind beispielsweise auch Bartscher/Fritsch (1992); Felser (2010); Fröhlich (1987a); Fröhlich (1987b); Scholz (2014); Staude (1989); Strutz (1992); Thom/Zaugg (1994).

102 Simon et al. (1995), S. 13.

103 Vgl. Dincher (2007), S. 5-6. Vgl. auch Huber (2010), S. 50.

104 Vgl. Schanz (2000), S. 350; Scherm/Süß (2010), S. 33.

105 Vgl. Thom/Zaugg (1994), S. 72; Thom/Zaugg (1996), S. 30-31.

106 Vgl. Scherm/Süß (2010), S. 39. Weitere Vertreter dieses Ansatzes sind beispielsweise Drumm (2008); Seiwert (1985); Staude (1989).

Bewerbungen.[107] Die Zielgruppe der aktuellen Mitarbeiter wird in dieser Einordnung nicht berücksichtigt, sondern als Bestandteil des Personalmanagements aufgefasst. STOCK-HOMBURG ordnen das Personalmarketing in den Bereich der Personalgewinnung als Teilsystem des Personalmanagements ein.[108]

Andererseits integrieren BERTHEL/BECKER das Personalmarketing in den Teilbereich der Personalbeschaffung im Rahmen der Personalbedarfsdeckung. Ebenso wie die Personalbeschaffung weist das Personalmarketing eine interne und eine externe Ausrichtung auf, so dass sowohl die aktuellen als auch die potenziellen Mitarbeiter inkludiert sind und somit nicht nur die Gewinnung potenzieller, sondern auch die Bindung bestehender Mitarbeiter als Aufgabe des Personalmarketings aufgefasst wird.[109]

In dieser Arbeit wird das *Personalmarketing als Subfunktion der Personalbeschaffung im Rahmen des Personalmanagements* (Variante 3) verstanden, damit die Gewinnung und die Bindung von Mitarbeitern berücksichtigt werden kann. Eine eindeutige Abgrenzung zu anderen Konzepten des Personalmanagements ist somit möglich.[110] Hinsichtlich des Zielgruppenbezugs wird von einem *Personalmarketing im weiteren Sinne* ausgegangen, in der sowohl die aktuellen als auch die zukünftigen Mitarbeiter als Zielgruppe integriert werden. Dementsprechend wird in Anlehnung an BERTHEL/BECKER Personalmarketing wie folgt definiert:[111]

Personalmarketing als Bestandteil der Personalbeschaffung weist sowohl eine interne als auch eine externe Ausrichtung auf. Das interne Personalmarketing zielt auf die positive Beeinflussung der Bindung aktueller Mitarbeiter an die Unternehmung ab. Das externe Personalmarketing hingegen beinhaltet die mittel- bis langfristige Erschließung von potenziellen Mitarbeitern des externen Arbeitsmarktes.

Es ist wichtig einen ganzheitlichen Ansatz zu wählen. Das Personalmarketing sollte nicht mit dem Eintritt eines neuen Mitarbeiters in die Unternehmung enden, sondern durch Maßnahmen der Personalentwicklung und Personaleinführung unterstützt werden.[112] Die Schnittstellen zu anderen Teilsystemen des Personalmanagements werden somit bedeutsam.

---

107 Vgl. Scherm/Süß (2010), S. 34.

108 Vgl. Stock-Homburg (2010), S. 99 sowie S. 141.

109 Vgl. Berthel/Becker (2013), S. 337-339.

110 Vgl. Thom/Zaugg (1996), S. 29.

111 Vgl. Berthel/Becker (2013), S. 337-339.

112 Vgl. Berthel/Becker (2013), S. 343-344.

2.2 Regain Management

2.2.1 Begriffsexplikation

Im Kontext des Marketings bezieht sich das Regain Management auf die Rückgewinnung von ehemaligen Kunden, welche die Geschäftsbeziehung mit der Unternehmung beendet haben.[113] Ziel des Regain Managements ist die erneute Kontaktaufnahme mit dem ehemaligen Kunden zur Wiederherstellung der Geschäftsbeziehung.[114] Da der Begriff jedoch im Kontext des Personalmanagements bislang nicht umfassend definiert ist[115] und dementsprechend als unpräzise empfunden wird, muss dieser erläutert und in den neuen Kontext eingeordnet werden. Dafür ist eine Begriffsexplikation unabdingbar, um ein einheitliches Verständnis für den weiteren Verlauf der Arbeit zu gewährleisten. Nach BECKER kann im Rahmen einer Begriffsexplikation ein für die Arbeit essentieller Begriff ausführlich erläutert werden, d. h. es erfolgt eine Darstellung der Definition sowie die Ergänzung von Deutungen und Erklärungen.[116] Es werden zunächst die Begriffsbestandteile „Regain" und „Management" separat analysiert, bevor diese zusammengeführt werden. Der Abschnitt schließt mit einer Arbeitsdefinition eines Regain Managements für den weiteren Verlauf der Arbeit.

Der Begriff „Regain" kann im Rahmen des Personalmarketings mit „Rückgewinnung" oder „Wiedergewinnung" übersetzt werden.[117] KIRCHGEORG/MÜLLER verstehen darunter die „Pflege der Beziehungen zu ehemaligen Mitarbeitern, die aus einem Unternehmen ausgeschieden sind"[118]. BECKER spricht von ehemaligen Leistungsträgern, „die aus unterschiedlichen Gründen die Unternehmung verlassen haben [und weiter kontaktiert werden], um letztendlich eine bessere Chance zu haben, sie später als Arbeitnehmer rückgewinnen zu können."[119] Bei BRAST/CORDES sind es „profitable Mitarbeiter, die das Unternehmen freiwillig verlassen [haben und die] [...] möglicherweise nach einer gewissen Zeit der Abstinenz zu-

---

113 Vgl. Meffert et al. (2012), S. 60.

114 Vgl. Stauss (2000c), S. 17.

115 Vgl. Becker (2010), S. 235-236; Brast/Cordes (2010), S. 16 -17; Kirchgeorg/Müller (2011), S. 65.

116 Vgl. Becker (2004a), S. 86. Eine Begriffsexplikation kann unterschiedliche Bedeutungen haben. Es kann eine ausführliche Erklärung oder eine Präzisierung eines Begriffes stattfinden. Auch können mehrere Begriffe hinsichtlich der Genauigkeit der Inhalte und der Zweckmäßigkeiten in Bezug auf die konkrete Themengestellung überprüft werden.

117 Vgl. Ostrowski et al. (2011), S. 2.

118 Kirchgeorg/Müller (2011), S. 65.

119 Becker (2010), S. 236.

rückgewonnen werden“[120] können. Die Definitionen verdeutlichen, dass es sich beim „Regain“ um die Rückgewinnung von ehemaligen Mitarbeitern in die Unternehmung handelt.

Bevor eine Rückgewinnung seitens der Unternehmung angestrebt werden kann, muss eine Fluktuation stattgefunden haben. Unter einer Fluktuation werden grundsätzlich die Personalbewegungen innerhalb einer Unternehmung verstanden.[121] In der Literatur finden sich unterschiedliche Auffassungen: teilweise werden alle Personalabgänge betrachtet, teilweise ausschließlich unternehmensinitiierte Abgänge oder nur die Personalabgänge, welche sich aus der freiwilligen Entscheidung des Mitarbeiters ergeben.[122] In der bestehenden Literatur zum Regain Management lässt sich das letzte Verständnis des Fluktuationsbegriffes finden, da aus Unternehmungssicht nur diejenigen Mitarbeiter für eine Rückgewinnung interessant sind, welche freiwillig entschieden haben, die Unternehmung zu verlassen, aber weiterhin eine wertvolle Ressource für die Unternehmung darstellen.[123] Folglich gilt Fluktuation als „zwischenbetrieblicher Arbeitsplatzwechsel personeller Art, der nicht aufgrund von naturbedingten Anlässen (Erreichung der Altersgrenze, gesundheitliche Gründe, Tod) eintritt, der nicht auf betriebsbedingten Entlassungen beruht, der nicht aus einer verhaltensbedingten Kündigung aufgrund des Verschuldens des Mitarbeiters resultiert und der einen tatsächlichen Charakter aufweist (Ausscheiden aus dem Betrieb zur Aufnahme eines neuen Arbeitsplatzes).“[124] An dieser Stelle muss darauf hingewiesen werden, dass auch ehemalige Mitarbeiter, welche die Unternehmung aufgrund einer betriebsbedingten Kündigung verlassen haben, zu einem späteren Zeitpunkt wieder als potenzielle Mitarbeiter in Frage kommen können.[125]

Bei der Analyse der Fluktuationsentscheidung eines Mitarbeiters sollte der Bezug zur vorherigen Bindung des Mitarbeiters an die Unternehmung hergestellt werden. Trifft ein Mitarbeiter die Entscheidung die Unternehmung freiwillig zu verlassen, kann von einer niedrigen bzw. fehlenden Bindung ausgegangen werden. Der Bindungsbegriff ist demnach für den Kontext der Arbeit von hoher Relevanz. Im Rahmen des Regain Managements wird an die zuvor exis-

[120] Brast/Cordes (2010), S. 16-17.

[121] Vgl. Ortlieb (2009), S. 359.

[122] Vgl. Olfert (2008), S. 289. Neben verschiedenen Verständnissen liegen auch unterschiedliche Termini vor wie u. a. Arbeitnehmermobilität, Personalumschichtung, Arbeiterwechsel, Personalrotation. Vgl. Frey (1970), S. 12-13. Im Rahmen dieser Arbeit wird der Terminus der Fluktuation verwendet.

[123] Vgl. Brast/Cordes (2010), S. 16.

[124] Meifert (2005), S. 35-36. Für weitere Autoren, die dieses enge Verständnis von Fluktuation vertreten vgl. u. a. Adebahr (1971), S. 15; Dincher (1992), S. 875; Ott (1975), S. 17-18.

[125] Für eine tiefergehende Diskussion zur Relevanz von betriebsbedingt gekündigten Mitarbeitern als potenzielle Arbeitnehmer vgl. Kapitel 4.2.1.

tierende Bindung zwischen dem Mitarbeiter und der Unternehmung angeknüpft.[126] Da bezüglich des Verständnisses des Bindungsbegriffes in der Literatur keine Einigkeit besteht, muss dieser differenziert betrachtet werden.[127] Es werden unterschiedliche Termini verwendet sowie diese mit unterschiedlichen Begriffsinhalten versehen.[128] So fassen einige Autoren unter einer Mitarbeiterbindung die Bleibebereitschaft des Mitarbeiters in der Unternehmung, d. h. im Fokus steht die Vermeidung von der durch den Mitarbeiter initiierten Fluktuation.[129] Aus ökonomischer Perspektive ist dieses Verständnis nicht zweckmäßig, da ein Verbleiben des Mitarbeiters nicht zu einem Leistungsbeitrag führt.[130] Andere Autoren integrieren daher in ihr Bindungsverständnis auch die Leistungsbereitschaft.[131] Denn nur durch den Verbleib des Mitarbeiters in der Unternehmung wird keine Bleibe- oder Leistungsbereitschaft erzielt.[132] Des Weiteren wird Mitarbeiterbindung aus einer Managementperspektive betrachtet, in welcher die Aktivitäten zur Bindung der Mitarbeiter im Fokus stehen.[133]

In Anlehnung an BECKER resultiert daraus eine Differenzierung in zwei Perspektiven. Zum einen lässt sich der Begriff der Mitarbeiterbindung „als Zustand beim Mitarbeiter, vor allem im Sinne einer emotionalen und/oder rational begründeten (utilitaristischen) Bleibe- und Leistungsbereitschaft“ definieren, zum anderen „als Aufgabe der Unternehmung im Sinne eines Bindungsmanagements (alternativ: Retentionmanagement)“[134]. Im weiteren Verlauf dieser Arbeit werden beide Perspektiven berücksichtigt, um möglichst unterschiedliche Ansatzpunkte aus der Mitarbeiterbindungsforschung für ein Regain Management generieren zu können. Ziel einer Unternehmung muss es sein, die Teilnahmebereitschaft eines ehemaligen Mitarbeiters, d. h. den Rückeintritt in die Unternehmung durch die Maßnahmen des Regain Managements erneut herzustellen, um damit an die Bindung im Sinne einer Bleibe- und Leistungsbereitschaft aus dem vorherigen Arbeitsverhältnis anzuknüpfen und diese auszubauen.

---

126 Vgl. Brast/Cordes (2010), S. 17.

127 Vgl. Becker (2010), S. 231-232. Vgl. auch vom Hofe (2005), S. 3.

128 So lassen sich u. a. die Termini Personalbindung, Personalerhaltung, Identifikation, Integration, Loyalität, Commitment, Retention Management, Relationship, Staff Retention finden. Vgl. Bröckermann (2004), S. 18; Merk (2008), S. 51-53; Szebel-Habig (2004), S. 33. Unter *Commitment* werden neben einer emotionalen Verbundenheit auch rationale Gründe integriert. In Anlehnung an Meyer/Allen kann zwischen den Dimensionen des affektiven, kalkulativen sowie normativen Commitment unterschieden werden. Vgl. Meyer/Allen (1991), S. 67. Dieses Verständnis stellt die Basis für viele Begriffsverständnisse dar. Vgl. Becker (2010), S. 232.

129 Vgl. u. a. Bertrand (2004), S. 266; Meifert (2005), S. 36; Pepels (2002), S. 130; Schanz (2000), S. 334-337.

130 Vgl. Becker (2010), S. 232.

131 Vgl. Felfe (2008), S. 27. Vgl. auch Friedli/Thom (2001), S. 3-4; Gmür/Thommen (2007), S. 215.

132 Vgl. Becker (2009a), S. 343.

133 Vgl. Grieger et al. (2010), S. 339-340; Meifert (2005), S. 35; Merk (2008), S. 53-54.

134 Becker (2010), S. 235.

In der personalwirtschaftlichen Literatur liegen weitere Phänomene vor, die sich durch eine bestehende Bleibe-, jedoch fehlende Leistungsbereitschaft, auszeichnen. Diese sollen im Rahmen der Arbeit betrachtet werden, um den Begriff des Regain Managements inhaltlich tiefergehend zu erfassen. Bei der Demotivation[135] liegt eine Abwesenheit des Mitarbeiters im Sinne einer fehlenden Leistungsmotivation vor. Aus Sicht der Unternehmung ist dann eine Remotivierung notwendig, worunter eine „fremdgesteuerte Wiedergewinnung von verloren gegangener Motivation“[136] zu verstehen ist. Eine *Remotivierung* kann nur stattfinden, wenn sich der betroffene Mitarbeiter über die Ursachen bewusst ist, die Motivationsbarrieren aktiv beseitigen möchte und sich sicher ist, dass diese auch ohne einen eigenen Beitrag nicht wieder entstehen können.[137] Der Zustand bewirkt, dass die Person nicht mehr motiviert ist, sich für die Unternehmung zu engagieren oder sogar ein organisationsfeindliches Engagement entwickelt. Im Rahmen der personalen Wirkungen kann die Demotivation auch zu einer inneren Kündigung führen.[138] Eine innere Kündigung beschreibt die Nichtausnutzung des eigenen Leistungspotenzials seitens des Mitarbeiters und somit eine psychische Ablehnung engagierter Leistung, zum Beispiel aufgrund einer nicht zufriedenstellenden Arbeitssituation. Diese Form der Kündigung kann beispielsweise aufgrund von Enttäuschungen von dem Arbeitgeber oder dem Vorgesetzten sowie durch eine Perspektivlosigkeit der eignen Person in der Unternehmung entstehen. Der Mitarbeiter kündigt nicht real, da er keine bessere Alternative sieht.[139] Im Unterschied zur Rückgewinnung wird seitens des Mitarbeiters weder eine Kündigung ausgesprochen noch scheidet er faktisch aus der Unternehmung aus, sondern es tritt ein Zustand der Nicht-Leistungsbereitschaft ein.[140] Demnach ist die Remotivierung von Mitarbeitern als Aufgabe nicht dem Regain Management zuzuordnen.

Auch bei Mitarbeitern, die seitens der Unternehmung ins Ausland gesandt wurden, liegt eine bestimmte Zeit der Abwesenheit zur Stammunternehmung[141] vor. Dabei stellt die *Reintegra-*

---

135 Unter *Demotivation* wird „ein nichtrollen- bzw. zielkonformes Verhalten“ verstanden. Wunderer/Küpers (2003), S. 59. „Demotivation reduziert und blockiert Motivationsenergien oder Leistungspotenziale von Mitarbeitern sowie deren Engagement für die Organisation.“ Wunderer/Küpers (2003), S. 63.

136 Gmür (2010), S. 982.

137 Vgl. Gmür (2010), S. 982.

138 Vgl. Wunderer/Küpers (2003), S. 60-65.

139 Vgl. Berthel/Becker (2013), S. 374 und 406; Brinkmann/Stapf (2005), S. 27-29. Fisch verdeutlich den Zustand einer inneren Kündigung auf Basis des Stewardship-Ansatzes und zeigt, dass sich dieser Zustand nicht nur auf Basis opportunistischen Handelns der Mitarbeiter ergeben kann, sondern auch in der Gestaltung der Führungsphilosophie sowie der Unternehmungskultur liegen kann. Vgl. auch Fisch (2003).

140 Vgl. Berthel/Becker (2013), S. 108.

141 Die *Stammunternehmung* ist die Unternehmung, mit der die Beziehung zum Mitarbeiter vertraglich geregelt ist. Diese bleibt auch bei einer Entsendung ins Ausland bestehen. Die Termini Stammunternehmung und Mutterunternehmung werden im Folgenden synonym verwendet. Vgl. Meier-Dörzenbach (2008), S. 15.

tion[142] den Prozess der „Wiedereingliederung von Fach- und Führungskräften in das heimatliche Arbeits- und Lebensumfeld im Anschluss an eine Auslandsentsendung“[143] dar. Allgemeiner gefasst kann die Reintegration auch „die systematische berufliche Wiedereingliederung eines Beschäftigten nach einem längeren Zeitraum der Abwesenheit”[144] bezeichnen. Die Mitarbeiter, welche für eine Reintegrationsmaßnahme in Frage kommen, waren zuvor in der Unternehmung tätig und im Anschluss für längere Zeit abwesend.

Während eine Integration die „Herstellung einer Ganzheit; einigender Zusammenschluss; gemeinsame Abstimmung der Ziele“[145] impliziert, kann die Reintegration als „nochmalige Herstellung einer Ganzheit und – im Hinblick auf die an diesem Prozess beteiligten Parteien Mitarbeiter und Unternehmen – als nochmalige gemeinsame Abstimmung der Ziele sowie nochmaliger einigender Zusammenschluss“[146] verstanden werden. Im Vergleich zur Rückgewinnung haben diese Mitarbeiter nicht gekündigt und sind aus der Unternehmung ausgeschieden, sondern haben die Mutterunternehmung als Auslandsentsandte für einen befristeten Zeitraum (Auslandseinsatz 1-5 Jahre) verlassen.[147] Dabei bleibt eine vertragliche Beziehung zwischen der Mutterunternehmung und dem Mitarbeiter bestehen.[148] Gemeinsamkeiten liegen in einer zeitlichen Abstinenz zur Mutterunternehmung sowie der Rückkehr in die Unternehmung, in welcher der Mitarbeiter in einem vorherigen Zeitraum beschäftigt war.[149] Sowohl die Reintegration als auch das Regain zielen auf die Wiederherstellung eines Zustandes ab, „der durch ein von allen Teilnehmern des Sozialisationsvorganges akzeptiertes gegenseitiges Verhältnis gekennzeichnet ist“[150].

Der zweite Begriffsbestandteil des *Managements* lässt sich in zwei Perspektiven differenzieren: in den institutionellen sowie funktionalen Managementbegriff.[151] Wird Management als Institution verstanden, so bezeichnet dieser Begriff alle Personen, die als Träger der Füh-

142 Der Zustand der Rückkehr wird neben dem Begriff der *Reintegration* auch als Reentry, Rückgliederung, Repatriierung oder Wiedereingliederung bezeichnet, weshalb diese Begriffe als Synonyme verstanden werden. Vgl. Fritz (1982); Kühlmann/Stahl (1995).

143 Barmeyer (2010), S. 981.

144 Kolleker/Wolzendorff (2010), S. 181. Kolleker/Wolzendorff beziehen die Reintegration hier nicht ausschließlich auf die Rückkehr von Auslandsaufenthalten, sondern auch auf die Rückkehr aus der Elternzeit, von Sabbaticals oder nach längerer Krankheit.

145 Mackensen (1986), S. 542, zitiert in Meier-Dörzenbach (2008), S. 16.

146 Meier-Dörzenbach (2008), S. 16.

147 Vgl. DGFP (2010), S. 14.

148 Vgl. Meier-Dörzenbach (2008), S. 15.

149 Vgl. Brast/Cordes (2010), S. 16-17; Meier-Dörzenbach (2008), S. 15.

150 Fritz (1982), S. 17.

151 Vgl. Macharzina/Wolf (2012), S. 36-37. Darüber hinaus wird in der Literatur teilweise der *instrumentelle Managementbegriff* genannt. Dieser bezieht sich auf Führungsmethoden, -verfahren und -modelle, welche den Führungskräften zur Erledigung ihrer Aufgaben zur Verfügung stehen. Vgl. Becker (2013), S. 25-26.

rungsprozesse und Mitglied in den Willensbildungszentren innerhalb und außerhalb der Unternehmung fungieren.[152] Die Perspektive des Managements als Funktion bezieht sich auf sämtliche Aufgaben, die zur Steuerung der Unternehmung notwendig sind.[153] Diese sogenannten Managementfunktionen beinhalten zum einen Aufgaben der Willensbildung (Analyse, Planung, Entscheidung) und zum anderen Aufgaben der Willensdurchsetzung und -sicherung (Durchsetzung, Steuerung und Kontrolle).[154] Die Managementfunktionen fallen in allen betrieblichen Sachfunktionen an. Aus diesem Grund wird Management hier als Querschnittfunktion angesehen, die eine effiziente Abstimmung von Sach- und Managementfunktion sicherstellt und für die Erreichung der Unternehmungsziele verantwortlich ist.[155] Dabei sind die Managementfunktionen in einem Managementprozess als aufeinanderfolgende Phasen angeordnet, deren Abfolge jedoch durch unterschiedliche Rückkopplungsprozesse flexibilisiert werden kann.[156]

Auf Basis der Managementfunktionen kann ein Managementsystem der Unternehmung abgeleitet werden, das als Rahmenkonzept hinsichtlich der Strukturen und Prozesse innerhalb der Unternehmung zu verstehen ist und eine ganzheitliche Betrachtung verfolgt. Ziel ist es, die Führungsaufgabe der Unternehmung zu erfüllen. Mit steigender Komplexität dieser Aufgabe ist die Bildung von Subsystemen sinnvoll.[157] Nach BECKER lassen sich das Informationssystem, das Planungssystem, das Kontrollsystem, das Organisationssystem sowie das Personalsystem als Führungssubsysteme differenzieren. Darüber hinaus bildet der unternehmungspolitische Rahmen die Basis für die Gestaltung.[158] Die Führungssubsysteme[159] stellen keine Organisationseinheiten innerhalb der Unternehmung im eigentlichen Sinne dar, sondern weisen ein heuristisches Potenzial auf, um die Teilaufgaben des Managementsystems zu erfassen.[160]

Im Kontext des Regain Management wird Management sowohl als Funktion als auch als Institution verstanden. Zum einen fallen bei der Realisation eines Regain Managements die

---

152 Vgl. Becker (2013), S. 26; Steinmann et al. (2013), S. 6. Je nach hierarchischer Einstufung wird zwischen unterer, mittlerer und oberer Managementebene unterschieden. Vgl. Staehle (1999), S. 89-90.

153 Vgl. Steinmann et al. (2013), S. 6-7.

154 Vgl. Becker (2013), S. 28; Steinmann et al. (2013), S. 10-13.

155 Vgl. Steinmann et al. (2013), S. 8.

156 Vgl. Becker (2013), S. 38-39.

157 Vgl. Becker (2013), S. 34-35; Wild (1974), S. 172-179. Vgl. auch Bamberger/Wrona (2012), S. 229-244; Kirsch/Maaßen (1989), S. 1-20; Pfohl (1981), S. 14-35; Pfohl/Stölzle (1997), S. 7-23.

158 Vgl. Becker (2013), S. 34-35. In der Literatur lassen sich verschiedene Differenzierungen von Managementsystemen finden. Für eine Übersicht vgl. Bamberger/Wrona (2012), S. 232-234.

159 Die Termini *Managementsystem* sowie *Führungssystem* können weitgehend synonym verwendet werden. Vgl. Kirsch/Maaßen (1989), S. 2. Wobei teilweise Managementsysteme auch die Subsysteme des Führungssystems darstellen. Vgl. dazu Bamberger/Wrona (2012), S. 231.

160 Vgl. Becker (2013), S. 35.

Aufgaben der Analyse, Planung und Entscheidung, Durchführung, Steuerung und Kontrolle an. Zum anderen wird der Prozess eines Regain Managements durch Personen des Führungsprozesses begleitet und umgesetzt.

Werden die beiden Begriffsbestandteile zusammengeführt, soll folgende Arbeitsdefinition eines Regain Managements für den weiteren Verlauf der Arbeit genutzt werden:

Regain Management umfasst die Analyse, Planung, Realisation sowie Kontrolle aller Maßnahmen, die auf eine mögliche Wiederaufnahme eines vertraglichen Arbeitsverhältnisses mit ehemaligen Mitarbeitern, im Sinne einer Wiederherstellung der Teilnahmebereitschaft, abzielen.[161]

2.2.2 Einordnung als Element des externen Personalmarketings

Im Folgenden soll das Regain Management in den Kontext des externen Personalmarketings eingeordnet werden. In der Literatur lassen sich erste Ansätze zu einer möglichen Einordnung finden. BRAST/CORDES verstehen das Regain Management als Teil des Employer Relationship Managements, bezeichnen es allerdings als Rückgewinnungs-Employer Relationship Management. Unter einem Employer Relationship Management ist eine Beziehungsorientierung zum Mitarbeiter über den gesamten Beziehungs-Lebenszyklus zu verstehen, welcher den Eintritt, das Ausscheiden sowie einen möglichen Wiedereintritt des Mitarbeiters umfasst. Neben dem Exit-Management ist das Rückgewinnungs-Employer Relationship Management ein Bestandteil der Phase der Beziehungsbeendigung bzw. der Revitalisierung im Lebenszyklus.[162]

Für BECKER gehört die Rückgewinnung ehemaliger Mitarbeiter zu einem ganzheitlichen, weiter gefassten Bindungsmanagement. Dabei wird der Kontakt zu ehemaligen Mitarbeitern hergestellt, um diese ggf. als potenzielle Mitarbeiter wiederzugewinnen. Die Gründe für den vorherigen Austritt aus der Unternehmung können von unterschiedlicher Natur sein.[163] Die Bindung von aktuellen Mitarbeitern einer Unternehmung ist Aufgabe des internen Personalmar-

---

[161] Die Phasen der Planung und Entscheidung werden unter dem Begriff der Planung zusammengefasst. Die Phasen der Realisation impliziert sowohl die Durchführung als auch die Steuerung eines Regain Managements. Vgl. Becker (2013), S. 165.

[162] Vgl. Brast/Cordes (2010), S. 1 und S. 7. Der *Mitarbeiterbeziehungs-Lebenszyklus* ist in Analogie zum Kundenbeziehungs-Lebenszyklus erstellt worden. Der Kundenbeziehungs-Lebenszyklus umfasst die Phasen der Anbahnung, Sozialisation, Wachstum, Reife, Gefährdung, Auflösung, Abstinenz sowie Revitalisierung. Vgl. Brast/Cordes (2010), S. 4. Zum Ursprung vgl. Stauss (2000a), S. 16.

[163] Vgl. Becker (2010), S. 235-236. Vgl. auch Ostrowski (2012), S. 35; Ostrowski et al. (2011), S. 2.

ketings, welches auf die Erhöhung der Bleibe- und Leistungsbereitschaft abzielt.[164] Die Herstellung der Teilnahmebereitschaft wird dem externen Personalmarketing zugeordnet.[165]

RUHLE/BREITSOHL entwickeln den Ansatz des residualen organisationalen Commitments, in welchem das Bindungsverständnis um das im Anschluss an einen Wechsel verbleibende organisationale Commitment an einen ehemaligen Arbeitgeber erweitert wird.[166]

Es gibt weitere Autoren, welche das Regain Management im Personalmarketing verorten. BRÖCKERMANN/PEPELS verstehen Personalmarketing als „Beziehungspflege, das heißt der Aufbau, Unterhalt, Ausbau und die Wiederherstellung von Beziehungen zu aktuellen, ehemaligen und zukünftigen Mitarbeitern“[167]. Die Definition zeigt, dass die Zielgruppe der ehemaligen Mitarbeiter integriert ist, das Regain Management aber nicht explizit genannt wird.

Ein weiterer Ansatz zur Einordnung des Regain Managements in das Personalmarketing lässt sich bei KIRCHGEORG/MÜLLER finden, in welcher die Beziehungspflege zu ehemaligen Mitarbeitern als Aufgabe des Personalmarketings gesehen wird. Begründet wird dieses Vorgehen damit, dass ehemalige Mitarbeiter als Multiplikatoren auf dem Arbeitsmarkt fungieren. Somit sollte der gesamte Prozess des Personalmarketings auf die Mitarbeitergewinnung, Mitarbeiterbindung sowie Mitarbeiterwiedergewinnung ausgerichtet werden. Deshalb sind die ehemaligen Mitarbeiter Teil der externen Zielgruppe und damit des externen Personalmarketings.[168] Auch im Personalmarketingzyklus des DGFP ist die Phase der Kontaktpflege, nachdem die Mitarbeiter aus der Unternehmung ausgetreten sind, explizit dem externen Personalmarketing zugeordnet, welches in Abbildung 5 verdeutlicht wird.[169]

Insgesamt lässt sich feststellen, dass die Ansätze zur Einordnung des Regain Managements voneinander abweichen. Während das Regain Management von einigen Autoren explizit als Managementaufgabe genannt wird, ist es bei anderen Autoren nur indirekt ableitbar. Des Weiteren ordnen manche Autoren es einem Employer Relationship Management zu, andere einem erweiterten Bindungsmanagement, und wiederum andere verstehen es als Aufgabe des Personalmarketings.

164 Vgl. Berthel/Becker (2013), S. 338.

165 Vgl. Becker (2010), S. 235; Berthel/Becker (2013), S. 338.

166 Vgl. Ruhle/Breitsohl (2012), S. 7. Vgl. auch Breitsohl/Ruhle (2013).

167 Bröckermann/Pepels (2002), S. 8.

168 Vgl. Kirchgeorg/Müller (2011), S. 65-80.

169 Vgl. DGFP (2006), S. 33.

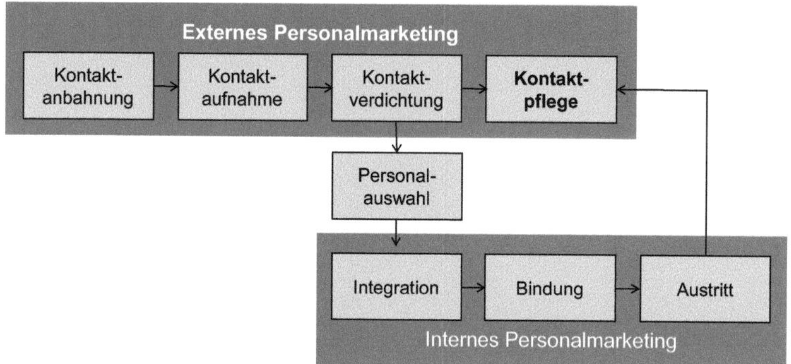

Abbildung 5: Personalmarketingzyklus.

Quelle: DGFP (2006), S. 33.

Im Rahmen dieser Arbeit wird in Anlehnung an das Personalmarketingverständnis aus Kapitel 2.1 folgendes Verständnis vertreten:

Personalmarketing als Bestandteil der Personalbeschaffung weist sowohl eine interne als auch eine externe Ausrichtung auf. Das interne Personalmarketing zielt auf die positive Beeinflussung der Bindung aktueller Mitarbeiter ab. Das externe Personalmarketing hingegen beinhaltet die mittel- bis langfristige Erschließung von potenziellen Mitarbeitern des externen Arbeitsmarktes, deren ***Teilmenge die ehemaligen Mitarbeiter*** *darstellen. Das Regain Management stellt somit ein Element des externen Personalmarketings dar.*

3. Darstellung und Diskussion ausgewählter Ansätze zur Konzeption eines Regain Managements

3.1 Vorbemerkungen

3.1.1 Systematisierung der Vorgehensweise und Auswahl der Erkenntnisobjekte

In Anlehnung an die ausgewählte Methodologie der Arbeit hat der Konzeptionsrahmen, wie in Kapitel 1.2 bereits deutlich geworden ist, das Ziel, unerforschte Bereiche aufzuzeigen und die Erkenntnisse in Beziehung zueinander zu stellen.[170] Da bislang in der wissenschaftlichen Literatur keine Ansätze zu finden sind, die sich umfassend mit dem Regain Management auseinandersetzen, müssen Erkenntnisobjekte herangezogen werden, welche einen Beitrag zur Konzeption eines Regain Managements leisten können. Dabei nimmt ein Erkenntnisobjekt einen spezifischen Blickwinkel auf einen Forschungsbereich ein.[171] In dieser Arbeit werden Erkenntnisobjekte aus der Perspektive eines möglichen Erkenntnistransfers auf ein Regain Management betrachtet. Hierbei werden im Folgenden vier Erkenntnisobjekte eingegrenzt.

(1) Die *Kundenrückgewinnungsforschung* (Kapitel 3.2) ist von Interesse, da sie den Ursprung des Rückgewinnungsgedankens verdeutlicht und durch eine Systematik der Rückgewinnung von Kunden, sowohl aus inhaltlicher wie auch prozessualer Sicht, geprägt ist.[172] Aspekte des Aufbaus sowie des Ablaufs eines Kundenrückgewinnungsmanagements sowie die Gestaltung von Rückgewinnungsmaßnahmen können zur Konzeption eines Regain Managements beitragen.[173]

(2) Die *Alumniforschung* (Kapitel 3.3) an Hochschulen widmet sich explizit der Implementierung von Ehemaligen-Netzwerken, um den Kontakt zu ehemaligen Studierenden und Mitarbeitern der Hochschule aufrecht zu erhalten.[174] Auch hier können wichtige Erkenntnisse in Bezug auf die Konzeption eines Netzwerkes mit ehemaligen Mitarbeitern einer Unternehmung abgeleitet werden.

170 Vgl. Grochla (1978), S. 65.

171 Vgl. Chmielewicz (1994), S. 19.

172 Vgl. u. a. Homburg/Schäfer (1999), S. 1-4; Michalski (2002), S. 6-12; Stauss/Friege (1999), S. 347-349.

173 Da bereits Erkenntnisse der Kundenbindung auf den Forschungsbereich der Mitarbeiterbindung übertragen wurden, erscheint die Übertragung der Kundenrückgewinnung auf das Regain Management von Mitarbeitern ebenfalls möglich. Für den Erkenntnistransfer der Kundenbindung auf das Erkenntnisobjekt der Mitarbeiterbindung vgl. u. a. Meifert (2005), S. 59, welcher den Erkenntnistransfer in der sprachlichen Ähnlichkeit der Begriffe begründen; vgl. Töpfer (2007), S. 907, welcher Mitarbeiterorientierung auch als interne Kundenorientierung versteht.

174 Vgl. u. a. Niebergall (2007), S. 1-3; Rohlmann (2011), S. 1-3.

(3) Die *Reintegrationsforschung* (Kapitel 3.4) zielt darauf ab, den Kontakt zu Expatriates (Mitarbeiter, die ins Ausland entsandt wurden) zu halten und sie nach einer gewissen Zeit wieder in die Stammunternehmung zu reintegrieren. Auch hier sind Strukturen, Prozesse und Maßnahmen in der Unternehmung notwendig, welche die Kontaktpflege während der Abwesenheit sowie die Reintegrationsphase begleiten.[175] Erkenntnisse bezüglich der Gestaltung der Kontaktpflege mit Expatriates können Rückschlüsse für die Konzeption eines Regain Managements liefern.

(4) Kenntnisse der *Mitarbeiterbindungs- und Mitarbeiterfluktuationsforschung* (Kapitel 3.5) bieten ebenfalls wertvolle Implikationen für ein Regain Management. Es wird analysiert, warum Mitarbeiter die Unternehmung verlassen haben und welche Determinanten eine erneute Bindung beeinflussen.[176] Zudem kann der Aufbau eines Bindungsmanagements Hinweise für die strukturelle sowie prozessuale Gestaltung eines Regain Managements liefern.[177]

Um Erkenntnisse aus den unterschiedlichen Forschungsgebieten auf ein Regain Management transferieren zu können, ist eine systematische Vorgehensweise zu verfolgen. Zunächst werden die Ansätze der jeweiligen Erkenntnisobjekte in theoretische, konzeptionelle sowie empirische Ansätze unterteilt. Damit wird zum einen die Übersichtlichkeit gewährleistet und zum anderen die Vergleichbarkeit zwischen den unterschiedlichen Ansätzen herausgestellt. Eine *Theorie* wird als ein in sich konsistentes Aussagensystem verstanden, welches auf einer Meta-Ebene angesiedelt ist und elementare Aspekte der Realität zu beschreiben versucht. Weniger relevant erscheinende Aspekte werden ausgeblendet. Die Überlegungen basieren hauptsächlich auf logischen Schlussfolgerungen, welche „in ihrer Gänze oder teilweise empirisch abgesichert […] [sein können], jedoch nicht notwendigerweise sein […] [müssen]“[178]. Unter *konzeptionellen Ansätzen* sind im Rahmen der Arbeit Ansätze zu verstehen, welche eine Praxisorientierung aufweisen, d. h. entweder auf Basis praktischer Beobachtungen konzipiert oder als Leitfaden für die Praxis entwickelt wurden. *Empirische Ansätze* basieren auf quantitativen und/oder qualitativen Studien, die darauf abzielen Aussagen hinsichtlich eines logischen Mus-

175 Vgl. u. a. Fritz (1982), S. 1-6; Kühlmann (2004), S. 26-29; Meier-Dörzenbach (2008), S. 1-6.

176 Vgl. u. a. Felfe (2008), S. 131; Mathieu/Zajac (1990), S. 171-172; Sabathil (1977), S. 3.

177 Vgl. u. a. Szebel-Habig (2004), S. 127-142; vom Hofe (2005), S. 183-204.

178 Wolf (2013), S. 3. Für eine Übersicht über die Aspekte einer Theorie vgl. Schanz (1988a) sowie Wolf (2013), S. 3-8. In dieser Arbeit wird der Terminus der Theorie synonym zu dem Terminus des theoretischen Ansatzes verwendet. Vgl. Wolf (2013), S. 24.

ters, d. h. u. a. in Bezug auf Widerspruchsfreiheit oder Ableitbarkeitsbeziehungen zwischen Hypothesen zu untersuchen sowie hinsichtlich einer empirischen Gültigkeit zu überprüfen.[179]

In den Kapiteln 3.2 bis 3.5 werden die Ansätze der einzelnen Erkenntnisobjekte zunächst exemplarisch, zusammenfassend oder ausführlich dargestellt. Es folgt eine kritische Diskussion, um die für ein Regain Management möglicherweise relevanten Erkenntnisse identifizieren zu können. Da die Erkenntnisobjekte unterschiedlichen Forschungsbereichen zuzuordnen sind, ist eine kritische Diskussion auf der Metaebene unabdingbar, damit eine Vergleichbarkeit der Analyse sowie Bewertung der Ansätze vollzogen werden können. Dies wird durch die Auswahl von einheitlichen Diskussionskriterien erreicht, welche im folgenden Kapitel begründet ausgewählt werden.

3.1.2 Begründete Auswahl der Diskussionskriterien

Bei der Auswahl geeigneter Diskussionskriterien ist festzustellen, dass kein akzeptierter Kriterienkatalog zur Überprüfung der Güte theoretischer Aussagensysteme für das Personalmanagement vorliegt.[180] Dementsprechend muss auf einen Kriterienkatalog zurückgegriffen werden, welcher sich grundsätzlich mit theoretischen Aussagesystemen auseinandersetzt. Mit den Anforderungen an die Güte theoretischer Aussagensysteme haben sich insbesondere GROCHLA, SCHANZ, CHMIELEWICZ, KIESER, MCKINLEY ET AL. sowie WOLF beschäftigt.[181] Diese Arbeit zielt – wie in der Methodologie nach GROCHLA deutlich wurde – auf die Gewinnung praxeologischer Erkenntnisse ab, weshalb eine Anlehnung an GROCHLA in der Auswahl der Diskussionskriterien zunächst sinnvoll erscheint.

Während GROCHLA sich jedoch auf drei Anforderungen beschränkt, zeichnet sich WOLF durch eine differenziertere Ausgestaltung der Anforderungen an theoretische Aussagensysteme aus.[182] Er formuliert acht Mindestanforderungen, welche an Theorien gestellt werden können: Ökonomie, Unabhängigkeit, Konsistenz, Vollständigkeit, Allgemeingültigkeit, Be-

---

[179] Vgl. Diekmann (2005), S. 129. Die Zuordnung der Ansätze in die Kategorien theoretisch, konzeptionell und empirisch ist nicht immer eindeutig. Dennoch wird in dieser Arbeit zur Vermeidung von Überschneidungen eine eindeutige Zuordnung der Erkenntnisse vorgenommen.

[180] Vgl. Morick (2002), S. 32.

[181] Vgl. Chmielewicz (1994); Grochla (1978); Kieser (1995); McKinley et al. (1999); Schanz (1988a); Wolf (2013).

[182] Grochla benennt die Informativität, die empirische Bestätigung sowie die entscheidungstechnische Verwendbarkeit als Anforderungen an theoretische Aussagensysteme. Vgl. Grochla (1978), S. 56.

stimmtheit, Falsifizierbarkeit sowie Gesetzartigkeit.[183] WOLF strebt die Verringerung der Kluft zwischen Theorie und Praxis an. Dies äußert sich u. a. in der Forderung nach einer intensiven Kontaktpflege mit der Unternehmungspraxis während des Forschungsprozesses sowie der Ableitung von Implikationen für die Praxis.[184] Dies zeigt, dass der von WOLF verwendete Anforderungskatalog zum praxeologischen Erkenntnisziel dieser Arbeit passt. Daher wird dieser als Grundlage für die Ableitung von Diskussionskriterien verwendet.

Im Folgenden werden die Diskussionskriterien für die Arbeit aus den Anforderungen an theoretische Aussagensysteme nach WOLF abgeleitet sowie dargestellt.

Das Kriterium der (1) **theoretischen Fundierung** analysiert die Qualität hinsichtlich der in den Aussagen enthaltenen Axiome und Theoreme der jeweiligen Theorie.[185] Es basiert sowohl auf dem *Ökonomiepostulat* sowie dem *Unabhängigkeitspostulat* nach WOLF. Ersteres fordert eine geringe Integration von Axiomen[186] und Theoremen[187], da mit steigender Anzahl auch der unbegründete bzw. ideologische Charakter der getroffenen Aussagen zunimmt. Letzteres zielt darauf ab, eine Unabhängigkeit der in einer Theorie verwendeten Axiome zu gewährleisten, um eine Einseitigkeit der Theorie zu vermeiden.[188]

Im Rahmen der Arbeit wird unter dem Kriterium des (2) **Informationsgehalts** die Allgemeingültigkeit der Theorie sowie die Eindeutigkeit und Bestimmtheit der enthaltenen Aussagen verstanden. Dieses Kriterium lässt sich aus den Anforderungen nach *Allgemeingültigkeit* sowie *Präzision und Bestimmtheit* nach WOLF ableiten. Das Allgemeingültigkeitspostulat fordert, dass eine Theorie nicht nur auf Sonderfälle anzuwenden ist, sondern hinsichtlich mehrerer Fälle eine Gültigkeit besitzt. Unter der Mindestanforderung des Präzisions- und Be-

183 Vgl. Wolf (2013), S. 13-18. Da WOLF sich an GROCHLA, SCHANZ, KIESER und ZELEWSKI anlehnt, nehmen diese Autoren in indirekter Weise Einfluss auf die in der Arbeit verwendeten Kriterien. Vgl. Wolf (2013), S. 13. Vgl. auch Grochla (1978); Schanz (1988a); Kieser (1995); Zelewski (2006). Auch wurde der Kriterienkatalog von Wolf in modifizierter Form bereits für die Diskussion von Ansätzen zur Differenzierung und zum Bindungsmanagement von Mitarbeitern verwendet. Vgl. Ostrowski (2012), S. 54-56.

184 Die Verringerung der Kluft zwischen Theorie und Praxis wird insbesondere in der Rigorosität-Relevanz-Debatte thematisiert, welche sich mit der Fragestellung beschäftigt, ob die betriebswirtschaftliche Forschung primär auf die Einhaltung festgelegter Grundsätze abzielt und im Interesse der Disziplin selbst forscht oder ob die gewonnen Erkenntnisse sich eher durch eine Anwendungsorientierung auszeichnen und somit einen Beitrag für die betriebliche Praxis liefern sollten. Vgl. Wolf (2013), S. 11-13. Vgl. auch Nicolai (2004), S. 101-102.

185 Für eine Zusammenfassung der beiden Postulate vgl. auch Ostrowski (2012), S. 54.

186 *Axiome* sind „unmittelbar einleuchtende, evidente Aussagen, die ohne eine explizite Prüfung der jeweiligen Theorie zugrundegelegt werden." Wolf (2013), S. 13. Als Beispiel wird die Annahme dargelegt, dass ein ökonomisch handelnder Akteur einen sparsamen Ressourcenverbrauch anstrebt.

187 *Theoreme* stellen „erste, aber immer noch allgemein gehaltene Konkretisierungen dieser Axiome" dar. Wolf (2013), S. 13.

188 Vgl. Wolf (2013), S. 14.

stimmtheitspostulat geht WOLF auf die Spezifität der Aussagen ein, welche die resultierenden Konsequenzen der Einflussgrößen möglichst genau beschreiben sollte.[189]

Ein weiteres Diskussionskriterium ist die (3) **empirischen Bestätigung**, welche neben der empirischen Bestätigung von Variablen und deren Zusammenwirken auch die Übereinstimmung mit dem übergeordneten theoretischen Zusammenhang analysiert. Dieses Kriterium basiert auf dem *Falsifizierbarkeitspostulat* und dem *Postulat der Gesetzartigkeit.* Erstes fordert, dass Theorien überprüfbar sein müssen.[190] Dafür müssen „die in den Aussagen enthaltenen Konstrukte bzw. Variablen klar operationalisierbar und die Art und Richtung der Zusammenhangs eindeutig spezifiziert [...]“[191] sein. Zweites fordert er ein deterministisches Aussagensystem, d. h. dass die Dann-Komponente automatisch bei dem Hervortreten der Wenn-Komponente auftaucht.[192]

Im Hinblick auf die Ergebnisse empirischer Untersuchungen spielen auch die Gütekriterien empirischer Forschung, d. h. insbesondere die Objektivität, die Reliabilität sowie die Validität eine Rolle, weshalb diese als Subkriterien der empirischen Bestätigung herangezogen werden.[193] Unter der *Objektivität* ist die Unabhängigkeit der Forschungsergebnisse von externen Rahmenbedingungen wie z. B. den durchführenden Personen zu verstehen. Das Gütekriterium der *Reliabilität* misst die Zuverlässigkeit der Ergebnisse, d. h. ob bei Wiederholung der Untersuchung die gleichen Ergebnisse erzielt werden können. Die *Validität* zielt auf die Gültigkeit der verwendeten Messinstrumente ab.[194]

Das Kriterium der (4) **Konsistenz und Vollständigkeit** analysiert die Konsistenz des Aussagensystems sowohl auf der Ebene der Axiome als auch der abgeleiteten Aussagen sowie die Berücksichtigung aller beeinflussenden und beeinflussten Variablen. Dieses Kriterium leitet

---

189 Vgl. Wolf (2013), S. 15-16. Bei der Unterteilung einer Aussage in eine Wenn-Komponente und eine Dann-Komponente konzentriert sich die Dann-Komponente auf die resultierenden Konsequenzen. „Je exakter die Dann-Komponente, desto höher ist die Präzision bzw. Bestimmtheit der Aussage.“ Wolf (2013), S. 16. Auch Grochla benennt die Informativität von Aussagen als Anforderungen und versteht darunter eine genaue Aufschlüsselung aller einbezogenen Variablen. Vgl. Grochla (1978), S. 56.

190 Vgl. Wolf (2013), S. 17. Die Falsifizierbarkeit von Aussagen basiert auf der Abhandlung von Popper zur „Logik der Forschung“. Für tiefergehende Erläuterungen vgl. Popper (1994).

191 Wolf (2013), S. 17. Lakatos hat sich ebenfalls mit der Falsifizierbarkeit von Theorien beschäftigt und vertritt die Ansicht, dass eine Theorie so allgemein ist, dass sie nicht empirisch überprüft werden kann, sondern lediglich einzelne Aussagen, welche der Theorie entstammen. Für weitere Erläuterungen vgl. Lakatos (1982).

192 Vgl. Wolf (2013), S. 18. An dieser Stelle weist WOLF auf die Schwierigkeit gesetzesartiger Theoriekonstruktionen hin, weshalb dieses Postulat nur in abgeschwächter Form zu fordern ist. Zu weiteren Erläuterungen vgl. Wolf (2013), S. 19-24.

193 Vgl. Grochla (1978), S. 79.

194 Vgl. Diekmann (2005), S. 216-223; Häder (2010), S. 108-113. Vgl. zu den Eigenschaften der Reliabilität und Validität auch Decker/Wagner (2002), S. 259-262.

sich aus den Postulaten der *Konsistenz* und der *Vollständigkeit* nach WOLF ab, da beide das Aussagensystem einer Theorie umfassen.[195]

Der Katalog wird um ein weiteres Kriterium ergänzt, welches im Hinblick auf das praxeologische Erkenntnisziel relevant ist. GROCHLA formuliert neben der Informativität und der empirischen Bestätigung eine weitere Anforderung: die entscheidungstechnische Verwendbarkeit. Darunter versteht er die Möglichkeit, die aus der Theorie gewonnenen Erkenntnisse – in Hinblick auf die Variablen und ihre Wirkungszusammenhänge – für organisatorische Entscheidungen in der Praxis zu verwenden.[196] Das Kriterium der (5) **Transferierbarkeit** soll auf diesem Verständnis aufbauen und analysieren, inwiefern die gewonnenen Erkenntnisse für die Konzeption eines Regain Managements in der Theorie sowie in der Praxis genutzt werden können.

Zusammenfassend ergeben sich folgende Kriterien für die kritischen Diskussionen:

(1) **Theoretische Fundierung**: prüft die Qualität der in den Aussagen enthaltene Axiome und Theoreme.

(2) **Informationsgehalt**: analysiert die Allgemeingültigkeit der Theorie sowie die Eindeutigkeit und Bestimmtheit der enthaltenen Aussagen.

(3) **Empirische Bestätigung**: prüft die empirische Bestätigung von Variablen und deren Zusammenwirken sowie die Übereinstimmung mit dem übergeordneten theoretischen Zusammenhang (Subkriterien: Objektivität, Reliabilität, Validität).

(4) **Konsistenz und Vollständigkeit**: beschreibt die Konsistenz und Vollständigkeit des Aussagensystems (Ebene der Axiome sowie der abgeleiteten Aussagen).

(5) **Transferierbarkeit**: untersucht die Übertragbarkeit der Erkenntnisse auf ein Regain Management.

WOLF weist daraufhin, dass diese Anforderungen nur von wenigen Theorien erfüllt werden können und empfiehlt „Bescheidenheit" bei der Anwendung.[197] Dementsprechend werden auch die Kriterien im Rahmen der kritischen Diskussion als Orientierung genutzt, jedoch nicht in voller Strenge für eine Erfüllbarkeit vorausgesetzt. Zudem beziehen sich die Diskussionskriterien nicht ausschließlich auf die Güte theoretischer Aussagensysteme, sondern wer-

195 Vgl. Wolf (2013), S. 15.

196 Vgl. Grochla (1978), S. 56.

197 Vgl. Wolf (2013), S. 18.

den aus Gründen der Einheitlichkeit und Übersichtlichkeit auch für die Diskussion konzeptioneller und empirischer Ansätze verwendet.

Die Tabelle 2 zeigt die fünf Kriterien für die Diskussion der theoretischen, konzeptionellen und empirischen Ansätze und verdeutlicht, welche Merkmalsausprägung gegeben sein muss, um die jeweilige Bewertung der einzelnen Diskussionskriterien (++ = erfüllt; + = eher gegeben; 0 = nicht gegeben) zu erreichen.

Tabelle 2: Merkmalsausprägungen und Bewertungsraster der Diskussionskriterien.

Bewertungs-raster	**++**	**+**	**0**
(1) Theoretische Fundierung	Im Rahmen des Ansatzes wird sich intensiv mit grundlegenden Erkenntnissen und theoretischen Ansatzpunkten beschäftigt. Es werden bestehende Erkenntnissen in die weitere Ausarbeitung integriert. Der Ansatz wird inhaltlich in der Forschungslandschaft verortet und bietet ein umfassendes Begriffsverständnis.	Im Rahmen des Ansatzes werden grundlegende Erkenntnisse und theoretischen Ansatzpunkte angerissen. Es werden bestehende Erkenntnissen für die weitere Ausarbeitung benannt. Der Ansatz bietet ein erstes Begriffsverständnis.	Im Rahmen des Ansatzes fehlen grundlegende Erkenntnisse und theoretische Ansatzpunkte. Es werden keine bestehende Erkenntnisse in die weitere Ausarbeitung integriert. Ein Begriffsverständnis sowie eine inhaltliche Verortung in der Forschungslandschaft liegen nicht vor.
(2) Informationsgehalt	Der Ansatz enthält wertvolle und plausible inhaltliche Anregungen. Es lässt sich ein hoher Anwendungsbezug feststellen. Die Herleitungen sind nachvollziehbar und logisch begründet.	Der Ansatz enthält inhaltliche Anregungen. Es lässt sich ein Anwendungsbezug feststellen. Die Herleitungen sind in Teilen nachvollziehbar und meistens logisch begründet.	Der Ansatz enthält keine verwendbaren Anregungen. Es lässt sich kein Anwendungsbezug feststellen. Die Herleitungen sind nicht nachvollziehbar und nicht logisch begründet.
(3) Empirische Bestätigung	Die Subkriterien der Objektivität, Reliabilität und Validität sind erfüllt. Die Qualität des Studiendesigns wird als hoch eingeschätzt. Eine Repräsentativität der Erkenntnisse besteht.	Die Subkriterien der Objektivität, Reliabilität und Validität sind nur in Teilen erfüllt. Die Qualität des Studiendesigns enthält einige Mängel. Eine Repräsentativität der Erkenntnisse besteht nur in Teilen.	Es liegt keine empirische Untersuchung vor bzw. die Erkenntnisse können nicht als empirisch bestätigt angesehen werden.
(4) Konsistenz und Vollständigkeit	Die Argumentation ist weitest gehend schlüssig und widerspruchsfrei. Die Erläuterungen wirken (soweit beurteilbar) vollständig.	Die Argumentation enthält kleine Widersprüche und ist teilweise nicht schlüssig. Die Erläuterungen sind teilweise unvollständig.	Die Argumentation des Ansatzes enthält viele Widersprüche und ist für den Leser schwer nachvollziehbar. Auch sind viele Erläuterungen unvollständig.
(5) Transferierbarkeit	Es liegt eine hohe Übertragbarkeit der Erkenntnisse auf ein Regain Management vor.	Die Übertragbarkeit der Erkenntnisse auf ein Regain Management ist grundsätzlich möglich, muss jedoch noch hinterfragt werden.	Es liegt keine Übertragbarkeit der Erkenntnisse auf ein Regain Management vor.

Bewertungs-raster	++	+	0
Wissen-schaftliche Relevanz der Quelle	Der Ansatz wurde in einem laut VHB Ranking A+/A-Journal publiziert oder stellt eine ähnlich wissenschaftlich anerkannte Quelle dar (populäre Monographien oder Sammelbände).	Der Ansatz wurde in einem laut VHB Ranking B/C-Journal publiziert oder stellt eine ähnlich wissenschaftlich aner-kannte Quelle dar (be-kannte Monographien, Sammelbände oder Arbeitspapiere).	Der Ansatz wurde in einem laut VHB Ranking D-Journal publiziert oder stellt keine wissenschaft-lich anerkannte Quelle dar.

Neben den fünf Diskussionskriterien wird auch die Art der Publikation analysiert, um die **wissenschaftliche Relevanz** der in den Ansätzen enthaltenen Aussagen beurteilen zu können. Dabei wird u. a. auf das VHB-JOURQUAL3 zurückgegriffen, welches ein Rating wissenschaftlicher BWL-Zeitschriften darstellt.[198] In Bezug auf die Qualität von Monographien, Sammelbänden und Arbeitspapieren wird auf den Bekanntheitsgrad des Autors und/oder Herausgebers sowie auf das wissenschaftliche Renommee des Verlages geachtet.[199] Die Beurteilung der wissenschaftlichen Relevanz der verwendeten Quellen stellt jedoch lediglich eine Orientierung für die weitere Verwendung der Quellen hinsichtlich der Konzeption eines Regain Managements dar und dient nicht primär dem Ausschluss von Quellen. Dies lässt sich dadurch begründen, dass Ratings grundsätzlich keine Bewertung in Bezug auf den Kontext der Arbeit ersetzen können, da es sich um standardisierte Verfahren handelt, die grundsätzlich eine Vereinfachung sowie eine Reduktion des Blickfeldes implizieren. Zudem bezieht sich das VHB-JOURQUAL3 nur auf die Zeitschrift als Publikationsquelle und nicht auf den einzelnen Zeitschriftenbeitrag, wodurch die Relevanz der Fragestellung, die Fundiertheit sowie die Nachvollziehbarkeit der Argumentationsstruktur nicht beurteilt werden kann.[200] Im Vordergrund für die weitere Verwendung der Quellen steht dementsprechend die inhaltliche Relevanz und Fundiertheit sowie die Schaffung einer breiten literarischen Basis, um eine möglichst umfassende Ideengenerierung für die Konzeption eines Regain Managements anzustreben.

Da im Rahmen der vorliegenden Arbeit die Ergebnisse unterschiedlicher empirischer Studien aus den vier Erkenntnisobjekten integriert werden, kommt die Methode der *Metaanalyse* in Betracht. Da die Arbeit jedoch eine qualitative, bezugsrahmenorientierte Forschungsmethodik

198 Das VHB-JOURQUAL3 umfasst die Bewertung von 934 wissenschaftlichen BWL-Zeitschriften und basiert auf über 60.000 Einzelbewertungen von mehr als 1.100 Wirtschaftswissenschaftlern. Vgl. VHB (2015a).

199 Vgl. Theisen (2006), S. 79. Beispiele für renommierte Verlage sind Gabler, Schäffer-Poeschel und Springer als eher wissenschaftlich orientierte Verlage sowie der EUL Verlag und Verlag Dr. Kovač als Dissertationsverlage. Vgl. Becker (2004a), S. 33.

200 Vgl. VHB (2015b); VHB (2015c).

verfolgt, muss die Metaanalyse aus dem Bereich der quantitativen Forschung davon abgegrenzt werden muss. Im Fokus der Metaanalyse steht „[...] the statistical analysis of a large collection of analysis results from individual studies for the purpose of integrating the findings“[201]. DRINKMANN betont, dass die varianzaufklärende Funktion und die quantitative Orientierung als Hauptmerkmale einer Metaanalyse zu sehen sind.[202] An dieser Stelle werden die Grenzen der Metaanalyse deutlich. Es können lediglich empirische Untersuchungen berücksichtigt werden und eine Analyse theoretischer und konzeptioneller Erkenntnisse ist nicht möglich. Ebenfalls können keine empirischen Ergebnisse auf Basis von qualitativen Studien integriert werden.[203] Da im Rahmen der Arbeit ein möglichst umfassender Erkenntnisgewinn hinsichtlich der Konzeption eines Regain Managements erzielt werden soll, werden sowohl theoretische, konzeptionelle als auch empirische Erkenntnisse im Konzeptionsrahmen berücksichtigt. Des Weiteren eignet sich eine Metaanalyse eher bei etablierten Forschungsfeldern, in denen ähnliche Phänomene aus unterschiedlichen Kontexten und mit unterschiedlichen Verfahren untersucht wurden. Für wenig strukturierte und unerforschte Untersuchungsfelder ist diese Methode eher ungeeignet.[204] Eine Metaanalyse wird somit als methodische Vorgehensweise ausgeschlossen.

3.2 Kundenrückgewinnungsforschung

3.2.1 Auswahl der Ansätze

Die theoretischen Erkenntnisse des Rückgewinnungsmanagements sind noch relativ unausgereift, es gibt jedoch Arbeiten, die sich mit einer theoretischen Fundierung beschäftigen.[205] Hierzu werden Theorien aus anderen Forschungsbereichen wie der Neuen Institutionenökonomik, der Mikroökonomie oder den Verhaltenswissenschaften auf die Kundenrückgewinnung übertragen.[206]

---

201 Glass (1976), S. 3.

202 Vgl. Drinkmann (1990), S. 11.

203 Vgl. Eisend (2004), S. 5; Lipsey/Wilson (2001), S. 2.

204 Vgl. MacInnis (2011), S. 151. Die Studien, welche zur Konzeption eines Regain Management beitragen, weisen zudem eine unterschiedliche quantitative Basis aus, so dass keine Vergleichbarkeit gewährleistet und die Durchführung einer Metaanalyse nicht möglich resp. nicht sinnvoll ist. Vgl. Eisend (2004), S. 20-21; McInnis (2011), S. 151.

205 Vgl. Barten (2011), S. 78; Michalski (2002), S. 15.

206 Vgl. Michalski (2002), S. 15; Pick (2008), S. 73-74; Pick/Krafft (2009), S. 122; Seidl (2010), S. 31.

Konzeptionelle Ansätze zum Rückgewinnungsmanagement liegen in einer höheren Anzahl vor. Teilweise konzentrieren sich Autoren auf eine funktions- und prozessorientierte Perspektive des Rückgewinnungsmanagements. Es lassen sich auch Arbeiten finden, die eine starke Praxisorientierung aufweisen und versuchen Empfehlungen und Implikationen für ein Kundenrückgewinnungsmanagement in der Praxis zu generieren.[207]

Aus empirischer Sicht ist das Erkenntnisobjekt der Kundenrückgewinnung wenig erschlossen. In den bestehenden Arbeiten steht die Erforschung der praktischen Relevanz des Rückgewinnungsmanagements im Fokus. Des Weiteren werden spezifische Aspekte des Rückgewinnungsmanagements näher betrachtet, insbesondere sind Ansätze zu den Erfolgsfaktoren oder den Auswirkungen des Rückgewinnungsmanagements zu nennen.[208]

Das Erkenntnisobjekt der Kundenrückgewinnungsforschung lässt sich in zwei Forschungsschwerpunkte unterteilen: Kundenabwanderung sowie Kundenrückgewinnung.[209] Im Fokus der *Kundenabwanderung* steht der gesamte kundenseitige Abwanderungsprozess. Kenntnisse über den Verlauf dieses Prozesses sowie die Gründe für die Abwanderung stellen eine wichtige informatorische Basis für die Gestaltung des Kundenrückgewinnungsmanagements dar.[210] Als Teilbereich kann auch das Kündigungspräventionsmanagement genannt werden, welches jedoch aufgrund der Zielgruppe der ehemaligen Mitarbeiter im Rahmen dieser Arbeit nur im Einzelfall in den Konzeptionsrahmen integriert wird.[211] Der Forschungsschwerpunkt der *Rückgewinnung* fokussiert den Rückgewinnungsprozesse sowie das Rückgewinnungsmanagement.[212]

---

207 Vgl. Barten (2011), S. 77.

208 Vgl. Barten (2011), S. 78.

209 Vgl. Michalski (2002), S. 13, sowie daran angelehnt Barten (2011), S. 77. Michalski (2002) und Barten (2011) unterteilen die Kundenrückgewinnungsforschung in Kundenabwanderung und Kundenreaktivierung, implizieren damit jedoch die tatsächliche Rückgewinnung von Kunden. Dementsprechend wird in dieser Arbeit in die Kundenabwanderung und die Kundenrückgewinnung differenziert.

210 Vgl. Bruhn/Michalski (2001), S. 117. Es existieren ebenfalls unterschiedliche Erkenntnisse zu Abwanderungsprozessen in B2B-Beziehungen, welche jedoch aufgrund der Art der Beziehung für den Kontext der Arbeit nicht relevant erscheinen. Für eine Übersicht vgl. Alajoutsijärvi et al. (2000); Halinen/Tähtinen (2002) sowie Täthinen/Halinen (2002).

211 Vgl. Michalski (2006), S. 586; Boenigk (2011), S. 478. Der Forschungsschwerpunkt des Kündigungspräventionsmanagements bezieht sich in großen Teilen auf die Methodik des Data Minings, welche in diesem Umfang für ein Regain Management mit der Zielgruppe ehemaliger Mitarbeiter nicht in Betracht kommt. Data Mining verfolgt das Ziel, Datenbestände hinsichtlich interessanter, unbekannter sowie nützlicher Muster zu untersuchen. Vgl. Decker (2002), S. 1. Bezüglich der Anwendung von Data Mining in der Betriebswirtschaft vgl. Decker (2002).

212 Vgl. Michalski (2002), S. 13, sowie daran angelehnt Barten (2011), S. 77.

In den Kapiteln 3.2.2 bis 3.2.4 werden die gewählten Ansätze jeweils den zwei Forschungsschwerpunkten der Kundenabwanderung sowie der Kundenrückgewinnung zugeordnet, anschließend chronologisch dargestellt sowie entlang der Kriterien aus Kapitel 3.1.2 diskutiert.

3.2.2 Theoretische Ansätze

Im Forschungsschwerpunkt der *Kundenabwanderung* werden unterschiedliche theoretische Ansätze zur Begründung von Abwanderungsprozessen herangezogen. Für den Kontext der Arbeit sind die Transaktionskostentheorie und die Agenturtheorie als Ansätze der Institutionenökonomischen Organisationstheorien sowie die Mikroökonomische Theorie von HIRSCHMAN relevant, da sie von unterschiedlichen Autoren als Erklärungsansatz der Kundenabwanderung verwendet werden. Ebenfalls leisten die Risikotheorie und das Konstrukt des Variety Seeking als verhaltenswissenschaftliche Ansätze einen Beitrag zur Erklärung der Abwanderung von Kunden.[213]

Es liegen ebenfalls Ansätze vor, die versuchen, die *Rückgewinnung* von Kunden theoretisch zu fundieren. Für den Kontext der Arbeit generieren die Soziale Austauschtheorie, die Equity-Theorie und die Theorie der kognitiven Dissonanz einen inhaltlichen Mehrwert, welche alle den verhaltenswissenschaftlichen Ansätzen zugeordnet werden können.[214] Die ausgewählten Theorien werden im weiteren Verlauf in ihrem Ursprung kurz dargestellt sowie auf das Erkenntnisobjekt der Kundenrückgewinnungsforschung übertragen. Abschließend folgt eine kritische Diskussion.[215]

---

213 Vgl. u. a. Kleinaltenkamp (1992), S. 812; Michalski (2002), S. 15; Seidl (2010), S. 31-33. Die Equity-Theorie, die Soziale Austauschtheorie und die Theorie der kognitiven Dissonanz werden aufgrund der Häufigkeit der Nennung im Zusammenhang mit der Kundenrückgewinnung vorgestellt. Die Opponent-Prozess-Theorie wird aufgrund fehlender Übertragung auf die Kundenabwanderung in dieser Arbeit vernachlässigt. Für weitere Informationen im Zusammenhang mit der Kundenbindung vgl. dafür Graziano/Mather Musser (1982) sowie Matzler (1997). Ebenfalls in dieser Arbeit unberücksichtigt bleiben: die Prospect-Theorie vgl. dazu Kahnemann/Tversky (1979); Levy (1992); die Theory of Planned Behavior vgl. dazu Ajzen (1985, 1991); Ajzen/Fishbein (1969, 1980); Bansal/Taylor (1999); die Theorie von Duck, vgl. Duck (1982), sowie lerntheoretische Ansätze vgl. Bower/Hilgard (1983). Diese theoretischen Ansätze werden jeweils nur indirekt in Bezug zur Kundenabwanderung gesetzt. Vgl. Michalski (2002), S. 15-17; Seidl (2010), S. 31-33.

214 Vgl. Pick (2008), S. 73-74; Pick/Krafft (2009), S. 122; Sieben (2002), S. 49.

215 Teilweise werden Theorien sowohl zur Erklärung der Kundenabwanderung sowie zur Kundenrückgewinnung herangezogen, dieses wird entsprechend kenntlich gemacht.

Darstellung der theoretischen Ansätze zur Kundenabwanderung

Im Rahmen der Neuen Institutionenökonomie können zwei Theorien zur Erklärung der Kundenabwanderung hervorgehoben werden.[216] Die *Transaktionskostentheorie* geht auf COASE sowie die Weiterentwicklungen von WILLIAMSON zurück.[217] Im Fokus der Theorie stehen Transaktionskosten, welche bei einem Leistungsaustausch innerhalb einer Organisation entstehen, wobei zwischen Ex-ante- und Ex-post-Transaktionskosten unterschieden wird. Ex-ante-Transaktionskosten fallen vor dem Abschluss eines Vertrages an, wie z. B. Informationskosten sowie Verhandlungs- und Vertragskosten. Ex-post-Transaktionskosten können nach Abschluss des Vertrages entstehen und umfassen u. a. Abwicklungs- und Überwachungskosten.[218] Grundsätzlich wird angenommen, dass die Akteure nur über eine begrenzte Rationalität verfügen sowie opportunistisches Handeln zugunsten ihrer eigenen Interessen vorziehen.[219] Auch die Beziehung zwischen einem Kunden und einer Unternehmung ist mit Kosten verbunden. Dazu zählen Suchkosten, Anbahnungskosten, Abwicklungskosten, Wechselkosten sowie Kosten für die Kontrolle und Auflösung, welche zu minimieren sind.[220]

Die *Agenturtheorie*, auch Prinzipal-Agent-Theorie genannt, beschreibt eine Beziehung zwischen einem Prinzipal, dem Auftraggeber, und einem Agenten, dem Auftragnehmer. Bei einem Auftrag des Agenten durch den Prinzipal liegt ein Informationsvorsprung des Agenten vor. Zudem bestehen Zieldivergenzen zwischen dem Prinzipal und dem Agenten, da angenommen wird, dass der Agent opportunistisch handeln wird. Es können somit Informationsasymmetrien und damit Unsicherheiten vorliegen, welche zu Beziehungskonflikten führen können.[221] Im Fall einer Kundenbeziehung übernimmt der Kunde die Rolle des Prinzipals und die Unternehmung die Rolle des Agenten.[222]

Überträgt man die Annahmen der Transaktionskostentheorie und der Agenturtheorie auf die Kundenabwanderung, lässt sich die These formulieren, dass Kunden, welche das Kosten-

216 Vgl. Seidl (2010), S. 32. Die Property-Rights-Theorie, welche auch im Zusammenhang mit der Neuen Institutionenökonomik genannt wird, erscheint als ungeeignet für das vorliegende Erkenntnisobjekt. Vgl. dazu Butzer-Strothmann (1999), S. 34-36 und S. 51; Fischer et al. (1993), S. 450. Für weitergehende Informationen vgl. Alchian (1979); Demsetz (1967).

217 Vgl. dazu Coase (1937); Williamson (1975, 1979, 1985, 1990, 1991).

218 Vgl. Williamson (1990), S. 22.

219 Vgl. Williamson (1990), S. 50-56. Vgl. auch Bea/Göbel (2010), S. 132-135; Schreyögg (2004), Sp. 1078-1080; Wolf (2013), S. 333-375.

220 Vgl. Homburg/Bruhn (2010), S. 16-17; Plinke/Söllner (2008), S. 84-86.

221 Vgl. Jensen/Meckling (1976); Ross (1973). Typische Probleme im Rahmen der Beziehung sind „hidden characteristics“ vor Vertragsabschluss sowie „hidden action“, „hidden information“ sowie „hidden intention“ nach Vertragsabschluss. Vgl. Bea/Göbel (2010), S. 145-147.

222 Vgl. Kleinaltenkamp (1992), S. 812-815; Michalski (2002), S. 16; Seidl (2010), S. 32.

Nutzen-Verhältnis der Beziehung als ungünstig wahrnehmen, eher dazu tendieren, die Beziehung zur Unternehmung zu beenden. Des Weiteren verstärken Zielkonflikte durch versteckte Informationen, Intentionen oder Handlungen im Rahmen der Beziehung sowie niedrige Wechselkosten die Wahrscheinlichkeit der Beziehungsbeendigung.[223]

Die *Theorie von HIRSCHMAN* besagt, dass Kunden, welche Unzufriedenheit in der Beziehung mit der Unternehmung empfinden, drei Handlungsmöglichkeiten haben: Abwanderung, Widerspruch oder Loyalität.[224] HIRSCHMAN untersucht unterschiedliche Einflussfaktoren, welche einen Widerspruch bzw. die Abwanderung des Kunden begünstigen. Faktoren, welche tendenziell zu einer Beendigung der Beziehung führen, sind eine hohe wahrgenommene Quantität und Qualität von Konkurrenzangeboten, eine hohe Qualitätselastizität der Nachfrage sowie hohe Bleibekosten. Demgegenüber existieren auch Faktoren, welche eher zum Widerspruch des Kunden führen, wie z. B. die empfundene Erfolgswahrscheinlichkeit des Widerspruchs, die bestehenden Wechselkosten sowie die Loyalität des Kunden.[225] Es lässt sich festhalten, dass Kunden bei Unzufriedenheit nicht automatisch abwandern, sondern es vielfältige Faktoren gibt, welche sowohl die Wahrscheinlichkeit der Abwanderung sowie die Möglichkeit des Widerspruchs beeinflussen. Aus Sicht der Unternehmung empfiehlt es sich, ein effizientes Beschwerdemanagement zu installieren, welches es dem Kunden erleichtert sich zu beschweren, um so die Abwanderung zu vermeiden.[226]

Die *Risikotheorie* besagt, dass Individuen ihr Kaufverhalten nach dem subjektiv wahrgenommenen geringsten Risiko ausrichten, wobei zwischen einem sozialen, funktionalen, finanziellen, physischen und psychischen Risiko unterschieden werden muss.[227] Bei der Übertragung dieser Theorie können mehrere Konsequenzen abgeleitet werden: Der Kunde kann als Risikoreduktionsstrategie ein loyales Verhalten zeigen.[228] Auch kann die Rückkehr zu einer vorherigen Geschäftsbeziehung eine Risikoreduktionsstrategie für den Kunden darstellen. Diese Verhaltensweisen lassen sich damit erklären, dass ein Wechsel das kaufspezifische Risiko

223 Vgl. Michalski (2002), S. 16; Seidl (2010), S. 32.

224 Vgl. dazu Hirschman (1970); Hirschman (1974a); Hirschman (1974b).

225 Vgl. Hirschman (1974a), S. 18-36.

226 Vgl. Michalski (2002), S. 16; Seidl (2010), S. 32 und S. 36-38.

227 Vgl. Cox/Rich (1964), S. 33-34; Taylor (1974), S. 54-55 und S. 57. Unter einem *sozialen Risiko* wird die soziale Akzeptanz eines Produktes verstanden. Das funktionale Risiko bezieht sich auf die Funktionsfähigkeit des Produktes. Das *finanzielle Risiko* betrachtet die Angemessenheit des Preises sowie die Tragbarkeit der finanziellen Belastung. Das *physische Risiko* bezieht sich auf mögliche Gesundheitsgefährdungen, das *psychologische Risiko* wiederum beinhaltet die persönliche Identifikation mit dem Produkt. Vgl. Kuß/Diller (2001), S. 758. Vgl. auch Stone/Mason (1995), S. 137.

228 Vgl. Gröppel-Klein et al. (2010), S. 57; Hentschel (1991), S. 25; Kroeber-Riel et al. (2013), S. 482-484.

ansteigen lässt.[229] Bezieht man die Risikotheorie auf die Kundenzufriedenheit, wird ein zufriedener Kunde die Beziehung zur Unternehmung aufrecht erhalten, um das Risiko der Unzufriedenheit zu minimieren.[230] Dies wiederum bedeutet, dass bei Unzufriedenheit die Kundenabwanderung als Risikoreduktionsstrategie verstanden werden kann.[231]

Das *Variety Seeking* entstammt der verhaltenswissenschaftlichen Literatur und wird mit dem Wunsch nach Abwechslung übersetzt.[232] Das Phänomen kann im Bereich des Kaufverhaltens als „tendency of individuals to seek diversity in their choices of services and goods“[233] verstanden werden. Die Annahme, dass der Wechsel durch negative Produkteigenschaften oder negative Einflüsse begründet wird, ist bei dem Konstrukt des Variety Seeking nicht gegeben.[234] Es wird zwischen einem extrinsisch motivierten Variety Seeking, welches sich auf die Veränderung bestimmter äußerer Faktoren bezieht, und einem intrinsisch motivierten Variety Seeking, wo der Wechsel des Anbieters an sich einen Nutzen darstellt, differenziert. Die Eigenschaften der Selbstbestimmtheit und Autonomie bilden bei dem intrinsisch motivierten Variety Seeking die Basis für die Wechselentscheidung.[235] Im Rahmen der Kundenabwanderung spielt insbesondere das intrinsisch motivierte Variety Seeking eine Rolle.[236] Das bedeutet, im Vordergrund steht das „switching […] that is done simply for ‚variety‘“.[237] Trotz bestehender Zufriedenheit des Kunden, stellt der Wechsel des Anbieters einen Anreiz dar und reduziert somit die Rückkehrwahrscheinlichkeit.[238] Das Bedürfnis nach Abwechslung fällt individuell unterschiedlich aus, weshalb in der Literatur auch eine Unterscheidung zwischen Variety Seekern und Variety Non-Seekern zu finden ist.[239] Als Erklärungsansatz für das Variety Seeking wird auch auf die „Theorie des optimalen Levels von Simulation“ zurückgegriffen, welche besagt, dass ein Individuum ein gewisses Level an Stimulation, d. h. eine optimale Balance zwischen Gewohnheit und Abwechslung, benötigt, um Zufriedenheit zu erlangen.

229 Vgl. Homburg/Sieben/Stock (2003), S. 14; Seidl (2010), S. 33. Vgl. auch Homburg et al. (2004), S. 31.

230 Vgl. Homburg et al. (2010), S. 123.

231 Vgl. Seidl (2010), S. 33.

232 Vgl. Homburg et al. (2004), S. 28. Die Termini Wechselneigung, Novelty Seeking sowie die Suche oder das Streben nach Abwechslung können synonym verwendet werden. Vgl. Meixner (2005), S. 48; Peter (2001), S. 100.

233 Kahn (1995), S. 139.

234 Vgl. Peter (2001), S. 100.

235 Vgl. Tscheulin (1994), S. 46. Vgl. auch McReynolds (1971), S. 159.

236 Vgl. Homburg et al. (2004), S. 28.

237 McAlister (1982), S. 142-143.

238 Vgl. Homburg et al. (2004), S. 31; Roos (1999), S. 68. Zu weiteren Ausführungen des Variety Seekings im Marketing vgl. Bänsch (1995); Givon (1984); McAlister/Pessemier (1982).

239 Vgl. Meifert (2005), S. 69. Die Basis für die Unterscheidung wird in der Eigenschaft der „Offenheit gegenüber Erfahrungen“ gesehen. Vgl. McCrae/Costa (1987), S. 81-83.

Wird dieses Level bei dem wiederholten Kauf eines bekannten Produktes unterschritten, zeigt sich das Abwechslungsbestreben, um einen gewissen Grad der Stimulation zu erzielen.[240]

Diskussion der theoretischen Ansätze zur Kundenabwanderung

Im Folgenden werden die theoretischen Ansätze entlang der fünf Diskussionskriterien aus Kapitel 3.1.2 diskutiert.

Bezüglich der (1) *theoretischen Fundierung* lässt sich feststellen, dass erst wenige theoretische Ansätze zur Erklärung der Kundenabwanderung vorliegen, weshalb eine theoretische Fundierung ambivalent betrachtet werden muss. Die Autoren befassen sich nur mit Teilaspekte der Kundenabwanderung, insbesondere mit den Einflussfaktoren. Beispielsweise verweisen die Transaktionskostentheorie und die Agenturtheorie auf die Bewertung der Beziehung auf Basis einer Abwägung der Kosten und Nutzen.[241] Das Variety Seeking widmet sich dem Bestreben nach Abwechslung als Auslösung einer Abwanderung, welches nur bei einigen Individuen stark ausgeprägt ist.[242] Eine intensive Auseinandersetzung mit allen theoretischen Ansatzpunkten findet nicht statt. Somit lässt sich kein in sich geschlossener theoretischer Rahmen der Kundenabwanderung bilden.[243] Allerdings ist die Qualität der in den jeweiligen Ursprungstheorien enthaltenen Axiome und Theoreme gegeben, weshalb von einer theoretischen Fundierung ausgegangen werden kann.

Weiterhin kann festgehalten werden, dass ein hoher (2) *Informationsgehalt* der theoretischen Ansätze vorliegt, da sich schlüssige und wertvolle Implikationen für die Beendigung einer Kundenbeziehung, insbesondere hinsichtlich der Verhaltensweisen der Kunden, ableiten lassen. Dadurch ergeben sich wichtige Ansatzpunkte für die Kundenrückgewinnung und neue Handlungsmöglichkeiten aus Sicht der Unternehmung.[244] Dennoch muss auch auf Einschränkungen hingewiesen werden. Beispielsweise wird in der Transaktionskostentheorie von einer ausschließlich durch Opportunismus geprägten Motivstruktur ausgegangen, welches die Übertragung auf die Realität einschränkt.[245]

240 Vgl. Meifert (2005), S. 68-69. Vgl. insbesondere Deci/Ryan (1985).
241 Vgl. Michalski (2002), S. 16.
242 Vgl. Bänsch (1995), S. 351; Meifert (2005), S. 69.
243 Vgl. Seidl (2010), S. 31.
244 Vgl. Seidl (2010), S. 31.
245 Vgl. Kieser/Walgenbach (2010), S. 52.

Eine (3) *empirische Bestätigung* der Ansätze findet nur in indirekter Weise statt. Hervorzuheben ist, dass die theoretischen Ansätze teilweise zur Entwicklung des Bezugsrahmens bzw. zur Herleitung der Hypothesen einer empirischen Untersuchung herangezogen werden.[246]

Hinsichtlich der (4) *Konsistenz und Vollständigkeit* fällt auf, dass die Ausführungen in sich konsistent und nachvollziehbar sind. Jedoch ist die Vollständigkeit kaum abschätzbar, da sich die theoretischen Ansätze auf spezielle Rahmenbedingungen beschränken müssen. So lässt sich bei der Agenturtheorie eine einseitige Perspektive feststellen, da lediglich Vertragsprobleme aus Perspektive des Prinzipals, d. h. in diesem Fall aus Sicht des Kunden, analysiert werden.[247]

Für das Kriterium der (5) *Transferierbarkeit* lässt sich feststellen, dass viele Ansatzpunkte auch für das Abwanderungsverhalten von Mitarbeitern genutzt werden können. Insbesondere die verhaltenswissenschaftlichen Ansätze bieten Erklärungsmuster, welche die Abwanderungsentscheidung von Mitarbeitern plausibel erläutern können. Teilweise lässt sich die Übertragung bereits in der Literatur finden, wie z. B. bei MEIFERT sowie VOM HOFE, die das Konstrukt des Variety Seeking in der Mitarbeiterbindungsforschung anwenden.[248]

Darstellung der theoretischen Ansätze zur Kundenrückgewinnung

Im Forschungsschwerpunkt der Kundenrückgewinnung werden insbesondere die verhaltenswissenschaftlichen Ansätze hervorgehoben.[249] Die *Soziale Austauschtheorie* basiert auf den Arbeiten von HOMANS sowie THIBAUT/KELLY und untersucht das menschliche Verhalten in Interaktionsbeziehungen. Dabei wird davon ausgegangen, dass zwei Interaktionspartner in einem Austauschverhältnis zueinander stehen, in welchem Geben und Nehmen jeweils als Kosten bzw. Nutzen wahrgenommen werden. Kosten und Nutzen werden hierbei nicht nur aus einer ökonomischen Perspektive bewertet, sondern es werden ebenfalls immaterielle Elemente wie Gefühle und Einstellungen der Interaktionspartner berücksichtigt. So kann jedes Verhalten der Interaktionspartner innerhalb des Austauschverhältnisses als Kosten-Nutzen-Verhältnis interpretiert werden, welches es aus Sicht der einzelnen Interaktionspartner zu op-

246 Vgl. z. B. Seidl (2010), die die Theorie Hirschmans zur Entwicklung des Bezugsrahmens nutzt. Vgl. Michalski (2002), die bei der Entwicklung des theoretischen Bezugsrahmens auf die Theorie von Duck zurückgreift. Vgl. Homburg/Sieben/Stock (2003), S. 13, zur Nutzung des Variety Seeking bei der Bildung von Hypothesen.

247 Vgl. Kieser/Walgenbach (2010), S. 48.

248 Vgl. Meifert (2005), S. 68; vom Hofe (2005), S. 86.

249 Vgl. Sieben (2002), S. 49.

timieren gilt. Zur Bewertung des jeweiligen Kosten-Nutzen-Verhältnisses werden zwei Referenzwerte herangezogen: Zum einen wird das Vergleichsniveau („comparison level“) genutzt, welches einen Vergleich zu den Bedürfnissen, Ansprüchen und Erfahrungen in früheren Situationen zieht. Ist das Ergebnis des Vergleichs mit z. B. früheren Erfahrungen positiv, steigt das Vergleichsniveau an und determiniert damit die Zufriedenheit des Interaktionspartners mit dem aktuellen Austauschverhältnis. Der zweite Referenzwert wird als alternativenbezogenes Vergleichsniveau („comparison level for alternatives“) bezeichnet und bestimmt die Fortführung oder Beendigung einer Beziehung. Wenn das Kosten-Nutzen-Verhältnis der Alternative höher ist, führt dies zur Beendigung der Beziehung.[250] Übertragen auf die Rückgewinnung von Kunden bedeutet dies, dass die Abwanderungsneigung des Kunden steigt, je größer die Unzufriedenheit des Kunden mit der Beziehung ist und je besser die Alternativen aus Sicht des Kunden wahrgenommen werden. Wenn dem Kunden hingegen ein attraktives Kosten-Nutzen-Verhältnis sowohl im Vergleich zu vorherigen Situationen als auch im Vergleich zum Wettbewerb angeboten wird, dann reduziert sich wiederum das Abwanderungsrisiko, und die Rückgewinnungswahrscheinlichkeit nimmt zu.[251]

Die *Equity-Theorie* geht auf ADAMS und HOMANS zurück. Sie beschäftigt sich wie die Soziale Austauschtheorie mit sozialen Austauschbeziehungen, jedoch liegt der Fokus der Ausführungen auf den Anforderungen der Interaktionspartner an Gerechtigkeit und Fairness.[252] Individuen vergleichen ihren eigenen Einsatz (Input) für die Beziehung und das Ergebnis (Output) mit dem Input-Output-Verhältnis von anderen Referenzpersonen, welche durch den jeweiligen Austauschpartner, andere Personen oder Organisationen dargestellt werden können.[253] Von Gerechtigkeit (equity) wird dann gesprochen, wenn die Input-Output-Verhältnisse der beiden Interaktionspartner sich gleichen.[254] Dementsprechend liegt Ungerechtigkeit (inequity) vor, wenn sich diese unterscheiden, und zwar sowohl bei Benachteiligungen als auch bei Begünstigungen. Der Zustand der Ungerechtigkeit wird von den Austauschpartnern als Spannungsverhältnis wahrgenommen, welches es auszugleichen gilt. Dafür stehen vier Handlungsmöglichkeiten zur Verfügung: (1) Ausgleich der Ungerechtigkeit durch eine Einstellungsänderung, (2) Veränderung des Einsatzes durch eine Erhöhung oder Reduzierung des

---

[250] Vgl. Thibaut/Kelley (1959), S. 21-24 und S. 81. Vgl. auch Homans (1958); Thibaut/Kelley (1959).

[251] Vgl. Homburg/Bruhn (2010), S. 12-13; Seidl (2010), S. 35-36; Wiswede (2012), S. 101-102.

[252] Vgl. Adams (1965), S. 276-280; Wiswede (2012), S. 102. Für weitere Informationen vgl. Adams (1963, 1965); Homans (1960, 1961).

[253] Vgl. Adams (1963), S. 424-426. Der Input kann u. a. monetäre Investitionen, Erfahrungen oder Engagement umfassen. Zum Output kann u. a. eine Entlohnung, Unterstützung oder Zufriedenheit gezählt werden. Vgl. Adams (1965), S. 276-279.

[254] Vgl. Adams (1965), S. 273.

eigenen Inputs, (3) Wiederherstellung des Zustandes von Gerechtigkeit durch Beeinflussung des Austauschpartners oder (4) Vermeidung der Ungerechtigkeit durch Beendigung der Austauschbeziehung.[255] In jüngeren Forschungsarbeiten wird eine Differenzierung hinsichtlich des Gerechtigkeitskonzeptes vorgeschlagen. Es werden die distributive, prozedurale sowie interaktionale Gerechtigkeit unterschieden. Dabei bezieht sich die distributive Gerechtigkeit auf die gerechte Verteilung zwischen den beteiligten Austauschpartnern, die prozedurale Gerechtigkeit konzentriert sich auf die Fairness der Abläufe, und bei der interaktionalen Gerechtigkeit steht die zwischenmenschliche Behandlung im Fokus.[256] Die Equity-Theorie wurde zur Untersuchung von Kunden-Unternehmungs-Beziehungen herangezogen.[257] Demnach ist ein fairer Umgang mit dem Kunden, welcher sich auf alle drei Gerechtigkeitsdimensionen übertragen lässt, essenziell. Im Rahmen der distributiven Gerechtigkeit ist eine materielle sowie immaterielle Entschädigung zur Wiederherstellung des Gerechtigkeitsempfindens des Kunden sinnvoll. Die prozedurale Gerechtigkeit kann durch schnelle, transparente und effiziente Strukturen und Prozessabläufe innerhalb der Unternehmung erzielt werden. Zur Erreichung einer interaktionalen Gerechtigkeit verhelfen Mitarbeiter, die durch einen ehrlichen, freundlichen, kompetenten und engagierten Umgang mit dem Kunden auffallen.[258]

Der dritte verhaltenswissenschaftliche Ansatz, welcher im Zusammenhang mit der Kundenrückgewinnung genannt wird, ist die *Theorie der kognitiven Dissonanz*, welche von FESTINGER entwickelt wurde.[259] Inhaltlich beschäftigt sich die Theorie mit dem Streben von Individuen nach einem kognitiven Gleichgewicht bzw. der Vermeidung von kognitiven Dissonanzen, d. h. widersprüchlichen Gedanken, Meinungen und Überzeugungen. Kognitive Dissonanzen lösen bei Individuen Spannungen aus, die ab einem bestimmten Niveau zu Verhal-

---

255 Vgl. Adams (1963), S. 424-430; Adams (1965), S. 283-296.

256 Vgl. Sieben (2002), S. 54-55. Für weitere Ausführungen zu einem mehrdimensionalen Gerechtigkeitskonzept vgl. Alexander/Ruderman (1987); Bies/Shapiro (1987); Tax et al. (1998).

257 Vgl. Homburg/Sieben/Stock (2003), S. 3-4; Stock-Homburg (2010), S. 65-66. Für Beispiele empirischer Untersuchungen von Kunden-Unternehmungs-Beziehungen vgl. u. a. Chenet et al. (2000); Hoffmann/Kelley (2000).

258 Vgl. Lucco (2008), S. 37-38; Seidl (2010), S. 39-40; Sieben (2002), S. 56-57. Für weitere Informationen zu den empirischen Ergebnissen zur distributiven Gerechtigkeit und der Kundenrückgewinnung vgl. u. a. Hoffmann/Kelley (2000); Kelley et al. (1993); McCollough et al. (2000); Tax et al. (1998). Für weitere Informationen zu den empirischen Ergebnissen zur prozeduralen Gerechtigkeit und der Kundenrückgewinnung in Bezug auf eine Informationsweitergabe an den Kunden vgl. u. a. Conlon/Murray (1996); in Bezug auf schnelle und flexible Verhaltensweisen gegenüber des Kunden vgl. u. a. Blodgett et al. (1997); Kelley et al. (1993). Für weitere Informationen zu den empirischen Ergebnissen zur interaktionalen Gerechtigkeit und der Kundenrückgewinnung in Bezug auf die Freundlichkeit der Mitarbeiter vgl. u. a. Goodwin/Roos (1992), in Bezug auf die Kompetenz der Mitarbeiter vgl. u .a. Bitner et al. (1990) sowie in Bezug auf das Engagement vgl. u. a. Mohr/Bitner (1995).

259 Vgl. Festinger (1957, 1964). Vgl. auch Festinger (1978).

tensänderungen, d. h. zur Dissonanzreduktion, führen.[260] Um die kognitiven Dissonanzen zu reduzieren, existieren drei Techniken: (1) Hinzufügen neuer kognitiver Elemente, (2) Veränderung bestehender kognitiver Verhaltenselemente z. B. Anpassung von Handlungen oder Emotionen aufgrund neuer Informationen sowie (3) Veränderung bestehender kognitiver Umweltelemente.[261] Übertragen auf die Kundenrückgewinnung, wurden einige Erkenntnisse gezogen. Zum einen kann die Wiederaufnahme einer Beziehung zur Unternehmung aus Kundensicht eine Strategie zur Dissonanzreduktion darstellen, da nach der Abwanderungsentscheidung z. B. bestimmte Erwartungen nicht erfüllt werden konnten oder unerwartete Konsequenzen aufgetaucht sind. Durch die Rückkehr werden diese Dissonanzen abgebaut. Des Weiteren kann sich auch die Einstellung des Kunden gegenüber der Unternehmung ändern. Erhalten die Rückgewinnungsaktivitäten der Unternehmung aus Kundensicht eine positive Beurteilung, passt sich auch die Einstellung gegenüber der Unternehmung, z. B. in Form von Zufriedenheit mit den Rückgewinnungsaktivitäten, an, um somit eine Konsonanz zu erzielen. Eine weitere Schlussfolgerung ist, dass bei der Ausgestaltung der Rückgewinnungsaktivitäten darauf geachtet werden sollte, dass konsonanzfördernde Elemente enthalten sind, und zwar sowohl aus rationaler (wie z. B. Information und Beratung) als auch emotionaler Perspektive (wie z. B. Wertschätzung, Mitgefühl).[262]

Diskussion der theoretischen Ansätze zur Kundenrückgewinnung

Hinsichtlich der (1) *theoretischen Fundierung* lässt sich grundsätzlich festhalten, dass die einzelnen Theorien Ansatzpunkte menschlichen Verhaltens betrachten, die sich alle auf das Verhalten von Individuen in Austauschbeziehungen beziehen lassen. Da die Kundenrückgewinnung bzw. die kundenseitige Entscheidung, eine vorherige Beziehung wieder aufzunehmen, ebenfalls eine soziale Austauschbeziehung darstellt, können die gewonnenen Erkenntnisse ebenfalls auf ökonomische Beziehungen übertragen werden.[263] Demnach kann man bei den vorgestellten verhaltenswissenschaftlichen Ansätzen von einer hohen theoretischen Fun-

260 Vgl. Festinger (1978), S. 16.

261 Vgl. Festinger (1978), S. 30-35. (1) Die Änderung kognitiver Elemente des Verhaltens kann z. B. durch Änderung von Gefühlen oder Handlungen aus Basis neuer Informationen angepasst werden. (2) Die Änderung kognitiver Elemente der Umwelt kann durch eine Änderung der Situation vorgenommen werden, wobei die Voraussetzung gegeben sein muss, dass die Person eine gewisse Kontrolle über die Umwelt besitzt. (3) Das Hinzufügen neuer kognitiver Elemente wird durch neue, konsonanzfördernde Informationen erreicht. Vgl. Festinger (1978), S. 31-32. Für weitere Informationen vgl. auch Frey/Benning (1997), S. 147-152; Frey/Gaska (1993), S. 277.

262 Vgl. Pick (2008), S. 80-82; Pick/Krafft (2009), S. 123; Sieben (2002), S. 60-61.

263 Vgl. Pick (2008), S. 73-74.

dierung sprechen, so dass sich wertvolle Erkenntnisbeiträge für die Kundenrückgewinnung ableiten lassen. Die Soziale Austauschtheorie stellt z. B. die theoretische Basis zur Erklärung von Geschäftsbeziehungen sowie den damit verbundenen Nutzen und die Kosten dar. Die Dissonanztheorie leistet einen Erklärungsbeitrag, warum Kunden nach einer Wechselentscheidung aufgrund nicht erfüllter Erwartungen Dissonanzen empfinden und wie Unternehmungen konsonanzfördernde Maßnahmen zur Rückgewinnung entwickeln können.[264]

Der (2) *Informationsgehalt* der theoretischen Ansätze wird als ambivalent beurteilt. Zwar bieten die Theorien wichtige Anhaltspunkte für menschliche Verhaltensweisen. Diese können jedoch eher auf einer Metaebene angesiedelt werden; sie führen nicht zu eindeutigen und allgemeingültigen Aussagen. Beispielsweise gibt es Studien zur kognitiven Dissonanz, die herausgefunden haben, dass Kunden nicht in jeder Entscheidungssituation kognitive Dissonanzen empfinden; andere Studien hingegen kommen zu dem Ergebnis, dass Kunden immer kognitiven Dissonanzen ausgeliefert sind.[265] Die Stärke der kognitiven Dissonanz wird zudem individuell unterschiedlich bewertet.[266]

Die (3) *empirische Bestätigung* muss differenziert betrachtet werden. Die Soziale Austauschtheorie wird insbesondere im Zusammenhang mit der Kundenzufriedenheit und der Wiederkaufsabsicht von Kunden empirisch überprüft, jedoch liegen noch keine empirischen Ergebnisse der Theorie im Hinblick auf die Kundenrückgewinnung vor.[267] Die Equity-Theorie hingegen wurde schon in vielen empirischen Studien, u. a. von BLODGETT/HILL/TAX, GOODWIN/ROOS sowie TAX/BROWN/CHANDRASHEKARAN, zu Austauschbeziehungen zwischen Kunden und einer Unternehmung herangezogen.[268] Auch in Bezug auf die Rückgewinnung von Kunden findet die Equity-Theorie in Studien empirische Bestätigung.[269] Die Dissonanztheorie wurde in empirischen Untersuchungen im Marketingkontext angewendet, jedoch existieren bis jetzt keine Studien zur Beeinflussung von Kognitionen von Kunden durch Rückgewinnungsangebote nach einer Abwanderung.[270]

264 Zur sozialen Austauschtheorie vgl. Homburg/Bruhn (2010), S. 13. Zur Equity-Theorie vgl. Homburg et al. (2007), S. 470; Pick/Krafft (2009), S. 124. Zur Theorie der kognitiven Dissonanz vgl. Pick (2008), S. 83; Sieben (2002), S. 60.

265 Vgl. Bell (1967), S. 14-16; Soutar/Sweeney (2003), S. 242.

266 Vgl. Soutar/Sweeney (2003), S. 229 und S. 242.

267 Vgl. LaBarbera/Mazursky (1983), S. 402-403; Oliver/Swan (1989), S. 33.

268 Vgl. Homburg/Sieben/Stock (2003), S. 3-4. Zu den empirischen Ergebnissen vgl. u. a. Blodgett et al. (1997); Goodwin/Roos (1992); Tax et al. (1998).

269 Vgl. Homburg/Sieben/Stock (2003); Homburg et al. (2004); Maxham/Netemeyer (2003).

270 Vgl. Pick (2008), S. 79-80 sowie S. 82.

Bezüglich der (4) *Konsistenz und Vollständigkeit* lässt sich festhalten, dass die vorgestellten Theorien nicht alle beeinflussenden und beeinflussten Variablen abbilden können. So blendet die Soziale Austauschtheorie alle Bindungsfaktoren aus, d. h. dass z. B. Vertrauen zwischen den Interaktionspartnern keine Berücksichtigung findet.[271] Auch die Equity-Theorie ist nicht in der Lage, alle möglichen Abwanderungsgründe zu erfassen. Wenn z. B. ein Kunde wegen Renteneintritt oder Arbeitslosigkeit und der damit verbundenen geringeren finanziellen Mittel die Beziehung zur Unternehmung beendet, lässt sich dies durch die Equity-Theorie nicht abbilden.[272] Dementsprechend kann nur eine geringe Konsistenz und Vollständigkeit der Theorien festgestellt werden.

Das Kriterium der (5) *Transferierbarkeit* ist erfüllt, da zwischen einem Mitarbeiter und einer Unternehmung ebenfalls eine soziale Interaktionsbeziehung unter einem ökonomischen Blickwinkel vorliegt. Diese gewonnenen Erkenntnisse können wertvolle Ansatzpunkte für ein Regain Management von ehemaligen Mitarbeitern liefern. Ein weiteres Indiz für die Transferierbarkeit ist, dass z. B. die Soziale Austauschtheorie schon zur Klärung von Arbeitsverhältnissen oder dem Eintritt und Verbleib von Mitarbeitern in Unternehmungen herangezogen wurde.[273]

3.2.3 Konzeptionelle Ansätze

Auch bei den konzeptionellen Ansätzen der Kundenrückgewinnungsforschung können die Forschungsschwerpunkte „Kundenabwanderung" sowie „Kundenrückgewinnung" unterteilt werden, wobei sich die Mehrheit der Publikationen auf die Kundenrückgewinnung konzentriert.

Im Rahmen der *Kundenabwanderung* werden in der Literatur vorrangig die Ansätze von STEWART sowie von HOCUTT diskutiert.[274] Zum Forschungsschwerpunkt der *Kundenrückgewinnung* lässt sich eine Vielzahl von Ansätzen finden. Der in der wissenschaftlichen Literatur bekannteste Ansatz ist von STAUSS/FRIEGE.[275] Andere Ansätze werden in ihren Gemeinsamkeiten und Unterschieden ergänzend betrachtet. Die kritische Diskussion erfolgt jeweils nach der Darstellung.

---

271 Vgl. Seidl (2010), S. 35.

272 Vgl. Pick/Krafft (2009), S. 124.

273 Vgl. Wiswede (2012), S. 101-102.

274 Vgl. Sieben (2002), S. 16; Tähtinen/Halinen (2002), S. 176.

275 Vgl. Pick (2008), S. 53; Pick/Krafft (2009), S. 126.

Darstellung der konzeptionellen Ansätze zur Kundenabwanderung

Das Modell von STEWART befasst sich mit dem Kundenabwanderungsprozess und basiert auf der Theorie von HIRSCHMAN. Demnach werden vier Gründe der Beziehungsbeendigung aus Sicht des Kunden in den Fokus gestellt: ein Rückgang der Qualität, das Vorhandensein von Alternativen, Barrieren (z. B. Loyalität) sowie die Artikulation der eigenen Interessen. Es verdeutlicht, dass ein subjektiv wahrgenommener Rückgang der Qualität einen Auslöser der Kundenabwanderung darstellen kann. Dennoch muss eine Unzufriedenheit des Kunden nicht immer zur Abwanderung führen, sondern es können auch Sättigungserscheinungen, Langeweile oder der Wunsch nach Abwechslung als Auslöser vorliegen. Auch das Vorhandensein von Alternativen kann die Abwanderungsentscheidung eines Kunden unterstützen, jedoch müssen diese aus Kundensicht als anders oder höherwertig eingeschätzt werden.[276] Des Weiteren werden Wechselbarrieren thematisiert, welche sowohl finanzielle und emotionale Kosten als auch finanzielle, soziale und psychologische Risiken beinhalten können.[277] Durch die Errichtung von Wechselbarrieren[278] kann die Abwanderung reduziert werden. Die Effektivität ist jedoch relativ gering, denn erfolgreiche Beziehungen zeichnen sich eher durch ein hohes Vertrauen und Commitment aus. Auch die Artikulation der eigenen Interessen wird von STEWART berücksichtigt. Diese kann eng mit der Entscheidung zur Abwanderung verbunden sein und schließt sich nicht grundsätzlich aus, d. h. nach einer Beschwerde kann ein Kunde sowohl in der Beziehung bleiben als diese auch beenden.[279]

HOCUTT basiert ihr Modell auf den Ausführungen von THIBAUT/KELLEY und identifiziert drei Konstrukte, welche einen Einfluss auf das Commitment und somit auf die Wahrscheinlichkeit zur Auflösung einer Beziehung haben: Zufriedenheit mit der Unternehmung, Qualität vorhandener Alternativen sowie getätigte Investitionen in die Beziehung. Dabei liegt ein hohes Commitment vor, wenn die Zufriedenheit hoch sowie die Qualität von Alternativen gering ist und bereits umfangreiche Investitionen getätigt wurden. Die drei Konstrukte werden jeweils von anderen Variablen wie u. a. Vertrauen, der sozialen Verbundenheit sowie der Länge der Beziehung beeinflusst, welche teilweise indirekt oder auch direkt auf das Commitment in der

---

276 Vgl. Stewart (1998a), S. 237-241 sowie S. 245. Zum Streben nach Abwechslung vgl. auch das Konstrukt des Variety Seekings in Kapitel 3.2.2.

277 Vgl. Stewart (1998a), S. 246.

278 *Wechselbarrieren* können in gesetzlicher, ökonomischer, technologischer, geographischer und zeitlicher Art vorliegen und sind von Seiten der Kunden weniger beeinflussbar, so dass sie einen Wechsel vermeiden können. Vgl. Stewart (1998a), S. 241-242.

279 Vgl. Stewart (1998a), S. 241-245. Für Studien zur Erklärung des Zusammenhangs zwischen langfristigen Beziehungen und Vertrauen und Commitment vgl. Morgan/Hunt (1994); Shemwell et al. (1994).

Beziehung wirken.[280] Es lässt sich festhalten, dass die im Modell enthaltenen Elemente teilweise von der Unternehmung beeinflusst werden können, andere liegen außerhalb der Kontrolle der Unternehmung wie z. B. die Qualität vorhandener Alternativen.[281]

Diskussion der konzeptionellen Ansätze zur Kundenabwanderung

Sowohl STEWART als auch HOCUTT begründen ihre Überlegungen mit theoretischen Erkenntnissen. Während STEWART ökonomische Erkenntnisse im Rahmen der Theorie HIRSCHMANS als Ausgangspunkt nutzt, basieren die Ausführungen von HOCUTT auf Erkenntnissen zur Auflösung interpersoneller Beziehungen, insbesondere auf der Sozialen Austauschtheorie nach THIBAUT/KELLEY.[282] Grundsätzlich kann die (1) *theoretische Fundierung* somit als positiv bewertet werden.

Der (2) *Informationsgehalt* der Ansätze wird als hoch eingeschätzt, da sowohl bei STEWART als auch bei HOCUTT jeweils nachvollziehbare Herleitungen und Begründungen für den Verlauf des Abwanderungsprozesses bzw. für die Einflussfaktoren der Kundenabwanderung geliefert werden.[283] Insbesondere bei HOCUTT werden sowohl die direkten Korrelationen zur Höhe des Commitments innerhalb der Beziehung hergestellt als auch die indirekten Korrelationen zwischen den Einflussfaktoren berücksichtigt.[284]

Die (3) *empirische Bestätigung* muss ambivalent beurteilt werden. Das Modell von STEWART wird eher als Versuch eines Modells charakterisiert, in dem jede Annahme noch empirisch überprüft werden muss.[285] Die Ausführungen von HOCUTT basieren teilweise auf empirischen Erkenntnissen zu einzelnen Einflussfaktoren, welche in einem Modell zusammengetragen werden, d. h. eine schwache empirische Bestätigung ist indirekt vorhanden.[286] Die angenom-

280 Vgl. Hocutt (1998), S. 190-194. D. h. es liegen eine positive Korrelation zwischen Zufriedenheit und Commitment, eine negative Korrelation zwischen dem Vorhandensein von Alternativen und Commitment sowie eine positive Korrelation von Investitionen und Commitment vor. Vgl. Hocutt (1998), S. 195.

281 Vgl. Hocutt (1998), S. 197.

282 Vgl. Tähtinen/Halinen (2002), S. 174.

283 Vgl. Tähtinen/Halinen (2002), S. 175.

284 Vgl. Hocutt (1998), S. 191.

285 Vgl. Stewart (1998a), S. 246-247.

286 Beispielsweise wird der Zusammenhang zwischen hoher Zufriedenheit mit der Beziehung und einem hohen Commitment durch den Verweis auf die Studien von Gladstein (1984) sowie Kelley/Davis (1994) erklärt. Vgl. Hocutt (1998), S. 191.

menen Korrelationen im Modell können jedoch nicht empirisch bestätigt werden.[287] Auch die Messung von Commitment führt in der Literatur zu keiner Einigkeit.[288]

In Bezug auf das Kriterium der (4) *Konsistenz und Vollständigkeit* muss hervorgehoben werden, dass die angenommenen Zusammenhänge des Abwanderungsprozesses bei STEWART als auch bei den Einflussfaktoren auf das Commitment bzw. die Wahrscheinlichkeit der Abwanderung bei HOCUTT schlüssig und nachvollziehbar sind. Die Vollständigkeit der Ansätze lässt sich jedoch nicht in Gänze überprüfen.

Im Allgemeinen kann die (5) *Transferierbarkeit* als positiv bewertet werden. Einflussfaktoren wie Commitment, Zufriedenheit, das Vorhandensein von Alternativen sowie Investitionen spielen auch in der Beziehung zwischen Mitarbeitern und einer Unternehmung eine Rolle und nehmen Einfluss auf die Fortführung eines Beschäftigungsverhältnisses.[289] Dennoch muss berücksichtigt werden, dass die Mitarbeiter-Unternehmung-Beziehung sich von einer Kunden-Unternehmung-Beziehung unterscheidet, so dass die Stärke bzw. der Zusammenhang der Einflussfaktoren unterschiedlich ausfallen können. Insgesamt können jedoch wertvolle Impulse für den Abwanderungsprozess bzw. die Einflussfaktoren einer Abwanderung gewonnen werden.

Darstellung der konzeptionellen Ansätze zur Kundenrückgewinnung

Es lässt sich feststellen, dass die Mehrheit der Ansätze im Bereich der Kundenrückgewinnung konzeptioneller Art ist.[290] Wie bereits hervorgehoben, ist der Ansatz von STAUSS/FRIEGE in der Literatur am weitesten verbreitet, weshalb dieser in der vorliegenden Arbeit zuerst vorgestellt wird, bevor auf Gemeinsamkeiten und Unterschiede im Vergleich zu anderen Autoren verwiesen wird.[291] Eine Übersicht über die Beiträge konzeptioneller Art bietet Tabelle 3.

287 Vgl. Hocutt (1998), S. 197.

288 Vgl. Hocutt (1998), S. 195.

289 Vgl. Meyer/Allen (1991), S. 68; Meyer/Herscovitch (2001), S. 316-317; Meyer et al. (2002), S. 22 sowie S. 38. In diesem Modell wird verdeutlicht, welche möglichen Einflussfaktoren des Commitments im Rahmen von Beschäftigungsverhältnissen bestehen.

290 Vgl. Barten (2011), S. 77.

291 Vgl. Pick (2008), S. 53; Pick/Krafft (2009), S. 126.

Tabelle 3: Übersicht der konzeptionellen Ansätze der Kundenrückgewinnung.[292]

Autor	Fokus	Ergebnisse
Stauss/Friege (1999)	Regain Management	Drei Prozessschritte: Rückgewinnungsanalyse Rückgewinnungsaktivitäten Rückgewinnungscontrolling
Homburg/Schäfer (1999)	Customer Recovery	Fünf Prozessschritte: Identifikation abgewanderter Kunden Analyse der Kunden sowie des Kundenwerts Problembehebung Rückgewinnungsmaßnahmen Nachbetreuung zurückgewonnener Kunden
Büttgen (2001; 2003)	Recovery Management	Sechs Prozessschritte: Analysen zur Identifikation verlorener Kunden Analysen zur Identifikation abwanderungsanfälliger Kunden Kundenwertanalyse Ursachenanalyse Maßnahmen zur Abwanderungsprävention/Kundenrückgewinnung Controlling der Kundenrückgewinnung
Homburg/Fürst/ Sieben (2003)	Rück- gewinnungs- management	Zehn Erfolgsfaktoren: Identifikation abgewanderter Kunden Analyse der Abwanderungsursachen Segmentierung abgewanderter Kunden Prävention statt Reaktion schnell und transparent handeln Angebot einer fairen Wiedergutmachung Prozessübersicht gute Behandlung des Kunden am Kunden dranbleiben Messung des Rückgewinnungserfolgs
Pick/Krafft (2009)	Rück- gewinnungs- management	Fünf Prozessschritte: Definition der Zielsetzungen Abwanderungs-Analyse Rückgewinnungs-Aktivitäten Rückgewinnungs-Controlling Nachgelagerte Aufgaben und Prozesse
Autor	**Fokus**	**Ergebnisse**
Seidl (2009)	Customer Recovery Management	Sechs Prozessschritte: Problemstellungsphase Suchphase Bewertungsphase Entscheidungsphase Realisationsphase Kontrollphase
Schöler (2011)	Rück- gewinnungs- management	Sechs Prozessschritte: Identifikation der Kunden Kundenindividuelle Rückgewinnungsanalyse Kundenindividuelle Rückgewinnungsmaßnahmen Eingliederung der zurückgewonnenen Kunden Management des Rückgewinnungswissens Controlling der Rückgewinnung

292 Quelle: In Anlehnung an Michalski (2002), S. 24; Ritschel (2011), S. 44. Es existieren weitere Ansätze, welche jedoch aufgrund der Ähnlichkeit der Ausführungen oder aufgrund des geringen Detaillierungsgrades nur am Rande betrachtet werden. Vgl. Hülsing (2010); Kreutzer (2009); Reichheld (1997). Des Weiteren liegen sehr praxisorientierte Arbeiten vor, wie z. B. Friedrich (1999), die nur im Einzelfall hinzugezogen werden.

STAUSS/FRIEGE entwickeln ein dreistufiges Phasenmodell, welches die Implementierung eines systematischen Kundenrückgewinnungsmanagements umfasst (vgl. Abbildung 6).[293]

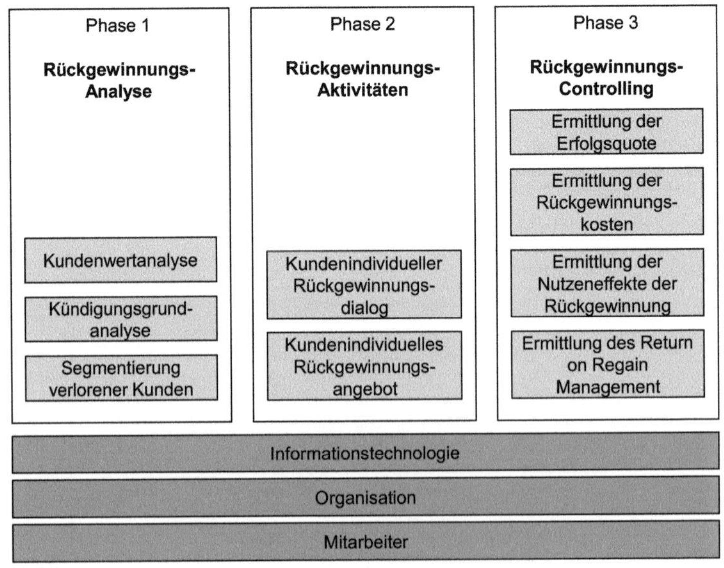

Abbildung 6: Rückgewinnungs-Managementprozess.
Quelle: In Anlehnung an Stauss/Friege (1999), S. 350.

In der *ersten Phase* steht die Rückgewinnungs-Analyse im Vordergrund, wobei verschiedene Analysen dargestellt werden, die jedoch alle der Identifikation der verlorenen Kunden dienen. Dazu zählen die Kundenwertanalyse zur Ermittlung des jeweiligen Kundenwerts sowie die Ermittlung der Kündigungsgründe (Kündigungsgrundanalyse), welche als Grundlage für die Segmentierung verlorener Kunden dienen.[294] Dabei ergeben sich nach STAUSS unterschiedliche Kundengruppen. Je nach Kundengruppe ergeben sich verschiedene Handlungsmöglichkeiten aus Sicht der Unternehmung.[295] In der *zweiten Phase* werden die Rückgewinnungsak-

---

293 Vgl. Stauss/Friege (1999). Vgl. ebenso Stauss (2000a); Stauss (2000b).

294 Vgl. Stauss/Friege (1999), S. 349-354. Zur Berechnung des Kundenwertes werden Verfahren wie die ABC-Analyse, Scoring Modelle oder auch der Customer Lifetime Value genutzt. Für eine Übersicht verschiedener Bewertungsansätze des Kundenwertes vgl. Stauss/Friege (2006), S. 513-516. Zur Segmentierung werden in der Literatur Kundenportfolios entwickelt u. a. mit den Kriterien „Kundenwert" und „Rückgewinnungswahrscheinlichkeit". Vgl. Homburg/Schäfer (1999), S. 9-10; Schäfer et al. (2000), S. 64; Stauss (2000b), S. 464-464.

295 Vgl. Stauss (2000b), S. 459-461. Anstatt der Benennung von Kundengruppen werden die Kündigungsgründe auch in die Kategorien unternehmensinduzierte Ursachen, wettbewerbsinduzierte Ursachen sowie kundeninduzierte Ursachen unterteilt, um daraus Ansatzpunkte für die Rückgewinnung zu generieren. Vgl. Büttgen (2003), S. 68; Michalski (2002), S. 42-44; Ritschel (2011), S. 69-71.

tivitäten bestimmt, d. h. es werden sowohl der Rückgewinnungsdialog mit dem Kunden als auch das kundenindividuelle Rückgewinnungsangebot festgelegt. Das Rückgewinnungs-Controlling ist Bestandteil der *dritten Phase*, wo unterschiedliche Kennzahlen ermittelt werden. Zum einen geht es um die Ermittlung der Erfolgsquote sowie der Kosten und Nutzeneffekte der Rückgewinnung, zum anderen wird der Erfolg der Rückgewinnung durch den Return on Regain Management berechnet. Voraussetzung für die erfolgreiche Umsetzung des Rückgewinnungs-Managementprozesses ist eine informationstechnologische Ausstattung in Form einer Kundendatenbank sowie eine geeignete Organisationsstruktur und kompetente Mitarbeiter, welche im Kontakt mit den ehemaligen Kunden stehen.[296]

Während STAUSS/FRIEGE ein drei Phasen-Modell vorschlagen, existieren in der Literatur weitere Vorschläge hinsichtlich der Vorgehensweise: Beispielsweise differenzieren HOMBURG/SCHÄFER sowie PICK/KRAFFT fünf Prozessphasen, während SEIDL und SCHÖLER sechs Prozessschritte aufführen.[297] Insgesamt ähnelt sich die Konzeption des Kundenrückgewinnungsmanagements.[298] Grundsätzlich finden unterschiedliche Analysen zur Identifikation der abgewanderten Kunden statt, um daraus Informationen für die Ansprache bzw. geeignete Maßnahmen zur Rückgewinnung zu generieren.[299] Einige Autoren weisen insbesondere auf die kundenindividuelle Ausgestaltung des Rückgewinnungsangebots hin, dabei kann diese sowohl finanzielle, materielle als auch immaterielle Aspekte beinhalten.[300] HOMBURG/SCHÄFER heben folgende Anforderungen an die Rückgewinnungsmaßnahmen hervor: Behebung der Probleme, die zur Abwanderung geführt haben, eine schnelle Reaktion seitens der Unternehmung nach der Abwanderung, ein angemessener und attraktiver Anreiz sowie eine individualisierte Ansprache.[301] Einigkeit herrscht auch hinsichtlich der Relevanz eines umfangreichen Controllings des Rückgewinnungsmanagements.[302]

Es lassen sich weitere Unterschiede in den Ansätzen erkennen, da einige Autoren einen Fokus auf bestimmte Aspekte oder Phasen im Rahmen des Rückgewinnungsprozesses legen, auf die im Folgenden eingegangen werden soll. PICK/KRAFFT sowie SEIDL ergänzen eine Phase, in

---

[296] Vgl. Stauss/Friege (1999), S. 354-360. Für eine detailliertere Berechnung des Return on Regain Management vgl. Stauss/Friege (2006), S. 518-523.

[297] Vgl. Homburg/Schäfer (1999), S. 5; Pick/Krafft (2009), S. 126; Schöler (2011), S. 503; Seidl (2009), S. 7.

[298] Vgl. Tabelle 3 zur Übersicht der konzeptionellen Ansätze der Kundenrückgewinnung.

[299] Vgl. Büttgen (2003), S. 64-69; Homburg/Schäfer (1999), S. 7-11; Pick/Krafft (2009), S. 127-128; Schöler (2011), S. 504-510.

[300] Vgl. u. a. Homburg/Schäfer (1999), S. 13; Pick/Krafft (2009), S. 128; Schäfer et al. (2000), S. 60-62.

[301] Vgl. Homburg/Schäfer (1999), S. 14.

[302] Vgl. Pick/Krafft (2009), S. 128-129; Schöler (2011), S. 517-519. Seidl (2009) entwickelt eine Customer Recovery Scorecard, welche als integratives Steuerungsinstrument fungieren soll. Für tiefergehende Informationen vgl. Seidl (2009), S. 19-28.

der vorab die *Ziele* des Rückgewinnungsmanagements festgelegt werden. Im Rahmen dessen unterscheiden sie in direkte (z. B. Rückgewinnung abgewanderter Kunden) sowie indirekte Ziele (Profitabilitätsziele, Kommunikationsziele sowie Informationsziele). Diese lassen sich aus den Unternehmungszielen ableiten.[303]

Des Weiteren wird von PICK/KRAFFT sowie SCHÖLER ein *Management des Rückgewinnungswissens* betont, in welchem die gewonnenen Erkenntnisse über Abwanderungsgründe für die Optimierung des Leistungsniveaus der Unternehmung genutzt werden.[304] Darunter werden „die Planung, Durchführung und Kontrolle aller Maßnahmen [verstanden], welche mit dem Zweck ergriffen werden, die im Rückgewinnungsprozess gesammeltem Informationen systematisch und maximal wertschöpfend im Unternehmen zu nutzen."[305] Bei der Analyse der Abwanderungsgründe sollte die Beeinflussbarkeit seitens der Unternehmung berücksichtigt werden, ggf. können manche Abwanderungsgründe nicht beeinflusst werden bzw. sollten nicht berücksichtigt werden, um bestimmte, für die Unternehmung unattraktive Kundengruppen, auszuschließen.[306]

Auch die *Nachbetreuung* der zurückgewonnenen Kunden wird in der Literatur thematisiert. Die Betreuung der zurückgewonnenen Kunden wird an den Verantwortungsbereich des Kundenbindungsmanagements übergeben. Hier ist es wichtig, dass die Schnittstellen optimal aufeinander abgestimmt sind, damit die Unternehmung gegenüber dem Kunden glaubwürdig und vertrauenswürdig erscheint. Im Rahmen der erneuten Integration des Kunden kann auch über „Second Honeymoon"-Gespräche nachgedacht werden, in dem die Zufriedenheit mit der Eingliederung untersucht und eine erneute Gefährdung der Beziehung reduziert wird.[307] Ziel sollte es sein, dem Kunden das Image einer überdurchschnittlich kundenorientierten Unternehmung zu vermitteln – durch z. B. regelmäßige Kontaktaufnahmen oder die Nutzung unterschiedlicher Kundenbindungsinstrumente – und somit die Kundenbeziehung zu stabilisieren.[308]

Des Weiteren werden unterschiedliche *Rahmenbedingungen und Erfolgsfaktoren* beschrieben, welche für ein erfolgreiches Kundenrückgewinnungsmanagement unabdingbar sind. HOM-

303 Vgl. Pick/Krafft (2009), S. 126-127; Seidl (2009), S. 7. Zur Unterscheidung der Ziele vgl. Büttgen (2003), S. 62-63; Michalski (2002), S. 185-187.

304 Vgl. Pick/Krafft (2009), S. 129; Schöler (2011), S. 514.

305 Schöler (2011), S. 515.

306 Vgl. Pick/Krafft (2009), S. 129.

307 Vgl. Pick/Krafft (2009), S. 129-130; Schöler (2011), S. 514.

308 Vgl. Homburg/Schäfer (1999), S. 14.

BURG/SCHÄFER sowie HOMBURG/FÜRST/SIEBEN beziehen sich dabei auf die Unternehmungskultur, die Unternehmungsstruktur sowie vorhandene Systeme. Hinsichtlich der Unternehmungskultur muss die Kundenorientierung ein Element des Normen- und Wertesystems der Mitarbeiter darstellen, ebenso sollte eine gewisse Fehlertoleranz in der Kultur verankert sein. In Bezug auf die Strukturen und Prozesse sollten die Personalführungs- und Kontrollsysteme sich an den Rückgewinnungserfolgen orientieren. Es sollte eine umfangreiche Schulung der Mitarbeiter verfolgt werden, um ausreichend fachliche und soziale Kompetenzen insbesondere im Kundenkontakt zu gewährleisten. Ebenso wird die Implementierung direkter vertikaler und horizontaler Kommunikationskanäle für eine transparente und schnelle Informationsversorgung empfohlen.[309]

Diskussion der konzeptionellen Ansätze zur Kundenrückgewinnung

Die (1) *theoretische Fundierung* kann insbesondere bei BÜTTGEN, SCHÖLER sowie STAUSS/FRIEGE als positiv bewertet werden, da Definitionen und Begriffsverständnisse erläutert werden und eine Einordnung des Kundenrückgewinnungsmanagements anhand des Kundenbeziehungslebenszyklus in das Kundenbeziehungsmanagement vorgenommen wird.[310] Es existieren jedoch auch Ansätze wie z. B. von HOMBURG/FÜRST/SIEBEN oder SCHÄFER/KARLSHAUS/SIEBEN, welche durch eine starke Praxisorientierung geprägt sind, weshalb die theoretische Fundierung als gering beurteilt werden muss.[311]

Da im Allgemeinen ein Grundmuster des Kundenrückgewinnungsmanagements zu erkennen ist, d. h. die Ansätze sich durch einen einheitlichen Prozess, bestehend aus den Phasen der Analyse, Durchführung und Bewertung kennzeichnen lassen, kann grundsätzlich von einem hohen (2) *Informationsgehalt* gesprochen werden.[312]

Die Ansätze lassen sich größtenteils durch Plausibilitätsüberlegungen charakterisieren. Dies trifft beispielsweise auf die Bildung der Kundengruppen bzw. die Behandlung dieser Kundengruppen nach der Segmentierung zu.[313] Dementsprechend fällt die (3) *empirische Bestätigung* eher gering aus. Teilweise wird auf Fallbeispiele oder Anwendungsbeispiele wie u. a.

309 Vgl. Homburg/Fürst/Sieben (2003), S. 65-67; Homburg/Schäfer (1999), S. 15-18.

310 Vgl. Büttgen (2003), S. 61-62; Schöler (2011), S. 502-503; Stauss/Friege (1999), S. 347-349.

311 Vgl. Homburg/Fürst/Sieben (2003); Schäfer et al. (2000).

312 Vgl. dazu Tabelle 3.

313 Vgl. Schäfer et al. (2000), S. 62-62; Stauss/Friege (1999), S. 353-355.

bei HOMBURG/SCHÄFER sowie STAUSS/FRIEGE aus der Praxis verwiesen, jedoch kann keine empirische Bestätigung des Gesamtprozesses festgehalten werden.[314]

Die (4) *Konsistenz und Vollständigkeit* ist bei den Ansätzen gegeben, in denen neben einem Begriffsverständnis auch der Rückgewinnungsprozess abgeleitet wird. Die Ausführungen sind schlüssig, Handlungsempfehlungen lassen sich daraus ableiten.[315]

Hinsichtlich der (5) *Transferierbarkeit* muss eine differenzierte Analyse vorgenommen werden. Der Prozesscharakter der Ansätze scheint wichtige Hinweise zu liefern, die auch bei der Entwicklung eines systematischen Regain Managements für Mitarbeiter berücksichtigt werden sollten. Dies impliziert auch die Phase des Controllings sowie die Festlegung von Zielen, welchen eine hohe Bedeutung beigemessen wird. Darüber hinaus muss die Übertragung einiger Erkenntnisse, insbesondere aus rechtlichen Gründen, überprüft werden wie z. B. die genauen Berechnungen über Attraktivität und Profitabilität von Kundenbeziehungen sowie den Rückgriff auf Datamining-Systeme. Auch die inhaltliche Ausgestaltung der Ansprache der ehemaligen Kunden bzw. die Rückgewinnungsmaßnahmen müssen auf die spezielle Beziehung zwischen einer Unternehmung und den ehemaligen Mitarbeitern abgestimmt sein.

3.2.4 Empirische Ansätze

Auch in Bezug auf die empirischen Erkenntnisse können Ansätze zur Kundenabwanderung sowie zur Kundenrückgewinnung unterschieden werden. Die Ansätze zur *Kundenabwanderung* fokussieren sich hauptsächlich auf den Abwanderungsprozess sowie die Analyse von Abwanderungsgründen, weshalb diese Kategorisierung auch für die Darstellung der Erkenntnisse übernommen wird.[316] Hinsichtlich der *Kundenrückgewinnung* liegen Ansätze zum Status Quo des Rückgewinnungsmanagements in der Praxis vor. Darüber hinaus lassen sich Ansätze finden, die sich mit einzelnen Aspekten des Rückgewinnungsmanagements wie z. B. den Erfolgsdeterminanten auseinandersetzen.[317] Auch diese Kategorisierung wird für die Darstellung genutzt.

---

314 Vgl. Homburg/Fürst/Sieben (2003), S. 59; Homburg/Schäfer (1999), S. 4-14; Stauss/Friege (1999), S. 358-359; Stauss/Friege (2006), S. 523-527.

315 Vgl. u. a. Büttgen (2003); Pick/Krafft (2009); Schöler (2011).

316 Vgl. Michalski (2002), S. 22-23; Sieben (2002), S. 16.

317 Vgl. Barten (2011), S. 78.

Darstellung der empirischen Ansätze zur Kundenabwanderung

Für den Kontext der Arbeit werden die Studien von STEWART, ROOS sowie MICHALSKI dargestellt, da sie den *Abwanderungsprozess* umfassend charakterisieren.

STEWARTS Darstellung des Abwanderungsprozesses wird durch ein Problem ausgelöst, welches zu einer intensiven Evaluation der Beziehung aus Sicht des Kunden führt. Damit einhergehend spielen Emotionen wie z. B. Frustration, Enttäuschung und Ärger des Kunden eine Rolle, ebenso kundenseitige starke Bemühungen, eine Problemlösung zu erzielen. Es wird deutlich, dass der Abwanderungsprozess von hoher Komplexität geprägt ist und keine einfache Entscheidung für den Kunden darstellt. Häufig liegt nicht nur ein Problem vor, sondern eine Vielzahl von Problemen führen zur Abwanderung. Beeinflussende Faktoren des Abwanderungsprozesses sind die Dauer der Beziehung, das Verhältnis zum Personal der Unternehmung sowie gleichgültiges oder verantwortungsloses Verhalten der Unternehmung bezüglich der Fehlerbeseitigung.[318]

ROOS' Analyse des kundenseitigen Abwanderungsprozesses führt zu der Identifikation von Abwanderungsgründen („pushing und pulling determinants") sowie beeinflussenden Faktoren der Abwanderungsentscheidung („swayer"). Des Weiteren kann zwischen reversiblen und irreversiblen Wechselentscheidungen unterschieden werden. Dabei wird deutlich, dass Kunden mit einer irreversiblen Entscheidung sich zuvor häufig beschwert haben und ähnlich wie bei STEWART starke Emotionen geäußert wurden. Die Ergebnisse ermöglichen eine Differenzierung von Abwanderungsprozessen, welche sich in der Länge der Beziehung, der Stärke der Emotionen, des Beschwerdeverhaltens sowie der Dauer der Abwanderung unterscheiden. Eine wichtige Erkenntnis ist, dass die Länge der Beziehung nicht mit der Dauer des Abwanderungsprozesses korreliert. Als Konsequenz hebt ROOS die Schulung der Mitarbeiter hervor, welche den Umgang mit dem Beschwerdeverhalten erlernen sollten, um angemessen reagieren zu können.[319]

Die Studie von MICHALSKI charakterisiert den Abwanderungsprozess durch die drei Aspekte der Merkmale, Phasen sowie Typen von Abwanderungsprozessen. Die Merkmale verdeutlichen, ob sich ein Kunde im Abwanderungsprozess befindet. Dazu zählen u. a. Kunden(un)-zufriedenheit, Emotionen, Beschwerdeverhalten, Mund-zu-Mund-Kommunikation, Informationssuche sowie Kündigungsvorbereitung. Der Abwanderungsprozess lässt sich in fünf Pha-

---

318 Vgl. Stewart (1998b), S. 8-11. Die Studie von Stewart konzentriert sich auf den Bankensektor.

319 Vgl. Roos (1999), S. 73-81. Die empirischen Erkenntnisse beziehen sich auf den Abwanderungsprozess von Kunden eines Supermarktes.

sen unterteilen: Latenzphase, Wahrnehmungsphase, Dialogphase, Entscheidungsphase sowie Umsetzungsphase. Während in der Latenzphase ein Problem zu keiner Handlung führt, wird in der Wahrnehmungsphase die Toleranzgrenze überschritten, und der Gedanke an einen Wechsel entsteht und kann bis hin zur Umsetzungsphase zu einer tatsächlichen Abwanderung des Kunden führen.[320] Den dritten Aspekt des Abwanderungsprozesses stellen die Abwanderungstypen dar, welche sich aus der Anzahl kritischer Ereignisse, der Veränderung der Verbundenheit, der Anzahl der Dialogversuche sowie der Länge des Abwanderungsprozesses ergeben. MICHALSKI differenziert sechs Typen der Abwanderung: Reaktive Abwanderung, Kurzschlussabwanderung, Verzweiflungsabwanderung, Planabwanderung, Mussabwanderung sowie Wunschabwanderung. Diese Klassifizierung hilft Ansatzpunkte für die Rückgewinnung zu generieren.[321]

Andere Autoren setzen den Fokus der Analyse auf die *Gründe*, welche zu einer Abwanderung führen.[322] Tabelle 4 liefert einen Gesamtüberblick über empirisch erhobene Abwanderungsgründe, welche die Vielfalt der Abwanderungsgründe verdeutlicht. Von vielen Autoren wird die Unzufriedenheit als Ursache der Abwanderung identifiziert.[323] Dennoch wird in mehreren empirischen Studien festgestellt, dass auch zufriedene Kunden abwandern. Dafür werden in der Empirie unterschiedliche Gründe genannt wie z. B. die Suche nach Abwechslung sowie das Vorhandensein von Alternativen.[324] KEAVENEY hebt hervor, dass bei der Hälfte der Abwanderungen mindestens zwei Gründe für die Kündigung angeführt wurden, so dass von einem Zusammenwirken von Gründen ausgegangen werden kann. Die meisten der aufgeführten Gründe sind seitens der Unternehmung beeinflussbar, so dass die Abwanderung ggf. verhindert werden kann.[325]

---

320 Vgl. Michalski (2002), S. 127-144. Die Studie wurde mit abgewanderten Kunden von drei Banken durchgeführt. Vgl. dazu auch die Publikation von Bruhn/Michalski (2003).

321 Vgl. Michalski (2002), S. 146-152. Vgl. dafür auch Michalski (2004), S. 987-993.

322 Für eine Übersicht zu den empirischen Erkenntnissen zu den Abwanderungsgründen vgl. Klose (2008), S. 64; Michalski (2002), S. 22-23.

323 Vgl. Sieben (2002), S. 19. Für weitere Informationen vgl. u. a. Bearden/Teel (1983); Colgate et al. (1996); Ganesh et al. (2000); Ping (1993, 1995). Zur Wirkung der Zufriedenheit als Mediatorvariable auf das Abwanderungsverhalten von Kunden vgl. Antón et al. (2007).

324 Vgl. Mittal/Lassar (1998), S. 186-187. Für die Suche nach Abwechslung vgl. u. a. Meixner (2005); Roos (1999); Stewart (1998a). Für das Vorhandensein von Alternativen vgl. u. a. Capararo et al. (2003); Dick/Basu (1994).

325 Vgl. Keaveney (1995), S. 79. Es wurden 468 Kunden aus 45 Dienstleistungsbranchen hinsichtlich ihrer Abwanderungsgründe befragt. Vgl. Keaveney (1995), S. 73 und S. 79.

Tabelle 4: Empirisch erhobene Gründe der Kundenabwanderung.[326]

	Mangelnde Leistungsqualität	Mangelnde Interaktionsqualität	Inconvenience	Negatives Erscheinungsbild	Negatives Preis-/Leistungsverhältnis	Fehler im Beschwerde-management	Unzufriedenheit	Mangelndes Vertrauen	Verfügbarkeit von Alternativen	Variety Seeking	Empfehlung durch Dritte	Illoyalität	Wechselbarrieren
Gensch (1984)										x			
Cardotte/Turgeon (1988)	x	x	x	x	x								
Finkelmann/Goland (1990)		x	x		x	x				x			
Kelley et al. (1993)	x	x			x								
Ping (1993)	x									x			
Johnson (1994)	x												
Keaveney (1995)	x	x	x		x		x						
Colgate et al. (1996)	x		x		x		x			x			
Chakravarty et al. (1997)	x	x	x		x	x		x					
East et al. (1998)	x		x				x			x			
Caughey et al. (1999)		x		x			x						
Ganesh et al. (2000)										x			
Colgate/Norris (2000)						x						x	x
Yu (2001)					x								
Michalski (2002)	x	x	x		x		x		x	x	x		
Rigby et al. (2002)	x												
Bruhn/Michalski (2003)							x						
Capraro et al. (2003)									x				
Hulbert et al. (2003)	x					x	x		x				
Beverland et al. (2004)							x						
Hogarth et al. (2004)	x						x						
Antón et al. (2007)	x				x		x						
Anzahl an Nennungen	**13x**	**7x**	**7x**	**2x**	**9x**	**4x**	**10x**	**1x**	**3x**	**7x**	**1x**	**1x**	**1x**

Diskussion der empirischen Ansätze zur Kundenabwanderung

Die (1) *theoretische Fundierung* wird positiv bewertet, da grundsätzlich versucht wird, die bestehenden Erkenntnisse zur Kundenabwanderung zu integrieren bzw. einen theoretischen Bezugsrahmen als Ausgangspunkt der empirischen Untersuchung zu nutzen.[327] Hervorzuheben ist die Arbeit von MICHALSKI, welche auf Erkenntnisse zur Beziehungsbeendigung aus der Sozialpsychologie sowie des Marketings zur Analyse von Abwanderungsdeterminanten

326 Quelle: In Anlehnung an Klose (2008), S. 64; Ritschel (2011), S. 71. Das Verständnis der Abwanderungsgründe kann je nach Autor im Detail voneinander abweichen. Im Fokus der Arbeit liegt das Gesamtergebnis, weshalb von einer Analyse der Begriffsverständnisse abgesehen wird.

327 Vgl. Keaveney (1995), S. 71-72; Michalski (2004), S. 979-982; Roos (1999), S. 68-70.

und Abwanderungsprozessen zurückgreift.[328] Bei STEWART wird die theoretische Fundierung der empirischen Untersuchung vernachlässigt.[329]

Der (2) *Informationsgehalt* wird als hoch eingeschätzt, da sich aus den Erkenntnissen wertvolle Schlussfolgerungen zu den Gründen einer Abwanderungsentscheidung sowie dem Ablauf von Abwanderungsprozessen gewinnen lassen, die nachvollziehbar hergeleitet wurden. Dennoch ist die Perspektive jeweils durch die empirische Forschung in ihrer Aussagekraft und Bestimmtheit eingeschränkt, z. B. auf eine bestimmte Branche wie den Bankensektor.[330]

Die (3) *empirische Bestätigung* muss differenziert betrachtet werden. So zeichnen sich die Studien größtenteils durch eine relativ kleine Stichprobe und/oder eine starke Fokussierung auf eine Branche aus, so dass eine Generalisierbarkeit der Ergebnisse nicht möglich ist (vgl. Tabelle 5).[331] Auch beziehen sich die Erkenntnisse wie bei MICHALSKI auf mitgliedschaftsähnliche Beziehungen, welche nicht ohne weiteres auf andere Beziehungsformen übertragbar sind.[332] Um repräsentative Aussagen zu erhalten, werden die Integration mehrerer Branchen, die Nutzung qualitativer und quantitativer Forschungsmethoden sowie objektive Kundendaten gefordert.[333] Die Studie von KEAVENEY kann diesen Anforderungen aufgrund der Teilnehmeranzahl und der Branchenvielfalt am ehesten entsprechen.[334] Daher wird die Objektivität aufgrund der qualitativen Ausrichtung der Studien teilweise als gering eingeschätzt, die Kriterien der Reliabilität sowie Validität scheinen erfüllt zu sein.

Tabelle 5: Übersicht des Untersuchungsdesigns der empirischen Ansätze der Kundenabwanderung.

Studie	Stichprobe	Erhebungsmethode	Erhebungszeitraum
Keaveney (1995)	468 Kunden aus 45 Dienstleistungsbranchen	Interviews	nicht angegeben
Stewart (1998b)	50 ehemalige Kunden einer Bank	Tiefeninterviews	nicht angegeben
Roos (1999)	27 Kunden eines Supermarktes mit 34 Wechselerlebnissen	Interviews	Juni 1996
Michalski (2002)	82 Teilnehmer aus drei Banken (Rücklaufquote 8 %)	qualitative Interviews	Mai-August 2000

328 Vgl. Michalski (2002), S. 32-86.

329 Vgl. Stewart (1998b).

330 Vgl. Michalski (2004), S. 983; Stewart (1998b), S. 10.

331 Vgl. Bruhn/Michalski (2003), S. 450; Keaveney (1995), S. 80; Michalski (2004), S. 983; Roos (1999), S. 71-72; Stewart (1998b), S. 10.

332 Vgl. Michalski (2002), S. 178-179.

333 Vgl. Bruhn/Michalski (2003), S. 450.

334 Vgl. Keaveney (1995), S. 73.

Die empirischen Ansätze zur Kundenabwanderung sind durch (4) *Konsistenz* gekennzeichnet, wobei die *Vollständigkeit* durch die Limitierung der enthaltenen Variablen eingeschränkt ist, z. B. ist bei ROOS die Korrelation der Einflussfaktoren des Abwanderungsprozesses unklar.[335]

Die (5) *Transferierbarkeit* der empirischen Ansätze ist als ambivalent zu bezeichnen. Auf Basis von Plausibilitätsüberlegungen ist davon auszugehen, dass der Abwanderungsprozess bei einem Mitarbeiter ebenfalls komplex ist und keine schnelle Entscheidung darstellt. Auch kann die Abwanderungsentscheidung durch mehrere Ursachen begründet sein, welche die Unternehmung in Betracht ziehen sollte. Phänomene wie das Variety Seeking oder das Vorhandensein von Alternativen können auch bei der Beziehung zwischen Mitarbeiter und Unternehmung eine Rolle spielen. Dennoch lassen sich weder der genaue Prozessablauf noch die Vielzahl von Gründen direkt übertragen, sondern sollten tiefergehend analysiert werden.

Darstellung der empirischen Ansätze zur Kundenrückgewinnung

Bei den empirischen Studien zum *Status Quo des Rückgewinnungsmanagements* in der Praxis sind die Arbeiten von SAUERBREY/HENNING, MICHALSKI sowie RITSCHEL zu nennen. Diese betrachten das Rückgewinnungsmanagement insgesamt. Auch gibt es Ansätze zu *Aspekten eines Rückgewinnungsmanagements* wie z. B. die Erfolgsdeterminanten von SIEBEN sowie das Wiederaufnahmeverhalten und -bereitschaft von PICK.[336] Im Folgenden werden die wichtigsten Erkenntnisse kurz vorgestellt (vgl. Tabelle 6) und anschließend diskutiert.

Tabelle 6: Empirische Ansätze der Kundenrückgewinnung.[337]

Forschungs-schwerpunkt	**Autor**	**Untersuchungsgegenstand**	**Branche**
Status Quo des Rückgewinnungs-managements	Sauerbrey (2000)	Expertenbefragung zum Status Quo	Branchenübergreifend
	Michalski (2002)	Untersuchung von Abwanderungs- und Rückgewinnungsprozessen	Finanzdienstleistungen
	Ritschel (2011)	Status Quo des Kundenrückgewinnungsmanagements	Stationärer Einzelhandel
Einzelaspekte	Sieben (2002)	Erfolgsdeterminanten der Rückgewinnung	Telekommunikation/ Finanzdienstleistungen
	Pick (2008)	Untersuchung von Wiederaufnahmeverhalten und -bereitschaft	Verkehrsdienstleistungen/ Verlagswesen

335 Vgl. Roos (1999), S. 79.

336 Die Studien von Tokman et al. sowie Thomas et al. werden aufgrund des Betrachtungsfokus des Rückgewinnungspreises im Rahmen der Arbeit nicht ausführlich dargestellt. Für weitere Erkenntnisse vgl. Thomas et al. (2004); Tokman et al. (2007).

337 Quelle: In Anlehnung an Barten (2011), S.78-79.

Die Studie von SAUERBREY sowie SAUERBREY/HENNING ist branchenübergreifend und verdeutlicht, dass Unternehmungen mit einem gezielten Kundenrückgewinnungsmanagement hohe Erfolgsquoten erzielen können. Dabei wurden neben motivierten und fachlich kompetenten Mitarbeitern auch ein effizientes Database Management System, das richtige Timing der Rückgewinnungsmaßnahmen, geeignete Rückkehranreize sowie eine genaue Selektion der Rückgewinnungskunden als Erfolgsfaktoren identifiziert.[338]

MICHALSKI untersucht die Branche der Finanzdienstleistungen und hebt hervor, dass eine grundsätzliche Wiederaufnahmebereitschaft bei den ehemaligen Kunden vorliegt, insbesondere bei Kunden, die aus wettbewerbsbedingten Ursachen die Beziehung beendet haben. Es konnte nachgewiesen werden, dass die Zeit und die Wiederaufnahmebereitschaft der Kunden positiv miteinander korrelieren, jedoch Bedingungen wie Konditionszugeständnisse, klärende Gespräche sowie individuelle Angebote aus Sicht der Kunden gefordert wurden. Der Erfolg der Maßnahmen wurde zum Zeitpunkt der Untersuchung als eher gering eingeschätzt.[339]

Die empirische Untersuchung von RITSCHEL bezieht sich auf den stationären Einzelhandel. Analog zu den Ergebnissen von MICHALSKI wird die Rückkehr aus Kundensicht an bestimmte Bedingungen geknüpft, die bei Erfüllung zu einer erhöhten Rückkehrwahrscheinlichkeit führen. Auch wird kein Zusammenhang zwischen der Rückgewinnungswahrscheinlichkeit und der Länge der Kundenbeziehung sowie zu der Dauer der Inaktivität festgestellt. Es ist jedoch ein Zusammenhang zwischen einem zunehmendem Alter der Kunden und einer sinkenden Rückgewinnungswahrscheinlichkeit zu erkennen, welches durch sinkende Mobilität und einer nachtragenden Haltung in Bezug auf Fehler der Unternehmung erklärt wird. Einen negativen Einfluss auf die Rückgewinnungswahrscheinlichkeit können bei fehlerhafter Anwendung folgende Instrumente haben: Umtauschpolitik, Rabattpolitik, Sonderangebotspolitik, Verkaufsraumgestaltung, Handelsmarkenpolitik sowie Beratungspolitik.[340]

Darüber hinaus liegen in der wissenschaftlichen Literatur empirische Studien vor, die sich nur mit ausgewählten Aspekten der Kundenrückgewinnung beschäftigen. SIEBEN, HOMBURG/SIEBEN/STOCK sowie HOMBURG/HOYER/STOCK haben sich auf die Untersuchung von

338 Vgl. Sauerbrey (2000), S. 13-14 und S. 18; Sauerbrey/Henning (2000), S. 19. Bei Sauerbrey/Henning wird auch eine Konzeption eines Kundenrückgewinnungsmanagements vorgenommen, welche insbesondere auf die Strategien, Prozesse sowie organisatorische und personalpolitische Aspekte eingeht. Vgl. Sauerbrey/Henning (2000).

339 Vgl. Michalski (2002), S. 176-178. Michalski nutzt die Ergebnisse der empirischen Untersuchung als Ausgangspunkt für die Entwicklung eines systematischen Rückgewinnungsmanagements. Vgl. Michalski (2002).

340 Vgl. Ritschel (2011), S. 185-195.

Erfolgsdeterminanten eines Kundenrückgewinnungsmanagements im Bereich der Telekommunikation sowie Finanzdienstleistungen fokussiert. Die vom Kunden wahrgenommene Qualität des Rückgewinnungsangebotes wird von den Prozessabläufen innerhalb der Unternehmung sowie der Arbeitsweise der Mitarbeiter bzw. der zwischenmenschlichen Beziehung zwischen dem Kunden und dem Mitarbeiter tangiert. Diese hat wiederum einen Einfluss auf die Zufriedenheit des Kunden mit den Rückgewinnungsmaßnahmen der Unternehmung. Der Rückgewinnungserfolg lässt sich durch die Qualität des Rückgewinnungsangebots – d. h. eines glaubwürdigen Leistungsversprechens der Unternehmung – sowie im geringeren Maße durch die Zufriedenheit des Kunden erklären.[341] Im Rahmen der Studie wurden auch kundenbezogene Merkmale in Betracht gezogen. So wirkt das kundenseitige Bedürfnis nach Abwechslung negativ auf den Rückgewinnungserfolg. Das Involvement des Kunden sowie das Alter wirken dagegen positiv auf den Rückgewinnungserfolg – also in Bezug auf das Alter konträr zu den Ergebnissen von RITSCHEL im Bereich des stationären Einzelhandels. Des Weiteren wurden die Merkmale der Geschäftsbeziehung betrachtet. Dabei wurde deutlich, dass sich die Länge der Geschäftsbeziehung wie bei RITSCHEL negativ, die Zufriedenheit des Kunden mit der Beziehung jedoch positiv auf den Rückgewinnungserfolg auswirken.[342]

PICK betrachtet das Wiederaufnahmeverhalten von Kunden. In der Verlagsbranche hat das Commitment der Kunden den stärksten Einfluss auf die generelle Rückgewinnungsbereitschaft.[343] Des Weiteren führen stabile Abwanderungsgründe zu einer Reduktion der Rückkehrwahrscheinlichkeit. Häufig ist ein Wechsel des Anbieters durch das Bedürfnis nach Abwechslung zu erklären. Hinsichtlich der soziodemografischen Daten haben das Kundenalter sowie die Dauer der Abwesenheit einen Einfluss auf die generelle Wiederaufnahmebereitschaft, d. h. mit ansteigender Abwesenheit reduziert sich der Kontakt zur Unternehmung.[344] Die empirischen Erkenntnisse bei den Verkehrsdienstleistungen unterscheiden sich nur teilweise. Grundsätzlich steigt auch hier die Wiederaufnahmebereitschaft, je verbundener der Kunde sich mit der Unternehmung fühlt und je stärker er davon überzeugt ist, auf seine Hand-

---

341 Vgl. Sieben (2002), S. 105-107. Für anschließende Publikationen vgl. Homburg et al. (2007) sowie Homburg/Fürst/Sieben (2003), welche sich jedoch auf die gleiche Erhebung beziehen.

342 Vgl. Sieben (2002), S. 107-108. Im Vergleich der Erkenntnisse von Ritschel und Sieben wird der Rückgewinnungserfolg mit der Rückkehrwahrscheinlichkeit gleichgesetzt, was bei der Betrachtung berücksichtigt werden muss.

343 Pick versteht unter *Commitment* ausschließlich die affektive Komponente des Konstrukts „Commitment“, d. h. „die emotionale und psychologische Verbundenheit aufgrund gemeinsamer Werte.“ Pick (2008), S. 111.

344 Vgl. Pick (2008), S. 198-200. Unter der *generellen Wiederaufnahmebereitschaft* versteht Pick die „unbedingte Bereitschaft des Kunden, eine vertragliche Geschäftsbeziehung mit einem früheren Anbieter wiederaufzunehmen. Pick (2008), S. 41. Im Gegensatz dazu bezieht sich die *spezifische Wiederaufnahmebereitschaft* auf eine „von Unternehmensaktivitäten abhängige, also bedingte, Bereitschaft eines Kunden zur Wiederaufnahme einer Geschäftsbeziehung.“ Pick/Krafft (2009), S. 136.

lung Einfluss nehmen zu können. In Bezug auf die Stabilität der Abwanderungsgründe sinkt auch bei den Kunden der Verkehrsdienstleistungen die Wiederaufnahmebereitschaft.[345]

Diskussion der empirischen Ansätze zur Kundenrückgewinnung

In den empirischen Studien lässt sich eine hohe *(1) theoretische Fundierung* erkennen, da existierende Erkenntnisse theoretischer, konzeptioneller wie empirischer Natur integriert werden und somit eine theoretische Basis für die Hypothesenentwicklung gelegt wird – beispielsweise wird das Untersuchungsmodell zu den Einflussgrößen des Rückgewinnungserfolges nach HOMBURG/SIEBEN/STOCK auf Basis der Equity-Theorie entwickelt. PICK basiert die Konzeption zur Wiederaufnahme von Geschäftsbeziehungen auf konzeptionellen wie empirischen Forschungsergebnissen zur Abwanderung und Wiederaufnahme von Geschäftsbeziehungen wie auch dem Kundenrückgewinnungsmanagement und theoretischen Ansätzen der Sozialwissenschaft.[346] Das Begriffsverständnis sowie die Verortung des Untersuchungsgegenstandes erscheinen teilweise fundiert.[347] Die Ausführungen von SAUERBREY/HENNING sowie SAUERBREY sind eher konzeptionell und weisen eine starke Praxisorientierung auf.[348]

Der (2) *Informationsgehalt* wird als hoch eingeschätzt, da umfassende und fundierte inhaltliche Beiträge geliefert werden, welche die Forschung des Kundenrückgewinnungsmanagements hinsichtlich der Wiederaufnahmebereitschaft für vertragliche Geschäftsbeziehungen sowie der Erfolgsfaktoren und der Profitabilitätspotenziale der Rückgewinnung fördern.[349]

Die (3) *empirische Bestätigung* wird aufgrund der Berücksichtigung einzelner Branchen (z. B. Verlagswesen oder Mobilfunkbranche) und teilweise geringer Stichproben als eingeschränkt beurteilt, da die Repräsentativität der Erkenntnisse nicht gewährleistet ist, sondern nur Indizien liefert (vgl. Tabelle 7).[350]

---

345 Vgl. Pick (2008), S. 226-228.

346 Vgl. Homburg et al. (2003), S. 4-17. Auch die Dissertationen kennzeichnen sich durch eine hohe theoretische Fundierung. Vgl. Michalski (2002); Pick (2008); Ritschel (2011); Sieben (2002).

347 Vgl. dazu insbesondere Michalski (2002); Pick (2008); Ritschel (2011); Sieben (2002).

348 Vgl. Barten (2011), S. 79.

349 Vgl. Pick (2008), S. 251-256; Sieben (2002), S. 156-157.

350 Vgl. Homburg/Sieben/Stock (2003), S. 17-18; Michalski (2002), S. 237; Pick (2008), S. 245; Ritschel (2011), S. 195; Sauerbrey (2000), S. 5; Sauerbrey/Henning (2000), S. 10-11.

Tabelle 7: Übersicht des Untersuchungsdesigns der empirischen Ansätze der Kundenrückgewinnung.

Studie	Stichprobe	Erhebungsmethode	Erhebungszeitraum
Sauerbrey (2000)	17 Teilnehmer aus der Dienstleistungsbranche	Fragebogen	1999
Michalski (2002)	82 Teilnehmer aus drei Banken (Rücklaufquote 8 %)	Qualitative Interviews	Mai-August 2000
Sieben (2002)	110 Teilnehmer aus der Mobilfunkindustrie	telefonische Befragung mit standardisiertem Fragebogen	August 2000-Januar 2001
Pick (2008)	Verlagshaus: Befragungsgruppe mit 543 Probanden, Nicht-Befragungsgruppe mit 1.051 Probanden Verkehrsdienstleister: 1.095 Teilnehmer mit Fragebogen/ 1.640 Teilnehmer ohne Fragebogen	Verlagshaus: Experiment Verkehrsdienstleister: Fragebogen/ Experiment	Verlagshaus: November 2006 Verkehrsdienstleister: Oktober 2006
Ritschel (2011)	1.481 Teilnehmer (86 % aus Handelsunternehmen A; 14 % aus Handelsunternehmen B als Kontrollgruppe)	Fragebogen	Februar-April 2009

Die (4) *Konsistenz und Vollständigkeit* der empirischen Ansätze zur Kundenrückgewinnung sind nicht vollständig beurteilbar. Die Ausführungen sind schlüssig, dennoch können vielfältige Einflussgrößen hinzugefügt werden. Beispielsweise führen HOMBURG/SIEBEN/STOCK an, dass die Wirkung weiterer kundenbezogener Merkmale wie das Vertrauen oder die Risikoneigung des Kunden auf den Rückgewinnungserfolg berücksichtigt werden sollten.[351] Weiterhin schlägt SIEBEN vor, markt- und wettbewerbsbezogene Faktoren in das Untersuchungsmodell zu integrieren.[352]

Hinsichtlich der (5) *Transferierbarkeit* lassen sich unterschiedliche Ansatzpunkte für die Konzeption eines Regain Managements für Mitarbeiter gewinnen. Es wird deutlich, dass die Merkmale der Mitarbeiter bei der Gestaltung der Rückgewinnungsmaßnahmen berücksichtigt werden sollten, z. B. das Alter oder das Bedürfnis nach Abwechslung. Des Weiteren sollten der Zusammenhang zur vorherigen Beziehung zwischen Mitarbeiter und Unternehmung, die Gründe für die Abwanderung sowie die Ausgestaltung und das Timing der Rückgewinnungsaktivitäten eine spezielle Beachtung finden.

351 Vgl. Homburg/Sieben/Stock (2003), S. 27.

352 Vgl. Sieben (2002), S. 158.

3.2.5 Gesamtbetrachtung

Bei der Kundenrückgewinnungsforschung lässt sich erkennen, dass die theoretischen, die konzeptionellen als auch die empirischen Ansätze wichtige Ideen für die Konzeption eines Regain Managements bieten. Anhand der Diskussionen wurde deutlich, dass die Anforderungen im Rahmen der Diskussionskriterien nicht vollständig erfüllt werden konnten, sich aber dennoch vielfältige Implikationen ableiten lassen. Bei den theoretischen Ansätzen (vgl. Tabelle 8) sind die Erklärungsmuster, die zu einer Abwanderungsentscheidung führen bzw. eine Rückkehr zur Unternehmung begründen, hervorzuheben, welche teilweise bereits in der wissenschaftlichen Literatur auf die Zielgruppe der Mitarbeiter übertragen wurden.[353]

Tabelle 8: Gesamtüberblick der theoretischen Ansätze der Kundenrückgewinnungsforschung.[354]

Theoretische Ansätze							
Kundenabwanderung							
Ansatz	**Relevante Aspekte für ein Regain Management**	**Bewertung**					
		F	**I**	**EB**	**KV**	**T**	**WR**
Transaktions-kostentheorie	Kundenbeziehungen sind mit Transaktionskosten verbunden, die es zu minimieren gilt; Wahrnehmung von ungünstigen Kosten-Nutzen-Verhältnis, Zielkonflikte, niedrige Wechselkosten begünstigen ein Beziehungsende	++	+	0	+	+	++
Agenturtheorie	Beziehungen zwischen Auftraggeber (Principal; d .h. Kunde) und Auftragnehmer (Agent; d. h. Unternehmung) kennzeichnen sich durch Informationsasymmetrie und Unsicherheit; Wahrnehmung von ungünstigen Kosten-Nutzen-Verhältnis, Zielkonflikte, niedrige Wechselkosten begünstigen eine Beendigung der Beziehung	++	+	0	+	+	++
Theorie von Hirschman	Handlungsmöglichkeiten bei Unzufriedenheit: Abwanderung, Widerspruch, Loyalität; hohe Bleibekosten sowie Konkurrenzangebote begünstigen Abwanderung	+	+	0	+	+	++
Theoretische Ansätze							
Kundenabwanderung							
Ansatz	**Relevante Aspekte für ein Regain Management**	**Bewertung**					
		F	**I**	**EB**	**KV**	**T**	**WR**
Risikotheorie	Differenzierung von Risikoarten; Risikoreduktionsstrategie kann sich sowohl in der Bleibe-, Abwanderungs- oder Rückkehrentscheidung äußern; Handlungsmöglichkeiten bei Unzufriedenheit: Abwanderung, Widerspruch, Loyalität; hohe Bleibekosten sowie Konkurrenzangebote begünstigen Abwanderung	+	+	0	+	+	++
Variety Seeking	Abwanderung aufgrund Streben nach Abwechslung, reduziert die Rückkehrentscheidung	+	++	0	+	++	+

[353] Vgl. beispielsweise die Übertragung des Konstrukts des Variety Seeking auf die Mitarbeiterbindungsforschung. Vgl. Meifert (2005), S. 68; vom Hofe (2005), S. 86, oder die Nutzung der Sozialen Austauschtheorie für die Erklärung von Arbeitsverhältnissen. Vgl. Wiswede (2012), S. 102.

[354] Die Abkürzungen stehen für die Diskussionskriterien aus Kapitel 3.1.2. F steht für die theoretische Fundierung, I für den Informationsgehalt, EB für die empirische Bestätigung, KV für Konsistenz und Vollständigkeit, T für die Transferierbarkeit; WR für wissenschaftliche Relevanz. Legende: 0 = eher nicht gegeben; + = eher gegeben; ++ = erfüllt.

Theoretische Ansätze							
Kundenrückgewinnung							
Ansatz	**Relevante Aspekte für ein Regain Management**	**Bewertung**					
		F	**I**	**EB**	**KV**	**T**	**WR**
Soziale Austausch-theorie	Austauschverhältnis zwischen Interaktionspartnern wird als Kosten-Nutzen-Verhältnis wahrgenommen, dabei dienen Referenzwerte dem Vergleich, bei einem höheren Kosten-Nutzen-Verhältnis einer Alternative, kann dies zur Beziehungsbeendigung führen	++	+	0	+	++	++
Equity-Theorie	Input-Output-Verhältnis wird an den Dimensionen Gerechtigkeit und Fairness gemessen, drei Arten von Dimensionen liegen vor (distributive, prozedurale, interaktionale) und können die Fortführung einer Kundenbeziehung beeinflussen	++	+	+	+	++	++
Theorie der kognitiven Dissonanz	Individuen streben nach einem kognitiven Gleichgewicht und vermeiden kognitive Dissonanzen, Rückkehr in die Unternehmung kann eine Dissonanzreduktion ermöglichen, Rückgewinnungsaktivitäten sollten konsonanzfördernd sein	++	+	0	+	+	++

Die konzeptionellen Ansätze (vgl. Tabelle 9) helfen insbesondere bei der Analyse der Einflussfaktoren der Abwanderungsentscheidung bzw. bei dem Verständnis für die Struktur des Abwanderungsprozesses. Ebenso können Anregungen zur prozessualen wie inhaltlichen Ausgestaltung des Regain Managements geliefert werden. Beispielsweise ist die Orientierung am Managementprozess zu nennen, welcher eine Untergliederung in die Phasen der Analyse, der Planung und der Kontrolle vorsieht.

Tabelle 9: Gesamtüberblick der konzeptionellen Ansätze der Kundenrückgewinnungsforschung.[355]

Konzeptionelle Ansätze							
Kundenabwanderung							
Ansatz	**Relevante Aspekte für ein Regain Management**	**Bewertung**					
		F	**I**	**EB**	**KV**	**T**	**WR**
Stewart (1998a)	Auslöser für eine Beziehungsbeendigung: Rückgang der Qualität, Vorhandensein von Alternativen, Barrieren , Artikulation der eigenen Interessen	+	++	0	+	+	+
Hocutt (1998)	Einflussfaktoren einer Beziehungsbeendigung: Zufriedenheit, Qualität vorhandener Alternativen, Investitionen; teilweise sind die Faktoren nicht von der Unternehmung beeinflussbar	+	++	0	+	+	+
Kundenrückgewinnung							
Stauss/Friege (1999)	Rückgewinnung als Managementprozess mit den Phasen Abwanderungsanalyse, Rückgewinnungs-Aktivitäten, Rückgewinnungs-Controlling, begleitende Aktivitäten durch Informationstechnologie, Organisation und Mitarbeiter	+	++	0	+	++	++
Homburg/ Schäfer (1999)	Rückgewinnung als Managementprozess mit den Phasen Identifikation, Analysen, Problembehebung, Rückgewinnungsmaßnahmen, Nachbetreuung; Rahmenbedingungen: Unternehmungskultur, Unternehmungsstruktur, Systeme	0	++	0	+	++	+

[355] Die Abkürzungen stehen für die Diskussionskriterien aus Kapitel 3.1.2. F steht für die theoretische Fundierung, I für den Informationsgehalt, EB für die empirische Bestätigung, KV für Konsistenz und Vollständigkeit, T für die Transferierbarkeit, WR für die wissenschaftliche Relevanz. Legende: 0 = eher nicht gegeben; + = eher gegeben; ++ = erfüllt.

Konzeptionelle Ansätze							
Kundenrückgewinnung							
Ansatz	**Relevante Aspekte für ein Regain Management**	**Bewertung**					
		F	**I**	**EB**	**KV**	**T**	**WR**
Büttgen (2001, 2003)	Recovery Management mit den Prozessschritten: Analysen, Maßnahmen zur Abwanderungsprävention und Kundenrückgewinnung, Controlling	0	++	0	+	+	+
Pick/Krafft (2009)	Rückgewinnung als Managementprozess mit den Phasen Definition der Zielsetzungen, Analyse, Rückgewinnungs-Aktivitäten, Controlling, nachgelagerte Aufgaben und Prozesse (Betreuung der zurückgewonnenen Kunden); Wiederaufnahmebereitschaft als Voraussetzung der Kundenrückgewinnung	+	++	+	+	++	++
Seidl (2009)	Customer Recovery Management mit den Phasen Problemstellungsphase, Suchphase, Bewertungsphase, Entscheidungsphase, Realisationsphase, Kontrollphase	+	+	0	+	+	++
Schöler (2011)	Rückgewinnungsmanagement mit den Phasen Identifikation, Analyse, Maßnahmen, Eingliederung der Kunden, Management des Rückgewinnungswissens, Controlling; kundenindividuelle Vorgehensweise	+	++	0	+	++	++
Homburg/Fürst/ Sieben (2003)	Rückgewinnungsmanagement mit den Erfolgsfaktoren Identifikation, Analyse, Segmentierung, Prävention statt Reaktion, schnell und transparent handeln, Angebot einer fairen Wiedergutmachung, Prozessübersicht, faire Behandlung, Messung des Erfolges; Rahmenbedingungen: Unternehmungskultur, Unternehmungsstruktur, Systeme	0	+	0	0	+	0

Zuletzt lassen die empirischen Erkenntnisse (vgl. Tabelle 10) Rückschlüsse auf den Abwanderungsprozess und die Ursachen sowie die spezifischen Charakteristika der jeweiligen Mitarbeiter (z. B. das Alter, Zeit der Abwesenheit zur Unternehmung) und die Gestaltung individueller Rückgewinnungsangebote zu.

Tabelle 10: Gesamtüberblick der empirischen Ansätze der Kundenrückgewinnungsforschung.[356]

Empirische Ansätze							
Kundenabwanderung							
Ansatz	**Relevante Aspekte für ein Regain Management**	**Bewertung**					
		F	**I**	**EB**	**KV**	**T**	**WR**
Keaveney (1995)	Identifikation von Kategorien an Servicefehlern, die in einer Abwanderung resultieren können; bei der Hälfte der Abwanderungen lagen mehrere Gründe vor, sechs der acht Kategorien sind seitens der Unternehmung beeinflussbar, so dass Abwanderung vermieden werden könnte	+	+	++	+	+	++
Stewart (1998b)	Abwanderungsprozess wird durch Problem ausgelöst und ist von Komplexität geprägt, häufig liegt eine Vielzahl an Problemen vor; Dauer der Beziehung, Verhältnis zu den Mitarbeitern und verantwortungsloses Verhalten der Unternehmung sind Einflussfaktoren	0	+	+	0	+	0
Roos (1999)	Unterscheidung zwischen Abwanderungsgründen und Einflussfaktoren der Abwanderungsentscheidung sowie zwischen reversiblen und irreversiblen Entscheidungen; Länge der Beziehung bestimmt nicht die Dauer des Abwanderungsprozesses; Schulung von Mitarbeitern als Erfolgsfaktor	+	++	+	0	+	++

356 Die Abkürzungen stehen für die Diskussionskriterien aus Kapitel 3.1.2. F steht für die theoretische Fundierung, I für den Informationsgehalt, EB für die empirische Bestätigung, KV für Konsistenz und Vollständigkeit, T für die Transferierbarkeit, WR für die wissenschaftliche Relevanz. Legende: 0 = eher nicht gegeben; + = eher gegeben; ++ = erfüllt.

Empirische Ansätze							
Kundenabwanderung							
Ansatz	**Relevante Aspekte für ein Regain Management**	**Bewertung**					
		F	**I**	**EB**	**KV**	**T**	**WR**
Michalski (2002)	Merkmale eines Abwanderungsprozesses: Kunden(un)zufriedenheit, Emotionen, Beschwerdeverhalten, Mund-zu-Mund-Kommunikation, Informationssuche, Kündigungsvorbereitung; Phasen: Latenzphase, Wahrnehmungsphase, Dialogphase, Entscheidungsphase, Umsetzungsphase; Unterscheidung von Abwanderungstypen als Ansatzpunkt zur Rückgewinnung	++	++	+	+	++	++
Kundenrückgewinnung							
Sauerbrey (2000)	Erfolgsfaktoren der Kundenrückgewinnung: Mitarbeiter, Database Management System, Timing der Maßnahmen, individuelle Rückkehranreize, Selektion der Rückgewinnungskandidaten	0	+	0	0	+	0
Michalski (2002)	Wiederaufnahmebereitschaft liegt insb. bei Kunden vor, die aus wettbewerbsbedingten Ursachen die Beziehung beendet haben; Bedingungen für die Wiederaufnahme der Beziehung sind Konditionen, Gespräche sowie individuelle Ausgestaltung; Ableitung eines Konzeptes für ein systematisches Rückgewinnungsmanagement	++	++	+	+	++	++
Ritschel (2011)	Erfüllung von Bedingungen führt zu einer erhöhten Rückgewinnungswahrscheinlichkeit, kein Zusammenhang zwischen Rückkehrwahrscheinlichkeit und der Länge der Kundenbeziehung sowie der Dauer der Inaktivität; Zusammenhang zwischen zunehmendem Alter und sinkende Rückkehrwahrscheinlichkeit	++	+	++	+	+	++
Sieben (2002)	Wahrgenommene Qualität des Rückgewinnungsangebots wird von Prozessabläufen und der Arbeitsweise der Mitarbeiter tangiert; Rückgewinnungserfolg lässt sich durch Qualität des Rückgewinnungsangebotes sowie durch Zufriedenheit erklären; Bedürfnis des Kunden nach Abwechslung wirkt negativ auf den Rückgewinnungserfolg; Länge der Geschäftsbeziehung wirkt sich negativ, Zufriedenheit des Kunden positiv auf den Rückgewinnungserfolg aus	++	++	+	+	+	++
Pick (2008)	stabile Abwanderungsgründe führen zu einer Reduktion der Rückgewinnungswahrscheinlichkeit, häufige Wechsel aufgrund des Bedürfnisses nach Abwechslung, Kundenalter und zunehmende Abwesenheit reduzieren die Rückgewinnungswahrscheinlichkeit	++	+	++	+	+	++

Insgesamt müssen bei der Übertragung von Erkenntnissen die Besonderheiten der Mitarbeiter-Unternehmungs-Beziehung berücksichtigt werden und auch welche Bedeutung diese Beziehung für das jeweilige Verhalten von Mitarbeitern haben kann.

3.3 Alumniforschung

3.3.1 Auswahl der Ansätze

In der Praxis lassen sich vermehrt Artikel über die Etablierung von Alumni-Netzwerken in Unternehmungen finden: einerseits mit dem Ziel der Rekrutierung ehemaliger Mitarbeiter, andererseits für die Geschäftsanbahnung über Ehemalige.[357] Die steigende Anzahl an Publikationen verdeutlicht das Interesse an Alumni-Netzwerken in Unternehmungen. Trotz der steigenden Anzahl zeigt sich eine geringe Qualität, die sich in einer wenig systematischen Vorgehensweise sowie einer fehlenden wissenschaftlichen Fundierung äußert.

Es lassen sich wiederum wissenschaftlich fundierte Ausarbeitungen über Alumni-Organisationen an Hochschulen finden. Insbesondere in den USA nehmen Alumni-Organisationen an Hochschulen einen hohen Stellenwert ein. Schon 1792 haben die Absolventen der Yale University ein Alumni-Netzwerk gegründet.[358] Hingegen ist die Alumni-Arbeit an deutschen Hochschulen noch nicht so ausgeprägt.[359] Der Terminus „Alumni" kann sich auf frühere Beschäftigte von Unternehmungen und auf Absolventen von Hochschulen beziehen.[360]

Grundsätzlich kann eine Alumni-Beziehung als die Herstellung einer langfristigen Beziehung zwischen den Mitgliedern untereinander, zwischen den Mitgliedern und der Ehemaligen-Vereinigung (im engen Sinne) sowie zwischen den Mitgliedern und der Hochschule (im weiten Sinne) verstanden werden.[361] Dabei kann eine Alumni-Organisation unterschiedliche Ziele und Aufgaben verfolgen, wie u. a. die Entwicklung von Nutzenpotenzialen für die Alumni, die Bindung der Mitglieder an die Ehemaligen-Vereinigung, die Sicherstellung des Informationsaustausches, die Organisation gemeinsamer Aktivitäten, die Beschaffung von Ressourcen, die Koordination eines einheitlichen Auftretens sowie die Gewährleistung eines Erfahrungsaustausches.[362]

Anhand der beschriebenen Alumni-Beziehung und den dargestellten Zielen und Aufgaben lässt sich erkennen, dass es im Kontext des Regain Managements zweckmäßig ist, sich mit der Alumni-Arbeit an Hochschulen zu beschäftigen. In diesem Kapitel werden dementspre-

---

[357] Vgl. u a. Breuer (2011), S. 186-191; Deller et al. (2008), S. 129-130; Kainz (2004); Kaiser/Ringlstetter (2011), S. 129-30; Kimmel (2004); o. V. (2009), S. 59; Rosenkopf/Corredoira (2008), S. 28; Sullivan (2006a); Sullivan (2006b). Diese Ansätze sind sehr praxisorientiert und werden nicht ausführlich erläutert.

[358] Vgl. Gomboz (2001), S. 15; Kwiecinski (2004), S. 153-155; Risch (1995), S. 319; Spiewak (2001).

[359] Beispiele für Alumni-Organisationen in Deutschland sind u. a. RWTH Alumni Aachen, vgl. dazu Hornke et al. (2010), S. 105-114, Alumni der Universität Freiburg, vgl. Heidel (2006), S. 106-107, oder AbsolventUM Mannheim, vgl. dazu Lisberg-Haag (2006), S. 108-109. Insbesondere das Verständnis in der Praxis zwischen Alumni-Organisation und Fundraising wird kontrovers diskutiert. Vgl. u. a. Berens et al. (2011), S. 40-41; Böhringer (2008); Rohlmann/Wömpener (2009b).

[360] Vgl. Rohlmann/Wömpener (2009a), S. 475. Der Begriff *„Alumni"* bezeichnete ursprünglich verletzte und ausgeschiedene Soldaten, die vom römischen Militär unterstützt wurden. Vgl. Kaiser/Ringlstetter (2011), S. 129. Der Begriff Alumni ist in der Gesellschaft noch nicht weit verbreitet, verstärkt wird dieser jedoch an Hochschulen benutzt. Vgl. Niebergall (2007), S. 5; Vintz (2003), S. 102-104.

[361] Vgl. Niebergall (2007), S. 25.

[362] Vgl. Niebergall (2007), S. 19-20; Rohlmann (2011), S. 16.

chend theoretische, konzeptionelle und empirische Erkenntnisse der Alumniforschung dargestellt und im Hinblick auf die Konzeption eines Regain Managements im Entscheidungsrahmen entlang der Kriterien aus Kapitel 3.1.2 diskutiert.

3.3.2 Theoretische Ansätze

Es lassen sich nur wenige theoretische Ansätze zur Erklärung von Alumni-Organisationen finden. Zum einen sind der Ansatz der Organizational Identification (OID) von MAEL/ASHFORTH zu nennen, zum anderen der Ansatz des Discretionary Collaborative Behavior (DCB) von HECKMAN/GUSKEY. Beide Ansätze haben sich noch nicht vollständig in der Alumniforschung zur Begründung von Alumni-Organisationen etabliert. Der Netzwerkansatz sowie das Konzept des sozialen Kapitals werden eher herangezogen, um die Entwicklung und das Vorhandensein von Alumni-Organisationen zu erklären.[363] Um einen umfassenden Überblick über die theoretischen Ansätze zu gewährleisten, werden diese im Folgenden chronologisch dargestellt und anschließend gemeinsam diskutiert.

Darstellung der theoretischen Ansätze zur Alumniforschung

Basierend auf dem Ansatz der *Organizational Identification* entwickeln MAEL/ASHFORTH ein Modell, welches organisationale und individuelle Determinanten der Organizational Identification differenziert sowie die für die Hochschule entstehenden Konsequenzen ableitet (vgl. Abbildung 7).[364] Dabei wird Organizational Identification definiert als “[…] the perception of oneness with or belongingness to an organization where the individual defines him or herself at least partly in terms of their organizational membership”[365]. Dieses Verständnis wird auf das Verhältnis zwischen einer Hochschule und ihren Alumni übertragen.

[363] Vgl. Niebergall (2007), S. 26. Für die Darstellung der Ansätze vgl. Heckman/Guskey (1998); Mael/Ashforth (1992); Niebergall (2007).

[364] Vgl. Mael/Ashforth (1992), S. 106-110.

[365] Mael/Ashforth (1992), S. 109.

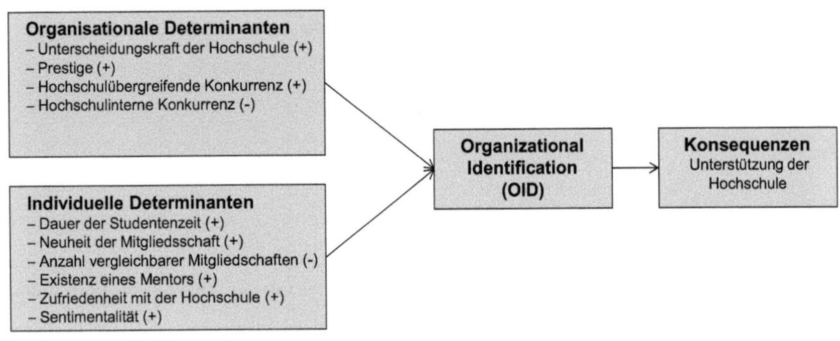

Abbildung 7: Modell der Organizational Identification.

Quelle: In Anlehnung an Mael/Ashforth (1992), S. 107.

Im Ergebnis wird deutlich, dass hinsichtlich der organisationalen Determinanten die Identifikation mit der Hochschule positiv durch die Unterscheidungskraft der Hochschule, das Prestige sowie die Abwesenheit eines hochschulinternen Wettbewerbs beeinflusst wird. In Bezug auf die individuellen Determinanten spielen die Zufriedenheit mit der Hochschule, die Dauer der Studentenzeit an der Hochschule sowie die Sentimentalität eine Rolle. Für die Hochschule kann eine vorhandene organisationale Identifikation der Alumni in finanzieller Unterstützung, einer Weiterempfehlung der Hochschule sowie der Übernahme von bestimmten hochschulspezifischen Funktionen resultieren.[366]

HECKMAN/GUSKEY etablieren den Ansatz des *Discretionary Collaborative Behavior* (DCB), welcher impliziert, dass Alumni ihre Hochschule, unabhängig von vertraglichen Regelungen und der Erwartung einer Gegenleistung, unterstützen.[367]

Das Verhalten des Discretionary Collaborative Behavior wird insbesondere durch die Zufriedenheit mit der Ausbildung, der Verbundenheit zur Hochschule sowie individuellen Eigenschaften beeinflusst (vgl. Abbildung 8). Diese unterteilen sich jeweils in Subdeterminanten.[368]

366 Vgl. Mael/Ashforth (1992), S. 112-116.

367 Vgl. Heckman/Guskey (1998), S. 98-101. Für Studien zum Extrarollenverhalten vgl. u. a. Bettencourt/Brown (1993); Bitner et al. (1990). Zum Organizational Citizenship Behavior vgl. u. a. Organ (1988).

368 Vgl. Heckman/Guskey (1998), S. 106-110.

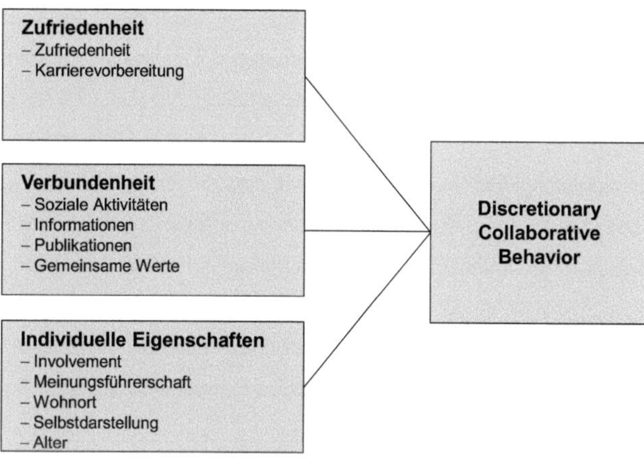

Abbildung 8: Modell des Discretionary Collaborative Behavior.

Quelle: In Anlehnung an Heckman/Guskey (1998), S. 109.

Der *Netzwerkansatz*[369] sowie damit verbunden das *Konzept des sozialen Kapitals* verdeutlichen, dass Netzwerke entstehen, wenn Individuen oder Gruppen von Individuen sich von der Teilnahme an einem Netzwerk Vorteile versprechen. Unter sozialem Kapital ist dabei „eine individuelle, aber nicht unabhängig von anderen Personen verfügbare und wertvolle Ressource“[370] zu verstehen. Ein Netzwerk basiert auf den Beziehungen zwischen den Individuen, welche sich durch einen Austausch und gegenseitiges Vertrauen kennzeichnen.[371] Als Ergebnis der Interaktion in Netzwerken lässt sich soziales, aber auch ökonomisches und kulturelles Kapital festhalten, welches den Nutzen der Teilnahme in einem Netzwerk erklärt.[372] Um eine Steuerung des Netzwerkes zu erzielen, müssen bestimmte Regeln und Kontrollen integriert werden. NIEBERGALL schlussfolgert, dass der Netzwerkansatz sowie das Konzept des sozialen Kapitals als Erklärungsansatz für Alumni-Organisation genutzt werden können, da sowohl Akteure in Alumni-Organisationen vorliegen, welche in ihrer Anzahl endlich sind, als auch eine Verbindung zwischen den Akteuren besteht, welche die Basis für weitere Handlungen darstellen. Somit können Ehemaligen-Organisationen als Netzwerke angesehen werden. Ein Akteur entscheidet sich zum Beitritt einer Alumni-Organisation, um von den Vorteilen zu profitieren, z. B. die Förderung von Fähigkeiten oder die Steigerung der Arbeitsleistung.

369 Eine umfassende theoretische Fundierung des Netzwerkansatzes ist bislang nicht zu finden. Vgl. Sydow (2005), S. 125-126. Jedoch können Tauschmodelle sowie Ansätze des sozialen Kapitals herangezogen werden. Vgl. u. a. Kappelhoff (2000), S. 26-27.

370 Niebergall (2007), S. 41. Vgl. u. a. Bourdieu (1983), S. 190-195; Burt (1992), S. 9.

371 Vgl. Kappelhoff (1993), S. 65-66. Für eine Differenzierung von Netzwerkstrukturen vgl. u. a. Burt (1980), S. 80.

372 Vgl. u. a. Esser (2000), S. 305-383; Marbach (1994), S. 165-166.

Durch die Mitgliedschaft und den Beziehungen unter den Mitgliedern des Netzwerkes entsteht somit Kapital sozialer, ökonomischer und kultureller Art. Werden die Bedürfnisse des Mitglieds durch die Teilnahme am Netzwerk nicht befriedigt, reduziert sich das Interesse sowie das Engagement des Mitglieds, welches langfristig zur Auflösung des Netzwerkes führen kann.[373] Die darauf aufbauende Untersuchung ergibt, dass es sich bei Alumni-Organisationen um Netzwerke handelt, in denen der gegenseitige Austausch sowie Kontaktmöglichkeiten im Vordergrund stehen. Eine Optimierung des Netzwerkes kann insbesondere durch ein effizientes Kommunikationssystem sowie das Angebot zielgruppengerechter Aktivitäten erreicht werden. Den Verantwortlichen des Alumni-Netzwerkes muss die Nutzenorientierung der Mitglieder bewusst sein, um als Netzwerk für Mitglieder attraktiv zu bleiben.[374]

Diskussion der theoretischen Ansätze zur Alumniforschung

Die (1) *theoretische Fundierung* der Ansätze ist aufgrund der umfangreichen Bezugnahme theoretischer Erkenntnisse insgesamt als hoch einzuschätzen. MAEL/ASHFORTH basieren ihre Ausführungen auf der Theorie der sozialen Identität („Social Identity Theory“).[375] HECKMAN/GUSKEY beziehen sich auf Ansätze des Relationship Marketings, dem Extrarollenverhalten und dem Organizational Citizenship Behavior.[376] Auch bei NIEBERGALL lässt sich ein umfassender theoretischer Bezugsrahmen finden.[377]

Der (2) *Informationsgehalt* kann insgesamt positiv beurteilt werden, da relevante Erkenntnisse in Bezug auf das Verhältnis von Hochschule und den Alumni bzw. die Einflussmöglichkeiten zur Verbesserung dieser Beziehung gewonnen werden können. Auch wird deutlich, dass die Identifikation mit der Hochschule über die aktive Studienzeit hinaus Bestand haben kann.[378]

Die Erkenntnisse werden teilweise (3) *empirisch bestätigt*, jedoch kann nicht von einer Repräsentativität der Ergebnisse gesprochen werden, da die Teilnehmer häufig von einer Hochschu-

373 Vgl. Niebergall (2007), S. 48-67.
374 Vgl. Niebergall (2007), S. 200-201. Vgl. ebenfalls Niebergall (2007), S. 144-191.
375 Vgl. Mael/Ashforth (1992), S. 104-105.
376 Vgl. Heckman/Guskey (1998), S. 98-101.
377 Vgl. Niebergall (2007).
378 Vgl. Mael/Ashforth (1992), S. 112-116.

le stammen. Die Stichprobe bei MAEL/ASHFORTH umfasst beispielsweise ausschließlich männliche Alumni einer katholischen Hochschule.[379]

Die (4) *Konsistenz und Vollständigkeit* ist nicht abschließend beurteilbar. MAEL/ASHFORTH verzichten auf die Berücksichtigung der individuellen Vorteile einer Mitgliedschaft in einer Alumni-Organisation der Hochschule.[380] Auch bei HECKMAN/GUSKEY ist anzuzweifeln, ob das Modell alle Determinanten, welche das Discretionary Collaborative Behavior beeinflussen, beinhaltet. Ebenso basieren die Ergebnisse beider Untersuchungen auf einer Selbsteinschätzung der Stichprobe, welche zu verzerrten Ergebnissen führen kann.[381]

Die (5) *Transferierbarkeit* wird als hoch eingestuft. Zwar wird die Übertragbarkeit der Erkenntnisse von NIEBERGALL auf die Praxis aufgrund der geringen Stichprobe in Frage gestellt, dennoch werden die theoretischen Erkenntnisse als umfassend bewertet.[382] MAEL/ASHFORTH empfehlen das Modell auf ehemalige Mitarbeiter einer Unternehmung zu übertragen und zu untersuchen, welche Konsequenzen eine weiterbestehende Identifikation mit der Unternehmung nach der Beendigung des Beschäftigungsverhältnisses innehat.[383]

3.3.3 Konzeptionelle Ansätze

Im Rahmen der konzeptionellen Ansätze zur Alumniforschung liegt der Forschungsschwerpunkt auf dem Management von Alumni-Organisationen.[384] Die Ausführungen einzelner Autoren bieten keine umfassende Konzeption des Alumni-Managements, sondern konzentrieren sich auf inhaltliche Schwerpunkte. Dabei werden insbesondere der *Aufbau sowie die organisatorische Eingliederung* von Alumni-Organisationen, unterschiedliche *Maßnahmen* sowie *Rahmenbedingungen* für die Alumni-Arbeit betrachtet. Diese inhaltliche Unterteilung dient auch der Strukturierung der konzeptionellen Ansätze, welche zuerst dargestellt und anschließend diskutiert werden.

379 Vgl. Heckman/Guskey (1998), S. 108; Mael/Ashforth (1992), S. 110; Niebergall (2007), S. 142.

380 Vgl. Mael/Ashforth (1992), S. 118.

381 Vgl. Heckman/Guskey (1998), S. 108; Mael/Ashforth (1992), S. 118.

382 Vgl. Rohlmann (2011), S. 55.

383 Vgl. Mael/Ashforth (1992), S. 119.

384 Es lassen sich auch vereinzelt konzeptionelle Ansätze des Forschungsschwerpunktes Alumni-Giving finden, welche jedoch im Kontext der Arbeit nicht relevant sind. Vgl. u. a. Bruggink/Siddiqui (1995).

Darstellung der konzeptionellen Ansätze zur Alumniforschung

Basis für den *Aufbau einer Alumni-Organisation* sollte eine strategische Konzeption sein, welche eine Mission, eine taktische Einbindung als Netzwerk sowie Maßnahmen beinhaltet.[385] Die Mission[386] konkretisiert die Zielsetzungen einer Alumni-Organisation innerhalb eines festgelegten Zeitraums wie u. a. den Aufbau eines Netzwerks, die Umsetzung von bestimmten Maßnahmen sowie die Verbesserung des Hochschulimages. Bei der *Einbindung* einer zentralen Alumni-Organisation müssen die bestehenden Konzepte der verschiedenen Fachbereiche und externen Unterstützungsorganisationen (wie z. B. Förderer der Hochschule) berücksichtigt werden.[387] KEMPE bevorzugt die zentrale institutionelle Einordnung, jedoch mit der Möglichkeit zur Bildung dezentraler Einheiten. So kann die Gesamtstrategie zentral festgelegt werden, und die Umsetzung erfolgt dezentral, was eine optimale Verwendung der Kompetenzen und Ressourcen erlaubt.[388]

In den konzeptionellen Ansätzen wird eine Vielzahl von *Maßnahmen* dargestellt, welche in der Tabelle 11 zusammengefasst werden. Die Autoren KEMPE und EWERS unterscheiden zwischen zentralen und dezentralen Maßnahmen, welche im Angebotsportfolio einer Alumni-Organisation an einer Hochschule enthalten sein können.[389]

Tabelle 11: Potenzielle Maßnahmen eines Alumni-Managements an einer Hochschule.

	Zentrale Maßnahmen								Dezentrale Maßnahmen							
	Alumni-Newsletter	Alumni-Zeitschrift	Weiterbildungs-angebote	Lebenslange E-Mail-Adresse	Exkusionen	Datenbank	Homepage	Kontaktbörse mit Suchfunktion	Vergünstigungen	Merchandising	Veranstaltungen	Ressourcen	Ansprechpartner	Fakultätstreffen	Jubiläums-Veranstaltungen	Alumni-Treffen
Ewers (2001)		x		x				x			x	x	x			
Jäger (2001)	x	x	x				x			x	x					x
Zech (2002)	x	x	x	x	x	x	x	x		x	x				x	x
Gerhard (2004)		x			x		x				x					
Klumpp (2004)			x	x		x	x	x	x	x	x		x		x	x
Klumpp et al. (2004)	x		x	x		x		x	x	x	x	x				x
Klumpp (2005)						x										
Langer/Fröhner (2005)		x	x				x	x	x		x	x			x	x

385 Vgl. Klumpp (2004), S. 67-72; Klumpp et al. (2004), S. 5-6.

386 Im Kontext von Unternehmungen ist die *Mission* die Verschriftlichung der Vision und wird auch als Unternehmungsleitbild oder als Führungsgrundsatz bezeichnet. Mit der Mission werden die Funktionen Orientierung, Konkretisierung der Vision, Legitimierung sowie Motivation der Mitarbeiter angestrebt. Dabei enthält die Mission folgende Bestandteile: Beschreibung der Tätigkeit der Unternehmung, Einsatz der unternehmerischen Fähigkeiten, Werte der Unternehmung. Vgl. Becker (2013), S. 116-117.

387 Vgl. Klumpp (2004), S. 67-72; Klumpp et al. (2004), S. 5-6.

388 Vgl. Kempe (2006), S. 93-94.

389 Vgl. Ewers (2001), S. 31-33; Kempe (2006), S. 95.

	Zentrale Maßnahmen								Dezentrale Maßnahmen							
	Alumni-Newsletter	Alumni-Zeitschrift	Weiterbildungs-angebote	Lebenslange E-Mail-Adresse	Exkusionen	Datenbank	Homepage	Kontaktbörse mit Suchfunktion	Vergünstigungen	Merchandising	Veranstaltungen	Ressourcen	Ansprechpartner	Fakultätstreffen	Jubiläums-Veranstaltungen	Alumni-Treffen
Kempe (2006)	x	x	x	x	x	x	x	x	x	x				x	x	x
Kramberg (2007)			x			x	x			x	x	x		x		x
Hoepner (2008)	x		x		x	x	x	x			x				x	x
Anzahl der Nennungen	**5x**	**6x**	**8x**	**5x**	**4x**	**7x**	**8x**	**7x**	**4x**	**6x**	**9x**	**4x**	**2x**	**2x**	**5x**	**8x**

Anhand der Tabelle 11 lässt sich eine Tendenz erkennen, dass insbesondere Weiterbildungsangebote, eine Homepage für Ehemalige, die Durchführung von Veranstaltungen sowie Alumni-Treffen als Maßnahmen von Relevanz sind. Hervorgehoben wird von EWERS die Abstimmung zwischen zentralen und dezentralen Maßnahmen. So sollte die Professionalität des Alumni-Programms im Vordergrund stehen und bestimmte Aufgaben wie z. B. die Pflege und der Zugriff auf die Alumni-Datenbank nur zentral möglich sein. Dennoch gibt es Angebote unterschiedlicher Fakultäten, welche nur dezentral angeboten werden können und nur für eine bestimmte Zielgruppe der Alumni von Interesse sind. Dementsprechend ist es wichtig, sich über zentrale und dezentrale Interessen und Erfahrungen auszutauschen und abzustimmen.[390] Die Bedürfnisse der Alumni müssen identifiziert werden, um je nach Art der Bedürfnisse die Angebote entsprechend anzupassen.[391] Wichtig ist, dass den Alumni ein Zugehörigkeitsgefühl vermittelt wird, um eine langfristige Bindung an die Hochschule herzustellen.[392]

Für die Umsetzung dieser Maßnahmen sind bestimmte *Rahmenbedingungen* notwendig. EWERS geht auf die Akzeptanz des Alumni-Gedankens (z. B. durch die Entwicklung eines Leitbildes), die Abstimmung von Zielen, Prozessen sowie die klare Zuteilung von Verantwortlichkeiten ein. Des Weiteren muss eine Abstimmung der Schnittstellen zwischen den dezentralen und zentralen Aufgabenbereichen erfolgen.[393] KRAMBERG zählt eine Serviceorientierung gegenüber den Studierenden sowie eine kontinuierliche Evaluation der durchgeführten Maßnahmen zu den Voraussetzungen.[394] GOMBOZ geht auf die Qualität des Personals ein, welches für die Organisation der Alumni-Arbeit verantwortlich ist.[395] HOEPNER hebt die rechtlichen Rahmenbedingungen wie z. B. den Datenschutz oder das Wettbewerbsrecht her-

390 Vgl. Ewers (2001), S. 31-32.

391 Vgl. Klumpp (2004), S. 67-73; Langer/Fröhner (2005), S. 12-13.

392 Vgl. Gerhard (2004), S. 181-182; Zech (2002), S. 111.

393 Vgl. Ewers (2001), S. 32-33.

394 Vgl. Kramberg (2007), S. 46-47.

395 Vgl. Gomboz (2001), S. 21-22.

vor, die bei der Gründung einer Alumni-Organisation berücksichtigt werden müssen.[396] Des Weiteren wird die Wichtigkeit einer umfassenden Mitglieder-Datenbank diskutiert, welche laufend angepasst und verwaltet werden sollte.[397]

Diskussion der konzeptionellen Ansätze zur Alumniforschung

Grundsätzlich lässt sich feststellen, dass den meisten konzeptionellen Ansätzen eine (1) *theoretische Fundierung* fehlt. Lediglich KEMPE orientiert sich an dem Forschungsbereich der Kundenbindung sowie LANGER/FRÖHNER am Konzept des Relationship Marketings, um ein Alumni-Management zu konzipieren.[398]

Trotz der fehlenden theoretischen Fundierung kann der (2) *Informationsgehalt* als gegeben beschrieben werden, da sich aufgrund der starken Orientierung an der Praxis Anregungen hinsichtlich der organisatorischen Eingliederung von Alumni-Organisationen, der Gestaltung von Maßnahmen, der Abstimmung zwischen zentralen und dezentralen Maßnahmen, sowie der Berücksichtigung von Rahmenbedingungen finden lassen.

Auch die (3) *empirische Bestätigung* ist nicht gegeben, jedoch wird teilweise auf Beispiele aus der Praxis Bezug genommen. So verweisen u. a. KEMPE auf die TU Chemnitz, bei EWERS wird die TU Berlin benannt und JÄGER führt das Beispiel der Universität Freiburg an.[399]

Die (4) *Konsistenz und Vollständigkeit* ist kaum vorhanden, da die meisten Ansätze lediglich Ausschnitte aus dem Angebotsportfolio an Maßnahmen darstellen und keine Begründungen für die Auswahl der Maßnahmen zu finden sind. Durch die Integration von Praxisbeispielen bei EWERS, JÄGER und KEMPE beziehen sich die Ausführungen lediglich auf die ausgewählte Hochschule.[400]

Die (5) *Transferierbarkeit* wird ambivalent beurteilt. Aufgrund der Betrachtung des Hochschulkontextes ist die Übertragbarkeit insbesondere im Hinblick auf die organisatorische Einordnung sowie auf bestimmte Maßnahmen eingeschränkt. Dennoch lassen sich wichtige Anregungen hinsichtlich des Kontaktaufbaus und der Kontaktpflege ableiten. Auch die Rahmen-

[396] Vgl. Hoepner (2008), S. 11-14.
[397] Vgl. Klumpp (2004), S. 75-87; Klumpp (2005), S. 4-7.
[398] Vgl. Kempe (2006), S. 35-62; Langer/Fröhner (2005), S. 5-12.
[399] Vgl. zu den Praxisbeispielen Ewers (2001); Jäger (2001); Kempe (2006).
[400] Vgl. zu den Praxisbeispielen Ewers (2001); Jäger (2001); Kempe (2006).

bedingungen in Bezug auf die Akzeptanz des Alumni-Gedankens, die Qualität des Personals, die Berücksichtigung von Schnittstellen und der Hinweis auf die gesetzlichen Vorgaben sind bei der Konzeption eines Regain Managements hilfreich.

3.3.4 Empirische Ansätze

Bei den empirischen Ansätzen der Alumniforschung können drei Forschungsschwerpunkte differenziert werden: das Fundraising/Alumni-Giving, die Hochschulbindung sowie das Management von Alumni-Organisationen.[401] Das Alumni Giving zielt grundsätzlich auf die Untersuchung des Spendenverhaltens ehemaliger Hochschulabsolventen ab. Da diese monetäre Perspektive im Rahmen des Regain Managements keine Rolle spielt, wird der Forschungsschwerpunkt nicht weiter behandelt.[402] Im Bereich der Hochschulbindung existieren auch Ansätze, welche sich ausschließlich mit der Bindung aktueller Studierender zur Reduktion der Abbruchquote im Studium oder mit der Befragung von Alumni zur Verbesserung der universitären Ausbildung beschäftigen. Da hier die Alumni als Zielgruppe unberücksichtigt bleibt, werden diese Ansätze im weiteren Verlauf der Arbeit nicht weiter verfolgt.[403] Daher werden im Folgenden zuerst die relevanten Ansätze der (1) Hochschulbindung und anschließend Erkenntnisse aus dem Forschungsbereich des (2) Managements von Alumni-Organisationen dargestellt. Danach folgt die Diskussion der empirischen Erkenntnisse.

Darstellung der empirischen Ansätze zur Alumniforschung

Die empirischen Ansätze zur (1) *Hochschulbindung* lassen sich nur schwer miteinander vergleichen, da sie unterschiedliche Zielkonstrukte untersuchen. So wird die Loyalität von Studierenden, das Involvement, das emotionale Commitment, die Bindung an die Hochschule oder die Alumni Contribution bzw. das Alumni-Engagement betrachtet. Dennoch haben alle Ansätze gemein, dass die Einflussfaktoren analysiert werden, welche auch nach Beendigung

---

401 Vgl. u. a. Hoffmann/Müller (2008); Niebergall (2007), S. 27; Rohlmann (2011), S. 49.

402 Vgl. hierzu u. a. Baade/Sundberg (1996); Belfield/Beney (2000); Clotfelter (2001); Clotfelter (2003); Cunningham/Cochi-Ficano (2002); Levine (2008); Okunade/Berl (1997); Pumerantz (2005); Taylor/Martin (1995); Weerts/Ronca (2008).

403 Zur Bindung von Studierenden vgl. u. a. Helgesen/Nesset (2007); Lau (2003); Lenecke (2012); Strauss/Volkwein (2004). Zur Verbesserung der universitären Ausbildung vgl. Hartman/Schmidt (1995); Kerstens (2006).

des Studiums zu einer Beziehung zwischen Studierenden und der Hochschule führen.[404] DIAMOND/KASHYAP zeigen, dass die Verpflichtung gegenüber der Hochschule zu monetären wie nicht-monetären Beiträgen führt wie z. B. Spenden, Teilnahme an Wiedersehenstreffen und die Arbeit für eine Alumni-Organisation. Die empfundene Verpflichtung wird dabei von der wahrgenommenen Wirksamkeit und dem wahrgenommenen Nutzen des eigenen Beitrages sowie der individuellen Verbundenheit des Studierenden mit der Hochschule beeinflusst.[405]

ZIEGELE/LANGER betonen die Rolle des Commitment während des Studiums als Basis für eine spätere Alumni-Beziehung. Auch wird deutlich, dass ehemalige Studierende, welche negative Erfahrungen mit der Hochschule erlebt haben, nicht mehr für eine Alumni-Beziehung zugänglich sind.[406] Bei GAIER wird deutlich, dass je höher die Zufriedenheit der Studierenden mit der Hochschule ist, desto eher werden sie die Hochschule finanziell unterstützen oder Aufgaben an der Hochschule übernehmen.[407]

KÖNIG hebt hervor, dass eine empfundene faire Behandlung der Studierenden während des Studiums durch die Hochschule Auswirkungen auf die Mitgliedschaft im Alumni-Netzwerk hat. Dies führt zu einem erhöhten Zugehörigkeitsgefühl, einer stärkeren Identifikation sowie einer höheren Verpflichtung, welche in einem Engagement für die Hochschule resultieren kann (z. B. Hilfsbereitschaft, erhöhte Spendenbereitschaft oder Verstärkung des altruistischen Verhaltens).[408] KÖNIG zieht aus den Ergebnissen die Konsequenz, dass Maßnahmen eines Alumni-Managements bereits während der Studienzeit beginnen sollten.[409]

Der zweite Teil der empirischen Ansätze setzt sich mit dem (2) *Management von Alumni-Organisationen* auseinander. Hier sind insbesondere die Ansätze von HOLTSCHMIDT/PRILLER, PAUSITS sowie unterschiedliche Untersuchungen von ROHLMANN zu nennen.[410] Als Resultat der empirischen Studie von HOLTSCHMIDT/PRILLER wird deutlich, dass die Ausstattung, die Betreuung, die Studienorganisation sowie das Lehrangebot signifikant auf die Zufriedenheit

---

404 Zur Loyalität vgl. u. a. Hennig-Thurau et al. (2001); zum Involvement vgl. Gaier (2005); zum emotionalen Commitment vgl. Ziegele/Langer (2001); zur Bindung vgl. Hoffmann/Müller (2008); zur Alumni Contribution vgl. Diamond/Kashyap (1997) sowie zum Alumni-Engagement vgl. König (2011).

405 Vgl. Diamond/Kashyap (1997), S. 923-926.

406 Vgl. Ziegele/Langer (2001), S. 46-49.

407 Vgl. Gaier (2005), S. 283-286. Die Zufriedenheit mit der Hochschule setzt sich dabei auch aus der Quantität und Qualität der Lehre zusammen. Vgl. Gaier (2005), S. 287.

408 Vgl. König (2011), S. 215-217.

409 Vgl. König (2011), S. 234. Vgl. dazu auch Thomas (2003), S. 90-94.

410 Vgl. dazu Holtschmidt/Priller (2003); Pausits (2006); Rohlmann/Wömpener (2009a); Rohlmann (2010); Rohlmann (2011). Bei den empirischen Ansätzen zum Alumni-Management ist der Vollständigkeit wegen auch die Untersuchung von Niebergall zu nennen, welche jedoch bereits bei den theoretischen Ansätzen zur Alumniforschung beschrieben wurde. Vgl. Niebergall (2007).

und die Identifikation mit der Hochschule wirken. Daraus wird das Angebot an Aktivitäten wie u. a. nutzenbringende Services sowie eine professionelle Organisation abgeleitet.[411] Als Erfolgsfaktoren werden u. a. die strategische Einbindung an die Hochschule sowie eine umfassende Kommunikationspolitik benannt.[412]

PAUSITS entwickelt ein Modell zum Student Relationship Management (SRM), welches eine langfristige Verbesserung der Beziehungsqualität zwischen der Hochschule und den Studierenden auf Basis moderner Technologien anstrebt. Dieses Verständnis berücksichtigt die Aktivitäten eines Alumni-Managements, welches insbesondere durch die letzte Phase der „Alumni und Revitalisierung" des Student Lifetime Cycle Modells verdeutlicht wird.[413] Diese Phase umfasst zum einen das Revitalisierungsmanagement, welches u. a. auf die Vermeidung negativer Auswirkungen durch den Studienabbruch unzufriedener Studierende sowie die Verbesserung der aktuellen Situation auf Basis von Ursachenanalysen abzielt.[414] Zum anderen wird das Alumni-Management hervorgehoben, welches sich mit der Bindung der Absolventen an die Hochschule beschäftigt. Dies wird durch die Aufgabenbereiche des Kontaktmanagements, Services für die Ehemaligen sowie Marketing und Ressourcenakquisition abgedeckt. Dazu zählen u. a. Maßnahmen wie Mentorenprogramme, Beiräte und Kamingespräche.[415] Das Modell wird anhand einer Befragung empirisch überprüft und hebt im Ergebnis die Beziehungsorientierung des Marketings über den Zeitablauf vom Interessenten, über den Studierenden bis hin zum Alumnus hervor.[416]

ROHLMANN setzt sich im Gegensatz zu PAUSITS ausschließlich mit dem Alumni-Management an deutschen Hochschulen auseinander, welches „die effiziente, zielgerichtete und entwicklungsorientierte Steuerung und Gestaltung von Prozessen, Ressourcen, Maßnahmen und Leistungen einer Alumni-Organisation [umfasst], die zur Sicherung, Erfüllung und Verbesserung der Aufgaben einer Alumni-Organisation, und der Beziehung zu den Anspruchsgruppen dienen."[417] Die Aktivitäten einer Alumni-Organisation lassen sich demnach in die Bereiche

411 Vgl. Holtschmidt/Priller (2003), S. 28-40. Zum Konzept eines Alumni-Netzwerks vgl. Holtschmidt/Priller (2003), S. 47-66.

412 Vgl. Holtschmidt/Priller (2003), S. 67-73.

413 Vgl. Pausits (2006), S. 146-153.

414 Vgl. Pausits (2006), S. 175-180.

415 Vgl. Pausits (2006), S. 180-182. Für Bindungskonzepte des Alumni-Managements vgl. auch Tutt (2002).

416 Vgl. Pausits (2006), S. 217-259.

417 Vgl. Rohlmann (2011), S. 27.

Networking und Kommunikation, Karriereförderung und Weiterbildung sowie Mehrwert und Benefits untergliedern, welche jeweils unterschiedliche Maßnahmen beinhalten.[418]

Tabelle 12: Mögliche Maßnahmen der Alumni-Arbeit.[419]

Networking und Kommunikation	**Karriereförderung und Weiterbildung**	**Mehrwert und Benefits**
Internetauftritt mit integrierter Mit-glieder-Datenbank/ Mitglieder-Community	Mentoring-Programm	Abonnements und Vergünstigungen
Newsletter/E-Mails	Praktikums-/Stellenbörse	Print-Produkte (z. B. Mitgliederverzeichnis, Jahrbuch)
Regionalstammtische	Recruitingmaßnahmen (z. B. Karrieremessen, Absolventenbuch)	Merchandising
Jahrestreffen	Weiterbildungsmöglichkeiten	
Abschlussfeier	Fachspezifische Events (z. B. Workshops, Symposien)	

Auf Basis des literaturgestützten und konzeptionellen Bezugsrahmens wird eine empirische Studie zu den Einflussfaktoren der Professionalität des Alumni-Managements an Hochschulen durchgeführt.[420] Im Rahmen der deskriptiven Auswertung wird hervorgehoben, dass die Erreichung der relevanten Zielgruppen als wichtigstes Ziel gesehen wird.[421] Es wird deutlich, dass die Motivation der Mitarbeiter, die Ausstattung mit finanziellen Ressourcen, die Orientierung an den Anspruchsgruppen, die Kommunikation innerhalb des Netzwerkes sowie die Unterstützung der Hochschule einen positiven Einfluss auf die Professionalität der Alumni-Organisation haben.[422] Aus der empirischen Untersuchung werden Handlungsempfehlungen abgeleitet. So werden eine strategische Planung sowie eine effiziente Budgetierung der Alumni-Organisationen vorgeschlagen. Des Weiteren sollten Angebote in Bezug auf Networking und Kommunikation verstärkt implementiert werden. Auch die generelle Ausrichtung an den Bedürfnissen der Zielgruppe wird für wichtig erachtet. Zudem wird die Beschäftigung fachlich qualifizierter und engagierter Alumni-Manager empfohlen, welche sich mit den Zielen und Aufgaben einer Alumni-Organisation identifizieren können.[423]

418 Vgl. Rohlmann (2011), S. 17-18; Rohlmann/Wömpener (2009a), S. 485-486.

419 Quelle: In Anlehnung an Rohlmann (2011), S. 18.

420 Vgl. Rohlmann (2011), S. 49-61.

421 Vgl. Rohlmann (2011), S. 127 und S. 225.

422 Vgl. Rohlmann (2011), S. 212-215 sowie S. 227-30.

423 Vgl. Rohlmann (2010), S. 29-43; Rohlmann (2011), S. 231-234; Rohlmann/Wömpener (2009a), S. 487-493.

Diskussion der empirischen Ansätze zur Alumniforschung

Die (1) *theoretische Fundierung* der empirischen Ansätze zur Alumniforschung wird als hoch erachtet. Im Rahmen des Modells des Student Relationship Managements von PAUSISTS wird ein Bezugsrahmen auf Basis des Customer Relationship Managements entwickelt.[424] Die Arbeiten von ROHLMANN erhalten eine theoretische Fundierung durch den Bezug zum Relationship Management sowie Reputationsmanagement und dem situativen Ansatz der Kontingenztheorie.[425] Auch KÖNIG basiert die Ausführungen auf Überlegungen zur organisationalen Gerechtigkeit, dem Extrarollenverhalten und den Ansätzen der Kundenbindung.[426]

Der (2) *Informationsgehalt* wird als hoch eingeschätzt, da sich umfassende Erkenntnisse im Hinblick auf die Einflussfaktoren einer frühzeitigen Bindung sowie Maßnahmen und Steuerungsmöglichkeiten eines professionellen Alumni-Managements ergeben.

Die (3) *empirische Bestätigung* wird ambivalent beurteilt (vgl. Tabelle 13). So liegen zum einen Ansätze vor, bei denen die Ergebnisse nicht generalisierbar sind wie z. B. bei DIAMOND/KASHYAP.[427] Zum anderen existieren auch Ansätze, welche eine große Stichprobe aufweisen und in der Literatur als empirisch bestätigt angesehen werden wie u. a. ROHLMANN oder KÖNIG.[428] Bei HOLTSCHMIDT/PRILLER bezieht sich die empirische Bestätigung lediglich auf die Einflussfaktoren der Zufriedenheit und Identifikation mit der Hochschule, die abgeleiteten Handlungsempfehlungen werden nicht empirisch untersucht.[429]

Tabelle 13: Übersicht des Untersuchungsdesigns der empirischen Ansätze der Alumniforschung.

Studie	Stichprobe	Erhebungsmethode	Erhebungszeitraum
Hochschulbindung			
Diamond/ Kashyap (1997)	246 Studierende einer Management School	Fragebogen	-
Ziegele/ Langer (2001)	zwei Universitäten und fünf Fachhochschulen (insgesamt 1.764 Exmatrikulierte des Sommersemesters 1998 sowie des Wintersemesters 1998/1999)	Kausalanalyse LISREL	-
König (2011)	3.270 Studierende unterschiedlicher Universitäten in Deutschland	Online-Fragebogen; Langzeiterhebung (letztes Studienjahr, Graduierung, 6-12 Monate nach Graduierung)	01.03.07 bis 01.08.07 21.04.08 bis 21.09.08 20.01.09 bis 20.05.09

424 Vgl. Pausits (2006), S. 86-114.

425 Vgl. Rohlmann (2011), S. 25-32 sowie S. 59-61.

426 Vgl. König (2011), insbesondere Kapitel 3, 4 und 5.

427 Vgl. Diamond/Kashyap (1997), S. 924-927.

428 Vgl. König (2011), S. 112-114; Rohlmann (2011), S. 176-180.

429 Vgl. Holtschmidt/Priller (2003), S. 7-8; Rohlmann (2011), S. 54.

Studie	Stichprobe	Erhebungsmethode	Erhebungszeitraum
Management von Alumni-Organisationen			
Holt-schmidt/ Priller (2003)	9.875 Studierende von 44 Universitäten, Fachbereich BWL; Durchführung vom CHE (Centrum für Hochschulentwicklung)	Fragebogen	Juni 1998 bis Februar 1999
Pausits (2006)	32 Experten der akademischen Weiterbildung aus Deutschland, Österreich und der Schweiz	Onlinebefragung	Zeitfenster zur Beantwortung der Fragen von zwei Wochen; keine Angabe zum Befragungszeitraum
Rohlmann (2011)	120 Alumni-Organisationen von deutschen Hochschulen	Fragebogen (schriftlich und elektronisch)	Mai bis Juni 2009

In Bezug auf die (4) *Konsistenz und Vollständigkeit* ist festzuhalten, dass die Ansätze aufgrund der festgelegten Forschungsdesigns immer nur Ausschnitte betrachten. So werden z. B. bei DIAMOND/KASHYAP bestimmte Faktoren wie z. B. das Einkommen, die Normen und Werte sowie Charakteristika der Universität nicht in die empirische Untersuchung integriert.[430]

Den empirischen Erkenntnissen zum Management einer Alumni-Organisation an einer Hochschule wird eine hohe (5) *Transferierbarkeit* zugesprochen, da diese – insbesondere hinsichtlich der Prozesse, der Maßnahmen und der Erfolgsfaktoren – auch für ein Regain Management von Bedeutung sein können.[431] Es wird deutlich, dass auch aktuelle Mitarbeiter über das Ehemaligen-Netzwerk informiert bzw. eingebunden werden sollten, um bei einer Beendigung des Arbeitsverhältnisses eine höhere Teilnahmebereitschaft am Alumni-Netzwerk zu erzielen und die Ehemaligen somit auch nach dem Austritt an die Unternehmung zu binden. Dafür ist auch ein respektvolles Verhalten der Unternehmung gegenüber dem ausscheidenden Mitarbeiter von Bedeutung.[432]

3.3.5 Gesamtbetrachtung

Die dargestellten Ansätze der Alumniforschung lassen erkennen, dass obwohl die Diskussionskriterien teilweise nicht erfüllt werden konnten, ein Erklärungsbeitrag für die Gestaltung eines Regain Management geleistet werden kann.

In Bezug auf die theoretischen Erkenntnisse (vgl. Tabelle 14) lässt sich ableiten, dass die Zeit während des Arbeitsverhältnisses große Auswirkungen auf das Interesse des ehemaligen Mitarbeiters an einem längerfristigen Kontakt mit der Unternehmung im Rahmen eines Alumni-

---

430 Vgl. Diamond/Kashyap (1997), S. 924-927.

431 Vgl. Pausits (2006); Rohlmann (2010, 2011); Rohlmann/Wömpener (2009a).

432 In der Alumniforschung vgl. dazu u. a. Gaier (2005); Hoffmann/Müller (2008); König (2011).

Netzwerkes haben kann. Insbesondere wenn einem ehemaligen Mitarbeiter Vorteile durch die Mitgliedschaft entstehen, kann ein Beitritt in das Alumni-Netzwerk erzielt werden.

Tabelle 14: Gesamtüberblick der theoretischen Ansätze der Alumniforschung.[433]

Theoretische Ansätze							
Ansatz	**Relevante Aspekte für ein Regain Management**	**Bewertung**					
		F	**I**	**EB**	**KV**	**T**	**WR**
Organizational Identification	Identifikation mit der Hochschule wird positiv durch die Unterscheidungskraft der Hochschule und Prestige sowie durch Zufriedenheit und die Dauer der Studienzeit beeinflusst	+	+	+	+	++	++
Discretionary Collaborative Behavior	Zufriedenheit mit der Ausbildung, die Verbundenheit zur Hochschule sowie individuellen Eigenschaften haben Einfluss auf Discretionalry Collaborative Behavior, welches unabhängig von vertraglichen Regelungen und ohne Gegenleistung getätigt wird	++	+	++	+	+	+
Netzwerkansatz/ Theorie des sozialen Kapitals	Netzwerke entstehen, wenn sich Individuen von der Teilnahme Vorteile versprechen; Entstehung von sozialem, ökonomischen und kulturellem Kapital; fehlende Bedürfnisbefriedigung kann zur Auflösung des Netzwerkes führen	++	++	+	+	+	+

Die konzeptionellen Erkenntnisse (vgl. Tabelle 15) geben Anregungen hinsichtlich des Aufbaus, der Gestaltung der Maßnahmen sowie des Umgangs mit bestimmten Rahmenbedingungen. Wichtig ist, dass der Alumni-Gedanke in der Unternehmung akzeptiert und ein Alumni-Netzwerk von der Unternehmungsleitung unterstützt wird. Außerdem wird die Abstimmung der Schnittstellen zu anderen Funktionsbereichen verdeutlicht.

Tabelle 15: Gesamtüberblick der konzeptionellen Ansätze der Alumniforschung.[434]

Konzeptionelle Ansätze							
Ansatz	**Relevante Aspekte für ein Regain Management**	**Bewertung**					
		F	**I**	**EB**	**KV**	**T**	**WR**
Ewers (2001)	Unterscheidung zwischen zentralen und dezentralen Maßnahmen, jedoch Abstimmung erforderlich; Akzeptanz des Alumni-Gedankens; Abstimmung von Zielen, Prozessen und Verantwortlichkeiten	0	+	0	0	+	0
Jäger (2001)	unterschiedliche Maßnahmen wie u. a. Alumni-Newsletter, Alumni-Zeitschrift, Weiterbildungsangebote	0	+	0	0	+	0
Gomboz (2001)	Qualität des Personals einer Alumni-Organisation	0	+	0	0	+	0
Zech (2002)	Vermittlung eines Zugehörigkeitsgefühls; unterschiedliche Maßnahmen	0	+	0	0	+	+
Gerhard (2004)	Vermittlung eines Zugehörigkeitsgefühls; unterschiedliche Maßnahmen	0	+	0	0	+	++

433 Die Abkürzungen stehen für die Diskussionskriterien aus Kapitel 3.1.2. F steht für die theoretische Fundierung, I für den Informationsgehalt, EB für die empirische Bestätigung, KV für Konsistenz und Vollständigkeit, T für die Transferierbarkeit, WR für die wissenschftliche Relevanz. Legende: 0 = eher nicht gegeben; + = eher gegeben; ++ = erfüllt.

434 Die Abkürzungen stehen für die Diskussionskriterien aus Kapitel 3.1.2. F steht für die theoretische Fundierung, I für den Informationsgehalt, EB für die empirische Bestätigung, KV für Konsistenz und Vollständigkeit, T für die Transferierbarkeit, WR für die wissenschaftliche Relevanz. Legende: 0 = eher nicht gegeben; + = eher gegeben; ++ = erfüllt.

Konzeptionelle Ansätze							
Ansatz	Relevante Aspekte für ein Regain Management	Bewertung					
		F	I	EB	KV	T	WR
Klumpp et al. (2004); Klumpp (2005)	strategische Konzeption einer Alumni-Organisation enthält Mission, taktische Einbindung sowie Maßnahmen; Identifikation von Bedürfnissen der Alumni; Entwicklung einer Mitglieder-Datenbank	0	+	0	0	++	+
Langer/Fröhner (2005)	Identifikation von Bedürfnissen der Alumni; unterschiedliche Maßnahmen	0	+	0	0	+	+
Kempe (2006)	zentrale Einordnung der Alumni-Organisation mit dezentralen Einheiten, erlaubt optimale Verwendung von Kompetenzen und Ressourcen; Unterscheidung zwischen zentralen und dezentralen Maßnahmen	+	+	0	0	++	+
Kramberg (2007)	Marketing als Führungsaufgabe; Serviceorientierung gegenüber den Mitgliedern; kontinuierliche Evaluation	0	+	0	0	+	+
Hoepner (2008)	Berücksichtigung rechtlicher Rahmenbedingungen; unterschiedliche Maßnahmen	0	+	0	0	+	0

Auch die empirischen Erkenntnisse (vgl. Tabelle 16) leisten einen Beitrag für die Konzeption von Maßnahmen sowie Erfolgsfaktoren eines funktionierenden Alumni-Netzwerkes. Unterschiedliche Autoren betonen die Notwendigkeit bereits vor Abschluss des Studiums mit den Maßnahmen des Alumni-Netzwerkes zu beginnen, welches aus Sicht der Unternehmung eine enge Verzahnung mit den Maßnahmen des Bindungsmanagements impliziert.

Tabelle 16: Gesamtüberblick der empirischen Ansätze der Alumniforschung.[435]

Empirische Ansätze							
Hochschulbindung							
Ansatz	Relevante Aspekte für ein Regain Management	Bewertung					
		F	I	EB	KV	T	WR
Diamond/ Kashyap (1997)	Verpflichtung gegenüber der Hochschule kann zu monetären und nicht-monetären Beiträgen führen wie z. B. die Teilnahme an Wiedersehenstreffen oder die Arbeit für eine Alumni-Organisation	+	+	+	+	+	+
Ziegele/Langer (2001)	Commitment während des Studiums ist die Basis für Alumni-Beziehung; negative Erfahrungen während des Studiums kann zur fehlendem Interesse an einer Alumni-Organisation führen	+	+	++	+	+	0
König (2011)	faire Behandlung der Studierenden hat Auswirkungen auf die Mitgliedschaft in der Alumni-Organisation; Maßnahmen eines Alumni-Managements sollten bereits während des Studiums starten	++	+	++	+	+	+
Management von Alumni-Organisationen							
Holtschmidt/ Priller (2003)	Alumni-Organisation einer Hochschule sollte auf Nutzenorientierung ausgerichtet sein; Erfolgsfaktoren sind strategische Einbindung in die Hochschule, Kommunikationspolitik	+	+	++	+	+	+

435 Die Abkürzungen stehen für die Diskussionskriterien aus Kapitel 3.1.2. F steht für die theoretische Fundierung, I für den Informationsgehalt, EB für die empirische Bestätigung, KV für Konsistenz und Vollständigkeit, T für die Transferierbarkeit, WR für die wissenschaftliche Relevanz. Legende: 0 = eher nicht gegeben; + = eher gegeben; ++ = erfüllt.

Empirische Ansätze							
Management von Alumni-Organisationen							
Ansatz	**Relevante Aspekte für ein Regain Management**	**Bewertung**					
		F	**I**	**EB**	**KV**	**T**	**WR**
Pausits (2006)	Ziele des Student Relationship Managements: Vermeidung negativer Auswirkungen durch Studienabbrecher, Ursachenanalyse zur Verbesserung, Bindung der Studierenden; unterschiedliche Maßnahmen der Bereiche Kontaktmanagement, Services für Ehemalige, Marketing	+	+	+	+	++	+
Rohlmann (2011)	unterschiedliche Maßnahmen der Bereiche Networking und Kommunikation, Karriereförderung und Weiterbildung sowie Mehrwert und Benefits; Einflussfaktoren des Alumni-Managements: Erreichung der relevanten Zielgruppe, Motivation der Mitarbeiter, Kommunikation innerhalb des Netzwerks, Unterstützung der Hochschule	++	+	++	+	++	++

Grundsätzlich sollte bei der Übertragung der Erkenntnisse eines Alumni-Netzwerkes an Hochschulen auf ein Regain Management von Unternehmen berücksichtigt werden, dass unterschiedliche Zielsetzungen der Institutionen verfolgt werden sowie unterschiedliche Interessen an der Zielgruppe der Ehemaligen vorliegen können. Die Hochschule forciert nicht wie Unternehmungen eine Wiederherstellung der Teilnahmebereitschaft bzw. der vorherigen Beziehung (zwischen Studierenden und der Hochschule), sondern strebt eine Weiterentwicklung der Beziehung an.

3.4 Reintegrationsforschung

3.4.1 Auswahl der Ansätze

Im Rahmen der Begriffsexplikation ist die Reintegration von der Rückgewinnung abgegrenzt worden.[436] Teilbereiche der Reintegrationsforschung können jedoch einen Beitrag zur Konzeption eines Regain Managements liefern. Wie bereits deutlich geworden ist, zielt das Regain Management als Element des externen Personalmarketings auf die Wiederherstellung der Teilnahmebereitschaft, d. h. die erneute Vertragsunterzeichnung ab. Damit ist die erneute Integration des ehemaligen Mitarbeiters dem Aufgabenbereich des Personalmanagements, im speziellen der Personaleinführung, zuzuordnen und nicht explizit dem Regain Management.[437] Dementsprechend sind aus dem Forschungsbereich der Reintegration insbesondere die Erkenntnisse relevant, welche die Kontakterhaltung zur Stammunternehmung während

[436] Vgl. Kapitel 2.2.1.

[437] Vgl. Berthel/Becker (2013), S. 374-382. An dieser Stelle soll dennoch darauf hingewiesen werden, dass die Schnittstellen zu anderen Teilbereichen des Personalmanagements im Entscheidungsrahmen berücksichtigt werden.

des Auslandseinsatzes betrachten sowie die Maßnahmen, welche notwendig sind, um die Rückkehr zu ermöglichen. Im Fokus der Ausführungen stehen die Maßnahmen zur Aufrechterhaltung des Kontaktes sowie die Reintegration in die Unternehmung und weniger Aspekte der kulturellen Unterschiede zwischen den Ländern.

Im Folgenden werden theoretische, konzeptionelle und empirische Ansätze dargestellt, welche sich mit der Reintegration – sowohl aus prozessualer als auch aus inhaltlicher Sicht – beschäftigen. Abschließend folgt eine Diskussion entlang der Kriterien aus Kapitel 3.1.2.

3.4.2 Theoretische Ansätze

Es liegen nur wenige Ansätze vor, welche die Reintegration von Expatriates[438] aus einer theoretischen Perspektive betrachten.[439] Im Folgenden sollen vier Ansätze dargestellt werden, die sich mit der Übertragung bestehender Theorien auf das Erkenntnisobjekt der Reintegration auseinandersetzen. In Anlehnung an die Kontrolltheorie entwickeln BLACK/GREGERSEN und MENDENHALL einen theoretischen Ansatz zur Repatriierung; GUZZO/NOONAN/ELFRON nutzen den psychologischen Vertrag als theoretische Basis. Des Weiteren übertragen KÜHLMANN/STAHL das Modell des Person-Environment-Fit sowie das Überraschungs-Verarbeitungsmodell auf die entsprechende Thematik. Diese theoretischen Ansätze werden zunächst chronologisch dargestellt, bevor die Diskussion aller theoretischen Ansätze erfolgt.[440]

---

438 Unter *Expatriates* werden Mitarbeiter verstanden, die für einen befristeten Zeitraum ins Ausland entsendet werden. Es lassen sich Autoren finden, welche die Rückkehrer aus dem Ausland als Repatriates bezeichnen. Vgl. Meier-Dörzenbach (2008), S. 14. Im Rahmen der Arbeit wird keine Differenzierung zwischen Expatriates und Repatriates vorgenommen. Unter dem Begriff des Expatriates werden somit Mitarbeiter verstanden, welche sich im Auslandeinsatz befinden und in die Stammunternehmung zurückkehren.

439 Vgl. Kühlmann/Stahl (1995), S. 181.

440 Es lassen sich auch theoretische Ansätze zur Reintegration auf Basis der Dissonanztheorie sowie des Konzeptes zum „Marginal Man“ finden. Vgl. u. a. Martin (1986), S. 150-152. Auch wird die Prinzipal-Agenten-Theorie in Bezug zur Reintegration gesetzt. Vgl. u. a. Yan et al. (2002). Diese werden jedoch im Kontext der Arbeit nicht im Einzelnen betrachtet.

Darstellung der theoretischen Ansätze zur Reintegration

BLACK/GREGERSEN/MENDENHALL verdeutlichen auf Basis der (1) *Kontrolltheorie* den Prozess der Repatriierung.[441] Demnach entwickeln Individuen bestimmte Verhaltensweisen auf Basis ihrer Wahrnehmung von Erwartung, Belohnung, Bestrafung sowie ihrer Präferenz in Bezug auf ein bestimmtes Ergebnis. Werden Individuen mit einer neuen und ungewohnten Situation, wie der Rückkehr aus dem Ausland, konfrontiert, löst dies Unsicherheit aus, die es mit Hilfe von einer vorausschauenden Steuerung („predictive control") und/oder einer Verhaltenssteuerung („behavioral control") zu reduzieren gilt.[442] Da Individuen die vorausschauende Steuerung bereits bei der Antizipation der Rückkehr einsetzen, werden sowohl die antizipative Anpassung vor der Rückkehr sowie die eigentliche Anpassung nach der Rückkehr in das Modell integriert. Des Weiteren existieren bestimmte Faktoren, welche die Unsicherheit verstärken bzw. reduzieren können. Diese Faktoren lassen sich in individuelle, aufgabenbezogene, unternehmungsbezogene Faktoren sowie Faktoren außerhalb der Arbeit differenzieren. Aus diesem Modell lassen sich Maßnahmen ableiten, die Unsicherheiten reduzieren und insofern den Repatriierungsprozess unterstützen. Zu nennen sind u. a. ein Repatriierungstraining, eine regelmäßige Kommunikation mit der Stammunternehmung, eine Rollenklarheit sowie ausreichende Entscheidungsfreiheit und nachvollziehbare Karrierelaufbahnen und Repatriierungsregeln.[443]

Der (2) *psychologische Vertrag* beinhaltet alle Erwartungen des Mitarbeiters hinsichtlich des Arbeitsverhältnisses außerhalb des schriftlichen Vertrages, welche an ihn sowie die Unternehmung gestellt und erfüllt werden sollten. Die Nichterfüllung der Erwartungen kann in Motivationsverlusten, Abwesenheit sowie Fluktuation resultieren.[444] GUZZO/NOONAN/ELRON übertragen den Ansatz des psychologischen Vertrages auf die Reintegration und verdeutlichen, dass während der Abwesenheit im Ausland ein weit gefasster psychologischer Vertrag

---

[441] Vgl. Black et al. (1992), S. 742. Zu der ursprünglichen Kontrolltheorie vgl. u. a. Bell/Staw (1989); Greenberger/Strasser (1986); Greenberger et al. (1988).

[442] Dabei ist *predictive control* „the ability to [...] predict, one's environment in terms of (1) the ability to predict how one is expected to behave and (2) the ability to understand and predict rewards and punishment associated with specific behaviors." *Behavioral control* meint "the ability to control one's own behaviors that have an important impact on the current environment." Black et al. (1992), S. 742.

[443] Vgl. Black et al. (1992), S. 741-752.

[444] Vgl. Festing et al. (2011), S. 338-339; Guzzo et al. (1994), S. 618. Rousseau versteht unter einem *psychologischen Vertrag* "an individual's beliefs regarding the terms and conditions of a reciprocal exchange agreement between that focal person and another party. Key issues here include the belief that a promise has been made and a consideration offered in exchange for it, binding the parties to some set of reciprocal obligations." Rousseau (1989), S. 123. Für weitere Erläuterungen zum psychologischen Vertrag vgl. u. a. Rousseau (1989); Schein (1980). Nur wenn die Pflichten aus dem psychologischen Vertrag wahrgenommen werden, kann eine zufriedene und wechselseitige Beziehung entstehen. Vgl. Richter (1999), S. 118-123.

zwischen dem Expatriate und der Unternehmung besteht. Somit können Verletzungen des psychologischen Vertrages zu Lasten des Expatriates in einer Fluktuationsabsicht und Abwanderungsentscheidung münden. Es wird hervorgehoben, dass je größer die wahrgenommene organisationale Unterstützung ist, desto geringer ist die Fluktuationsabsicht. Damit wird deutlich, dass die eingesetzten Instrumente zur organisationalen Unterstützung einen direkten Einfluss auf das Commitment bzw. die Fluktuationsabsicht haben, wobei der Einfluss durch den psychologischen Vertrag determiniert wird.[445]

KÜHLMANN/STAHL nutzen das (3) *Person-Environment-Fit-Modell* aus der Stressforschung sowie das Überraschungs-Verarbeitungsmodell von LOUIS zur theoretischen Fundierung der Repatriierung.[446] Ersteres beschreibt die Entstehung von Stress aufgrund von Nichtentsprechungen zwischen der Person und der Umwelt in der Unternehmung. Dabei kann eine Nichtentsprechung entweder dadurch ausgelöst werden, dass die Person davon ausgeht, dass ihre eigenen Qualifikationen nicht mit den Anforderungen der Arbeitsposition übereinstimmen oder die arbeitsbezogene Bedürfnisbefriedigung nicht durch die Arbeitsposition realisiert werden kann. Um den Fit zwischen Person und Umwelt herzustellen, kann seitens der Unternehmung entweder objektiv die Person oder die Umwelt verändert werden oder es muss subjektiv auf die Wahrnehmung der Person Einfluss genommen werden. Übertragen auf die Reintegration wird ersichtlich, dass Nichtentsprechungen in Bezug auf die Qualifikation sowie die Motivation vorliegen können, z. B. hinsichtlich der Arbeitsposition nach der Rückkehr sowie der Unsicherheit der Rückkehrsituation.[447]

Das (4) *Überraschungs-Verarbeitungsmodell* von LOUIS bezieht sich in seinem Ursprung auf die Personaleinführung von neuen Mitarbeitern in eine Unternehmung.[448] Bei der Übertragung auf den Sachverhalt der Reintegration stellt sich heraus, dass Überraschungen unabhängig davon, ob Erwartungen erfüllt oder nicht erfüllt werden, zu Anstrengungen seitens der Mitarbeiter führen. Auf Basis der angetroffenen Situation werden Ursachen für die veränderte Situation gesucht, um daraufhin das eigene Verhalten anzupassen. Wird dem zurückkehrenden Mitarbeiter beispielsweise nicht die Arbeitsposition zugeteilt, die er erwartet hat, wird sowohl die aktuelle Position in der Unternehmung als auch ein erneuter Auslandsaufenthalt als kritisch gesehen. Unerfüllte Erwartungen des Expatriates können auf Unwissenheit über

---

445 Vgl. Guzzo et al. (1994), S. 618-625.

446 Für den Ursprung des Person-Environment-Fit-Modells in der Stressforschung vgl. u. a. Caplan (1983); Edwards (1991). Für weitere Studien zur Nutzung der Fit-Konzepte zur Erklärung der Reintegration vgl. u. a. Cerdin/Pargneux (2009); Shen/Hall (2009).

447 Vgl. Kühlmann/Stahl (1995), S. 181-183.

448 Für den Ursprung des Überraschungs-Verarbeitungsmodells vgl. Louis (1980).

Veränderungen innerhalb der Unternehmung oder auf Veränderungen der Persönlichkeit des Expatriates zurückgeführt werden.[449]

Diskussion der theoretischen Ansätze zur Reintegration

Die (1) *theoretische Fundierung* ist bei den Ansätzen vorhanden, da Theorien aus anderen Forschungsbereichen wie u. a. die Kontrolltheorie oder Ansätze aus der Stressforschung auf das Erkenntnisobjekt der Reintegration übertragen werden und somit einen heuristischen Wert bieten. Insbesondere bei BLACK/GREGERSEN/MENDENHALL lässt sich ein umfassender theoretischer Bezugsrahmen finden, welcher auf den Erkenntnissen von BELL/STAW sowie GREENBERGER/STRASSER basiert.[450] Da diese Erkenntnisse die Wichtigkeit von Erwartungen und Unsicherheiten im Reintegrationsprozess verdeutlichen sowie Einblicke über die daraus resultierenden Verhaltensweisen von abwesenden Mitarbeitern gewähren, wird der (2) *Informationsgehalt* als hoch angesehen.

Die (3) *empirische Bestätigung* muss differenziert betrachtet werden. Bei der Übertragung der Kontrolltheorie, dem Person-Environment-Fit sowie dem Überraschungs-Verarbeitungs-Modell auf die Reintegrationsforschung lässt sich keine direkte empirische Bestätigung finden.[451] Die Anwendung des psychologischen Vertrages wurde jedoch von GUZZO/NOONAN/ELRON empirisch bestätigt.[452]

Die (4) *Konsistenz und Vollständigkeit* ist kaum beurteilbar. Zwar wirken die Ansätze in sich konsistent, jedoch erscheint z. B. bei BLACK/GREGERSEN/MENDENHALL die Anzahl der Einflussfaktoren auf die Repatriierung willkürlich.[453] Auch wird die Übertragung des Person-Environment-Fit-Modells sowie des Überraschungs-Verarbeitungsmodell auf das Erkenntnisobjekt von KÜHLMANN/STAHL nicht umfassend überprüft, weshalb die Konsistenz als eingeschränkt wahrgenommen wird.[454]

---

449 Vgl. Kühlmann/Stahl (1995), S. 183-185.

450 Vgl. Black et al. (1992), S. 741-754. Vgl. auch Bell/Staw (1989); Greenberger/Strasser (1986); Greenberger et al. (1988).

451 Jedoch wurde der Zusammenhang zwischen nicht-erfüllten Erwartungen mit dem Erfolg bzw. Misserfolg der Wiedereingliederung empirisch bestätigt. Vgl. u. a. Black (1992); Müller (1991).

452 Vgl. Guzzo et al. (1994), S. 621-624.

453 Vgl. Black et al. (1992), S. 756.

454 Vgl. Kühlmann/Stahl (1995), S. 180-184.

Die (5) *Transferierbarkeit* ist gegeben, da die theoretischen Ansätze insbesondere den Zeitraum der Abwesenheit bzw. der Rückkehr zur Stammunternehmung betrachten und sich die Expatriates demnach in einer ähnlichen Situation wie ehemalige Mitarbeiter befinden, welche auch nach längerer Abwesenheit in die Unternehmung zurückkehren. Demnach spielen Erwartungen und Unsicherheiten der ehemaligen Mitarbeiter eine wichtige Rolle. Um den Erwartungen zu entsprechen bzw. Unsicherheiten zu reduzieren, sollten seitens der Unternehmung unterschiedliche Maßnahmen forciert werden. Als Beispiele sind eine regelmäßige Kommunikation mit den ehemaligen Mitarbeitern und die Gestaltung einer angemessenen Rückkehrposition genannt worden.[455]

3.4.3 Konzeptionelle Ansätze

Die konzeptionellen Ansätze lassen sich hinsichtlich des Forschungsschwerpunktes differenzieren. Bei GULLAHORN/GULLAHORN, FRITZ, HIRSCH sowie HYDER/LÖVBLAD steht der Prozess der Reintegration im Fokus der Betrachtung, während es weitere Autoren gibt, die sich stärker mit möglichen Maßnahmen für eine effiziente Reintegration der Expatriates auseinandersetzen. Diese inhaltliche Unterteilung – in eine Prozess- bzw. Maßnahmenorientierung – dient auch der Strukturierung des Kapitels.

Darstellung der konzeptionellen Ansätze zur Reintegration

Das erste Modell hinsichtlich des *Prozesses der Reintegration* wurde auf Basis von Interviews mit Austauschstudenten aus den USA von GULLAHORN/GULLAHORN entwickelt. Aufbauend auf der U-Kurvenhypothese von LYSGAARD wurde der Reintegrationsprozess mit Beginn der Entsendung über die Rückkehr bis zur Wiedereingliederung mit Hilfe einer W-Kurve beschrieben, wobei zwei Kulturschocks integriert werden. Der erste Kulturschock tritt bei der Ankunft im Entsendungsland ein, der zweite bei der Rückkehr in die Stammunternehmung, welches die Schwierigkeiten des Expatriates bei der Rückkehr verdeutlichen soll. Die Wiederanpassung an die Stammunternehmung kann dem Modell folgend erst nach dem zweiten Kulturschock eintreten.[456]

455 In der Reintegrationsforschung vgl. Black et al. (1992), S. 744-752; Kühlmann/Stahl (1995), S. 181-183.

456 Vgl. Gullahorn/Gullahorn (1963), S. 41-46. Die U-Kurvenhypothese von Lysgaard stellt einen phasenhaften Verlauf der Anpassung dar, beginnend mit der Euphorie für die Gastlandkultur, über Schwierigkeiten

Nach FRITZ verläuft die Wiedereingliederung eines Rückkehrers aus dem Ausland in den drei Phasen der Antizipation, der Akkommodation sowie der Adaption, wobei das Ergebnis des Prozesses die betriebliche und private Anpassung sowie die Anwendung der im Ausland gewonnenen Erkenntnisse und Erfahrungen in der Stammunternehmung darstellt.[457] Im Rahmen der Wiedereingliederungsplanung geht FRITZ auf den Wiedereingliederungstermin, die Leistungs- und Eignungsbeurteilung sowie die Verwendungsbedürfnisse der Rückkehrer ein. Des Weiteren werden die Bestimmung der Rückkehrposition, die Wiedereingliederungsentscheidung sowie Maßnahmen zur Eingliederung thematisiert.[458] Je langfristiger die Planung des Rückkehrtermins ist, desto eher entspricht die Rückkehrposition den Anforderungen des Rückkehrers sowie der Stammunternehmung.[459]

Das Prozessmodell der Reintegration von HIRSCH besteht wie bei FRITZ aus drei Phasen: der naiven Integration, dem Reintegrationsschock sowie der echten Integration, welche sich hinsichtlich des Grades der Integration in die Stammunternehmung unterscheiden und durch bestimmte Verhaltensweisen der Expatriates beschrieben werden. Nach einer anfänglichen Euphorie über die Rückkehr folgt der Schock über die Schwierigkeiten im privaten und beruflichen Umfeld, der dann durch den Aufbau realistischer Erwartungen sowie einer Anpassung in die echte Integration übergeht.[460] Auch HIRSCH hebt die Wichtigkeit einer langfristigen und geeigneten Rückkehrplanung hervor, so dass der „Rückkehrerschock" geringer ausfällt. Damit einhergehend sollten eine gute Betreuung der Auslandsmitarbeiter während des Auslandeinsatzes gewährleistet sowie Wiedereingliederungsseminare implementiert werden.[461]

Unabhängig von den bestehenden Ansätzen zum Reintegrationsprozess, entwickeln HYDER/LÖVBLAD auf Basis der bestehenden Literatur ein Modell des Repatriierungsprozesses. Es basiert auf dem theoretischen Modell von BLACK ET AL. und hebt sich von den vorherigen Modellen durch die Fokussierung auf die individuellen Erfahrungen des Expatriates mit dem Repatriierungsprozess ab. Dabei spielt es eine Rolle, inwiefern die Erwartungen des Expatria-

---

mit den kulturellen Gegebenheiten bis hin zur Einstellungsänderung sowie Anpassung. Vgl. Lysgaard (1955).

457 Vgl. Fritz (1982), S. 39-51 sowie S. 234.

458 Vgl. Fritz (1982), S. 96-204.

459 Vgl. Fritz (1982), S. 238-239.

460 Vgl. Hirsch (2003), S. 423-424. Vgl. auch den Ursprungsbeitrag von Hirsch (1992), S. 291-292.

461 Vgl. Hirsch (2003), S. 422 und S. 425. Sievert/Yan verbinden die bisherigen Prozessmodelle von Gullahorn/Gullahorn, Fritz und Hirsch, um sowohl emotionale, kognitive als auch verhaltensbezogene Aspekte der Rückkehr zu integrieren. Damit würde der idealtypische Prozess einer Rückkehr folgendermaßen ablaufen: zuerst die Antizipation, gefolgt von der naiven Integration und dem Reintegrationsschock, dann die Akkommodation und die echte Integration sowie zuletzt die Adaption. Vgl. Sievert/Yan (1998), S. 250-251.

tes mit der Realität übereinstimmen. Auch können demografische Faktoren sowie durch den Auslandsaufenthalt identitätsverändernde Aspekte einen Einfluss haben. Es wird hervorgehoben, dass es keine standardisierte Lösung für ein Repatriierungsprogramm gibt, sondern die Unternehmung das Individuum im Blick haben muss, um dann entsprechend handeln zu können. Dafür werden Meilensteine, Ansprechpartner und Prozesse benötigt, um einen engen Kontakt während der Abwesenheit des Expatriates in der Stammunternehmung zu gewährleisten.[462]

Neben den Arbeiten zum Reintegrationsprozess existieren auch Autoren, welche sich mit den *Maßnahmen einer effizienten Reintegration* auseinandersetzen. Diese werden in Tabelle 17 zusammenfassend dargestellt, wobei die Maßnahmen in Anlehnung an KOLLEKER/WOLZENDORFF in die Phasen vor dem Start der Abwesenheit, während der Abwesenheit, vor der Rückkehr des Mitarbeiters sowie nach der Rückkehr differenziert werden:[463]

Tabelle 17: Maßnahmen der Reintegration auf Basis konzeptioneller Erkenntnisse.

	Martin 1986	Gaugler 1989	Kühmann/Stahl 1995	Sievert/Yan 1998	Kühlmann 2004	Meier-Dörzenbach 2008	Shen/Hall 2009	Kolleker/ Wolzendorff 2010	Ewerlin/Süß 2010	**Anzahl der Nennungen**
Vor dem Start der Abwesenheit										
Informationen								x		**1x**
Rückkehr-Garantie		x	x	x						**3x**
Karrieregespräche			x							**1x**
Während der Abwesenheit										
Informationen					x		x	x	x	**4x**
Kommunikation						x		x		**2x**
Weiterbildungen	x	x		x				x		**4x**
Mentorensystem		x	x	x	x	x	x		x	**7x**
Soziale Netzwerke	x	x				x	x			**4x**
Coaching							x			**1x**
Vor der Rückkehr										
Reintegrationsplanung	x			x						**2x**
Förderung realistischer Erwartungen	x	x								**2x**
Potenzialanalyse		x						x		**2x**
Rückkehrposition		x			x			x		**3x**
Rückkehrzeitpunkt		x						x		**2x**
Mentorensystem		x	x	x			x		x	**5x**
Informationen			x			x	x			**3x**
Karriereplanung			x				x			**2x**
Finanzielle Unterstützung									x	**1x**
Nach der Rückkehr										
Wiedereingliederungsseminar			x	x	x		x	x		**5x**
Ansprechpartner			x	x				x		**3x**
Einarbeitungszeit			x							**1x**
Einführung am Arbeitsplatz				x						**1x**
Weiterbildungen	x	x	x		x				x	**5x**

462 Vgl. Hyder/Lövblad (2007), S. 264-277.

463 Vgl. Kolleker/Wolzendorff (2010), S. 186-188.

	Martin 1986	Gaugler 1989	Kühmann/Stahl 1995	Sievert/Yan 1998	Kühlmann 2004	Meier-Dörzenbach 2008	Shen/Hall 2009	Kolleker/ Wolzendorff 2010	Ewerlin/Süß 2010	**Anzahl der Nennungen**
Nach der Rückkehr										
Nutzung des neuen Know-hows			x						x	**2x**
Transfer-Workshops			x						x	**2x**

Anhand der Tabelle 17 lässt sich die Tendenz erkennen, dass insbesondere das Mentorensystem (während der Abwesenheit, aber auch vor der Rückkehr), Wiedereingliederungsseminare sowie das Angebot von Weiterbildungen in den konzeptionellen Ansätzen einen hohen Stellenwert einnehmen. Unter der Maßnahme „Informationen" ist die regelmäßige Weitergabe von Informationen über organisatorische oder personelle Veränderungen innerhalb der Unternehmung zu verstehen, z. B. durch die Homepage, Mitarbeiterzeitungen, Newsletter oder das Intranet. Durch realistische Informationen können auch realistische Erwartungen an die Rückkehr gefördert werden. Dies wird insofern diskutiert, als dass Expatriates zu hohe Erwartungen an die Rückkehr haben, welche nicht mit der Realität übereinstimmen und dann zu Frustrationen führen.[464] Für eine effiziente Reintegration können auch die Nutzung des neuen Know-hows sowie die Integration von Expatriates in Transfer-Workshops relevant sein, um den Expatriates Anerkennung für die internationale Erfahrung entgegenzubringen.[465] Darüber hinaus werden auch Maßnahmen im privaten Umfeld diskutiert, welche die Gewährung von Heimflügen, die Kontaktvermittlung mit anderen Auslandsrückkehren, finanzielle Beratung, die Unterstützung bei der Stellensuche des Partners sowie beim Umzug beinhalten können.[466]

Diskussion der konzeptionellen Ansätze zur Reintegration

Die (1) *theoretische Fundierung* ist ambivalent zu betrachten. In Bezug auf die Prozessmodelle greifen insbesondere FRITZ, SIEVERT/YAN sowie HYDER/LÖVBLAD auf einen theoretischen Bezugsrahmen zurück.[467] Bei den konzeptionellen Ansätzen zu den Reintegrationsmaßnahmen lässt sich bei KÜHLMANN/STAHL ein Bezug zu dem Person-Environment-Fit-Modell so-

[464] Vgl. Kolleker/Wolzendorff (2010), S. 186; Kühlmann (2004), S. 89-91; Kühlmann/Stahl (1995), S. 202-203; Meier-Dörzenbach (2008), S. 283-286.

[465] Vgl. Ewerlin/Süß (2010), S. 528-529; Kühlmann/Stahl (1995), S. 207.

[466] Vgl. Kolleker/Wolzendorff (2010), S. 190; Kühlmann/Stahl (1995), S. 195 und S. 203-206.

[467] Das Modell von Hyder/Lövblad basiert auf dem theoretischen Modell von Black et al. (1992); Sievert/Yan nutzen die Hypothesentheorie der sozialen Wahrnehmung, und Fritz bildet einen theoretischen Bezugsrahmen. Vgl. Fritz (1982); Hyder/Lövblad (2007); Sievert/Yan (1998). Für die Hypothesentheorie der sozialen Wahrnehmung vgl. Lilli/Frey (2001).

wie zum Überraschungs-Verarbeitungsmodell von LOUIS finden. SHEN/HALL nutzen das Konzept der Job Embeddedness als theoretische Basis.[468]

Der (2) *Informationsgehalt* wird als hoch eingeschätzt. Insgesamt wird bei den Prozessmodellen deutlich, dass sich GULLAHORN/GULLAHORN eher auf die Emotionen bei der Rückkehr fokussieren, während FRITZ die kognitiven Aspekte einer Rückkehr beschreibt und HIRSCH die Verhaltensänderungen bei den Phasen der Rückkehr betrachtet. So bieten alle Ansätze unterschiedliche Blickwinkel auf den Reintegrationsprozess.[469] Auch die Maßnahmen erlauben wertvolle Schlussfolgerungen für eine effiziente Gestaltung des Zeitraumes während der Abwesenheit sowie der Reintegration. Dabei beziehen sich die Maßnahmen nicht nur auf den beruflichen, sondern auch auf den privaten Bereich.

Die (3) *empirische Bestätigung* ist insgesamt gering einzustufen. Die Überlegungen von HIRSCH basieren beispielsweise auf Beobachtungen.[470] Die Ausführungen von GULLAHORN/GULLAHORN sind zwar teilweise empirisch bestätigt, jedoch mit widersprüchlichen Ergebnissen. BLACK/MENDENHALL sehen einen Grund dafür in den verschiedenen Operationalisierungen der Variable der Anpassung sowie unterschiedlichen methodologischen Vorgehensweisen.[471] Bei KOLLEKER/WOLZENDORFF sowie HIRSCH werden Praxisbeispiele integriert.[472]

Die (4) *Konsistenz und Vollständigkeit* muss differenziert betrachtet werden. So erscheint die Struktur der Ausführungen von MEIER-DÖRZENBACH wenig nachvollziehbar, insbesondere aufgrund der willkürlich erscheinenden Auswahl der Einflussfaktoren sowie der Ableitung von Gestaltungsempfehlungen. Die Vollständigkeit der dargestellten Maßnahmen ist kaum beurteilbar, da je nach Autor ein Fokus auf eine bestimmte Auswahl gesetzt wird.

Aus den konzeptionellen Ansätzen lassen sich unterschiedliche Schlussfolgerungen ziehen. Es wird deutlich, dass die Rückkehr in ein zuvor bekanntes Territorium nach längerer Abwesenheit unterschiedliche Schwierigkeiten bereithält wie u. a. die Bildung unrealistischer Erwartungen, Probleme bei der betrieblichen Sozialisation sowie wenig geeignete Rückkehrpositio-

---

[468] Vgl. Kühlmann/Stahl (1995), S. 181-185; Shen/Hall (2009), S. 797-808. *Job Embeddedness* wird dabei folgendermaßen charakterisiert: „the stronger employees‘ ties are to their job and to the people, the organization, the community, and other factors associated with it". Shen/Hall (2009), S. 794.

[469] Vgl. Sievert/Yan (1998), S. 249.

[470] Vgl. Weber/Festing (1996), S. 460. „Eine zielgerichtete *Beobachtung* zeichnet sich durch die bewusste Selektion des Beobachtungsgegenstandes aus." Decker/Wagner (2002), S. 158. Zur Beobachtung als Form der Datenerhebung vgl. Decker/Wagner (2002), S. 157-161.

[471] Vgl. Black/Mendenhall (1992), S. 231-232.

[472] Vgl. Hirsch (1992; 2003); Kolleker/Wolzendorff (2010), S. 191-194.

nen, welche auch bei der Konzeption eines Regain Managements Berücksichtigung finden müssen. Auch bieten die Reintegrationsmaßnahmen ein hohes Potenzial für ein Regain Management wie z. B. die Weitergabe von Informationen, der Aufbau von Netzwerken sowie eines Mentorensystems. Insgesamt wird die (5) *Transferierbarkeit* dementsprechend als hoch angesehen.

3.4.4 Empirische Ansätze

Es lassen sich viele empirische Ansätze zur Reintegration von Expatriates finden. Teilweise liegt der Fokus auf den Schwierigkeiten bei der Rückkehr und dem damit verbundenen geringen Commitment sowie hohen Fluktuationsraten.[473] Teilweise werden bestehende Reintegrationsprogramme in der Praxis kritisch analysiert. Im Folgenden werden die wichtigsten Problemfelder bei der Rückkehr skizziert, bevor die aus den empirischen Studien abgeleiteten Maßnahmen tabellarisch dargestellt werden.

Darstellung der empirischen Ansätze zur Reintegration

Bei der Rückkehr in die Stammunternehmung werden unterschiedliche Schwierigkeiten in den empirischen Ansätzen diskutiert. Ein wichtiger Aspekt sind unrealistische Erwartungen des Expatriates an die Rückkehr in die Stammunternehmung, wobei sich die Erwartungen u. a. auf die Arbeitsinhalte, die Entscheidungsfreiheit der neuen Position sowie die betriebliche und private Sozialisation beziehen.[474] Des Weiteren werden geringe Aufstiegsmöglichkeiten nach der Rückkehr, keine Karriereplanung, veränderte Strukturen und Prozesse in der Unternehmung, die fehlende Betreuung durch die Personalabteilung während der Abwesenheit, eine ablehnende Haltung der Kollegen sowie ein unregelmäßiger Informationsaustausch als Probleme benannt.[475] Es wird hervorgehoben, dass die Wahrnehmung der Expatriates bezüglich der Unterstützung seitens der Unternehmung zählt und nicht die objektive Bewertung der angebotenen Maßnahmen.[476] Wichtig ist, dass eine Kongruenz zwischen dem Expatriate und

473 Für empirische Untersuchungen zum Commitment von Expatriates vgl. u. a. Gregersen (1992); Gregersen/Black (1996); Guzzo et al. (1994); Stroh et al. (2000).

474 Vgl. Hammer et al. (1998), S. 80; Stroh et al. (1998), S. 121-123; Stroh et al. (2000), S. 692-694; Suutari/Brewster (2003), S. 1142-1145.

475 Vgl. Allen/Alvarez (1998), S. 31-33; MacDonald/Arthur (2003), S. 5-8; Napier/Peterson (1994), S. 23; Vidal et al. (2007b), S. 1411-1414.

476 Vgl. Lazarova/Caligiuri (2001), S. 390-392.

der Unternehmung in Bezug auf die Motivation und die Erwartung an eine Rückkehr vorliegt, so dass ein höherer Erfolg bei der Reintegration erzielt werden kann.[477]

Auf Basis der beschriebenen Probleme werden unterschiedliche Maßnahmen für eine effektive Reintegration abgeleitet, welche in Tabelle 18 zusammenfassend zu finden sind. Im Gegensatz zu den Maßnahmen bei den konzeptionellen Ansätzen, ist bei den empirischen Erkenntnissen keine zeitliche Systematisierung zu finden.

Tabelle 18: Maßnahmen der Reintegration auf Basis empirischer Erkenntnisse.

	Arbeitsposition	Karriereplan	Kommunikations-system	Mentorensystem	Netzwerke	Anerkennung der Internat. Tätigkeit	Finanzielle Unterstützung	Reintegrations-programme	Organisationale Unterstützung	Nutzung neuer Fähigkeiten	Frühzeitige Planung	Interpersonelle Beziehungen	Kontakt zur Personalabteilung
Harvey (1989)		x					x	x					
Black (1992)				x				x					
Gregersen (1992)	x					x	x						
Guzzo et al. (1994)									x				
Stroh (1995)	x	x				x							
Allen/Alvarez (1998)	x	x		x	x					x		x	x
Hammer et al. (1998)			x					x					
Stroh et al. (1998)	x									x		x	
Lazarova/Caligiuri (2001)		x	x		x	x							
Linehan/Scullion (2002)				x	x								
Paik et al. (2002)			x										x
MacDonald/Arthur (2003)	x	x											
Suutari/Brewster (2003)	x	x			x				x				
Vidal et al. (2007a)	x	x	x	x						x			
Vidal et al. (2007b)	x			x						x			
Vidal et al. (2008)		x	x	x							x		
Kohonen (2008)			x						x	x			
Kraimer et al. (2009)		x				x			x	x			
van der Heijden et al. (2009)		x											
Schudey et al. (2012)	x							x					
Anzahl der Nennungen	**9x**	**10 x**	**6x**	**6x**	**4x**	**4x**	**2x**	**4x**	**4x**	**6x**	**1x**	**2x**	**2x**

Es wird deutlich, dass insbesondere die Arbeitsposition, ein Karriereplan, ein Kommunikationssystem, ein Mentorensystem sowie die Nutzung neu erworbener Fähigkeiten als Maßnahmen für eine effiziente Reintegration gesehen werden. Hinsichtlich der Arbeitsposition sollten ein entsprechender Arbeitsinhalt, eine Rollenklarheit sowie eine gewisse Entscheidungsfreiheit vorhanden sein.[478] Die Ausgestaltung eines Karriereplans sollte sich an unterschiedlichen Zielgruppen orientieren sowie das auch kommunizieren.[479] Das Kommunikationssystem sollte

477 Vgl. Paik et al. (2002), S. 645-647.

478 Vgl. Gregersen (1992), S. 45-49; Schudey et al. (2012), S. 65-68; Stroh et al. (1998), S. 121-123; Vidal et al. (2007b), S. 1411-1414.

479 Vgl. van der Heijden et al. (2009), S. 840-842.

die Expatriates über wichtige personelle oder organisatorische Veränderungen in der Unternehmung informieren, z. B. via Newsletter oder E-Mails.[480] Auch das Mentorensystem eignet sich, um die Expatriates mit Informationen, Weiterbildungsangeboten, Kontakten sowie Empfehlungen für die Rückkehr zu versorgen. Des Weiteren sind formale und informale Netzwerke hilfreich, um den Kontakt zur Stammunternehmung zu halten und über Aufstiegsmöglichkeiten informiert zu werden.[481] Neben den Maßnahmen aus dem beruflichen Bereich sollte auch das private Umfeld des Expatriates berücksichtigt werden.[482]

Diskussion der empirischen Ansätze zur Reintegration

Eine (1) *theoretische Fundierung* lässt sich insgesamt erkennen. Die Arbeiten von BLACK/GREGERSEN/MENDENHALL sowie BLACK/MENDENHALL/ODDOU sind eine wichtige Grundlage der empirischen Reintegrationsforschung und werden häufig als Bezugspunkt für neue konzeptionelle Forschungsvorhaben verwendet.[483] Des Weiteren nutzen Autoren bestehende theoretische wie empirische Erkenntnisse als Basis für ihre Ausführungen, z. B. nutzen GUZZO/NOONAN/ELRON den psychologischen Vertrag.[484]

Der (2) *Informationsgehalt* wird als hoch eingestuft, da sich viele Implikationen für die Probleme bei der Rückkehr aus dem Ausland in beruflicher und privater Hinsicht sowie Maßnahmen eines Reintegrationsprogrammes gewinnen lassen.

Die (3) *empirische Bestätigung* muss kritisch beurteilt werden. Bei vielen Studien ist die Teilnehmerzahl gering, so dass keine Generalisierbarkeit der Erkenntnisse möglich ist (vgl. Tabelle 19).[485] Auch wird die Beschränkung auf einen Zeitpunkt für die Durchführung der Untersuchung als unzulänglich bewertet, vielmehr besteht die Forderung nach Längsschnittuntersuchungen.[486] Des Weiteren integrieren einige Studien nur Expatriates, welche bei der

480 Vgl. Lazarova/Caligiuri (2001), S. 395-396; Vidal et al. (2007a), S. 1278-1289.

481 Vgl. Linehan/Scullion (2002), S. 654-656.

482 Vgl. Hammer et al. (1998), S. 81; Napier/Peterson (1994), S. 22; Suutari/Brewster (2003), S. 1148.

483 Vgl. Schudey et al. (2012), S. 51. Vgl. auch Black et al. (1991); Black et al. (1992).

484 Vgl. Guzzo et al. (1994), S. 618-19. Vgl. auch Hammer et al. (1998), S. 70-74; Harvey (1989), S. 132-135; Vidal et al. (2007b), S. 1398-1402.

485 Vgl. Gregersen (1992), S. 50; Lazarova/Caligiuri (2001), S. 396-398; van der Heijden et al. (2009), S. 842-843; Vidal et al. (2007a), S. 1279-1280.

486 Vgl. Lazarova/Caligiuri (2001), S. 396-398; Vidal et al. (2008), S. 1695.

Stammunternehmung verblieben sind, was zu einer Verzerrung der Ergebnisse führen kann.[487]

Tabelle 19: Übersicht des Untersuchungsdesigns der empirischen Ansätze der Reintegrationsforschung.

Studie	Stichprobe	Erhebungsmethode	Erhebungszeitraum
Harvey (1989)	79 Mitglieder der ASPI (American Society for Personnel Administration)	Fragebogen	-
Black (1992)	174 amerikanische Expatriates	Fragebogen	-
Guzzo et al. (1994)	148 Expatriates aus 63 Unternehmen	Fragebogen	-
Stroh (1995)	51 Mitarbeiter aus Personalabteilungen amerikanischer Unternehmungen	Fragebogen	-
Allen/Alvarez (1998)	150 Führungskräfte aus multinationalen Unternehmungen	Interviews	
Hammer et al. (1998)	44 amerikanische Expatriates, 33 Ehefrauen von zwei multinationalen Unternehmungen	Befragung (Survey)	-
Stroh et al. (1998)	174 amerikanische Expatriates, 92 Ehefrauen	Fragebogen	-
Lazarova/ Caligiuri (2001)	58 Expatriates aus vier multinationalen Unternehmungen aus Nordamerika	Fragebogen	-
Linehan/ Scullion (2002)	32 weibliche Expatriates	Interviews	1998 (1. Phase) 2000 (2. Phase)
Paik et al. (2002)	12 Teilnehmer (7 Personalabteilung, 5 Expatriates aus USA, Großbritannien und Skandinavien)	Fragebogen Interviews	-
MacDonald/ Arthur (2003)	9 Teilnehmer (8 Männer, 1 Frau aus Kanada)	Fragebogen halb-strukturierte Interviews	-
Suutari/ Brewster (2003)	53 finnische Expatriates	Fragebogen	1996 (1. Phase) 1999 (2. Phase)
Vidal et al. (2007a)	81 spanische Expatriates aus 46 multinationalen Unternehmungen	Fragebogen	März bis Juli 2004
Vidal et al. (2007b)	10 spanische Expatriates (9 Männer, 1 Frau)	Fallstudien	März bis Mai 2003
Vidal et al. (2008)	124 spanische Expatriates	Fragebogen	März bis Juli 2004
Kohonen (2008)	21 finnische Expatriates (19 Männer, 2 Frauen)	Interviews	Herbst 2004 bis Frühling 2005
Kraimer et al. (2009)	84 Expatriates von 5 amerikanischen Unternehmungen (86 % Männer, 14 % Frauen)	Fragebogen	-
van der Heijden et al. (2009)	100 Teilnehmer aus Großbritannien, Deutschland und Frankreich (65 % Männer, 35 % Frauen)	Fragebogen	2 Monate
Schudey et al. (2012)	12 relevante Studien	Metaanalyse	-

487 Vgl. Kraimer et al. (2009), S. 43; Lazarova/Caligiuri (2001), S. 396-398; Vidal et al. (2007a), S. 1279-1280; Vidal et al. (2008), S. 1695.

Die (4) *Konsistenz und Vollständigkeit* ist nicht umfassend gegeben, da vielmals ein Fokus auf bestimmte Länder oder Zielgruppen vorliegt. BLACK betrachtet ausschließlich amerikanische Expatriates, KOHONEN sowie SUUTARI/BREWSTER untersuchen finnische Expatriates, während MACDONALD/ARTHUR kanadische Expatriates als Teilnehmer in die Studie integrieren. LINEHAN/SCULLION konzentrieren sich hingegen auf weibliche Führungskräfte.[488] Auch inhaltlich ist die Vollständigkeit kaum beurteilbar, da häufig nur ausgewählte Strategien zur Verbesserung der Reintegration vorgestellt werden.

In Bezug auf die (5) *Transferierbarkeit* wird deutlich, dass aufgrund der Schilderung der Probleme bei der Rückkehr in die Stammunternehmung eine Sensibilisierung für die Rückkehrproblematik geschaffen wird, welche auch bei der Rückkehr von ehemaligen Mitarbeitern in die Unternehmung Beachtung finden sollte. Weiterhin werden Ideen für die Gestaltung von Maßnahmen eines Regain Managements gewonnen, wie u. a. die Schaffung einer geeigneten Arbeitsposition, welche auch auf die neu gewonnenen Fähigkeiten und Erfahrungen zurückgreift, sowie damit verbunden die Implementierung eines langfristigen Karriereplans. Auch die Entwicklung bzw. Nutzung eines Kommunikationssystems, welches auch während der Abwesenheit über wichtige Veränderungen in der Unternehmung informiert, erscheint im Kontext des Regain Managements relevant.

3.4.5 Gesamtbetrachtung

Sowohl die theoretischen und konzeptionellen, als auch die empirischen Ansätze bieten Ansatzpunkte für die Konzeption eines Regain Managements für ehemalige Mitarbeiter. Zwar werden die Diskussionskriterien nicht vollständig erfüllt, dennoch lassen sich wertvolle Ableitungen generieren.

Bei den theoretischen Ansätzen stehen eher Erklärungsmuster hinsichtlich der mit der Rückkehr verbundenen Unsicherheiten und Erwartungen im Vordergrund sowie geeignete Reaktionsmöglichkeiten seitens der Unternehmung (vgl. Tabelle 20).

---

488 Vgl. Black (1992), S. 178; Kohonen (2008), S. 320-321; Linehan/Scullion (2002), S. 651-654; MacDonald/Arthur (2003), S. 3; Suutari/Brewster (2003), S. 1132.

Tabelle 20: Gesamtüberblick der theoretischen Ansätze der Reintegrationsforschung.[489]

Theoretische Ansätze							
Ansatz	**Relevante Aspekte für ein Regain Management**	**Bewertung**					
		F	**I**	**EB**	**KV**	**T**	**WR**
Kontrolltheorie	Rückkehr aus dem Ausland ist mit Unsicherheiten verbunden, welche mit einer vorausschauenden Steuerung und/oder Verhaltenssteuerung reduziert werden können; Ableitung von Maßnahmen zur Reduktion der Unsicherheiten	+	+	0	0	++	++
Psychologische Vertrag	Nichterfüllung von Erwartungen an die Rückkehr kann in Motivationsverlusten, Abwesenheit und Fluktuation enden; Maßnahmen zur organisationalen Unterstützung reduzieren die Fluktuationsabsicht	++	+	+	+	++	++
Person-Environment-Fit	Nichtentsprechungen zwischen Person und Umwelt führen zu Stress, so dass objektiv Änderungen in der Person oder Umwelt erfolgen müssen oder die subjektive Wahrnehmung der Person beeinflusst werden kann	++	+	0	+	++	+
Überraschungs-Verarbeitungs-Modell	Überraschungen stellen Anstrengungen für Mitarbeiter dar, daher sollte bei der Rückkehr den Erwartungen des Mitarbeiters entsprochen werden	+	+	0	+	++	+

Bei den konzeptionellen Ansätzen werden sowohl der Prozess der Reintegration als auch Gestaltungsmöglichkeiten hinsichtlich der Maßnahmen diskutiert (vgl. Tabelle 21). Es wird hervorgehoben, dass die Rückkehr in unterschiedlichen Phasen verlaufen kann, welches auch bei der Rückkehr eines ehemaligen Mitarbeiters beachtet werden sollte. Die Maßnahmen beziehen sich sowohl auf die Kontakterhaltung während des Auslandsaufenthalts als auch auf die Gestaltung der Rückkehr. Auch diese Unterteilung scheint für ein Regain Management sinnvoll, so dass bereits während der Nicht-Beschäftigung in der Unternehmung der Kontakt zu ehemaligen Mitarbeitern angestrebt werden sollte, um somit die Gestaltung einer möglichen Rückkehr in die Unternehmung zu erleichtern. Auch die Berücksichtigung des privaten Umfeldes kann bei der Rückgewinnng von ehemaligen Mitarbeitern eine Bedeutung haben.

Tabelle 21: Gesamtüberblick der konzeptionellen Ansätze der Reintegrationsforschung.[490]

Konzeptionelle Ansätze							
Prozessorientierung							
Ansatz	**Relevante Aspekte für ein Regain Management**	**Bewertung**					
		F	**I**	**EB**	**KV**	**T**	**WR**
Gullahorn/ Gullahorn (1963)	Prozess der Reintegration verläuft entlang einer W-Kurve und enthält zwei Kulturschocks; Wiederanpassung entsteht erst nach dem zweiten Kulturschock	+	+	0	+	0	+

489 Die Abkürzungen stehen für die Diskussionskriterien aus Kapitel 3.1.2. F steht für die theoretische Fundierung, I für den Informationsgehalt, EB für die empirische Bestätigung, KV für Konsistenz und Vollständigkeit, T für die Transferierbarkeit, WR für wissenschaftliche Relevanz. Legende: 0 = eher nicht gegeben; + = eher gegeben; ++ = erfüllt.

490 Die Abkürzungen stehen für die Diskussionskriterien aus Kapitel 3.1.2. F steht für die theoretische Fundierung, I für den Informationsgehalt, EB für die empirische Bestätigung, KV für Konsistenz und Vollständigkeit, T für die Transferierbarkeit, WR für wissenschaftliche Relevanz. Legende: 0 = eher nicht gegeben; + = eher gegeben; ++ = erfüllt.

Ansatz	Relevante Aspekte für ein Regain Management	F	I	EB	KV	T	WR
Konzeptionelle Ansätze							
Prozessorientierung							
		Bewertung					
Fritz (1982)	Phasen der Wiedereinliederung: Antizipation, Akkommodation, Adaption; Wichtigkeit einer langfristigen Rückkehrplanung sowie der Rückkehrposition	++	++	0	+	+	+
Hirsch (2003; 1999)	Phasen der Reintegration: naive Integration, Reintegrationsschock, echte Integration; Wichtigkeit einer langfristigen Rückkehrplanung sowie Betreuung während der Entsendung	0	+	+	+	+	++
Hyder/ Lövblad (2007)	Fokus auf individuellen Erfahrungen des Expatriates während der Reintegration; Erwartungen an die Rückkehr sollten berücksichtigt werden; individuelle Vorgehensweise	++	+	0	+	+	+
Maßnahmenorientierung							
Martin (1986)	Rückkehrschock als Ansatz für unterschiedliche Maßnahmen zur Orientierung nach der Rückkehr	+	+	0	+	+	+
Gaugler (1989)	Wiedereingliederung umfasst Planung der Rückkehr sowie unterschiedliche Reintegrationsmaßnahmen; Maßnahmen beziehen sich auf die Phase der Abwesenheit als auch der Rückkehr	0	++	0	+	++	0
Kühlmann/ Stahl (1995)	Unterteilung der Rückkehr in Phasen sowie Zuordnung von Maßnahmen der Reintegration	+	+	0	+	+	+
Sievert/Yan (1998)	berücksichtigen emotionale, kognitive und verhaltensbezogene Elemente der Rückkehr; Ableitung von Maßnahmen zur Bewältigung von Reintegrationsproblemen	+	+	0	+	+	+
Kühlmann (2004)	Aufrechterhaltung des Kontaktes als Basis für langfristige Rückkehr; Ableitung von unterschiedlichen Maßnahmen vor und nach der Rückkehr	0	+	0	+	++	+
Meier-Dörzenbach (2008)	organisationale und motivationale Einflussfaktoren der Reintegration; Ableitung von Maßnahmen der Personalentwicklung, Laufbahnplanung und Reintegration zum Umgang mit Expatriates	+	+	0	0	+	++
Shen/Hall (2009)	Konzept der "Job Embbededness" wird auf Karriereoptionen sowie Bindungsfaktoren von Expatriates übertragen, Ableitung von Maßnahmen und Handlungsempfehlungen auf Basis des Modells	++	+	0	+	++	+
Kolleker/ Wolzendorff (2010)	Reintegration bezieht sich nicht nur auf die Rückkehr von Auslandsaufenthalten, sondern auch auf Elternzeit, Sabbaticals, Krankheit; Maßnahmen der Reintegration beziehen sich auf vier Phasen: vor dem Start der Abwesenheit, während der Abwesenheit, vor der Rückkehr des Mitarbeiters, nach der Rückkehr	+	++	0	+	++	++
Ewerlin/Süß (2010)	Probleme sowie daraus abgeleitete Maßnahmen zur Verbesserung der Reintegration	0	+	0	+	+	0

Auch bei den empirischen Ansätzen stehen mögliche Maßnahmen der Reintegration im Fokus der Betrachtung (vgl. Tabelle 22). So wird insbesondere der Gestaltung der Rückkehrposition, der Implementierung eines Karrieresystems und eines Kommunikationssystems sowie der Entwicklung von Mentorenprogrammen eine Bedeutung hinsichtlich einer erfolgreichen Reintegration beigemessen, welche ebenfalls Ansatzpunkte zur Gestaltung der Kontakterhaltung mit ehemaligen Mitarbeitern darstellen können.

Tabelle 22: Gesamtüberblick der empirischen Ansätze der Reintegrationsforschung.[491]

Empirische Ansätze							
Ansatz	**Relevante Aspekte für ein Regain Management**	**Bewertung**					
		F	**I**	**EB**	**KV**	**T**	**WR**
Harvey (1989)	Probleme von Expatriates bei der Rückkehr sowie Ableitung möglicher Maßnahmen	+	+	+	+	0	++
Black (1992)	Neue Umgebungen sind mit Erwartungen verknüpft; bei Erfüllung der Erwartungen wird eine höhere Anpassung an das Umfeld sowie eine höhere Arbeitsleistung erzielt	+	+	+	0	+	++
Guzzo et al. (1994)	organisationale Unterstützung reduziert die Fluktuationsabsicht; psychologischer Vertrag als theoretische Basis	+	+	++	+	+	++
Stroh (1995)	Maßnahmen der Reintegration reduzieren die Fluktuation	+	+	+	0	+	+
Allen/Alvarez (1998)	Gründe für ineffiziente Reintegration sowie Ableitung von Handlungsempfehlungen	0	+	0	0	+	0
Hammer et al. (1998)	Erfüllung von Erwartungen beeinflussen eine erfolgreiche Reintegration	+	+	+	+	+	+
Stroh et al. (1998)	realistische Vorstellungen in Bezug auf die Anforderungen nach der Rückkehr reduzieren die Fluktuation; Ableitung von Maßnahmen zur effizienten Reintegration	+	+	+	+	+	+
Lazarova/ Caligiuri (2001)	subjektive Wahrnehmung der organisationalen Unterstützung ist wichtiger als die objektive Bewertung der Maßnahmen; eine höhere wahrgenommene Unterstützung führt zu einer geringeren Fluktuationsintention; Ableitung von Maßnahmen	+	++	+	0	+	+
Linehan/ Scullion (2002)	Ableitung von Maßnahmen zur Verbesserung der Reintegration; Reduktion der Diskrepanz zwischen Erwartungen der Expatriates und der Realität	0	+	+	+	+	+
Paik et al. (2002)	Kommunikation ist essentiell für die Aufrechterhaltung des Kontaktes während der Abwesenheit; Übereinstimmung von Erwartung und Realität wird ein höherer Erfolg bei der Repatriierung	+	+	0	0	+	+
MacDonald/ Arthur (2003)	Arbeitsposition, Entscheidungsfreiheit und Karriereplanung haben Einfluss auf eine erfolgreiche Repatriierung	0	+	0	0	+	0
Suutari/ Brewster (2003)	Ableitung von Handlungsempfehlungen zur erfolgreichen Repatriierung: Arbeitsposition, Austausch, organisationale Unterstützung	+	+	+	+	+	+
Vidal et al. (2007a)	Einflussfaktoren zur Erhöhung der Zufriedenheit nach der Rückkehr: Arbeitsinhalt, realistische Erwartungen, Karriereplan, Kommunikationssystem, Mentoring	+	+	+	+	+	+
Vidal et al. (2007b)	Schwierigkeiten bei der Repatriierung liegen insbesondere in den veränderten Arbeitsbedingungen und den Unterschieden in den Unternehmungskulturen; Ableitung von Maßnahmen (u. a. entsprechend der Fähigkeiten passende Arbeitsinhalte; Kommunikationssystem)	++	+	+	+	+	+
Vidal et al. (2008)	Zufriedenheit mit dem Repatriierungsprozess reduziert die Fluktuationsintention; Maßnahmen zur Verbesserung der Repatriierung: langfristiges Karrieremanagement, frühzeitige Planung, regelmäßige Kommunikation	++	+	++	+	+	+
Kohonen (2008)	Maßnahmen zur Erleichterung der Reintegration: herausfordernde Tätigkeit, regelmäßige Kommunikation, organisationale Unterstützung	+	+	+	+	0	+
Kraimer et al. (2009)	Umgang mit Erwartungen nach der Rückkehr sowie organisationale Unterstützung können die Fluktuationsintention reduzieren	+	+	+	+	+	+
van der Heijden et al. (2009)	subjektiv wahrgenommene organisationale Unterstützung reduziert die Fluktuationsintention	+	+	++	+	0	+

491 Die Abkürzungen stehen für die Diskussionskriterien aus Kapitel 3.1.2. F steht für die theoretische Fundierung, I für den Informationsgehalt, EB für die empirische Bestätigung, KV für Konsistenz und Vollständigkeit, T für die Transferierbarkeit, WR für wissenschaftliche Relevanz. Legende: 0 = eher nicht gegeben; + = eher gegeben; ++ = erfüllt.

Empirische Ansätze							
Schudey et al. (2012)	Klarheit der Reintegrationsprogramme und -prozesse, Rollenklarheit, rollenbezogene Entscheidungsfreiheit und Rollenkonflikte beeinflussen die Rückanpassung	++	+	0	+	+	+

Insgesamt müssen bei der Übertragung der Erkenntnisse der Unterschied zwischen einer Rückkehr eines Mitarbeiters aus dem Ausland und der Rückkehr eines ehemaligen Mitarbeiters berücksichtigt werden. Letztlich muss eine individuelle Lösung für den ehemaligen Mitarbeiter gefunden werden. Es wird ein System benötigt, in dem die Unternehmung durch bestimmte Ansprechpartner, Prozesse, Meilensteine und einem Portfolio an Maßnahmen explizit auf die Wünsche des ehemaligen Mitarbeiters reagieren kann.

3.5 Mitarbeiterbindungs- und Mitarbeiterfluktuationsforschung

3.5.1 Auswahl der Ansätze

Wie bereits in der Begriffsexplikation zum Regain Management in Kapitel 2.2.1 wird auch der Forschungsgegenstand der Mitarbeiterbindung bei der Konzeption eines Regain Managements berücksichtigt. Nachdem der Mitarbeiter die Unternehmung verlassen hat und sich dementsprechend die Bleibe- und Leistungsbereitschaft des Mitarbeiters reduziert hat, ist es von Interesse, sich mit den Bindungsdeterminanten, Bindungsprozessen sowie Maßnahmen eines Bindungsmanagements seitens der Unternehmung auseinanderzusetzen. Dabei wurde zuvor ein weites Begriffsverständnis gewählt, um möglichst viele Erkenntnisse aus der Bindungsforschung integrieren zu können.

Da das ausgewählte Verständnis von Mitarbeiterbindung auch den Verbleib eines Mitarbeiters bzw. die Nicht-Kündigungsbereitschaft berücksichtigt und somit auf die Vermeidung von Fluktuation abzielt, werden in diesem Kapitel ebenfalls Ansätze der Fluktuationsforschung angesprochen. Die Kenntnis von Fluktuationsdeterminanten und Fluktuationsprozessen kann auch in der Umkehrung einen Beitrag zur Verbesserung der Mitarbeiterbindung leisten.[492]

In der Literatur der Bindungs- und Fluktuationsforschung lassen sich sowohl theoretische als auch konzeptionelle und empirische Erkenntnisse finden, weshalb diese Unterteilung gewählt wird.[493] Inhaltlich werden diejenigen Ansätze berücksichtigt, welche das Verständnis für eine

492 Vgl. Krill (2011), S. 402.

493 Vgl. u. a. Piezonka (2013) für eine Unterteilung der Bindungsliteratur in theoretische Ansätze, personalwirtschaftliche Konzepte sowie empirische Befunde. Vgl. Piezonka (2013), S. 45-46.

Fluktuations- bzw. Bindungsentscheidung aus Mitarbeitersicht sowie Reaktionsmöglichkeiten aus Unternehmungssicht erweitern und somit Ansatzpunkte für ein Regain Management liefern.[494] Die theoretischen, konzeptionellen und empirischen Erkenntnisse der Mitarbeiterbindungs- und Mitarbeiterfluktuationsforschung werden teilweise gemeinsam dargestellt und diskutiert, um inhaltliche Überschneidungen zu vermeiden.[495]

3.5.2 Theoretische Ansätze

Theoretische Ansätze für die Mitarbeiterbindungsforschung lassen sich hauptsächlich in der Neuen Institutionenökonomik, der Mikroökonomie sowie den Verhaltenswissenschaften finden.[496] Die verhaltenswissenschaftlichen Ansätze wurden bereits in dem Forschungsbereich der Kundenbindung auf die Mitarbeiterbindung übertragen.[497] In der Fluktuationsforschung werden wesentliche theoretische Erkenntnisse aus verhaltenswissenschaftlichen Ansätzen gewonnen.[498] Tabelle 23 gibt einen Überblick über die dargestellten theoretischen Ansätze.

Die theoretischen Ansätze der Neuen Institutionenökonomie, der Mikroökonomie sowie in Teilen der verhaltenswissenschaftlichen Ansätze (Soziale Austauschtheorie, Variety Seeking) sind in ihrem Ursprung bereits in der Kundenrückgewinnungsforschung in Kapitel 3.2.2 dargestellt worden.

Um Überschneidungen zu vermeiden, beschränkt sich die Darstellung der genannten theoretischen Ansätze daher in diesem Kapitel auf die Erkenntnisse in Bezug zur Mitarbeiterbindung bzw. Mitarbeiterfluktuation.

---

494 Nicht berücksichtigt werden die Studien von Unternehmungsberatungen wie u. a. die Global Workforce Studie von Towers Watson bzw. Towers Perrin, die Retention Dilemma Studie der Hay Group sowie die Kienbaum Retention Studie. Vgl. hierzu Hay Group (2001); Kienbaum (2001); TowersPerrin (2007).

495 Teilweise ist die Zuordnung der Erkenntnisse zu den Forschungsgebieten sowie zu der Klassifizierung (theoretisch, konzeptionell, empirisch) nicht eindeutig. Es wird jedoch, um eine Übersicht zu gewährleisten, eine eindeutige Zuordnung gewählt.

496 Vgl. hierzu Jensen (2004); Meifert (2005); Piezonka (2013). Bei Grieger et al. (2010) werden Bindungsstrategien auf Basis der Ressourcenabhängigkeitstheorie von Pfeffer/Salancik sowie des Ansatzes der Compliance Beziehungen nach Etzioni abgeleitet. Für weitere Informationen vgl. Etzioni (1975); Pfeffer/Salancik (1978). Diese werden aber im Rahmen der Arbeit nicht tiefergehend betrachtet.

497 Vgl. zur Übertragung Jensen (2004), S. 233.

498 Vgl. Hom/Griffith (1995); Krill (2011). Die Anreiz-Beitrags-Theorie wird sowohl im Forschungsschwerpunkt der Mitarbeiterbindung als auch der Mitarbeiterfluktuation behandelt, weshalb diese gemeinsam dargestellt wird.

Tabelle 23: Theoretische Ansätze zur Erklärung der Mitarbeiterbindung sowie Mitarbeiterfluktuation.[499]

Mitarbeiterbindungs-forschung	Neue Institutionenökonomik	- Transaktionskostentheorie - Agenturtheorie
	Mikroökonomie	- Theorie von HIRSCHMAN
	Verhaltens-wissenschaftliche Ansätze	- Anreiz-Beitrags-Theorie - Organisationales Commitment - Soziale Austauschtheorie - Variety Seeking
Mitarbeiterfluktuations-forschung	Verhaltens-wissenschaftliche Ansätze	- Fluktuationsmodell nach PORTER/STEERS - Modell zum Prozess der Fluktuationsentscheidung nach MOBLEY - Integratives Modell von Kündigungsdeterminanten nach HOM/GRIFFETH

Darstellung der theoretischen Ansätze zur Mitarbeiterbindung

Die *Transaktionskostentheorie*[500] sowie die *Agenturtheorie*[501] werden zur Erklärung der Mitarbeiterbindung verwendet.[502] Ausgangspunkt dieser theoretischen Teilansätze ist, dass sich menschliches Verhalten an Kosten-Nutzen-Überlegungen orientiert und dabei eine begrenzte Rationalität sowie eine opportunistische Haltung angenommen werden.[503] Übertragen auf den Kontext der Mitarbeiterbindung lässt sich ableiten, dass Bindungen auf Basis rationaler Überlegungen und für den eigenen Vorteil geschlossen werden. Das mit einem Unternehmungswechsel verbundene Wechselrisiko für den Mitarbeiter wird erklärt. Daneben muss auch die Spezifizität der getätigten Investitionen berücksichtigt werden, auf der Seite der Mitarbeiter liegen diese in der Seniorität und dem spezifischen Know-how, wodurch die Kosten bei einem Arbeitsplatzwechsel ggf. ansteigen und die getätigten Investitionen auf dem Arbeitsmarkt nicht entsprechend wertgeschätzt werden.[504]

Die *Theorie von HIRSCHMAN* lässt sich der Mikroökonomie zuordnen und wird u. a. von JENSEN in den Kontext der Mitarbeiterbindung eingeordnet.[505] Unzufriedene Mitarbeiter besitzen demnach die Handlungsalternativen „voice" (Beschwerde), „exit" (Kündigung), „loyalty" (im

499 Die Inkommensurabilität bestimmter Theorien wie u. a. der Anreiz-Beitrags-Theorie und der Agenturtheorie ist vorhanden. Vgl. Becker (2013), S. 45. Dennoch werden beide Theorien im Rahmen der Mitarbeiterbindungsforschung zur Ideengenerierung angeführt.

500 Vgl. Coase (1937); Williamson (1975; 1979; 1985; 1990; 1991).

501 Vgl. Jensen/Meckling (1976); Ross (1973).

502 Zum Ursprung vgl. Kapitel 3.2.2.

503 Vgl. Bea/Göbel (2010), S. 132-135; Schreyögg (2004), Sp. 1078-1080. Vgl. vertiefend auch Wolf (2013), S. 333-375.

504 Vgl. Jensen (2004), S. 234.

505 Vgl. insbesondere Hirschman (1974a, 1974b). Die Theorie Hirschmans wurde bisher im Forschungsfeld der Kundenbindungsforschung als Erklärungsansatz herangezogen. Vgl. u. a. Peter (2001) sowie die Ausführungen in Kapitel 3.2.2.

Sinne von Abwarten und Hoffen auf Verbesserung)[506] oder die aus der arbeits- und organisationspsychologischen Sicht hinzugefügte Option des „neglect“ (Reduzierung des Interesses an der Arbeit).[507] Als Konsequenz können daraus zwei Einflussfaktoren abgeleitet werden. Zum einen können Abwanderungshindernisse ökonomischer, psychischer und sozialer Art dazu führen, dass unzufriedene Mitarbeiter zu den Verhaltensoptionen voice oder loyalty tendieren anstatt die Unternehmung zu verlassen. Zum Zweiten hat das wahrgenommene Risiko, welches aus einem Jobwechsel resultiert, eine hemmende Wirkung auf das Wechselverhalten.[508]

Die von MARCH/SIMON entwickelte *Anreiz-Beitrags-Theorie* ist ein elementarer Bestandteil der verhaltenswissenschaftlichen Entscheidungstheorien und leistet einen Erklärungsbeitrag zum Beitritt bzw. Verbleiben von Mitarbeitern in Unternehmungen.[509] Die Entscheidung eines Mitarbeiters in einer Unternehmung zu verbleiben, hängt demnach von dem empfundenen Gleichgewicht aus Anreizen und Beiträgen ab, wobei je nach Individuum unterschiedliche Anreize zum gewünschten Verhalten, d. h. dem Beitrag für die Unternehmung, führen.[510] Anreize sind die Leistungen, welche eine Unternehmung zur Bedürfnisbefriedigung der Mitarbeiter zur Verfügung stellt, wobei diese materieller sowie immaterieller Art sein können. Beiträge sind die Leistungen seitens der Mitarbeiter, welche zur Erreichung der Unternehmungsziele beitragen.[511] Der implizite Vertrag zwischen einem Mitarbeiter und der Unternehmung beruht auf dem Anreiz-Beitrags-Gewicht.[512] Liegt ein im Sinne des Mitarbeiters empfundenes Ungleichgewicht aus Anreizen und Beiträgen vor, kann das in einem Rückgang der Leistung oder in einer Kündigungsentscheidung des Mitarbeiters resultieren.[513] Dementsprechend wird deutlich, dass MARCH/SIMON zwischen der Teilnahme, dem Verbleib in der Unternehmung

---

506 Hagedoorn et al. (1999) sprechen auch von „patience“, welches eher zu dem vom Autor intendierten Verständnis von loyalty passt. Vgl. Hagedoorn et al. (1999), S. 310.

507 Vgl. Jensen (2004), S. 233. Für Ausführungen bzgl. der Verhaltensoption „neglect“ vgl. Hagedoorn et al. (1999), S. 310; Lee/Jablin (1992), S. 208-209.

508 Vgl. Jensen (2004), S. 234; Meifert (2005), S. 63.

509 Vgl. Barnard (1938); Cyert/March (1992); March/Simon (1958). Vgl. auch die deutschen Übersetzungen Barnard (1970); Cyert/March (1995); March/Simon (1976); Simon (1981).

510 Vgl. March/Simon (1976), S. 82-85. Die Wirkung der Anreize hängt von den *Motiven* des Mitarbeiters ab. „Motive sind Verhaltensbereitschaften, unter denen zeitlich relativ überdauernde psychische Dispositionen verstanden werden. Motive legen fest, was Personen wollen oder wünschen, wie auf einem bestimmen Gebiet der Person-Umwelt-Bezug aussehen muß, um befriedigt zu sein.“ Becker (1990), S. 9. Zur Erklärung der Bindung eines Mitarbeiters mit Hilfe von Motivationstheorien vgl. Ramlall (2004).

511 Vgl. March/Simon (1976), S. 82. Zum Terminus des *Anreizes* vgl. ebenfalls Becker (1990), S. 10. Er beschreibt den Zusammenhang zwischen Motiven und Anreizen wie folgt: „Motive können aus wahrgenommenen Umwelt- und Anregungsbedingungen (=Anreize) aktiviert werden (=Motivation) und sich nachfolgend in Verhalten manifestieren. Anreizen kommt eine tatsächliche Motivationskraft nur dann zu, wenn die angesprochene Person ihnen den Charakter einer Belohnung oder Bestrafung beimißt.“ Becker (1990), S. 10.

512 Vgl. Gmür/Thommen (2007), S. 221.

513 Vgl. March/Simon (1976), S. 89-94.

sowie der Bereitschaft Leistung zu erbringen differenzieren, wobei die unterschiedlichen Motivationen nicht eindeutig voneinander unterschieden werden können.[514]

Der Ansatz des *organisationalen Commitment* wird nach MEYER/ALLEN in die Komponenten affektives, kalkulatives und normatives Commitment unterteilt und stellt somit ein mehrdimensionales Konzept dar.[515] Dabei wird Commitment verstanden als „psychological state that (a) characterizes the employee's relationship with the organization, and (b) has implications for the decision to continue or discontinue membership in the organization."[516] Hier wird deutlich, dass Commitment als Einstellung oder Haltung gegenüber der Unternehmung verstanden wird und sich in unterschiedliche Komponenten differenzieren lässt, welche individuell unterschiedlich ausgeprägt sein können. Affektives Commitment zeichnet sich dadurch aus, dass ein Mitarbeiter sich mit der Unternehmung emotional verbunden fühlt und sich mit den Zielen der Unternehmung identifiziert. Kalkulatives Commitment zeigt sich durch eine Kosten-Nutzen-Abwägung der bisher getätigten Investitionen und den zur Verfügung stehenden Handlungsalternativen bei der Unternehmung zu bleiben oder sie zu verlassen. Das normative Commitment beschreibt die persönlichen Normen und Werte eines Mitarbeiters, aus denen resultierend er sich verpflichtet fühlt, bei der Unternehmung zu bleiben. Im Fokus des Ansatzes von MEYER/ALLEN steht jedoch die Einstellungsorientierung, welche sich insbesondere durch das affektive Commitment äußert. Aus dem dreigeteilten Begriffsverständnis ergibt sich das theoretische Modell des organisationalen Commitment, welches sich aus den unterschiedlichen Komponenten von Commitment, bestimmten Ursachen und deren Interaktion sowie möglichen Konsequenzen zusammensetzt und somit einen Erklärungsbeitrag für die Bleibe- oder Trennungsentscheidung von Mitarbeitern leistet.[517]

Im Kontext der Mitarbeiterbindung kann die *Soziale Austauschtheorie*[518] zur Erklärung von Entstehung und Fortführung sozialer Beziehungen zwischen Arbeitnehmer und Arbeitgeber herangezogen werden, indem ein Vergleich des Profits der jeweiligen Austauschbeziehungen

---

514 Vgl. March/Simon (1976), S. 52-53. Zu einer kritischen Reflexion bzgl. dieser vorgenommenen Unterteilung vgl. Wunderer/Küpers (2003), S. 113-114.

515 Durch diese Mehrdimensionalität wurden die in der Literatur unterschiedlichen Ausrichtungen von Commitment in einem Modell zusammengefasst. Vgl. Felfe (2008), S. 36-37. Zur Mehrdimensionalität des Konstrukts Commitment vgl. auch Penley/Gould (1988).

516 Meyer/Allen (1991), S. 67. Dieses Verständnis liegt allen der drei Komponenten des Commitments zugrunde.

517 Vgl. Meyer/Allen (1991), S. 67-68. Zur Einstellungsorientierung vgl. auch Felfe (2008), S. 37. Für eine genaue Ausführung des Modells vgl. Meyer/Allen (1991), S. 67-74.

518 Vgl. insbesondere Homans (1958; 1960; 1961); Thibaut/Kelley (1959). Zu weiteren Ausführungen der Theorie vgl. Kapitel 3.2.1. Zur Übertragung der Sozialen Austauschtheorie auf die Kundenbindung vgl. Bruhn (2001), S. 34.

vollzogen wird. Steht ein Mitarbeiter vor der Entscheidung in der Unternehmung zu verbleiben oder ein Angebot der Konkurrenz anzunehmen, wird das jeweilige Input-Output-Verhältnis miteinander verglichen. Bei einer höheren Attraktivität des Konkurrenzangebots kann die Bindung zur Unternehmung durch den Mitarbeiter beendet werden.[519] Auch wird das Input-Output-Verhältnis mit dem von anderen Mitarbeitern in der Unternehmung verglichen, um daraus Konsequenzen für das eigene Handeln abzuleiten. Die Nutzung dieser Theorie zur Erklärung der Mitarbeiterbindung ähnelt stark dem Ansatz des kalkulativen Commitment, indem auch von einer Beziehung auf Basis von rationalen Überlegungen ausgegangen wird.[520]

Das Konstrukt des *Variety Seeking* ist aus der Konsumentenforschung bekannt und stellt einen Erklärungsansatz für das Wechselverhalten von Kunden trotz bestehender Zufriedenheit mit den Produkten und Leistungen einer Unternehmung dar.[521] Ein Arbeitsplatzwechsel muss demnach nicht unbedingt mit der Unzufriedenheit des Mitarbeiters zusammenhängen, sondern auch mit der mangelnden Befriedigung des Abwechslungsbedürfnisses.[522] Inwieweit dies mit der Persönlichkeit des Mitarbeiters oder der Werteentwicklung der Gesellschaft hin zu einer Erlebnisorientierung zusammenhängt, lässt sich jedoch nicht abschließend beurteilen.[523] Dennoch kann die Annahme getroffen werden, dass es Mitarbeiter gibt, die dem Variety Seeking eher zugeneigt sind als andere Mitarbeiter.[524] BAUER/JENSEN heben hervor, dass insbesondere junge und hochqualifizierte Mitarbeiter eher zum Variety Seeking tendieren.[525]

Diskussion der theoretischen Ansätze zur Mitarbeiterbindung

Die Anreiz-Beitrags-Theorie weist einen hohen Verbreitungsgrad auf und ist die Basis für eine Vielzahl von weiteren Forschungsarbeiten.[526] Auch der Commitment-Ansatz von MEY-

---

519 Vgl. Jensen (2004), S. 234.

520 Vgl. Meifert (2005), S. 62.

521 Vgl. u. a. Meixner (2005); Tscheulin (1994). Dieses Konstrukt wird häufig mit der Theorie des optimalen Levels an Stimulation nach Deci/Ryan erklärt. Vgl. hierzu Deci/Ryan (1985). Vgl. für weitere Ausführungen Kapitel 3.2.1.

522 Vgl. Jensen (2004), S. 234; Meifert (2005), S. 69.

523 Meifert (2005), S. 69. McCrae/Costa untersuchten den Zusammenhang zwischen einer Persönlichkeitsausprägung und dem Wandel bzw. Arbeitsplatzwechsel. Vgl. McCrae/Costa (1987). Für den gesellschaftlichen Wertewandel vgl. Raffée/Wiedmann (1985; 1986).

524 Vgl. Meifert (2005), S. 69.

525 Vgl. Bauer/Jensen (2004), S. 247-248.

526 Vgl. Horn/Griffeth (1995), S. 53. Beispiele für Forschungsarbeiten sind u. a. Hulin et al. (1985); Lee/Mitchell (1994); Mayer/Schoorman (1998); Steers/Mowday (1981).

ER/ALLEN hat einen großen Einfluss sowohl auf die konzeptionelle[527] als auch auf die empirische Forschung[528] im Bereich der Mitarbeiterbindung. Grundsätzlich wird deshalb von einer hohen (1) *theoretischen Fundierung* der Ansätze ausgegangen.

Der (2) *Informationsgehalt* der Anreiz-Beitrags-Theorie wird als hoch angesehen, da differenzierte Einblicke in die Bindung von Mitarbeitern geliefert werden, insbesondere hinsichtlich der Unterscheidung in materielle und immaterielle Anreize sowie die Ausrichtung der Teilnahme-, Bleibe- und Leistungsmotivation.[529] Der Informationsgehalt der mikroökonomischen Theorie wird hingegen von MEIFERT hinterfragt, da er von einer Vereinfachung der getroffenen Annahmen ausgeht, so dass es Schwierigkeiten bei der Ableitung auf die betriebliche Praxis geben kann.[530] Hinsichtlich des Informationsgehalts bei dem Modell von MEYER/ALLEN wird hervorgehoben, dass sich daraus Ansätze für die Forschung des Konstrukts Commitment ableiten lassen, insbesondere hinsichtlich der Beziehung zwischen den unterschiedlichen Komponenten und den Einflussfaktoren. Dennoch können keine Handlungsempfehlungen für die betriebliche Praxis gegeben werden, da die Erkenntnisse theoretischer Natur sind und noch empirisch überprüft werden sollten.[531]

Die (3) *empirische Bestätigung* muss differenzierter betrachtet werden. Für die Anreiz-Beitrags-Theorie lässt sich kaum eine empirische Bestätigung feststellen.[532] Bei MEYER/ALLEN wurde insbesondere der Einfluss des affektiven Commitments auf die Bleibemotivation empirisch bestätigt, bei dem kalkulativen Commitment ist der Zusammenhang schwächer und bezüglich des normativen Commitments liegen erst wenige empirische Untersuchungen vor.[533] Im Forschungsbereich der Kundenbindung ist der Zusammenhang zwischen einer Abwechslungsorientierung, basierend auf dem Variety Seeking, und einer Fluktuationsentscheidung belegt.[534]

Die (4) *Konsistenz und Vollständigkeit* der Ansätze ist nicht gänzlich zu beurteilen. Grundsätzlich werden die theoretischen Erkenntnisse jedoch als schlüssig und widerspruchsfrei wahrgenommen. WUNDERER/KÜPERS weisen daraufhin, dass die Anreiz-Beitrags-Theorie das Verhalten der Unternehmungsmitglieder gegenüber den Anreizen nur aus einem kalkulativen

---

527 Vgl. u. a. Gmür/Thommen (2007), S. 224; Klimecki/Gmür (2005), S. 333-340.

528 Vgl. Meifert (2005); Meyer et al. (2002); Porter et al. (1974).

529 Vgl. Becker (2010), S. 245-246.

530 Vgl. Meifert (2005), S. 63-64.

531 Vgl. Meyer/Allen (1991), S. 82-83.

532 Vgl. Weller (2007), S. 34-35 sowie S. 53.

533 Vgl. Becker (2010), S. 239.

534 Vgl. Homburg/Giering (2001), S. 57.

Blickwinkel betrachtet. Darüber hinaus bestehen Schwierigkeiten in der Bestimmung des Gleichgewichts, da keine Angaben zur Operationalisierung von Anreizen und Beiträgen vorgenommen wird.[535]

Hinsichtlich der (5) *Transferierbarkeit* muss eine differenzierte Perspektive eingenommen werden. Der ökonomische Bezug der theoretischen Ansätze der Neuen Institutionenökonomik wird als hoch eingestuft, so dass von einer eingeschränkten Transferierbarkeit auf die Arbeitgeber-Arbeitnehmer-Beziehung und somit auch auf den Kontext des Regain Managements gesprochen werden kann.[536] Die Mikroökonomische Theorie HIRSCHMANS wurde bereits auf den Kontext der Mitarbeiterbindung übertragen, weshalb auch eine Transferierbarkeit auf das Regain Management als möglich erachtet wird.[537] MEIFERT hingegen sieht den Erkenntnisgewinn dieser Theorie als eher gering an, da es nur eine Bestätigung des kalkulativen wie affektiven Commitments des Organisationalen Commitment-Ansatzes nach MEYER/ALLEN darstellt.[538] Das Konstrukt des Variety Seeking wurde schon mehrfach im Kontext der Mitarbeiterbindung gesehen, so dass hier eine hohe Transferierbarkeit festgestellt wird.[539]

Darstellung der theoretischen Ansätze zur Mitarbeiterfluktuation

Die Anreiz-Beitrags-Theorie von MARCH/SIMON nimmt auch in der Fluktuationsforschung einen hohen Stellenwert zur Erklärung von Kündigungsentscheidungen ein.[540] Während es in dem Modell von MARCH/SIMON vornehmlich um die Anreize und Beiträge als Bestimmungsfaktoren des Fluktuationsprozesses geht, haben im Rahmen des Fluktuationsmodells von PORTER/STEERS insbesondere die Erwartungen eines Individuums einen Einfluss auf die Fluktuationsentscheidung. Es wird davon ausgegangen, dass jedes Individuum bestimmte Erwartungen an eine Unternehmung hat, und wenn diese nicht erfüllt werden, steigt die Wahrscheinlichkeit einer Fluktuationsentscheidung an. Dies wird als „process of balancing perceived or potential rewards with desired expectations“[541] definiert, wobei die Erwartungen je-

535 Vgl. Wunderer/Küpers (2003), S. 114.

536 Vgl. Picot/Schuller (2004), Sp. 519-520, sowie zur Transferierbarkeit vgl. Bauer/Jensen (2001), S. 16; Jensen (2004), S. 234.

537 Vgl. hierzu Farrell (1983).

538 Vgl. Meifert (2005), S. 63-64.

539 Vgl. Meifert (2005), S. 69.

540 Vgl. Ortlieb (2009), S. 360. Zur genauen Darstellung der Theorie in Bezug zur Fluktuationsentscheidung vgl. den Abschnitt zu der Darstellung der theoretischen Erkenntnisse der Mitarbeiterbindung.

541 Porter/Steers (1973), S. 171.

weils individuell erfüllt werden müssen.[542] Das Modell stellt somit einen kausalen Zusammenhang zwischen nicht erfüllten Erwartungen, Arbeitsunzufriedenheit und Fluktuation her, welcher von unterschiedlichen Faktoren beeinflusst werden kann.[543]

Daran anknüpfend entwickelt MOBLEY ein Prozessmodell zur Fluktuationsentscheidung, in welchem insbesondere der Zusammenhang zwischen der Arbeitszufriedenheit und dem Wechselverhalten thematisiert wird.[544] Fluktuation wird dabei folgendermaßen definiert: "Turnover is commonly defined as voluntary cessation of membership in an organization by an individual who receives monetary compensation for participating in that organization."[545] Durch die Bewertung der aktuellen Arbeitsstelle wird die wahrgenommene Arbeitszufriedenheit bzw. Arbeitsunzufriedenheit ermittelt, wodurch dann bei bestehender Unzufriedenheit der Kündigungsgedanke ausgelöst wird. Dem schließt sich ein Bewertungsprozess des Nutzens einer Suche bzw. der Kosten eines Stellenwechsels an, welcher ggf. in eine Suche nach möglichen Alternativen übergeht. Je nach gefundener Alternative, entsteht die Absicht zu kündigen oder in der Unternehmung zu bleiben, woraus sich die jeweilige Handlung ergibt. Die Möglichkeit, Schritte innerhalb des Fluktuationsprozesses zu überspringen oder wiederholt zu durchlaufen, wird in dem Modell integriert.[546]

HOM/GRIFFETH grenzen sich insofern von der Definition nach MOBLEY ab, als dass sie die endgültige Trennung zur Unternehmung betrachten und keinen Transfer oder unternehmungsinterne Arbeitsplatzwechsel berücksichtigen.[547] Auf Basis einer Metaanalyse zu den Gründen und Korrelaten von Fluktuation und einer Darstellung der relevanten theoretischen Erkenntnisse zur Fluktuation wird ein integratives Rahmenmodell entwickelt, welches die Determinanten einer freiwilligen Fluktuation beinhaltet sowie den Abwanderungsprozess veranschaulicht.[548] Die Arbeitszufriedenheit wird von unterschiedlichen Faktoren sowie dem Arbeitsmarkt beeinflusst. Das organisationale Commitment wird ebenfalls von unterschiedlichen

---

542 Vgl. Porter/Steers (1973), S. 170-171.

543 Dabei werden die Faktoren in folgende Kategorien unterteilt: organization-wide factors, immediate work environment factors, job-related factors und personal factors. Vgl. Porter/Steers (1973), S. 154-167.

544 Vgl. Mobley (1977), S. 237-239.

545 Mobley (1982), zitiert in Hom/Griffeth (1995), S. 4.

546 Vgl. Mobley (1977), S. 238.

547 Vgl. Hom/Griffeth (1995), S. 4.

548 Vgl. Hom/Griffeth (1995). Für die Metaanalyse vgl. Hom/Griffeth (1995), S. 35-50, sowie für die Darstellung der theoretischen Erkenntnisse vgl. Hom/Griffeth (1995), S. 51-86. Das Modell integriert dabei folgende Erkenntnisse vgl. Farrel/Rusbult (1981); Hom/Griffeth (1991); Hulin et al. (1985); Lee/Mitchell (1994); March/Simon (1958); Mobley (1977); Mobley et al. (1979); Muchinsky/Morrow (1980); Porter/Steers (1973); Price (1977); Sheridan/Abelson (1983); Steers/Mowday (1981). Diese werden aufgrund des Fokus auf den Fluktuationsprozess nicht zusätzlich in den Konzeptionsrahmen integriert, haben jedoch indirekt Einfluss auf den Entscheidungsrahmen.

Faktoren tangiert. Beide – sowohl die Arbeitszufriedenheit als auch das Commitment – wirken auf die Rücktrittswahrnehmung, welche wiederum direkt zur Fluktuation führen kann. Die Arbeitszufriedenheit und das Commitment können jedoch auch dazu führen, dass über den erwarteten Nutzen eines Rücktritts nachgedacht wird, welches dann zu einer Jobsuche führt. Im Anschluss daran findet ein Vergleich der Alternativen mit der aktuellen Tätigkeit statt, bevor die Fluktuationsentscheidung getroffen wird.[549]

Diskussion der theoretischen Ansätze zur Mitarbeiterfluktuation

Die (1) *theoretische Fundierung* wird als hoch angesehen. PORTER/STEERS stellen die argumentative Basis für den Ansatz der realistischen Rekrutierung dar.[550] HOM/GRIFFETH integrieren eine Vielzahl von theoretischen sowie empirischen Erkenntnissen, beispielhaft zu nennen sind unterschiedliche Fluktuationsmodelle von MOBLEY, PRICE, MOBLEY ET AL. sowie STEERS/MOWDAY.[551]

Der (2) *Informationsgehalt* bei PORTER/STEERS wird als eher gering eingeschätzt, da Begründungen für den Kündigungsprozess fehlen, so dass keine psychologische Erklärung des menschlichen Verhaltens vorliegt.[552] Dieser Erklärungsbeitrag kann jedoch bei MOBLEY festgestellt werden, dessen Ansatz einen Prozesscharakter aufweist und den psychologischen Grundgedanken des Kündigungsprozesses erläutert. Damit dominiert er die psychologischen Forschungsarbeiten zum Kündigungsverhalten.[553]

Die (3) *empirische Bestätigung* der theoretischen Ansätze zur Mitarbeiterfluktuation muss differenziert betrachtet werden. Das Modell von PORTER/STEERS erfährt in der Hinsicht empirische Bestätigung, als dass erfüllte Erwartungen mit der Arbeitseinstellung, der Kündigungsintention sowie mit der Fluktuationsentscheidung selbst korrelieren.[554] Auch MOBLEY stellt

549 Vgl. Hom/Griffeth (1995), S. 107-119.

550 Vgl. Hom/Griffeth (1995), S. 54. Zu den Arbeiten zur realistischen Rekrutierung vgl. Datel/Lifrak (1969); Premack/Wanous (1985); Wanous (1973); Wanous (1992). Dabei wird unter realistischer Rekrutierung die wirklichkeitsgetreue Darstellung der Stelle verstanden.

551 Für die Metaanalyse vgl. Hom/Griffeth (1995), S. 35-50, sowie für die Darstellung der theoretischen Erkenntnisse vgl. Hom/Griffeth (1995), S. 51-86. Für weitere Informationen vgl. u. a. Mobley (1977); Mobley et al. (1979); Price (1977); Steers/Mowday (1981).

552 Vgl. Hom/Griffeth (1995), S. 56.

553 Vgl. Hom/Griffeth (1995), S. 57.

554 Vgl. Wanous et al. (1992), S. 292-293.

die Basis für eine Vielzahl von empirischen Studien dar und wird vom Grundgedanken als bestätigt beurteilt, nicht jedoch in Bezug auf die Abfolge der unterschiedlichen Phasen.[555]

Hinsichtlich der (4) *Konsistenz und Vollständigkeit* kann eine starke Vereinfachung des Modells von PORTER/STEERS festgestellt werden, da beispielsweise nicht zwischen den anfänglichen Erwartungen unterschieden wird, welche erfüllt und welche übertroffenen werden. So hebt LOUIS hervor, dass übertroffene Erwartungen nicht zu Unzufriedenheit, sondern zu Überraschung führen.[556] Das Modell von MOBLEY hat eine Vielzahl von Ergänzungen und Modifikationen erfahren, z. B. bezüglich des Prozessablaufs oder den Einflussfaktoren der Arbeitszufriedenheit, und bietet somit differenzierte Erkenntnisse über Fluktuationsprozesse.[557]

Die (5) *Transferierbarkeit* für ein Regain Management wird als hoch angesehen, da grundsätzlich Kenntnisse über den Fluktuationsprozess gewonnen werden können, welche wichtige Anhaltspunkte liefern. Beispielsweise wirken die Arbeitszufriedenheit und das Commitment auf die Rücktrittswahrnehmung. Auch können die Gedanken an einen Rücktritt die Suche nach einer neuen Position auslösen. Des Weiteren findet, bevor eine Fluktuationsentscheidung getroffen wird, häufig ein Vergleich mit möglichen Alternativen statt.[558] Auch wird der heuristische Wert der Modelle, insbesondere von MARCH/SIMON, als hoch eingeschätzt.[559]

3.5.3 Konzeptionelle Ansätze

Im Rahmen der konzeptionellen Ansätze werden die Erkenntnisse aus der Mitarbeiterbindungsforschung sowie Mitarbeiterfluktuationsforschung gemeinsam betrachtet, da eine separate Darstellung inhaltlich nicht zweckmäßig erscheint. Die konzeptionellen Ansätze lassen sich in (1) personalmanagementorientierte, (2) marketingorientierte sowie (3) praxisorientierte Ansätze unterscheiden. Die Auswahl der Forschungsarbeiten erfolgt im Hinblick auf einen

555 Vgl. Semmer/Baillod (1993), S. 183. Für eine Übersicht der empirischen Studien vgl. Michaels/Spector (1982), S. 53-58.

556 Vgl. Louis (1980), S. 237-239.

557 Vgl. Hom/Griffeth (1995), S. 58. Für die Ergänzungen und Modifikationen des Modells vgl. Lee/Mitchell (1994); Mobley et al. (1979); Steers/Mowday (1981).

558 Vgl. Hom/Griffeth (1995), S. 109-111; Mobley (1977), S. 238.

559 Vgl. Weller (2007), S. 37.

Erkenntnisgewinn für die Konzeption eines Regain Managements.[560] Die Reihenfolge der Darstellung orientiert sich dabei an dem Erscheinungsjahr der jeweiligen Ansätze.

Tabelle 24: Konzeptionelle Ansätze zur Erklärung der Mitarbeiterbindung sowie Mitarbeiterfluktuation.

Mitarbeiterbindungs-forschung/ Mitarbeiterfluktuations-forschung	Personalmanagement-orientierte Ansätze	- Friedli/Thom (2001) - Gmür/Klimecki (2001) - Wunderer/Küpers (2003) - Kobi (2009, 2012)
	Marketingorientierte Ansätze	- Bruhn (1999) - Wucknitz (2000) - Pepels (2002) - vom Hofe (2005) - Stotz (2007)
	Praxisorientierte Ansätze	- Szebel-Habig (2004) - Hirschfeld (2006) - Jochmann (2006) - Wucknitz/Heyse (2008)

Darstellung der konzeptionellen Ansätze zur Mitarbeiterbindung und -fluktuation

Im Folgenden werden zunächst die (1) *personalmanagementorientierten Ansätze* der Mitarbeiterbindung betrachtet. Auf Basis eines in Anlehnung an GROCHLA entwickelten Bezugsrahmens zur nachhaltigen Personalerhaltung werden von FRIEDLI/THOM ausgewählte Instrumente dargestellt. Zu diesen gehören die Bereiche der Personalgewinnung und des Personalmarketings, der Personalentwicklung sowie der Personalerhaltung im engeren Sinne, wozu die Vergütung von Fach- und Führungskräften sowie das Arbeitszeitmanagement gezählt werden. Des Weiteren wird auf quantitative sowie qualitative Instrumente des Controllings eingegangen.[561] Die Instrumente der Personalerhaltung sowie des Controllings sind in den Bezugsrahmen eingebettet, welcher auch ein Zielsystem enthält und auf eine „langfristig angemessene Fluktuation in den Zielgruppen“[562] abzielt.

GMÜR/KLIMECKI verstehen unter Personalbindung „alle Maßnahmen, mit denen die Wahrscheinlichkeit eines Verbleibs von Mitarbeitern in der Unternehmung erhöht werden kann.“[563] Hier wird deutlich, dass ausschließlich auf die Bleibemotivation von Mitarbeitern abgezielt wird. GMÜR/THOMMEN verschärfen diese Sichtweise, in dem sie hervorheben, dass es nicht um die eigentliche Bindung der Mitarbeiter, sondern um die „Erhaltung der Kompetenzen und

560 Diese werden an passender Stelle durch weitere Ansätze ergänzt, die jedoch aufgrund des Fokus der Arbeit nicht detailliert beschrieben werden. Vgl. u. a. Gmür/Thommen (2007); Klimecki/Gmür (2005).

561 Vgl. Friedli/Thom (2001), S. 17-37.

562 Friedli/Thom (2001), S. 8. Für eine Übersicht über den Bezugsrahmen von Friedli/Thom vgl. S. 7-16.

563 Gmür/Klimecki (2001), S. 30. Des Weiteren wird die Qualifikationsbindung benannt, welche unabhängig vom Individuum ist und sich auf die Integration der Fähigkeiten und Fertigkeiten von Mitarbeitern in ein Wissenssystem des Unternehmens konzentriert, wobei in soziale, formale und technische Wissenssysteme unterschieden wird. Vgl. Klimecki/Gmür (2005), S. 332 sowie S. 350-351.

Motivationen“[564] geht. Auf Basis des Commitment-Ansatzes von MEYER/ALLEN sowie BROCKNER/RUBIN und den Typen organisationaler Compliance nach ETZIONI werden vier Ansätze der Personalbindung herausgestellt: affektive, normative und kalkulative Bindung sowie die Bindung durch Zwang, wobei gleitende Übergänge zwischen diesen Bindungsarten bestehen. Diese können sich auf die Ebenen der Unternehmung und ihres Images, der Abteilung, der Arbeitsgruppe, persönliche Beziehungen oder die Aufgabe beziehen.[565] Bei den Instrumenten der Personalbindung wird hinsichtlich des Wirkungszeitraumes unterschieden. Für eine kurzfristige Personalbindung zur Vermeidung von Fehlzeiten werden Anwesenheitsprämien, die Arbeitsplatzgestaltung und Arbeitssicherheit, arbeitsmedizinische und psychologische Betreuung sowie eine Flexibilisierung der Arbeitszeit genannt. Wird das Ziel der langfristigen Personalbindung verfolgt, stehen Maßnahmen der Work-Life-Balance im Fokus, wie z. B. eine Flexibilisierung der Arbeitszeit oder Telearbeitsplätze sowie die Gründung von Betriebskindergärten.[566] Anhand der Maßnahmen wird deutlich, dass diese bereits als Instrumente im Personalmanagement verwendet werden, jedoch nicht mit dem Ziel der Personalbindung konzipiert worden sind.[567] Hervorgehoben wird, dass Mitarbeiter Freiräume zur selbstständigen Gestaltung und Aufrechterhaltung des Kontakts bei vorübergehendem Ausscheiden benötigen, wobei sich das Ausscheiden auf Sabbaticals, Erziehungsurlaub sowie Auslandsaufenthalte bezieht.[568]

WUNDERER/KÜPERS nehmen im Vergleich zu den anderen konzeptionellen, personalmanagementorientierten Ansätzen eine andere Perspektive ein. Im Vordergrund steht die Demotivation, welche zu einer Reduktion der Leistungsmotivation des Mitarbeiters führt und durch Prävention sowie Remotivation abgeschwächt werden kann.[569] Mit Hilfe einer schriftlichen Befragung werden potenzielle und aktuelle Motivationsbarrieren erhoben. Dabei gehören die Arbeitsinhalte, das Verhältnis zum direkten Vorgesetzten und Kollegen sowie die Einflüsse auf das persönliche Leben zu den potenziellen Motivationsbarrieren. Bei den aktuellen Motivationsbarrieren werden die Arbeitskoordination, die Organisationskultur sowie ebenfalls die

---

564 Gmür/Thommen (2007), S. 215.

565 Vgl. Gmür/Klimecki (2001), S. 30-31; Gmür/Thommen (2007), S. 220-224; Klimecki/Gmür (2005), S. 334-340. Zu den Ursprungstheorien vgl. auch Allen/Meyer (1990); Brockner/Rubin (1985); Etzioni (1975); Meyer/Allen (1997).

566 Vgl. Klimecki/Gmür (2005), S. 342-349. Der Personaleinsatz und die Arbeitsorganisation, die Fort- und Weiterbildung sowie Anreizsysteme sind die Basis für Maßnahmen der Personalbindung. Vgl. Gmür/Klimecki (2001), S. 32; Gmür/Thommen (2007), S. 223-224. Für die Ableitung von Bindungsstrategien aus materiellen wie immateriellen Anreizen vgl. Knoblauch (2004), S. 142-153.

567 Vgl. Klimecki/Gmür (2001), S. 31-32.

568 Vgl. Klimecki/Gmür (2005), S. 342.

569 Vgl. Wunderer/Küpers (2003), S. 63-71. Für eine genaue Darstellung des Verständnisses von Demotivation, Remotivation und Remotivierung vgl. Kapitel 2.2.1.

Einflüsse auf das persönliche Leben genannt. Dementsprechend lassen sich als Hauptursachen der Arbeitskontext, der Beziehungskontext sowie der Kulturkontext ermitteln.[570] Darauf aufbauend werden Gestaltungsansätze zur Prävention sowie zur Demotivationsüberwindung und zur Remotivation abgeleitet. Bei der Prävention werden insbesondere eine bedürfnisorientierte Arbeitsgestaltung, die Implementierung eines Frühwarnsystems, eine demotivationsberücksichtigende Personalauswahl, -einstellung und -beurteilung sowie eine soziale Unterstützung und eine präventive Führung hervorgehoben. Zur Remotivation werden die Bereiche der indirekten, strukturell-systemischen Führung und der direkten, personal-interaktiven Menschenführung vorgeschlagen, welche sich in Tabelle 25 zusammengefasst finden lassen.[571]

Tabelle 25: Strukturelle und interaktive Führung zum Demotivationsabbau und Remotivation.[572]

Führung zur Demotivationsüberwindung und Remotivierung		
indirekte, strukturell-systemische Führung		direkte, personal-interaktive Menschenführung
- Kulturelle Faktoren - Strategiebezogene Faktoren - Organisatorische Faktoren - Qualitative Personalstruktur	ergänzt, modifiziert, legitimiert oder ersetzt	- wahrnehmen, analysieren, reflektieren - informieren, kommunizieren, konsultieren - Ziele vereinbaren, delegieren - entscheiden, koordinieren, kooperieren - entwickeln, transformieren - evaluieren, gratifizieren

Auch der Ansatz von KOBI stellt einen anderen Fokus dar, in dem das Retention-Management auf die Reduktion des Austrittsrisikos abzielt und in ein übergeordnetes Talentrisikomanagement eingeordnet wird.[573] Dieses umfasst die Identifikation und Messung der Risiken sowie die Steuerung der Risiken anhand eines Risikoportfolios. Es stellt die Basis für die Entwicklung und Umsetzung von Maßnahmen zur Risikoreduktion dar. Abschließend beinhaltet es die Risikoüberwachung, wo mit Hilfe der Instrumente des Personalcontrollings die Veränderung der Risiken beobachtet wird.[574] In der Risikoidentifikation werden Gründe für die Austrittsentscheidung angeführt, die von Alter, Qualifikation und den individuellen Mitarbeiterbedürfnissen abhängen. Bei jüngeren Mitarbeitern spielen insbesondere die Entwicklungsperspektive, aber auch das Image der Unternehmung sowie das Betriebsklima eine Rolle. Grundsätzlich wird in vielen Untersuchungen die Rolle des Vorgesetzten hervorgehoben. Im Rahmen der Risikomessung werden die Auswertung der Fluktuationskosten, die Nutzung von Kennzahlen (z. B. Fluktuationsrate), das Durchführen von Austrittsinterviews sowie Mitarbei-

570 Vgl. Wunderer/Küpers (2003), S. 23-32. Trotz der Durchführung einer schriftlichen Befragung werden die Erkenntnisse von Wunderer/Küpers aufgrund der umfassenden Konzeption zur Demotivation und Remotivation in dieser Arbeit zu den konzeptionellen Arbeiten gezählt.

571 Vgl. Wunderer/Küpers (2003), S. 35-42.

572 Quelle: In Anlehnung an Wunderer/Küpers (2003), S. 35.

573 Vgl. Kobi (2009), S. 53-54. Neben dem Austrittsrisiko werden zudem das Motivations-, Engpass- und Anpassungsrisiko erläutert. Vgl. auch Kobi (1999; 2000).

574 Vgl. Kobi (2012), S. 12-13.

terbefragungen betont. Zur Risikosteuerung zählt KOBI als Maßnahmen das Retentionmanagement und Entgeltsysteme. Dabei sollte die Ausgestaltung des Retentionmanagements individuell sein oder sich an den Bedürfnissen von Mitarbeitergruppen orientieren. Der Autor bietet eine Übersicht an Maßnahmen aus unterschiedlichen Feldern an, wie u. a. Entwicklungsperspektiven, Work-Life-Balance, Führungsqualität, Unternehmungskultur und Werte, Personalentwicklung sowie Arbeitsgestaltung.[575]

Nachdem die personalmanagementorientierten Ansätze der Mitarbeiterbindung dargestellt wurden, werden nun die konzeptionellen Erkenntnisse ausgewählter (2) *marketingorientierter Ansätze* erläutert. BRUHN proklamiert den Ansatz des Internen Marketings, welcher sich durch „die systematische Optimierung unternehmensinterner Prozesse mit Instrumenten des Marketings- und Personalmanagements [kennzeichnet], um durch eine konsequente und gleichzeitige Kunden- und Mitarbeiterorientierung das Marketing als interne Denkhaltung durchzusetzen, damit die marktgerichteten Unternehmensziele effizient erreicht werden“[576]. Als Ziele des Internen Marketings nennt BRUHN u. a. die Mitarbeiterzufriedenheit, das Vertrauen, das Commitment sowie die Mitarbeiterbindung. Um diese Ziele zu erreichen wird ein Planungsprozess mit acht Schritten vorgeschlagen. Beginnend mit einer internen und externen Situationsanalyse folgt die strategische Planung des Internen Marketings, welche sich aus der Festlegung der Programmschwerpunkte, der Zielbestimmung, der Segmentierung der Mitarbeiter sowie der Budgetierung zusammensetzt. Anschließend werden im Rahmen der operativen Planung die Instrumente des Marketing- und des Personalmanagements ausgewählt. Nach der Implementierung der ausgewählten Instrumente wird die Phase der Erfolgskontrolle hervorgehoben, um den Grad der Zielerreichung bestimmen zu können.[577]

Wie auch in den bisherigen Ansätzen, stellen im Rahmen des Mitarbeiter-Marketings nach WUCKNITZ die internen Mitarbeiter die Zielgruppe dar, welche sich durch eine hohe Identifikation mit der Unternehmung charakterisieren lassen. Dazu werden Mitarbeiter im Gegensatz zu den bisherigen Verständnissen gleichzeitig als Kunden wie auch als Partner der Unterneh-

---

575 Vgl. Kobi (2012), S. 74-83. Zu einer Übersicht vgl. Kobi (2012), S. 82.

576 Bruhn (1999), S. 20. Dabei lässt sich das Konzept des Internen Marketings durch drei Merkmale charakterisieren: systematischer Planungs- und Entscheidungsprozess, parallele Kunden- wie Mitarbeiterorientierung, Marketing als Leitidee für die gesamte Unternehmung. Vgl. Bruhn (1999), S. 20-21.

577 Vgl. Bruhn (1999), S. 22-33. Es werden unterschiedliche Instrumente des personalorientierten Marketingmanagements wie auch des marketingorientierten Personalmanagements vorgestellt. Letztere umfassen u. a. die Personalansprache und -akquisition, die Personalauswahl, die optimale Abstimmung hinsichtlich der Fähigkeiten des Mitarbeiters und den Anforderungen der Position sowie die Ausarbeitung von Karrierepfaden.

mung verstanden.[578] Das Konzept beinhaltet eine Vielfalt an Instrumenten, welche sich durch konkrete Maßnahmen kennzeichnen, die für die unmittelbare Anwendung in der betrieblichen Praxis konzipiert wurden.[579] Aus prozessualer Sicht wird zunächst die Strategiebestimmung aus der Unternehmungsstrategie und den Unternehmungszielen abgeleitet. Es folgt eine interne wie externe Analyse der Mitarbeiter, des Marktes sowie des Wettbewerbs. Dem folgt die Gestaltung der Arbeitsplätze, die anschließend über interne Kanäle vermittelt werden. Zuletzt erfolgen Maßnahmen zur gezielten Bindung der Mitarbeiter wie u. a. eine Welcome-Back-Party, ein Beschwerdemanagement sowie eine Exit-Befragung.[580]

Ähnlich wie das Verständnis von GMÜR/KLIMECKI, beziehen sich bei PEPELS die Maßnahmen der Personalbindung auf die Verlängerung sowie Intensivierung der Verweildauer der Mitarbeiter.[581] Hierbei ist nicht eindeutig, ob eine Intensivierung der Verweildauer auch die Leistungsmotivation impliziert.[582] Dabei hängt die Intensität der Bindung mit der Zufriedenheit des Mitarbeiters zusammen.[583] Es wird zwischen der Verbundenheit und der Gebundenheit des Mitarbeiters an die Unternehmung unterschieden, wobei die Gebundenheit durch vertragliche, ökonomische und funktionale Wechselbarrieren[584] hergestellt werden kann.[585] Das Personalbindungsmanagement wird in strategische und operative Maßnahmen differenziert. Während die strategischen Maßnahmen neben Elementen der Prävention auch die Ermittlung von Kündigungsgründen durch Abganginterviews sowie ein Beschwerdemanagement umfassen, basieren die operativen Maßnahmen auf den vier Elementen des Marketing-Mixes, d. h. Angebotspolitik (Arbeitsumgebung, Arbeitszeiten etc.), Entgeltpolitik (individuelle Leistungsaspekte, langlaufende Arbeitsverträge, Finanzierung von Fort- und Weiterbildungsangeboten etc.), Kommunikationspolitik (Transparenz von internen Entscheidungen, Informationsweitergabe bei Managemententscheidungen, kooperativer Führungsstil etc.) sowie Ver-

---

578 Vgl. Wucknitz (2000), S. 11 und S. 18.

579 Vgl. Wucknitz (2000), S. 12. Insbesondere die Instrumente des Produktmarketings werden dabei auf das Personalmanagement transferiert.

580 Vgl. Wucknitz (2000), S. 18-19. Für die Umsetzung jeder Phase des Modells werden unterschiedliche Methoden umfassend erläutert. Vgl. Wucknitz (2000), S. 21-188.

581 Vgl. Pepels (2002), S. 130.

582 Vgl. Bröckermann (2004), S. 18.

583 Als Erklärungsansätze für den Zusammenhang zwischen Zufriedenheit und Bindung wird auf das C-D-Paradigma, die Kontrasttheorie, die Assimilationstheorie, die Dissonanztheorie, die Anspruchstheorie sowie die Attributionstheorie zurückgegriffen. Vgl. Pepels (2002), S. 131-132. Da jedoch auch zufriedene Mitarbeiter wechseln, ist der Zusammenhang nicht eindeutig. Vgl. Bröckermann (2004), S. 23.

584 Die Bindung durch Wechselbarrieren ist jedoch nicht zielführend. Vgl. Bröckermann (2004), S. 19.

585 Vgl. Pepels (2002), S. 132-137. Verbundenheit lässt sich durch emotionale und situative Faktoren erreichen und kann mit der affektiven Bindung nach Gmür/Klimecki gleichgesetzt werden; Gebundenheit ähnelt eher der kalkulativen Bindung. Vgl. auch Jaeger (2006), S. 22.

fügbarkeitspolitik (interne Stellenbeschreibungen, Rekrutierung von hochqualifizierten Berufseinsteigern als Nachwuchsführungskräfte).[586]

VOM HOFE integriert sowohl die Mitarbeiter- als auch die Unternehmungsperspektive in ihrem Begriffsverständnis, in dem sowohl auf die Verbundenheit sowie Gebundenheit des Mitarbeiters eingegangen wird, aber auch die Maßnahmen einer Unternehmung, die auf eine Stabilisierung der Bindung abzielen, integriert werden. Ziel ist es, ein Modell zu erstellen, welches die gesamten Treiber der Mitarbeiterbindung umfasst, so dass hieraus ein „nachhaltiges Mitarbeiterbindungsmanagement“, auch Employee Retention Management genannt, entwickelt werden kann.[587] Auf Basis des Modells von PETER aus dem Bereich der Kundenbindung hat VOM HOFE die theoretischen Ansätze aus den Bereichen der Ökonomie, Psychologie und den Verhaltenswissenschaften in Bezug auf die Erklärung der Mitarbeiterbindung modifiziert. Auf dieser Basis wurden die Determinanten Attraktivität des Konkurrenzangebots, Zufriedenheit, Vertrauen, Wechselbarrieren, empfundene Gerechtigkeit sowie das Streben nach Abwechslung identifiziert.[588] Daraus wird die Konzeption für ein Employee Retention Management abgeleitet, welche sich an dem Managementprozess Analyse, Planung und Steuerung orientiert.[589]

STOTZ bedient sich des Konzeptes des Customer Relationship Management und adaptiert es auf die Zielgruppe der Mitarbeiter als Employee Relationship Management, worunter „eine Strategie, um die für das Unternehmen wertvollsten Mitarbeiter auszuwählen und dem Unternehmen zu erhalten [verstanden wird]. Das Ziel ist eine hohe Anzahl engagierter, loyaler Mitarbeiter.“[590] Auffällig im Vergleich zu den vorherigen Autoren ist die Berücksichtigung der Personalauswahl. Hinsichtlich der Organisation und des Aufbaus des Employee Relationship Managements ist zuerst die Identifikation der internen Kunden mit den Bezugsgruppen derzeit aktiver Mitarbeiter, potenzieller Mitarbeiter sowie ehemaliger Mitarbeiter vorgesehen.[591] Umgesetzt wird dies durch die Definition einer Strategie, der anschließenden Situationsanalyse, die Vorbereitung der Organisation, entsprechende Trainings für die Führungskräfte sowie die Erweiterung des Aufgabenspektrums der Personalverantwortlichen zu institutionellen Re-

[586] Vgl. Pepels (2002), S. 140-143.

[587] Vgl. vom Hofe (2005), S. 8-9. Die Unterteilung in Verbundenheit und Gebundenheit lässt sich auch bei Pepels (2002) finden. Vgl. Pepels (2002).

[588] Vgl. vom Hofe (2005), S. 49-71. Zum Ursprungsmodell aus der Kundenbindungsforschung vgl. Peter (2001).

[589] Vgl. vom Hofe (2005), S. 183-184.

[590] Stotz (2007), S. 22.

[591] Vgl. Stotz (2007), S. 112-114. Zu den ehemaligen Mitarbeitern werden Pensionäre, freiwillig ausgeschiedene Mitarbeiter, Praktikanten, Diplomanden sowie Auszubildende gezählt. Vgl. Stotz (2007), S. 114.

lations-Managern. Inhaltlich umfasst das Employee Relationship Management bestimmte Basis-Instrumente wie Anforderungsprofile, Mitarbeitergespräche, einen Mitarbeiterzufriedenheitsindex, Beurteilungsbögen, 360°-Feedback, ein Cafeteria-System, eine Personalentwicklung sowie einen entsprechenden Führungsstil.[592]

Zuletzt werden ausgewählte (3) *Ansätze aus der Praxis* dargestellt, welche ebenfalls einen Beitrag zur Konzeption eines Regain Managements leisten können. SZEBEL-HABIG fassen unter Mitarbeiterbindung zum einen das vom Mitarbeiter empfundene Gefühl der Zugehörigkeit, welches zu einem Verbleib in der Unternehmung führt, aber auch die Maßnahmen seitens der Unternehmung mit dem Ziel der Erhöhung der Bindung.[593] Auf Basis von unterschiedlichen Studien werden Instrumente der Mitarbeiterbindung abgeleitet wie z. B. gemeinsame Werte, eine interessante Aufgabenstellung, ein kooperativer Führungsstil, Work-Life-Balance, berufliche und persönliche Weiterentwicklung, altersgerechte Personalentwicklung sowie Mitarbeiterbeteiligungen.[594] SZEBEL-HABIG entwickelt ein systematisches Mitarbeiterbindungsmodell – benannt mit dem Akronym PRISMA – welches als Prozess in die Unternehmung implementiert werden soll. Es besteht aus sechs Schritten, beginnend mit dem Schritt des **P**lanens, welcher auf die Analyse von Kennzahlen sowie Austrittsinterviews zur Identifikation von Zielgrößen der Mitarbeiterbindung abzielt. Gefolgt von der **R**ekrutierung von Personal, über die **I**ntegration der neuen Mitarbeiter aus fachlicher und sozialer Sicht, bis hin zur **S**egmentierung im Sinne einer Bewertung der Mitarbeiter in Bezug auf die fachlichen, methodischen und sozialen Kompetenzen. Daneben spielt das **M**otivieren der Mitarbeiter eine Rolle, um die Gründe für den Verbleib in der Unternehmung zu identifizieren. Zuletzt sollte im Rahmen des **A**uswertens eine Kontrolle der durchgeführten Maßnahmen stattfinden.[595]

Ausgangspunkt für ein Retention-Management ist nach HIRSCHFELD die Entscheidung eines Arbeitgeberwechsels, welche komplex ist und von unterschiedlichen Faktoren beeinflusst wird. Hervorzuheben ist, dass Unzufriedenheit nicht in einer Fluktuationsentscheidung, sondern auch in einer inneren Kündigung enden kann. Zu den Gründen eines Wechsels gehören neben arbeitsinhaltlichen und karriereorientierten Aspekten auch die Unzufriedenheit mit dem Vorgesetzten oder ein schlechtes Betriebsklima.[596] Daraus lassen sich die Elemente eines Re-

---

592 Vgl. Stotz (2007), S. 125-137. Für weitere Ausführungen vgl. Stotz (2007), S. 137-182.

593 Vgl. Szebel-Habig (2004), S. 33.

594 Vgl. Szebel-Habig (2004), S. 89-119.

595 Vgl. Szebel-Habig (2004), S. 128-142.

596 Vgl. Hirschfeld (2006), S. 12-17. Vgl. auch Rippe (1974), S. 117-223; Süß/Ritter (2005), S. 16. Nach Hirschfeld existieren Push-Motive, Pull-Motive sowie viele Versuche seitens des Mitarbeiters, die Situation zu verändern.

tention-Managements ableiten. In Anlehnung an den DGFP werden die Personalentwicklung, die Aufgabengestaltung, geeignete Führungsinstrumente und -personen sowie Anreizsysteme als zentrale Bausteine einer Mitarbeiterbindung gesehen. Zusätzlich werden Instrumente wie Mitarbeiterbefragungen, realistische Rekrutierung, Einarbeitung von neuen Mitarbeitern sowie eine Segmentierung der Zielgruppen genannt.[597] Im Unterschied zu den bisherigen Ansätzen wird explizit auf die Gestaltung des Wechsels eingegangen. Es sollte ein respektvoller Umgang mit den ausscheidenden Mitarbeitern gelebt werden, z. B. durch die Durchführung von Exit-Interviews, den Transfer von Erfahrungswissen sowie die Bindung von Ehemaligen durch Alumni-Netzwerke. Dabei wird ein ehemaliger Mitarbeiter als zukünftiger Geschäftspartner, als Empfehlungsgeber sowie als zukünftiger Mitarbeiter verstanden. Der Vorteil der Rückgewinnung eines ehemaligen Mitarbeiters ist die geringe Einarbeitung sowie ein geringeres Risiko der Leistungsfähigkeit und Integration.[598]

Bei dem Ansatz des Retention-Managements nach JOCHMANN ist ein explizites Begriffsverständnis nicht gegeben, jedoch wird hervorgehoben, dass die ausschließliche Fluktuationssenkung nicht ausreichend sei, sondern „die derzeitige Qualität, der Wertschöpfungsbeitrag und die strategische Relevanz der jeweiligen Positionsgruppe, auch der Vergleich von Investition und Output von möglichen Bindungsgruppen“[599] beachtet werden sollten. Als Ziele eines Retention-Managements werden demnach die Senkung der Rekrutierungskosten, die Sicherstellung qualitativer und quantitativer personeller Ressourcen sowie die Verbesserung der Arbeitgeberattraktivität verstanden. Auch werden mögliche Auslöser einer Wechselentscheidung benannt. Zu diesen zählen u. a. mangelnde Aufstiegsperspektiven, unattraktive Vergütung, eine wenig überzeugende Unternehmungsstrategie sowie fehlende Führungsqualitäten, ein mangelndes Aufgabenspektrum sowie keine Identifikation mit den Unternehmungswerten. JOCHMANN verweist als Reaktion auf das KIENBAUM Retention Modell, welches drei Handlungsebenen umfasst, in denen jeweils die Zuordnung von Maßnahmen sowie die Definition der Rolle des Personalbereichs beschrieben werden. Das KIENBAUM Retention Modell proklamiert eine Verzahnung des Personalmarketings und Retention Managements, wobei sich

---

597 Vgl. Hirschfeld (2006), S. 18. Zu den zentralen Bausteinen vgl. DGFP (2004). Zur Beschreibung der einzelnen Instrumente vgl. Hirschfeld (2006), S. 18-23.

598 Vgl. Hirschfeld (2006), S. 24-25.

599 Jochmann (2006), S. 177.

letzteres mit den Instrumenten Kompetenzmodell, Potenzial-Feedback, Mitarbeiter- und Fördergespräche, Karriereplanung sowie dem Aufbau eines Förderpools befasst.[600]

Der praxisorientierte Ansatz zum Retention-Management von WUCKNITZ/HEYSE kennzeichnet sich insbesondere durch die prozessorientierte Gestaltung, eine langfristige Orientierung sowie den Einbezug von Einflussfaktoren der Bindung, wie u. a. Motivation, Arbeitszufriedenheit und die Identifikation mit der Unternehmung. WUCKNITZ/HEYSE entwickeln einen Retention-Management-Prozess bestehend aus drei Schritten: (1) Schlüsselkräfte zu identifizieren und zu analysieren, (2) den Handlungsbedarf zu erkennen und zu messen sowie (3) die Maßnahmen des Retention-Managements zu planen und durchzuführen. Parallel erfolgt ein Controlling, welches sich auf den gesamten Prozess bezieht.[601]

Diskussion der konzeptionellen Ansätze zur Mitarbeiterbindung und -fluktuation

Die (1) *theoretische Fundierung* ist insgesamt sowohl bei den personalmanagementorientierten, den marketingorientierten als auch bei den praxisorientierten Ansätzen ambivalent zu beurteilen. So lässt sich bei dem personalmanagementorientierten Ansatz von WUNDERER/KÜPERS ein konzeptioneller Bezugsrahmen finden, welcher das Begriffsverständnis sowie theoretische Ansätze zur Demotivation und Remotivation umfassend darstellt, so dass eine hohe theoretische Fundierung festgestellt wird. Ein theoretischer Bezugsrahmen zur nachhaltigen Personalerhaltung lässt sich auch bei FRIEDLI/THOM finden.[602] Ebenso KLIMECKI/GMÜR basieren ihre Überlegungen auf theoretische Erkenntnisse von MEYER/ALLEN, BROCKNER/RUBIN sowie ETZIONI.[603] Bei den marketingorientierten Ansätzen wird von VOM HOFE auf theoretische Ansätze der Mitarbeiterbindungs-, Fluktuations- sowie Kundenbindungsforschung zur Entwicklung des Modells zurückgegriffen; PEPELS zieht ebenfalls unterschiedliche Theorien als Erklärungsmuster der Personalbindung heran.[604] Bei den praxisorientierten Ansätzen kann ausschließlich bei SZEBEL-HABIG von einer geringen theoretischen Fundierung gesprochen werden, welche theoretische Erkenntnisse und Determinanten der

600 Vgl. Jochmann (2006), S. 174-185. Die Personalabteilung kann die Rolle des Business Partners und Change Agents (strategische Ebene), die Aufgaben der klassischen Personalarbeit sowie die Rolle des Betreuers und Coaches (persönliches Potentialmanagement) übernehmen.

601 Vgl. Wucknitz/Heyse (2008), S. 26-27. Bezüglich der Instrumente des Retention-Managements wird auf eine Reihe von Checklisten und Fragebögen zur Anwendung in der Praxis verwiesen. Für eine Darstellung der Instrumente vgl. Wucknitz/Heyse (2008), S. 37-121.

602 Vgl. Friedli/Thom (2001), S. 7-16.

603 Vgl. Klimecki/Gmür (2005), S. 333-335.

604 Vgl. Pepels (2002), S. 131-132; vom Hofe (2005), S. 13-49; Wunderer/Küpers (2003), S. 55-172.

Mitarbeiterbindung nennt.[605] Es lassen sich jedoch viele Ansätze finden, wo eine theoretische Fundierung gänzlich fehlt. Hervorzuheben sind bei den marketingorientierten Ansätzen WUCKNITZ und STOTZ sowie die praxisorientierten Ansätze von JOCHMANN, WUCKNITZ/HEYSE und HIRSCHFELD.[606]

Grundsätzlich kann von einem hohen (2) *Informationsgehalt* bei den personalmanagementorientierten, marketingorientierten und praxisorientierten Ansätzen ausgegangen werden, da Ideen und Anregungen für die Konzeption eines Bindungsmanagements gewonnen werden, welche jedoch hinsichtlich ihrer Anwendbarkeit kritisch hinterfragt werden müssen.

Die (3) *empirische Bestätigung* muss differenziert betrachtet werden. Teilweise bauen die Erkenntnisse auf empirischen Studien auf wie z. B. bei WUCKNITZ/HEYSE[607], oder es wird auf die Existenz empirischer Erkenntnisse verwiesen wie bei KLIMECKI/GMÜR, SZEBEL-HABIG und HIRSCHFELD.[608] Hinsichtlich des Kriteriums der empirischen Bestätigung muss der Ansatz von VOM HOFE herausgestellt werden. Hier wird das entwickelte Strukturgleichungsmodell zu den Determinanten der Mitarbeiterbindung anhand des LISREL-Ansatzes empirisch überprüft und bestätigt. Das LISREL-Verfahren wird zuvor anhand bestimmter Anforderungskriterien an die methodische Basis begründet ausgewählt.[609] Hier werden auch die Subkriterien der *Objektivität*, *Reliabilität* sowie *Validität* erfüllt.[610] Ansätze ohne eine empirische Bestätigung sind u. a. die von STOTZ, WUCKNITZ sowie KOBI.[611] Bei BRUHN wird keine empirische Bestätigung festgestellt, jedoch werden in dem Sammelband Fallbeispiele aus der Unternehmungspraxis in Bezug auf die Umsetzung des Internen Marketings integriert. Ebenso wird bei JOCHMANN eine Anwendung des Kienbaum Retention Modells in der Praxis beschrieben.[612]

Die (4) *Konsistenz und Vollständigkeit* wird je nach konzeptionellem Ansatz unterschiedlich beurteilt. Bei den personalmanagementorientierten Ansätzen sind die Ansätze von GMÜR/THOMMEN aufgrund einer Beschränkung der Zielgruppe auf Nachwuchskräfte, Leistungskräfte sowie Neueinstellungen nicht vollständig, ebenso konzentrieren sich FRIED-

605 Vgl. Szebel-Habig (2004), S. 83-85.
606 Vgl. Hirschfeld (2006); Jochmann (2006); Stotz (2007); Wucknitz (2000); Wucknitz/Heyse (2008).
607 Vgl. Wucknitz/Heyse (2008), S. 27-36.
608 Vgl. Hirschfeld (2006), S. 14-17; Klimecki/Gmür (2005), S. 334; Szebel-Habig (2004), S. 85-88. Vgl. auch Bröckermann (2004), S. 20-23.
609 Zur Auswahl der Methodik vgl. vom Hofe (2005), S. 91-99.
610 Vgl. vom Hofe (2005), S. 134-155.
611 Vgl. Kobi (2012); Stotz (2007); Wucknitz (2000).
612 Vgl. Bruhn (1999), S. 621-728; Jochmann (2006), S. 185-189.

LI/THOM lediglich auf bestimmte Instrumente der Mitarbeiterbindung.[613] Mängel in der Konsistenz lassen sich bei PEPELS feststellen, wo unklar ist, ob lediglich eine Konzentration auf die Bleibe- oder ebenfalls auf die Leistungsmotivation besteht. Bei KOBI ist die Abgrenzung zwischen Talent Management und Retention Management nicht konsistent.[614] Die marketingorientierten Ansätze erscheinen in Teilen konsistent wie u. a. bei BRUHN, jedoch kann kaum eine Aussage über die Vollständigkeit getroffen werden. Die praxisorientierten Ansätze von JOCHMANN, HIRSCHFELD, SZEBEL-HABIG sowie WUCKNITZ/HEYSE erscheinen für sich genommen konsistent und soweit vollständig, wobei die Phasenuntergliederung sowie die Auswahl der Maßnahmen zur Bindung je nach Autor variiert.[615]

Hinsichtlich der (5) *Transferierbarkeit* wird deutlich, dass wenige Autoren die Übertragbarkeit der Erkenntnisse geprüft haben. So wird weder bei BRUHN, bei WUCKNITZ, noch bei PEPELS die Übertragung von Marketingerkenntnissen auf die Zielgruppe der Mitarbeiter hinterfragt.[616] Bei STOTZ wird die Übertragbarkeit des Customer Relationship Managements auf ein Employee Relationship Management kurz angerissen, lediglich bei VOM HOFE wird die Übertragbarkeit explizit analysiert.[617] Grundsätzlich lässt sich hinsichtlich der Transferierbarkeit hervorheben, dass sowohl die personalmanagementorientierten, die marketingorientierten als auch die praxisorientierten Ansätze Hinweise für die Konzeption eines Regain Managements liefern können, wobei die Transferierbarkeit im Einzelnen noch einmal genauer überprüft werden sollte. Insbesondere die Erkenntnisse zu den Determinanten der Bindung und zu der Implementierung eines Bindungsmanagements mit den jeweiligen Maßnahmen sind dabei von besonderer Relevanz, da diese ggf. für die Wiederherstellung der Bindung im Sinne eines Regain Managements genutzt werden können.

3.5.4 Empirische Ansätze

Im Rahmen der empirischen Ansätze wird zwischen den Erkenntnissen aus der Mitarbeiterbindungsforschung und der Mitarbeiterfluktuationsforschung unterschieden. Die Auswahl der

613 Vgl. Friedli/Thom (2001), S. 31-37; Gmür/Thommen (2007), S. 219-221.

614 Vgl. Kobi (2009), S. 53-54; Pepels (2002), S. 130. Arbeiten, die sich durch eine Willkür in der Auswahl der Bindungsinstrumente kennzeichnen, sind u. a. Jaeger (2006) und Knoblauch (2004). Vgl. Becker (2010), S. 242-243.

615 Vgl. Hirschfeld (2006); Jochmann (2006); Szebel-Habig (2004); Wucknitz/Heyse (2008).

616 Vgl. Bruhn (1999); Pepels (2002); Wucknitz (2000).

617 Vgl. Stotz (2007), S. 20-21; vom Hofe (2005), S. 49-69.

Ansätze erfolgt in Hinblick auf einen Erkenntnisgewinn für die Konzeption eines Regain Managements. Eine Übersicht der ausgewählten Ansätze findet sich in Tabelle 26.

Tabelle 26: Empirische Ansätze zur Erklärung der Mitarbeiterbindung und Mitarbeiterfluktuation.

Mitarbeiterbindungs-forschung	- Hertig (1996) - Haase (1997) - Meifert (2005) - Moser/Saxer (2008) - Merk (2008) - Thom/Friedli (2008)
Mitarbeiterfluktuations-forschung	- Semmer/Baillod (1993) - Grunwald (2001) - von Rosenstiel (2003) - Gehlen (2004) - Neuhaus (2010)

Die Ansätze werden in chronologischer Reihenfolge dargestellt sowie anschließend gemeinsam diskutiert.

Darstellung der empirischen Ansätze zur Mitarbeiterbindung

HERTIG führt eine explorative Studie zur Personalentwicklung und Personalerhaltung in der Unternehmungskrise durch. Dabei wird das Verständnis vertreten, dass sich Leistung aus der Leistungsfähigkeit, der Leistungsbereitschaft sowie der Leistungssituation zusammensetzt, wobei sich Leistungsfähigkeit durch die Personalentwicklung und Leistungsmotivation durch die Personalerhaltung beeinflussen lässt.[618] Dementsprechend wird die Leistungsmotivation in ein Bindungsmanagement integriert.[619] Als Ergebnis der explorativen Studie werden unterschiedliche Elemente identifiziert, welche für eine Personalbindung in der Krise zentral sind: eine Kombination aus materiellen und immateriellen Anreizinstrumenten, die Glaubwürdigkeit der Unternehmungsführung, das Vertrauen der Mitarbeiter, eine vertrauensbildende Information und Kommunikation, ein kooperativer Führungsstil sowie die Berücksichtigung von zeitlichen, finanziellen und intrapersonellen Grenzen, wobei sich diese auf die Gestaltung der materiellen und immateriellen Anreizsysteme beziehen.[620]

HAASE setzt Mitarbeiterbindung mit Commitment gleich, integriert in dem Begriffsverständnis und damit auch in der empirischen Untersuchung, jedoch ausschließlich die affektive und

618 Vgl. Hertig (1996), S. 119-120. Zu dem Leistungsverständnis vgl. auch von Rosenstiel (2003b), S. 72, sowie Drumm (2008), S. 382-388. Zum Leistungsdeterminantenkonzept vgl. Berthel/Becker (2013), S. 79-109.

619 Vgl. Hertig (1996), S. 196.

620 Vgl. Hertig (1996), S. 307-310. Demnach gilt es, langandauernde kritische Situationen aufgrund der Abwanderungsgefahr von Mitarbeitern zu meiden sowie die Anreizsysteme in Abhängigkeit zur Krisensituation zu setzen.

die kalkulative Konzeption des Commitments.[621] Die empirische Untersuchung zielt darauf ab, die in der Literatur bestehenden Annahmen hinsichtlich der Bedingungen und Konsequenzen von Commitment aus der subjektiven Perspektive der Mitglieder einer Organisation zu analysieren.[622] Es wird ein heuristisches Modell für die bivariate Analyse von Organisations-Commitment erstellt.[623] Auffällig ist, dass ein geringeres affektives sowie kalkulatives Commitment mit einer geringeren Leistungsmotivation, Arbeitszufriedenheit, Mängeln im Führungsverhalten sowie in der internen Zusammenarbeit einhergehen. Weiterhin lassen sich starke Zusammenhänge zwischen der Bindung an eine Unternehmung und dem Wunsch, in der Unternehmung zu verbleiben, feststellen. Dabei sind ein affektives sowie ein kalkulatives Commitment gleichermaßen ein guter Indikator für die Intention, in der Unternehmung zu bleiben. Hervorzuheben ist, dass im Rahmen der Leistungs- und Karrieremotivation eine transparente und nachvollziehbare Beförderungspolitik eine Mitarbeiterbindung stützen. Dieses kann ebenso durch eine Zufriedenheit mit dem Ansehen der Unternehmung in der Öffentlichkeit sowie mit einer nachvollziehbaren Unternehmungspolitik erzielt werden. Auch das Führungsverhalten spielt mit Blick auf die Bindung eine Rolle. Hier werden die kommunikative Kompetenz des Vorgesetzten, die Vorbildfunktion, das Informationsverhalten, die Möglichkeit zur Partizipation sowie eine klare Abgrenzung der Kompetenzen betont.[624]

Die empirische Untersuchung von MEIFERT bezieht sich wie bei HAASE auf das Modell des organisationalen Commitments nach MEYER/ALLEN, umschließt jedoch alle drei Komponenten des Commitments.[625] Auf Basis des Modells werden drei Grundprinzipien der Mitarbeiterbindung entwickelt, welche gemeinsam zu einer nachhaltigen Mitarbeiterbindung führen sollen: Individualität, Prävention sowie Effektivität.[626] Als Stellhebel für die betriebliche Praxis werden anschließend unterschiedliche Ansatzpunkte geliefert. Um das affektive und kal-

---

621 Vgl. Haase (1997), S. 154. Auf die von Meyer/Allen vorgeschlagene dritte Komponente des normativen Commitments wird aufgrund mangelnder empirischer Bestätigung verzichtet.

622 Vgl. Haase (1997), S. 147. Die empirische Studie wurde in drei Universalkreditinstituten durchgeführt mit einer repräsentativen Teilnehmerzahl. In Unternehmen A wurden 415 (18 %), in Unternehmen B 718 (69 %) und in Unternehmen C 980 Personen (36 %) befragt. Vgl. Haase (1997), S. 325.

623 Vgl. Haase (1997), S. 153-163. Für eine grafische Darstellung des bivariaten Modells vgl. Haase (1997), S. 161. Haase (1997) führt ein weiteres multivariates Modell des Organisations-Commitments an, welches eine reduzierte Anzahl Variablen aus dem bivariaten Modell beinhaltet. Vgl. Haase (1997), S. 163-166.

624 Vgl. Haase (1997), S. 327-333, S. 336 sowie S. 338-340.

625 Vgl. Meifert (2005), S. 94-95. Es wurden Interviews mit 106 betrieblichen Weiterbildern aus deutschen Großunternehmen geführt, so dass die empirische Studie als repräsentativ angesehen werden kann. Vgl. Meifert (2005), S. 137-142.

626 Vgl. Meifert (2013), S. 303-305. Unter *Individualität* wird eine Ausrichtung der Bindungsmaßnahmen am individuellen Mitarbeiter bzw. an einer bestimmten Gruppe von Mitarbeitern verstanden, so dass die Bedürfnisse des Mitarbeiters berücksichtigt werden. *Prävention* bezieht sich auf den Einsatz der Maßnahmen, so dass eine präventive Vorgehensweise vor dem Beginn des Fluktuationsprozesses ansetzt. Das Prinzip der *Effektivität* verdeutlicht, dass der Nutzen einer Maßnahme die Kosten übersteigen sollte.

kulative Commitment zu fördern, werden die Bereiche der Vergütung und der Führung vorgeschlagen. Für das affektive Commitment werden eine Bonusvergütung und humanressourcenorientierte Unternehmungsgrundsätze genannt, für das kalkulative Commitment Aktenoptionen sowie Coaching. Auch bei den Bedingungen für ein Commitment lassen sich Ansatzpunkte finden. Im Bereich der Arbeitszufriedenheit werden die Kommunikation sowie das Feedback des Vorgesetzten hervorgehoben. Um das Phänomen des Variety Seekings zu befriedigen, werden Maßnahmen wie z. B. Projektarbeiten, Dienstreisen und Job Rotation vorgeschlagen. Somit soll der Abwechslungsneigung entsprochen werden. Das Thema Arbeitsplatzgefahr wirkt sich negativ auf das Commitment aus, so dass eine Unternehmung sowohl bei unternehmungsseitigen als auch bei mitarbeiterseitigen Kündigungen eine klare, transparente und partnerschaftliche Kommunikation verfolgen sollte. Auch wird bei mitarbeiterseitigen Kündigungen auf die Durchführung von Austrittsgesprächen und die Nutzung von Fragebögen zur Kultur und dem Commitment in der Unternehmung verwiesen.[627]

MOSER/SAXER verstehen „unter Personalerhaltung im engeren Sinne [...] die verschiedenen Instrumente [...], welche eingesetzt werden, um eine möglichst langfristige „Bindung“ zwischen der Unternehmung und dem Mitarbeitenden zu garantieren.“[628] Dabei werden u. a. die Motivation und Zufriedenheit der Mitarbeiter, die materiellen wie immateriellen Anreizsysteme, Modelle zur Arbeitszeitgestaltung sowie Karrieremöglichkeiten im Rahmen der Personalentwicklung betrachtet. Als Zielgruppe werden die High Potentials der Unternehmung festgelegt.[629] Bindungsfaktoren sind die Informations- und Kommunikationsstrukturen innerhalb der Unternehmung sowie die Unternehmungskultur und das Betriebsklima. Des Weiteren wird deutlich, dass bei einer stärkeren Mitarbeiterbindung die Wahrscheinlichkeit eines Stellenwechsels sinkt. Empfohlen werden eine ausführliche Analyse der Austrittsgespräche bei mitarbeiterseitigen Kündigungen sowie die Implementierung daraus abgeleiteter Handlungsmaßnahmen. Faktoren, welche bei den Mitarbeitern eine hohe Bedeutung hinsichtlich der Wahl einer Arbeitsstelle einnehmen, sind die Arbeitsinhalte sowie das Verhältnis zu Vorgesetzten und Kollegen. Auch die Angebote der Aus- und Weiterbildung sollten auf die Interes-

---

627 Vgl. Meifert (2005), S. 206-214. Die Ansatzpunkte für das affektive und das kalkulative Commitment lehnen an Gauger an. Vgl. Gauger (2000), S. 247.

628 Moser/Saxer (2008), S. 23.

629 Vgl. Moser/Saxer (2008), S. 23. Zu einer ausführlichen Darstellung der Faktoren vgl. Moser/Saxer (2008), S. 36-69.

sen der Mitarbeiter angepasst sein. Das Gehalt und andere materielle Anreize scheinen für die Wahl der Arbeitsstelle weniger relevant.[630]

MERK fasst unter Personalbindung einen „Zustand psychischer Verbundenheit eines Mitarbeiters mit dem Unternehmen [...]. Dieser Zustand entspricht einer grundlegen positiven Einstellung gegenüber dem Unternehmen und dem Wunsch, in der Organisation zu bleiben.“[631] Hier wird deutlich, dass ausschließlich die Bleibemotivation berücksichtigt wird. Der Fokus der empirischen Untersuchung liegt auf dem strategischen Personalbindungsmanagement im Krankenhaus. Der Autor hebt fünf Maßnahmen zur Verstärkung der Personalbindung hervor: die Einführung eines Informationssystems, die Nutzung von Zielvereinbarungen zur stärkeren Partizipation und Zufriedenheit der Mitarbeiter, die Etablierung von lebenszyklusorientierten Fort- und Weiterbildungsmaßnahmen sowie die Schaffung eines Konfliktmanagements und eines Cafeteria-Systems zur Optimierung der Arbeitsatmosphäre und der Sozialleistungen. Auch weist MERK darauf hin, dass nach Umsetzung der Maßnahmen eine Evaluierung stattfinden muss, um die Bindungswirkung beurteilen zu können.[632]

Die Studie von THOM/FRIEDLI untersucht die Bindungsfaktoren von High Potentials. Im Ergebnis wird deutlich, dass insbesondere der Arbeitsinhalt, gefolgt von dem Verhältnis zum Vorgesetzten sowie den Kollegen, von hoher Relevanz sind. Auch eine transparente Kommunikation sowie die Unternehmungskultur sind bei der Wahl der Arbeitsstelle von Interesse. Materielle Anreize wie z. B. das Gehalt spielen eine untergeordnete Rolle.[633] Als Gestaltungsempfehlungen schlagen die Autoren ein Anreizsystem sowie ein strukturiertes und transparentes Karrieresystem vor, welches Linien-, Fach- sowie Projektkarrieren unterstützt. Insgesamt muss eine hohe Transparenz in der Informations- und Kommunikationspolitik forciert werden, um eine Identifikation der High Potentials mit den Unternehmungszielen zu erreichen und ihnen ausreichende Partizipationsmöglichkeiten zu eröffnen.[634]

---

630 Vgl. Moser/Saxer (2008), S. 169-175. In den durchgeführten Fallstudien haben sich auch Unterschiede in den Ergebnissen gezeigt, insbesondere hinsichtlich der Wirkung der Maßnahmen der Personalerhaltung sowie der Auswirkungen der Verweildauer auf die Mitarbeiterbindung.

631 Merk (2008), S. 53.

632 Vgl. Merk (2008), S. 292-295. Der Autor liefert weitere Bindungsinstrumente, welche die Bereiche Kommunikation, Arbeitsbedingungen, Entgelt, Führung, Karriere, organisationales Vertrauen, Abwechslungsstreben, Selbstkongruenz, Arbeitszeit und Unternehmensimage beinhalten, jedoch nicht umfassend untersucht wurden. Vgl. Merk (2008), S. 295-297.

633 Vgl. Thom/Friedli (2008), S. 61-67. Die empirische Untersuchung wurde bei 535 High Potentials von zwei unterschiedlichen Unternehmen (Branche: Chemie und Finanzdienstleistungen) durchgeführt. Vgl. Thom/Friedli (2008), S. 61.

634 Vgl. Thom/Friedli (2008), S. 85-87.

Diskussion der empirischen Ansätze zur Mitarbeiterbindung

Die (1) *theoretische Fundierung* der empirischen Ansätze ist grundsätzlich vorhanden, wenn auch von unterschiedlichen Begriffsverständnissen ausgegangen wird – teilweise steht das Commitment im Vordergrund wie u. a. bei MEIFERT, teilweise die Mitarbeiterbindung mit Einbezug der Leistungsmotivation wie bei HERTIG oder ohne Einbezug der Leistungsmotivation wie z. B. bei MERK. Zudem eröffnen MERK, MEIFERT, HERTIG sowie MOSER/SAXER einen Bezugsrahmen zu einem Personalbindungsmanagement, um eine hohe theoretische Fundierung zu erlangen.[635] Andere Autoren basieren ihre Erkenntnisse nicht auf theoretischen Überlegungen und verzichten gänzlich auf einen Bezugsrahmen.[636]

Der (2) *Informationsgehalt* wird als hoch bewertet. Insbesondere MERK sowie MOSER/SAXER liefern direkte Gestaltungsempfehlungen für Maßnahmen eines Bindungsmanagements.[637] Autoren wie HERTIG und HAASE heben Elemente der Bindung hervor, welche Ansatzpunkte für die Gestaltung darstellen.[638]

Bei den Untersuchungen von MEIFERT sowie MERK sind die Kriterien der *Objektivität*, *Reliabilität* und *Validität* erfüllt, so dass von einer (3) *empirischen Bestätigung* der Erkenntnisse ausgegangen werden kann.[639] Bei HAASE liegt eine repräsentative Stichprobe vor.[640] Da bei MOSER/SAXER nur ein qualitatives Interview pro Fallstudie durchgeführt wurde, welches sich zusätzlich in der Länge stark unterscheidet, ist die empirische Bestätigung als gering zu bewerten.[641] THOM/FRIEDLI verweisen auf empirische Studien; eine umfassende Darstellung der Durchführung sowie der Ergebnisse lässt sich jedoch nicht finden.[642] Für eine Übersicht des Untersuchungsdesigns der empirischen Untersuchungen vgl. Tabelle 27.

635 Vgl. Hertig (1996); Meifert (2005); Merk (2008); Moser/Saxer (2008).

636 Vgl. Thom/Friedli (2008).

637 Vgl. Merk (2008), S. 292-295; Moser/Saxer (2008), S. 170-175.

638 Vgl. Haase (1997), S. 327-340; Hertig (1996), S. 307-310.

639 Vgl. Meifert (2005), S. 152-154; Merk (2008), S. 159-170.

640 Vgl. Haase (1997), S. 170-171.

641 Vgl. Moser/Saxer (2008), S. 168-169.

642 Vgl. Thom/Friedli (2008), S. 30-31.

Tabelle 27: Übersicht des Untersuchungsdesigns der empirischen Ansätze der Mitarbeiterbindung.

Studie	Stichprobe	Erhebungsmethode	Erhebungszeitraum
Hertig (1996)	11 Experten krisenbefallener Großunternehmungen	Problemzentrierte Interviews	Juli bis August 1995
Haase (1997)	Mitarbeiter von drei Universalkreditinstituten einer Unternehmungsgruppe: n=415 (Unternehmung A) n=718 (Unternehmung B) n=980 (Unternehmung C)	Fragebogen	1988 bis 1990
Meifert (2005)	106 betriebliche Weiterbildner in deutschen Großunternehmungen	Fragebogen	August 2003
Moser/ Saxer (2008)	jeweils einen Experten von zwei Unternehmungen: Chemiebranche (A); Finanzdienstleistungsinstitut (B) 214 Mitarbeiter von Unternehmung A 321 Mitarbeiter von Unternehmung B	Problemzentrierte Interviews Fragebogen	März bis Mai2002
Merk (2008)	4.535 Mitarbeiter unterschiedlicher Krankenhäuser	Fragebogen	2006

Die (4) *Konsistenz und Vollständigkeit* muss differenziert betrachtet werden. So beziehen einige Autoren ihre Erkenntnisse lediglich auf bestimmte Zielgruppen wie Fach- und Führungskräfte oder High Potentials, so dass die Vollständigkeit begrenzt ist.[643] Auch liegt eine Begrenzung hinsichtlich der Branche[644] oder der Situation der Unternehmung[645] vor.

Hinsichtlich der (5) *Transferierbarkeit* lassen sich umfassende Erkenntnisse zu möglichen Maßnahmen und Ansatzpunkten eines Bindungsmanagements erkennen, welche auch im Rahmen eines Regain Managements von Bedeutung sein können. So scheinen u. a. immaterielle Anreizsysteme, die Personalentwicklung, die Kommunikation, die Rolle des Vorgesetzten sowie die Arbeitsgestaltung von hoher Relevanz für die Bindung von Mitarbeitern zu sein.

Darstellung der empirischen Ansätze zur Mitarbeiterfluktuation

SEMMER/BAILLOD entwickeln ein Rahmenmodell der Fluktuationsentscheidung, indem zunächst die demografischen Merkmale, danach die Arbeitseinstellung und die Fluktuationserwägung sowie die Fluktuationsabsicht als Determinanten auf die Fluktuationsentscheidung

643 Für die Zielgruppe der High Potentials vgl. Moser/Saxer (2008). Für die Zielgruppe der Hochschulabsolventen vgl. Thom/Friedli (2008).

644 Für die Branche der Krankenhäuser vgl. Merk (2008); für die Branche der Weiterbilder vgl. Meifert (2005); für die Branche der Kreditinstitute vgl. Haase (1997); für die Branche der Chemie und Finanzdienstleistungen vgl. Thom/Friedli (2008).

645 Bei Hertig liegt der Fokus auf der Unternehmungskrise. Vgl. Hertig (1996).

wirken. Die Arbeitseinstellung wird in eine spezifische sowie eine allgemeine Einstellung differenziert. Erstere umfasst die Zufriedenheit mit den Arbeitsinhalten, letztere die allgemeine Arbeitszufriedenheit.[646] Das Modell wird empirisch überprüft, und als Ergebnis werden insbesondere die allgemeine Arbeitszufriedenheit, das organisationale Commitment sowie normative Überzeugungen als relevante Determinanten der Fluktuationsentscheidung festgestellt.[647] Des Weiteren scheinen Mitarbeiter, welche freiwillig kündigen, anschließend häufig eine höhere Arbeitszufriedenheit zu erleben.[648]

In der Untersuchung von GRUNWALD wird insbesondere die Fluktuation von Führungskräften analysiert. Die betrachteten Einflussfaktoren auf eine Fluktuationsentscheidung sind zum einen die unternehmungsinterne Situation, d. h. die Position und die Arbeitsinhalte, das Verhältnis zu Vorgesetzten sowie interne Rahmenbedingungen, zum anderen werden Angebote anderer Unternehmungen sowie Angebote von Headhuntern mit in die Betrachtung einbezogen.[649] Als Ergebnis wird festgestellt, dass reaktive Maßnahmen, welche aus vorherigen Fluktuationsentscheidungen gewonnen wurden, einen positiven Einfluss auf die zukünftige Personalerhaltung haben. Als Gestaltungsempfehlungen werden insbesondere Maßnahmen innerhalb der Personalauswahl sowie der Personalentwicklung hervorgehoben, zum Beispiel die Transparenz über Entwicklungsmöglichkeiten sowie eine erfolgsrelevante Bewertung von individuellen Leistungen.[650]

Die empirische Untersuchung von VON ROSENSTIEL zielt auf die Identifikation der Gründe für eine mitarbeiterseitige Kündigung sowie unternehmungsseitige Maßnahmen zur langfristigen Bindung ab.[651] In Anlehnung an das Modell von MAIER/RAPPENSPERGER wird die Dynamik des Kündigungsprozesses empirisch überprüft. Dabei ergibt sich, dass die Arbeitszufriedenheit und das Commitment die Kündigungsabsicht negativ bestimmen. Beide werden maßgeblich durch den möglichen Handlungsspielraum, die Transparenz, die Möglichkeit zur Qualifikation und durch den vom Vorgesetzten entgegengebrachten Respekt beeinflusst. Die freiwillige Kündigung hängt von der Kündigungsabsicht, der Dauer der Betriebszugehörigkeit sowie

646 Vgl. Semmer/Baillod (1993), S. 184. Dabei umfasst der Begriff der *Fluktuation* „alle Beendigungen eines Arbeitsverhältnisses und [...] zum Beispiel das Ausscheiden aus dem Erwerbsprozess (Pensionierung, „Aussteigen"), die Annahme einer Stelle in einem anderen Betrieb oder den Schritt zu einer selbstständigen Erwerbstätigkeit [...]. Auch der organisationsinitierte oder „unfreiwillige" Stellenwechsel (Entlassung) gehört hierzu." Semmer/Baillod (1993), S. 179.

647 Vgl. Baillod/Semmer (1994), S. 159.

648 Vgl. Semmer et al. (1996), S. 197.

649 Vgl. Grunwald (2001), S. 184-185.

650 Vgl. Grunwald (2001), S. 214-227.

651 Vgl. von Rosenstiel (2003a), S. 233.

der Anzahl der erhaltenen Stellenangebote ab. Als Gründe für die Wechselentscheidung werden insbesondere der Wunsch nach beruflicher Entwicklung, das Verhalten des Vorgesetzten, mangelnde Aufstiegsmöglichkeiten sowie zu geringe Entscheidungsbefugnisse genannt. Die empirischen Ergebnisse führen zu der Erkenntnis, dass das Erreichen der individuellen Ziele in einer erhöhten Bindung an die Unternehmung resultiert. Dies wird durch Einarbeitungshilfen wie u. a. einer realistischen Tätigkeitsvorschau, Handlungsspielräumen und einer sozialen Unterstützung verstärkt. Dadurch werden eine erhöhte Arbeitszufriedenheit, eine stärkere organisationale Verbundenheit und eine geringere Kündigungsabsicht erreicht. Auch eine Verantwortungsübernahme in Abstimmung zu der vorhandenen Qualifikation sowie eine transparente Kommunikation hinsichtlich der Weiterentwicklungsmöglichkeiten können die Bindung verstärken.[652]

GEHLEN entwickelt auf Basis von Regressionsanalysen ein Modell zur Fluktuationsabsicht und stellt die allgemeine Arbeitszufriedenheit sowie die Absicht, im nächsten Jahr aktiv zu suchen als Determinanten der Absicht, die Unternehmung zu verlassen (intention to quit), auf. Diese werden wiederum von unterschiedlichen Determinanten bestimmt.[653] Der Grad der erfüllten Erwartungen als Determinante der Arbeitszufriedenheit weist das höchste Signifikanzniveau auf. Die Absicht, im nächsten Jahr nach einem neuen Job zu suchen, wird am stärksten durch das Alter erklärt. Mit zunehmendem Alter sinkt die Fluktuationsabsicht. Am zweistärksten wirkt die empfundene Gerechtigkeit der Aufstiegsmöglichkeiten im Vergleich zu den Kollegen der gleichen Abteilung. Auf Basis der Erkenntnisse leitet die Autorin Gestaltungsvorschläge ab: eine umfassende Informationspolitik, die Durchführung regelmäßiger Mitarbeitergespräche, die Kommunikation von Chancen und Entwicklungsperspektiven, eine intensive Abklärung gegenseitiger Erwartungen, die Berücksichtigung der empfundenen Gerechtigkeit aller Maßnahmen sowie die Schaffung eines sozialen Umfelds.[654]

NEUHAUS entwickelt auf Basis von AJZEN/FISHBEIN ein Modell zur Erklärung des Arbeitnehmerkündigungsverhaltens. Im Mittelpunkt des Modells steht die Arbeitnehmerkündi-

---

652 Vgl. von Rosenstiel (2003a), S. 246-250. Von Rosenstiel versteht das Erreichen persönlicher beruflicher Ziele in diesem Zusammenhang auch als Mediator. Für weitere Erläuterungen zum Grundmodell der Kündigungsdynamik vgl. Maier/Rappensperger (1999).

653 Vgl. Gehlen (2004), S. 129-145. Die *allgemeine Arbeitszufriedenheit* setzt sich aus dem Grad der erfüllten Erwartungen, der Zufriedenheit mit der Qualität der Arbeit, der Zufriedenheit mit den Möglichkeiten eigene Fähigkeiten einsetzen zu können sowie der wahrgenommenen Sicherheit des Arbeitsplatzes zusammen. Die *Absicht, im nächsten Jahr aktiv zu suchen,* wird von folgenden Faktoren determiniert: Höhe des Verdienstes, Alter, empfundene Gerechtigkeit der Aufstiegsmöglichkeiten im Vergleich zur Abteilung, empfundenes Image des Unternehmens bei den eignen Beschäftigten, wahrgenommene Chancen auf dem Arbeitsmarkt.

654 Vgl. Gehlen (2004), S. 134-152.

gungsabsicht, welche von direkten und indirekten Determinanten beeinflusst wird.[655] In der empirischen Untersuchung wird eine positive Korrelation zwischen den direkten Determinanten „Einstellung zum Arbeitnehmerkündigungsverhalten", „subjektive Norm" sowie einem „niedrigem Alter" und der Arbeitnehmerkündigungsabsicht festgestellt. Bei den indirekten Determinanten haben die „Bezugspersonen und -gruppen" sowie die „Verfügbarkeit von Kündigungserfahrungen" einen signifikanten Einfluss.[656] Für die zukünftige Personalpraxis wird abgeleitet, dass sich präventive Maßnahmen an den Kündigungsgründen orientieren sollten und dass ein methodisch-systematisches sowie ein zeitlich-strukturiertes Vorgehen bezüglich der Erfassung von Kündigungsgründen in der Praxis selten anzutreffen sind.[657]

Neben den Modellen zum Fluktuationsprozess gibt es Studien, welche spezifische Determinanten der Fluktuation analysieren. Des Weiteren lassen sich Studien zu den Determinanten der Mitarbeiterbindung finden, welche große Ähnlichkeiten in der Identifizierung der Determinanten aufweisen, weshalb diese im Folgenden gemeinsam dargestellt werden. Dabei werden die Determinanten in personenbezogene, unternehmungsinterne sowie unternehmungsexterne Faktoren unterteilt.[658] Einen Ausschnitt dazu ist in Tabelle 28 dargestellt.[659]

Tabelle 28: Empirisch erhobene Determinanten der Fluktuation bzw. Bindung.[660]

Determinanten der Mitarbeiterfluktuation und Mitarbeiterbindung															
	personenbezogen			unternehmungsintern									unternehmungsextern		
	Demografische Faktoren	Faktoren des Berufs	Faktoren der Persönlichkeit	Arbeitszufriedenheit	Monetäre Aspekte	Arbeitsinhalte und -abwechslung	Betriebsklima, Integration und Verhältnis zum Vorgesetzten	Information und Kommunikation	Weiterbildungsmöglichkeiten	Entwicklungsperspektiven	Entscheidungsfreiräume, -beteiligung und Verantwortung	Arbeitsplatzsicherheit	Image	Arbeitsmarktsituation und -chancen	Wertewandel
Rippe (1974)		x					x						x		

[655] Vgl. Neuhaus (2010), S. 114-118. Zur Theorie des überlegten Handelns vgl. Azjen/Fishbein (1980); Fishbein/Azjen (1975); zur Theorie des geplanten Verhaltens vgl. Ajzen (1985). Für eine grafische Darstellung des Modells vgl. Neuhaus (2010), S. 118.

[656] Vgl. Neuhaus (2010), S. 177-178.

[657] Vgl. Neuhaus (2010), S. 246.

[658] Vgl. Krill (2011), welcher eine Unterteilung in unternehmensinterne und unternehmensexterne Faktoren vornimmt. Vgl. Krill (2011), S. 417. Dies wird ergänzt um die personenbezogenen Faktoren vgl. Felfe (2008), S. 145; Meyer/Allen (1997), S. 106; Piezonka (2013), S. 74; Porter/Steers (1973), S. 151.

[659] Die Darstellung der einzelnen Studien ist im Kontext der Arbeit nicht notwendig, lediglich die Nennung der Determinanten der Fluktuation. Teilweise überschneiden sich dabei die Autoren, welche ebenfalls im Hinblick auf den Fluktuationsprozess dargestellt wurden.

[660] Quelle: In Anlehnung an Krill (2011), S. 418.

Determinanten der Mitarbeiterfluktuation und Mitarbeiterbindung															
	personen-bezogen			unternehmungsintern									unterneh-mungsextern		
	Demografische Faktoren	Faktoren des Berufs	Faktoren der Persönlichkeit	Arbeitszufriedenheit	Monetäre Aspekte	Arbeitsinhalte und -abwechslung	Betriebsklima, Integration und Verhältnis zum Vorgesetzten	Information und Kommunikation	Weiterbildungsmöglichkeiten	Entwicklungsperspektiven	Entscheidungsfreiräume, -beteiligung und Verantwortung	Arbeitsplatzsicherheit	Image	Arbeitsmarktsituation und -chancen	Wertewandel
Price (1977)				x	x			x						x	
Sabathil (1977)	x	x	x												
Türk (1978)	x	x			x		x		x	x				x	
Arnold/Feldman (1982)		x		x								x			
Cotton/Tuttle (1986)	x	x	x	x											
Dalessio et al. (1986)	x			x											
Spencer (1986)											x				
Mathieu/Zajac (1990)	x	x			x	x	x				x			x	
Schasse (1991)		x										x		x	
Sheridan (1992)	x						x							x	
Semmer/Baillod (1993)	x			x	x	x								x	
Griffteh et al. (2000)	x			x		x	x							x	
Grund (2000)	x			x	x	x						x		x	
Turnley/Feldman (2000)				x											
Grunwald (2001)						x	x				x	x		x	
Hom/Kinicki (2001)				x										x	
Lambert et al. (2001)	x			x		x									
Mitchell et al. (2001)		x													
Rhoades et al. (2001)						x									
Trevor (2001)	x	x	x						x					x	
Gehlen (2004)	x			x	x					x	x	x	x	x	
Grimpe (2005)				x											
Cole/Bruch (2006)		x													
Felfe et al. (2006)															x
Itasse (2007)					x	x	x	x		x	x				
Khilji/Wang (2007)	x			x											
Weller (2007)	x	x	x	x	x					x				x	
Mure (2007)									x						
Senter/Martin (2007)				x										x	
Wright/Bonett (2007)				x											
Li (2008)							x			x					
Tanova/Holtom (2008)		x	x											x	
Brunner (2009)	x	x		x	x									x	
Felps et al. (2009)		x												x	
Hausknecht et al. (2009)				x	x								x		
Ng/Butts (2009)			x					x	x		x				
Neuhaus (2010)	x						x								
Costigan et al. (2011)							x								
Walsh (2011)				x											
Anzahl der Nennungen	**16 x**	**14 x**	**6 x**	**19 x**	**10 x**	**8 x**	**10 x**	**3 x**	**4 x**	**5 x**	**6 x**	**5 x**	**3 x**	**17 x**	**1 x**

Es lässt sich eine Tendenz erkennen, dass sich die Studien hauptsächlich mit den personenbezogenen und den unternehmungsinternen Determinanten der Fluktuation bzw. Mitarbeiterbindung, jedoch wenig mit den unternehmungsexternen Determinanten beschäftigt haben.

Diskussion der empirischen Ansätze zur Mitarbeiterfluktuation

Bei den dargestellten empirischen Ansätzen basieren die Untersuchungen auf zuvor entwickelten theoretischen Modellen, so dass eine (1) *theoretische Fundierung* gegeben ist. GRUNWALD basiert die Ausführungen auf dem ressourcenbasierten Ansatz, NEUHAUS greift u. a. auf die Modelle von MARCH/SIMON, MOBLEY, SABATHIL, SEMMER/BAILLOD sowie AJZEN/FISHBEIN zurück.[661] Die theoretische Fundierung wird bei GEHLEN durch eine lückenhafte Darstellung des Begriffsverständnisses eingeschränkt.[662]

Auch der (2) *Informationsgehalt* wird als hoch eingeschätzt, da sich umfassende Erkenntnisse hinsichtlich der Determinanten der Fluktuation ergeben. So wird hervorgehoben, dass es personenbezogene, unternehmungsinterne sowie unternehmungsexterne Determinanten gibt, die eine Fluktuationsentscheidung beeinflussen können.

Die (3) *empirische Bestätigung* ist zum Teil gegeben (vgl. Tabelle 29). Bei BAILLOD/SEMMER wurde eine Längsschnittuntersuchung über drei Jahre mit jeweils jährlicher Überprüfung durchgeführt, auch bei VON ROSENSTIEL handelt es sich um eine Längsschnittstudie, welche die Kriterien *Objektivität, Reliabilität* sowie *Validität* zu erfüllen scheint.[663] Bei NEUHAUS treffen diese Subkriterien ebenfalls zu.[664] Bei GEHLEN wurde hingegen eine Querschnittuntersuchung durchgeführt. Sie weist darauf hin, dass so nur Zusammenhänge zwischen den Variablen identifiziert werden können, jedoch nicht festgestellt werden kann, ob Absicht und Handlung der Teilnehmer, die Unternehmung zu verlassen, übereinstimmen.[665]

Tabelle 29: Übersicht des Untersuchungsdesigns der empirischen Ansätze der Mitarbeiterfluktuation.

Studie	Stichprobe	Erhebungsmethode	Erhebungszeitraum
Semmer/Baillod (1994)	442 Computerfachleute	Postalische Befragung	Drei Zeitpunkte mit je ca. einem Jahr Abstand
Grunwald (2001)	18 Teilnehmer aus 17 Unternehmungen	Tiefeninterview	Oktober bis November 1994
von Rosenstiel (2003)	Längsschnittuntersuchung mit Hochschulabsolventen über fünf Zeiträume T1: n = 2313 T2: n = 1676 T3: n = 1414 T4: n = 1220 T5: n = 1120	Fragebogen	1991-1999

661 Vgl. Grunwald (2001), S. 20-28; Neuhaus (2010), S. 72-105.

662 Vgl. Gehlen (2004), S. 34.

663 Vgl. Baillod/Semmer (1994); Semmer et al. (1996); von Rosenstiel (2003a). Vgl. auch von Rosenstiel et al. (1998) sowie von Rosenstiel/Nerdinger (2000).

664 Vgl. Neuhaus (2010), S. 169-175. Die Gesamtstichprobe bei Neuhaus umfasst 93 Teilnehmer aus zwei öffentlichen Krankenkassen. Vgl. Neuhaus (2010), S. 122-123.

665 Vgl. Gehlen (2004), S. 131; Semmer/Baillod (1993), S. 179-180.

Studie	Stichprobe	Erhebungsmethode	Erhebungszeitraum
Gehlen (2004)	348 Teilnehmer aus 12 Unternehmungen und zehn Tochtergesellschaften von Süd- bis Nord-China	Fragebogen	-
Neuhaus (2010)	93 Sachbearbeiter zwei öffentlicher Krankenkassen	Fragebogen	Mai bis Oktober 2006

Die (4) *Konsistenz und Vollständigkeit* ist eingeschränkt, da z. B. GRUNWALD sich nur auf Führungskräfte konzentriert oder GEHLEN chinesische Mitarbeiter deutsch-chinesischer Gemeinschaftsunternehmungen betrachtet.[666] Auch bei NEUHAUS lässt sich eine Einschränkung der Erkenntnisse aufgrund der Branche der öffentlichen Krankenkassen verzeichnen.[667]

Die Kenntnis über den möglichen Verlauf eines Fluktuationsprozesses sowie die Determinanten der Fluktuation fördern das Verständnis seitens der Unternehmung und stellen die Basis für Veränderungen innerhalb der Unternehmung dar, um sowohl weitere Fluktuation zu verhindern, den Fluktuationsprozess optimal zu gestalten und die Angebote des Regain Managements bedürfnisgerecht anzupassen. Somit ist eine hohe (5) *Transferierbarkeit* gegeben.

3.5.5 Gesamtbetrachtung

Insgesamt wurde deutlich, dass sowohl die theoretischen, die konzeptionellen als auch die empirischen Ansätze einen hohen Erklärungsbeitrag liefern, welche für die Konzeption eines Regain Managements hilfreich sind. Je nach Autor liegen zwar unterschiedliche Verständnisse vor, es werden unterschiedliche Termini verwendet und unterschiedliche Perspektiven (Mitarbeiter- und Unternehmungssicht) eingenommen, dennoch können wertvolle Anregungen abgeleitet werden, die jedoch für ein Regain Management angepasst werden sollten.

Im Rahmen der theoretischen Ansätze lassen sich sowohl aus der Bindungs- als auch aus der Fluktuationsforschung wichtige Erkenntnisse in Bezug auf das Verhalten von Mitarbeitern hinsichtlich einer Fluktuationsentscheidung und den Ablauf dieser Entscheidung ziehen.

666 Vgl. Gehlen (2004), S. 23-25; Grunwald (2001).

667 Vgl. Neuhaus (2010), S. 122-123.

Tabelle 30: Gesamtüberblick der theoretischen Ansätze der Bindungs- und Fluktuationsforschung.[668]

Theoretische Ansätze							
Mitarbeiterbindung							
Ansatz	**Relevante Aspekte für ein Regain Management**	**Bewertung**					
		F	**I**	**EB**	**KV**	**T**	**WR**
Transaktionskostentheorie	Bindungen werden auf Basis rationaler Überlegungen und zum eigenen Vorteil geschlossen; Berücksichtigung von Seniorität und spezifischem Knowhow	++	+	0	+	+	++
Agenturtheorie		++	+	0	+	+	++
Theorie von Hirschman	unzufriedene Mitarbeiter haben folgende Optionen: Beschwerde, Kündigung, Abwarten oder Reduktion des Interesses an der Arbeit; Berücksichtigung von Abwanderungshindernissen und dem Risiko eines Wechsels	+	+	0	+	+	+
Anreiz-Beitrags-Theorie	Ungleichgewicht aus Anreizen und Beiträgen kann zum Leistungsrückgang oder Kündigungsentscheidung führen; Differenzierung zwischen Teilnahme-, Verbleib- und Leitungsbereitschaft	++	++	0	+	++	++
Organisationales Commitment	Unterscheidung in affektives, kalkulatives und normatives Commitment; erklärt Verbleibe- oder Abwanderungsentscheidung von Mitarbeitern	++	+	+	+	+	+
Soziale Austauschtheorie	Vergleich des Input-Output-Verhältnisses mit Konkurrenzangeboten bzw. mit dem Input-Output-Verhältnis anderer Mitarbeiter; Abwanderungsentscheidung auf Basis rationaler Überlegungen	++	+	0	+	++	++
Variety Seeking	Arbeitsplatzwechsel kann mit Mangel an Abwechslung zusammenhängen	+	++	0	+	++	+
Mitarbeiterfluktuation							
Porter/Steers (1973)	Rolle der Erwartung eines Individuums auf die Fluktuationsentscheidung; bei Nichterfüllung der Erwartungen steigt die Wahrscheinlichkeit der Fluktuation	++	+	+	+	+	++
Mobley (1977)	Unzufriedenheit kann Kündigungsgedanken auslösen; Kosten und Nutzen einer Stellensuche werden analysiert bevor die tatsächliche Suche nach Alternativen startet; bestehende Alternative beeinflusst die Absicht zu kündigen	+	++	+	+	+	++
Hom/Griffeth (1995)	Arbeitszufriedenheit und Commitment wirken auf die Rücktrittswahrnehmung, welche direkt zur Fluktuation führen kann oder zunächst eine Suche nach Alternativen auslöst	++	+	+	+	+	+

Die konzeptionellen Ansätze der Mitarbeiterbindungs- und Fluktuationsforschung wurden gemeinsam dargestellt und in personalmanagementorientierte, marketingorientierte und praxisorientierte Ansätze klassifiziert. Es lässt sich feststellen, dass zum einen zwischen den Determinanten der Bindung sowie der Fluktuation als auch zum anderen zwischen den Maßnahmen seitens der Unternehmung differenziert werden muss, wobei sich die Maßnahmen eines Bindungsmanagements an den Determinanten orientieren sollten. Hier muss insbesondere bei den marketingorientierten Ansätzen die Übertragbarkeit der Zielgruppe der Kunden auf die Zielgruppe der Mitarbeiter Berücksichtigung finden.

[668] Die Abkürzungen stehen für die Diskussionskriterien aus Kapitel 3.1.2. F steht für die theoretische Fundierung, I für den Informationsgehalt, EB für die empirische Bestätigung, KV für Konsistenz und Vollständigkeit, T für die Transferierbarkeit, WR für wissenschaftliche Relevanz. Legende: 0 = eher nicht gegeben; + = eher gegeben; ++ = erfüllt.

Tabelle 31: Gesamtüberblick der konzeptionellen Ansätze der Bindungs- und Fluktuationsforschung.[669]

Konzeptionelle Ansätze							
Mitarbeiterbindung/Mitarbeiterfluktuation							
Personalmanagementorientierte Ansätze							
Ansatz	**Relevante Aspekte für ein Regain Management**	**Bewertung**					
		F	**I**	**EB**	**KV**	**T**	**WR**
Friedli/ Thom (2001)	Instrumente der Personalerhaltung: Personalgewinnung, Personalmarketing, Personalentwicklung, Vergütung, Arbeitszeitmanagement; Controlling	+	++	0	+	++	+
Gmür/ Klimecki (2001)	Unterscheidung in affektive, normative und kalkulative Bindung sowie die Bindung durch Zwang; kurzfristige Instrumente der Bindung: Anwesenheitsprämien, Arbeitsplatzgestaltung, Arbeitssicherheit, Flexibilisierung der Arbeitszeit; langfristige Instrumente der Bindung: Work-Life-Balance, Flexibilisierung der Arbeitszeit, Telearbeitsplätze, Freiräume zur selbstständigen Gestaltung	+	++	+	+	++	0
Wunderer/ Küpers (2003)	potenzielle Motivationsbarrieren: Arbeitsinhalt, Verhältnis zu Vorgesetzen und Kollegen; aktuelle Motivationsbarrieren: Arbeitskoordination, Unternehmungskultur; Ableitung von Gestaltungsansätzen: Arbeitsgestaltung, soziale Unterstützung, Mitarbeiterführung	++	++	++	+	+	++
Kobi (2009; 2012)	Identifikation, Messung und Steuerung von Risiken; Gründe für die Austrittsentscheidung: Entwicklungsperspektive, Image, Betriebsklima, Vorgesetzten; Instrumente zur Messung: Kennzahlen, Austrittsinterviews, Mitarbeiterbefragungen; Maßnahmen zur Bindung: Work-Life-Balance, Führungsqualität; Unternehmungskultur, Personalentwicklung, Arbeitsgestaltung	+	+	0	+	++	++
Marketingorientierte Ansätze							
Bruhn (1999)	Planungsprozess mit Situationsanalyse, Planung, Zielbestimmung, Segmentierung, Budgetierung, Auswahl der Instrumente, Implementierung, Erfolgskontrolle	+	+	0	+	++	++
Wucknitz (2000)	Prozess: Strategiebestimmung, interne und externe Analyse, Gestaltung der Arbeitsplätze, Vermittlung der Arbeitsplätze; Maßnahmen zur Bindung: Welcome-Back-Party, Beschwerdemanagement, Exit-Befragung	0	+	0	+	++	+
Pepels (2002)	strategische Maßnahmen zur Bindung: Ermittlung der Kündigungsgründe durch Abganginterviews und Beschwerdemanagement; operative Maßnahmen zur Bindung: Angebotspolitik, Entgeltpolitik, Kommunikationspolitik, Verfügbarkeitspolitik	+	+	0	0	+	+
vom Hofe (2005)	Determinanten der Bindung: Attraktivität des Konkurrenzangebots, Zufriedenheit, Vertrauen, Wechselbarrieren, empfundene Gerechtigkeit, Streben nach Abwechslung; Managementprozess mit den Phasen Analyse, Planung und Steuerung	++	++	++	+	++	++
Stotz (2007)	Phasen: Strategiedefinition, Situationsanalyse, Vorbereitung der Organisation, Trainings, Erweiterung des Aufgabenspektrums der Personalabteilung; Instrumente: Anforderungsprofil, Mitarbeitergespräche, Beurteilungsbögen, Cafeteria-System, Personalentwicklung, Führungsstil	0	+	0	0	++	0

[669] Die Abkürzungen stehen für die Diskussionskriterien aus Kapitel 3.1.2. F steht für die theoretische Fundierung, I für den Informationsgehalt, EB für die empirische Bestätigung, KV für Konsistenz und Vollständigkeit, T für die Transferierbarkeit, WR für wissenschaftliche Relevanz. Legende: 0 = eher nicht gegeben; + = eher gegeben; ++ = erfüllt.

Konzeptionelle Ansätze							
Mitarbeiterbindung/Mitarbeiterfluktuation							
Praxisorientierte Ansätze							
Ansatz	**Relevante Aspekte für ein Regain Management**	**Bewertung**					
		F	**I**	**EB**	**KV**	**T**	**WR**
Szebel-Habig (2004)	Instrumente der Bindung: Werte, Aufgabenstellung, Führungsstil, Work-Life-Balance, Weiterentwicklung, Personalentwicklung, Mitarbeiterbeteiligungen; Prozess: Planen, Rekrutieren, Integration, Segmentieren, Motivieren, Auswerten	+	++	+	+	++	0
Hirschfeld (2006)	Gründe eines Wechsels: Arbeitsinhalt, Karriere, Vorgesetzte, Betriebsklima; Instrumente der Bindung: Personalentwicklung, Aufgabengestaltung, Führung, Anreizsysteme, Mitarbeiterbefragung, Exit-Interviews, Segmentierung der Zielgruppen, Transfer von Erfahrungswissen, Alumni-Netzwerke	0	+	+	0	++	0
Jochmann (2006)	Auslöser einer Wechselentscheidung: Aufstiegsperspektiven, Vergütung, Unternehmungsstrategie, Führung, Aufgaben; Instrumente: Potenzial-Feedback, Mitarbeitergespräche, Karriereplanung, Förderpool	0	+	0	+	+	+
Wucknitz/ Heyse (2008)	Prozess: Identifikation und Analyse von Schlüsselkräften, Erkennung und Messung des Handlungsbedarfs, Planung und Durchführung der Maßnahmen; Controlling	0	+	+	+	+	0

Im Fokus der empirischen Ansätze der Mitarbeiterbindung stehen Handlungsfelder und konkrete Maßnahmen zur Gestaltung eines Bindungsmanagements. Auffällig ist dabei, dass diese bereits im Kontext des Personalmanagements bekannt sind und sich eher durch eine andere Zielsetzung auszeichnen. Die empirischen Ansätze der Fluktuationsforschung beschäftigen sich vordergründig mit dem Fluktuationsprozess sowie den Fluktuationsdeterminanten.

Tabelle 32: Gesamtüberblick der empirischen Ansätze der Bindungs- und Fluktuationsforschung.[670]

Empirische Ansätze							
Mitarbeiterbindung							
Ansatz	**Relevante Aspekte für ein Regain Management**	**Bewertung**					
		F	**I**	**EB**	**KV**	**T**	**WR**
Hertig (1996)	Instrumente der Bindung: materielle und immaterielle Anreize, Glaubwürdigkeit der Unternehmungsführung, Information und Kommunikation, kooperativer Führungsstil	++	++	+	+	+	+
Haase (1997)	Ableitung von Bindungstypen; Instrumente: Beförderungspolitik, Image, Führung, Abgrenzung der Kompetenzen	++	+	++	+	+	+
Meifert (2005)	Prinzipien der Mitarbeiterbindung: Individualität, Prävention, Effektivität; Instrumente: Vergütung, Führung, Coaching, Feedback; zur Befriedigung des Variety Seekings: Projektarbeit, Dienstreisen, Job Rotation; bei Kündigungen: Austrittsgespräche, Fragebögen, partnerschaftliche Kommunikation	++	++	++	+	+	++

670 Die Abkürzungen stehen für die Diskussionskriterien aus Kapitel 3.1.2. F steht für die theoretische Fundierung, I für den Informationsgehalt, EB für die empirische Bestätigung, KV für Konsistenz und Vollständigkeit, T für die Transferierbarkeit, WR für wissenschaftliche Relevanz. Legende: 0 = eher nicht gegeben; + = eher gegeben; ++ = erfüllt.

Empirische Ansätze							
Mitarbeiterbindung							
Ansatz	**Relevante Aspekte für ein Regain Management**	**Bewertung**					
		F	**I**	**EB**	**KV**	**T**	**WR**
Moser/ Saxer (2008)	Bindungsfaktoren: Informations- und Kommunikationsstrukturen, Unternehmungskultur, Betriebsklima; bei mitarbeiterseitigen Kündigungen: Austrittsgespräche; Faktoren bei der Wahl einer Arbeitsstelle: Arbeitsinhalt, Verhältnis zu Vorgesetzten und Kollegen, Aus- Weiterbildung	++	++	+	+	++	+
Merk (2008)	Maßnahmen der Personalbindung: Informationssystem, Zielvereinbarungen, Fort- und Weiterbildungsmaßnahmen, Konfliktmanagement, Cafeteria-System	++	++	++	+	++	++
Friedli/ Thom (2008)	Bindungsfaktoren: Arbeitsinhalt, Verhältnis zu Vorgesetzten und Kollegen, Kommunikation, Unternehmungskultur; Gestaltungsvorschläge: Anreizsystem, Karrieresystem, Informations- und Kommunikationspolitik	0	+	0	+	+	+
Mitarbeiterfluktuation							
Semmer/ Baillod (1993)	Einflussfaktoren der Fluktuationsentscheidung: allgemeine Arbeitszufriedenheit, organisationale Commitment, normative Überzeugungen; Mitarbeiter, die freiwillig kündigen, erleben anschließend eine höhere Arbeitszufriedenheit	+	+	++	+	+	0
Grunwald (2001)	Einflussfaktoren der Fluktuationsentscheidung: Position und Arbeitsinhalte, Verhältnis zum Vorgesetzten, unternehmungsinterne Rahmenbedingungen, Angebote der Konkurrenz, Angebote von Headhuntern; Gestaltungsempfehlungen: Personalauswahl, Personalentwicklung	++	+	+	+	+	+
v. Rosenstiel (2003a)	Arbeitszufriedenheit und Commitment werden durch Handlungsspielraum, Transparenz, Möglichkeit zur Qualifikation, Respekt durch den Vorgesetzten beeinflusst; Gründe für Wechselentscheidung: Aufstiegsmöglichkeiten, Vorgesetzte, Entscheidungsbefugnisse; Gestaltungsvorschläge: Einarbeitungshilfen, realistische Rekrutierung, Handlungsspielraum, soziale Unterstützung, Weiterbildung	+	+	++	+	++	++
Gehlen (2004)	Gestaltungvorschläge: Informationspolitik, Mitarbeitergespräche, Kommunikation von Entwicklungsperspektiven, Abklärung der gegenseitigen Erwartungen, Selbsteinschätzung, Berücksichtigung der empfundenen Gerechtigkeit, soziales Umfeld	+	+	+	0	+	+
Neuhaus (2010)	Orientierung der Maßnahmen an den Kündigungsgründen, Erfassung der Kündigungsgründe hinsichtlich eines methodisch-systematischem und zeitlich-strukturierten Vorgehen	+	+	+	+	++	0

Insgesamt wird die inhaltliche Nähe der Bindungs- und Fluktuationsforschung zum Regain Management offensichtlich, so dass bei der Konzeption auch die Schnittstellen der Forschungsbereiche berücksichtigt werden müssen.

3.6 Implikationen für den Entscheidungsrahmen

Da es an einer umfassenden Konzeption eines Regain Managements in der wissenschaftlichen Literatur mangelt, sind aufgrund der gewählten bezugsrahmenorientierten Forschungsmethodologie im Konzeptionsrahmen unterschiedliche Forschungsbereiche untersucht worden. Aus den Darstellungen und Diskussionen der theoretischen, konzeptionellen und empirischen Ansätze der Kundenrückgewinnungsforschung, der Alumniforschung, der Reintegrationsforschung sowie der Mitarbeiterbindungs- und Mitarbeiterfluktuationsforschung lassen sich verschiedene Implikationen ableiten.

Die **Kundenrückgewinnungsforschung** bietet Erklärungsmuster für die Trennungsentscheidung sowie den Trennungsprozess. Als *Gründe* werden u. a. ein ungünstig wahrgenommenes Kosten-Nutzen-Verhältnis, ein negatives Image der Unternehmung, das Angebot von Konkurrenzangeboten sowie der Wunsch nach Abwechslung genannt. Es wird deutlich, dass der kundenseitige *Abwanderungsprozess* von Komplexität geprägt ist, sich über einen längeren Zeitraum ziehen kann und dabei häufig von unterschiedlichen Faktoren ausgelöst wird. Dennoch muss an dieser Stelle der Unterschied zwischen der Beziehung einer Unternehmung mit ihren Kunden versus ihren Mitarbeitern beachtet werden. So beziehen sich Abwanderungsursachen wie eine mangelnde Warenverfügbarkeit, eine mangelnde Leistungsqualität oder ein negatives Erscheinungsbild direkt auf das Produkt der Unternehmung und lassen sich nicht auf ein Regain Management übertragen.

Des Weiteren wird das Verständnis der Rückgewinnung als *Managementprozess* geschärft, welches sich durch eine Phasenunterteilung äußert. So können Phasen wie die Definition von Zielsetzungen, die Abwanderungsanalyse, die Rückgewinnungsaktivitäten, das Controlling, die Nachbetreuung der ehemaligen Kunden sowie das Management des Rückgewinnungswissens gebildet werden. Die Analysen zum Kundenwert sowie die Methoden zur Segmentierung verlorener Kunden eignen sich aufgrund der quantitativen Betrachtungsweise nicht für die Zielgruppe ehemaliger Mitarbeiter.

Es lassen sich wichtige Hinweise für die individuelle Gestaltung von *Rückgewinnungsangeboten* sowie die Berücksichtigung eines gezielten Timings hinsichtlich der Ansprache ehemaliger Kunden gewinnen. Als *Voraussetzung* für ein Regain Management wird die Wiederaufnahmebereitschaft hervorgehoben, welche bei der Unternehmung sowie bei dem ehemaligen Kunden vorhanden sein muss. Diese kann durch stabile Abwanderungsgründe negativ beeinflusst werden, so dass der Kunde die Abwanderungsentscheidung nicht hinterfragt und für eine spätere Rückgewinnung nicht zur Verfügung steht.

Im Rahmen der **Alumniforschung** wird die Beziehung zwischen der Institution „Hochschule" und den ehemaligen Studierenden betrachtet, welche Rückschlüsse auf die Beziehung zwischen der Institution „Unternehmung" und den ehemaligen Mitarbeitern erlaubt. So wird deutlich, dass die vorherige Beziehung *Auswirkungen* auf das Interesse eines Ehemaligen an der Teilnahme an einem Alumni-Netzwerk hat und somit die Basis für eine spätere Beziehung darstellen kann. Dies unterstreicht die Wichtigkeit eines respektvollen Umgangs gegenüber dem ausscheidenden Mitarbeiter.

Zudem werden Implikationen für die *Gestaltung eines Ehemaligen-Netzwerkes* gegeben. So sollten den Ehemaligen durch die Teilnahme im Netzwerk Vorteile entstehen, z. B. durch Informationen, Austauschmöglichkeiten mit anderen Alumni, Veranstaltungen oder Weiterbildungsangebote. Wenn die Bedürfnisse der Mitglieder durch die Teilnahme am Netzwerk nicht befriedigt werden, kann das zu einer Auflösung des Netzwerkes führen.

Ebenfalls können Anregungen zur *organisatorischen Eingliederung* in die Institution sowie zu Rahmenbedingungen innerhalb der Institution abgeleitet werden. So wird insgesamt eine zentrale organisatorische Eingliederung bevorzugt, wobei die Bildung dezentraler Einheiten möglich sein sollte. Als *Rahmenbedingungen* werden beispielsweise eine klare Zuteilung von Rollen und Verantwortlichkeiten, transparente Strukturen und Prozesse, eine informationstechnologische Unterstützung in Form einer Mitglieder-Datenbank sowie die Berücksichtigung externer Faktoren wie u. a. gesetzliche Vorschriften empfohlen. Auch wird die Akzeptanz des Alumni-Gedankens innerhalb der Institution als wichtig für die erfolgreiche Implementierung eines Alumni-Netzwerkes gesehen.

Aus den Erkenntnissen der **Reintegrationsforschung** wird die Rolle von *Erwartungen und Unsicherheiten* bei der Rückkehr in die Unternehmung deutlich, welche auch bei der Konzeption eines Regain Managements Berücksichtigung finden sollten. Insbesondere die regelmäßige Kommunikation sowie der Austausch von realistischen Informationen werden als *Ansatzpunkte der Kontakterhaltung* hervorgehoben.

Des Weiteren werden der Prozess der Rückkehr sowie die damit verbundenen phasenspezifischen Maßnahmen diskutiert. Der *Prozess der Rückkehr* ist von unterschiedlichen Schwierigkeiten sowohl im beruflichen als auch im privaten Bereich geprägt. Als *Maßnahmen* zur Vorbereitung der Rückkehr werden u. a. die Gestaltung der Rückkehrposition (insbesondere in Bezug auf Arbeitsinhalt, Rollenklarheit und Entscheidungsfreiheit), der Einsatz von neu gewonnenen Fähigkeiten und Erfahrungen, ein langfristiger Karriereplan sowie die Implementierung eines Mentorensystems genannt. Auch sollte das private Umfeld bei der Planung der Maßnahmen berücksichtigt werden. So kann die Unternehmung z. B. bei der Arbeitssuche des Partners unterstützen. Es ist wichtig, einen systematischen Prozess mit klaren Ansprechpartnern, definierten Meilensteinen und einem Portfolio an Maßnahmen zu entwickeln, um jeweils individuell auf die zurückkehrenden Mitarbeiter eingehen zu können. Ein wichtiger Unterschied zum Regain Management ist, dass in der Reintegrationsforschung weiterhin ein vertragliches Verhältnis zwischen dem Mitarbeiter und der Stammunternehmung bestehen bleibt.

Die **Mitarbeiterbindungs- und Mitarbeiterfluktuationsforschung** verweist auf eine Vielzahl von Determinanten, die eine Trennungsentscheidung erklären. Die *Determinanten der Fluktuation* können dabei in die Kategorien personenbezogen, unternehmungsintern sowie unternehmungsextern eingeteilt werden. So kann eine Trennungsentscheidung mit personenbezogenen Gründen wie der Persönlichkeit des Mitarbeiters oder der Dauer der Betriebszugehörigkeit zusammenhängen. Auch können unternehmungsinterne Gründe wie z. B. die Arbeitsinhalte, das Betriebsklima oder fehlende Entwicklungsperspektiven einen Einfluss haben. Die Situation auf dem Arbeitsmarkt oder Angebote von anderen Unternehmungen sind Beispiele für unternehmungsexterne Gründe einer Fluktuationsentscheidung. Das Verständnis für die Gründe der Trennungsentscheidung scheint die Basis für die Gestaltung der Maßnahmen zur Kontakterhaltung sowie Rückgewinnung darzustellen.

Zudem wird deutlich, dass ein *Fluktuationsprozess* eine Analyse der Kosten und Nutzen der aktuellen Position, die Suche nach Alternativen sowie die Bewertung bestehender Alternativen umfasst.

Auch werden wichtige Hinweise zu den *Maßnahmen zur Bindung* von Mitarbeitern gegeben, welche für eine wiederholte Bindung von ehemaligen Mitarbeitern im Kontext des Regain Managements relevant erscheinen. Die Bindungsmaßnahmen lassen sich dabei weitgehend den primären Personalmanagementsystemen der Personalbedarfsdeckung (insbesondere der Personalentwicklung sowie der Personaleinführung), der Anreizsysteme, den Arbeitsbedingungen sowie der Personalorganisation zuordnen. Aspekte der Mitarbeiterführung sowie der Unternehmungskultur scheinen bei der Bindung von Mitarbeitern ebenfalls eine Rolle zu spielen. Unbekannt ist jedoch, inwiefern sich eine erneute Bindung nach einer erfolgreichen

Rückgewinnung von der vorherigen Bindung zwischen einem Mitarbeiter und der Unternehmung unterscheidet.

Die abgeleiteten Implikationen aus den vier Erkenntnisobjekten dienen im nächsten Kapitel der Strukturierung und inhaltlichen Gestaltung eines Entscheidungsrahmens für ein Regain Management.

4. Entscheidungsrahmen für ein Regain Management

4.1 Aufbau und Vorgehensweise des Entscheidungsrahmens

Aufbauend auf den Erkenntnissen aus dem Konzeptionsrahmen im dritten Kapitel widmet sich das vierte Kapitel der Entwicklung eines Entscheidungsrahmens für ein Regain Management. Dabei ist der Entscheidungsrahmen „auf (verallgemeinerte) praktische Handlungszwecke ausgerichtet [und lässt sich] zur Unterstützung realer organisatorischer Problemlösungen heranziehen“[671]. Die Schwierigkeit besteht darin, „ein Optimum dafür zu finden, daß theoretische Aussagen einerseits konkrete reale Probleme, z. B. in der Form der spezifischen Bedingungen bestimmter Unternehmungen, thematisieren, andererseits aber einen Allgemeinheitsgrad besitzen, der nicht nur einigen wenigen Wirtschaftseinheiten Problemlösungen anbietet.“[672] Folglich nimmt der Entscheidungsrahmen eine Metaebene ein, um auf verallgemeinerte Problemstellungen, Zielgrößen, Aktionsparameter, Bedingungen, Wirkungen sowie deren Zusammenhänge aufmerksam zu machen. Dabei sind die Erkenntnisse nicht als vorschreibend zu interpretieren, sondern als Handlungsoptionen für Unternehmungen aufzufassen.[673]

Es wird daher eher eine Sortierung schlecht-strukturierter oder komplexer Entscheidungsprobleme der Praxis forciert, als wohl-strukturierte Entscheidungen vorzugeben.[674] Somit muss der Terminus der Entscheidung im Kontext des Entscheidungsrahmens von dem Verständnis einer Entscheidung im Sinne einer *entscheidungstheoretischen Betrachtung* abgegrenzt werden. Eine Entscheidung im eigentlichen Sinne umfasst die Auswahl zwischen bestimmten Handlungsalternativen nach Maßgabe bestimmter Ziele sowie auf Basis von Informationsgewinnungs- und Informationsverarbeitungsprozessen.[675] Dabei muss einerseits eine Wahlmöglichkeit gegeben sein und andererseits das Risiko einer Fehlentscheidung bestehen.[676] In entscheidungstheoretischen Untersuchungen können zwei Richtungen differenziert werden. Die *deskriptive Entscheidungstheorie* zielt auf die Erklärung von Entscheidungen in der Realität sowie deren empirische Bestätigung ab, um darauf basierend Basis Entscheidungen prognostizieren und steuern zu können. Die *präskriptive Entscheidungstheorie* strebt eine grundsätzliche Lösung von rationalen Entscheidungen an. Es erfolgt eine Abstraktion von der eigentlichen inhaltlichen Entscheidung, um die Grundprobleme bei der Auswahl zwischen mehreren

---

[671] Grochla (1978), S. 63.
[672] Grochla (1978), S. 64.
[673] Vgl. Gochla (1978), S. 63, sowie Kapitel 1.2.
[674] Vgl. Kirsch (1984), S. 760.
[675] Vgl. Frese (2000), S. 39-40.
[676] Vgl. Hax (1971), S. 14.

Alternativen zu betrachten.[677] In dem folgenden Entscheidungsrahmen zum Regain Management sollen weder Beobachtungen zu Entscheidungsprozessen aus der Praxis empirisch bestätigt werden, noch Hinweise zum grundsätzlichen Umgang mit der Wahl zwischen unterschiedlichen Handlungsalternativen sowie der Ableitung von Prinzipien zur Entscheidungsfindung geliefert werden. Vielmehr soll eine Orientierung für den sehr komplexen Gestaltungsbereich gegeben werden, welcher die möglichen Handlungsspielräume aufzeigt. Aufgrund der Komplexität der zu beachtenden internen und externen Rahmenbedingungen, wie beispielsweise der vorherrschenden Umweltbedingungen sowie der zur Verfügung stehenden Ressourcen, wird jedoch keine Entscheidungsfindung vorgegeben bzw. empfohlen.[678]

In Anlehnung an die sachlich-analytische Forschungsstrategie basieren die Erkenntnisse auf fundierten Informationen, empirisch überprüften (Teil-)Zusammenhängen, Plausibilitätsüberlegungen sowie logischen Schlussfolgerungen, welche größtenteils im Rahmen des Konzeptionsrahmens einer kritischen Analyse unterzogen wurden.[679] GROCHLA hebt explizit das spekulative Element dieser Forschungsstrategie hervor, in der keine empirische Bestätigung der Aussagen angestrebt wird. Dabei wird das Ziel verfolgt, „eine Art gedankliche Simulation der Realität [durchzuführen] mit dem Erkenntnisziel, die Beziehungen transparent zu machen und hieraus direkt Handlungsempfehlungen abzuleiten." [680]

In der Tabelle 33 wird der Zusammenhang zwischen dem Konzeptionsrahmen (3. Kapitel) und dem Entscheidungsrahmen (4. Kapitel) dargestellt. Es wird verdeutlicht, welche Elemente des Entscheidungsrahmens sich aus den Erkenntnissen des Konzeptionsrahmens ergeben, wobei die theoretischen, konzeptionellen und empirischen Erkenntnisse der vier Forschungsgebiete separat aufgeführt sind. Die Weiterentwicklung vom Konzeptionsrahmen zum Entscheidungsrahmen „ist eine Aufgabe, für deren Lösung sich keine generellen Regeln angeben lassen und die im Einzelfall stets ein großes Maß an Kreativität, Phantasie, Intuition und wohl auch Erfahrung erfordert."[681]

---

677 Vgl. Laux/Gillenkirch/Schenk-Mathes (2012), S. 3-4.

678 Vgl. Grochla (1978), S. 65.

679 Vgl. Kapitel 3.1, in dem die Auswahl der Erkenntnisobjekte sowie der Diskussionskriterien erläutert werden.

680 Grochla (1978), S. 72.

681 Grochla (1978), S. 63-64. Dieses Zitat verdeutlicht, dass die Entwicklung eines Entscheidungsrahmens auf Basis des Konzeptionsrahmens umfassender ist als eine sprachlich-logische Anpassung.

Tabelle 33: Input des Konzeptionsrahmens für den Entscheidungsrahmen.

	Kundenrückgewinnung			Alumni			Reintegration			Bindung/ Fluktuation		
	Theoretisch	Konzeptionell	Empirisch	Theoretisch	Konzeptionell	Empirisch	Theoretisch	Konzeptionell	Empirisch	Theoretisch	Konzeptionell	Empirisch
Grundlegende Elemente												
Begriff		x	x	x	x	x					x	x
Ziele					x					x	x	
Anforderungen		x	x			x		x				x
Strukturelle Elemente												
Akteure						x						
Schnittstellen		x			x							
Inhaltliche Elemente												
Trennung	x	x	x			x				x	x	x
Kontakterhaltung				x	x	x	x	x			x	
Rückgewinnung	x		x				x	x	x		x	x
Prozessuale Elemente												
Managementprozess		x			x	x					x	

Im Konzeptionsrahmen werden grundsätzlich Hinweise für die Konkretisierung des Begriffsverständnisses, mögliche Ziele sowie Anforderungen an ein Regain Management geliefert. Die Kundenrückgewinnungsforschung und die Alumniforschung tragen insbesondere zur Konzeption der strukturellen Gestaltungselemente eines Regain Management bei. Die inhaltlichen Gestaltungselemente werden von allen vier Erkenntnisobjekten determiniert. In Bezug auf die prozessualen Gestaltungselemente lassen sich Erkenntnisse aus dem Forschungsbereich der Kundenrückgewinnung, der Alumniforschung sowie der Mitarbeiterbindung gewinnen. Der Aufbau des Entscheidungsrahmen für ein Regain Management umfasst demnach vier Bereiche: die grundlegenden, die strukturellen, die inhaltlichen sowie die prozessualen Gestaltungselementen.

- Die *grundlegenden Gestaltungselemente* beinhalten eine Konkretisierung des Begriffsverständnisses eines Regain Managements in Anlehnung an die gewonnenen Erkenntnisse des Konzeptionsrahmens des dritten Kapitels, um die Arbeitsdefinition aus Kapitel 2.2.1 zu spezifizieren. Anschließend werden die Ziele eines Regain Managements – unterteilt in die Sachziele sowie Formalziele – erläutert. Um diese Ziele erreichen zu können, werden die Anforderungen an ein Regain Management abgeleitet, kategorisiert und umfassend dargestellt.

- Die *strukturellen Gestaltungselemente* zeigen die Akteure eines Regain Managements auf, zu welchen die Unternehmungsleitung, die Führungskräfte, die Personalabteilung, die aktuellen Mitarbeiter sowie die ehemaligen Mitarbeiter der Unternehmung gezählt werden.

Auch wird die Abstimmung zwischen einem Regain Management mit den organisationalen Schnittstellen – insbesondere den Bereichen der Personalbedarfsdeckungskette, d. h. der Personalbeschaffung, der Personalauswahl, der Personaleinführung sowie der Personalentwicklung – diskutiert.

- Im Rahmen der *inhaltlichen Gestaltungselemente* wird auf die Dreiteilung des Begriffsverständnisses aus Kapitel 4.2.1 eingegangen. Dabei werden zunächst die Trennungsgründe kategorisiert und beschrieben, bevor auf die Maßnahmen zur Gestaltung der Trennung eingegangen wird. Anschließend werden die Maßnahmen der Kontakterhaltung sowie der Rückgewinnung kategorisiert und dargestellt.

- Die *prozessualen Gestaltungselemente* setzen sich schlussendlich mit dem Ablauf eines Regain Managements auseinander, welcher die Phasen der Analyse, Zielbildung, Maßnahmenplanung, Realisierung und Evaluation umfasst.

Die Gestaltungselemente sind interdependent zueinander, d. h. Veränderungen innerhalb des einen Elementes können sich auf andere Elemente auswirken. Aufgrund der Komplexität der Wirkungszusammenhänge werden diese im Entscheidungsrahmen erörtert, jedoch nicht vollständig und umfassend dargestellt.

Abschließend findet eine kritische Reflexion des Regain Managements statt, in dem die Möglichkeiten und Grenzen eines Regain Managements als Element des externen Personalmarketings aufgezeigt und diskutiert werden sollen.

Abbildung 9 visualisiert den Aufbau und die Vorgehensweise des Entscheidungsrahmens.

Die einzelnen Gestaltungselemente stellen einen Teil des Systems dar. In Anlehnung an die systemtheoretische Perspektive liegen zwischen den Elementen eines Systems unterschiedliche Wechselwirkungen vor, so dass die Elemente interdependent zueinander sind.[682] Dementsprechend bedingen und beeinflussen sich die einzelnen Gestaltungselemente des Entscheidungsrahmens eines Regain Management oder stehen auch konträr zueinander, womit sich eine Vielzahl von möglichen Wechselwirkungen ergibt.

682 Vgl. Becker (2013), S. 48-49; Macharzina/Wolf (2012), S. 70. Auch Grochla greift auf die Systemtheorie zurück, indem er Unternehmungen als ein sozio-technisches System versteht. Vgl. Grochla (1978), S. 8-12. Zu den Anfängen der Systemtheorie vgl. u. a. von Bertalanffy (1972) sowie zur Prägung der deutschsprachigen Betriebswirtschaftslehre vgl. Ulrich (1970).

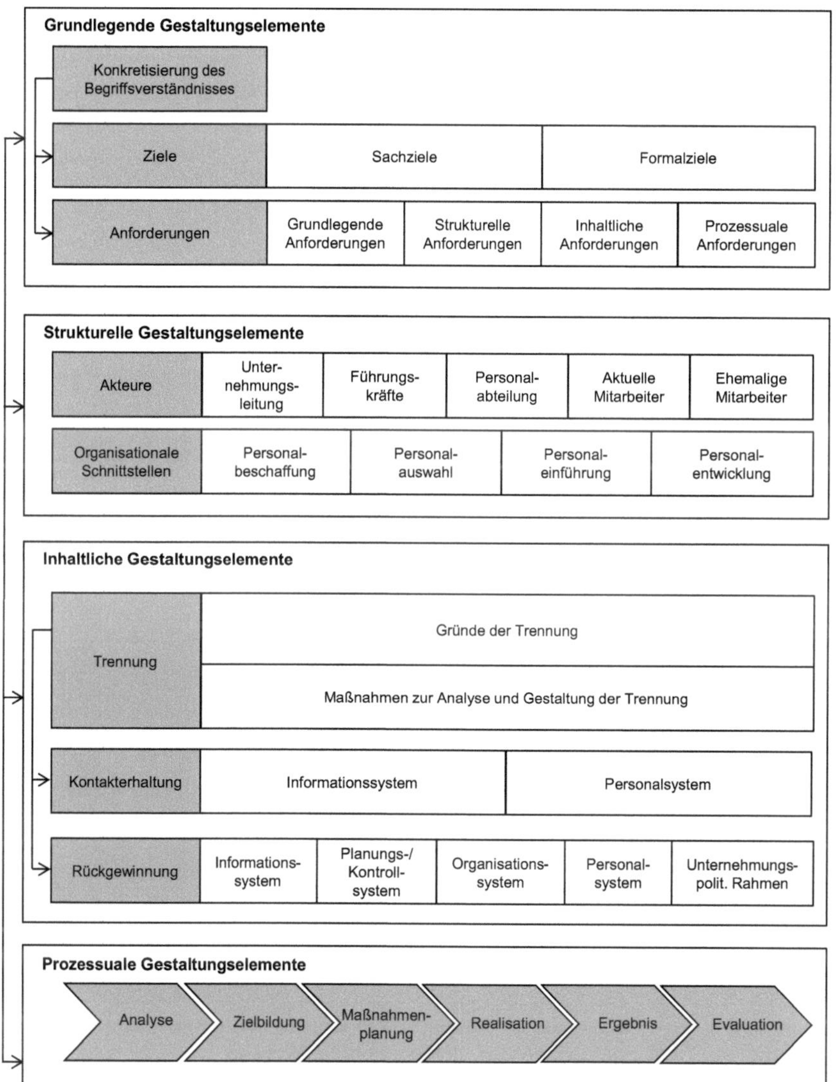

Abbildung 9: Aufbau des Entscheidungsrahmens.

Des Weiteren steht das System in ständiger Interaktion mit der Systemumwelt, welche ebenfalls auf die Komplexität der Wechselbeziehungen Einfluss nimmt. Daher wird eine interdisziplinäre Vorgehensweise empfohlen, welche sich mit der sachlich-analytischen Forschungsstrategie nach GROCHLA deckt.[683] Aufgrund der eingenommenen Metaebene des Entscheidungsrahmens ist eine ganzheitliche und systemische Perspektive möglich. Allerdings kann diese nur näherungsweise die Vielschichtigkeit der möglichen Wechselwirkungen wiedergeben.[684]

4.2 Grundlegende Gestaltungselemente

4.2.1 Konkretisierung des Begriffsverständnisses

Im Rahmen der Grundlagen wurde ein Begriffsverständnis des Regain Managements gewählt, welches durch die gewonnenen Erkenntnisse der unterschiedlichen Forschungsbereiche im Konzeptionsrahmen für den Entscheidungsrahmen konkretisiert und ergänzt werden muss.

In der Kundenrückgewinnungsforschung (in Kapitel 3.2) wurde deutlich, dass unterschiedliche Verständnisse hinsichtlich des Begriffes „ehemalig“ vorliegen. So muss auch im Regain Management genau differenziert werden, was unter einem ehemaligen Mitarbeiter zu verstehen ist und welche Aufgaben sich daraufhin seitens der Unternehmung ergeben. Es lassen sich zwei Begriffsverständnisse unterscheiden, welche in Abbildung 10 dargestellt sind. Im ersten Begriffsverständnis werden zu den ehemaligen Mitarbeitern auch diejenigen gezählt, die innerlich gekündigt haben, die über eine faktische Kündigung nachdenken oder die eine Kündigung ausgesprochen haben, aber noch in der Unternehmung tätig sind. Dementsprechend ist die Trennung zwischen aktuellen und ehemaligen Mitarbeitern im ersten Begriffsverständnis fließend.[685] Im zweiten Begriffsverständnis hingegen ist eine eindeutige Unterscheidung möglich, da unter ehemaligen Mitarbeitern nur diejenigen Mitarbeiter verstanden werden, die bereits bei der Unternehmung gearbeitet haben, aber zur Zeit nicht in einem Arbeitsverhältnis mit der Unternehmung stehen und die Unternehmung verlassen haben.[686] Deutlich wird, dass das erste Begriffsverständnis umfassender und weiter gefasst ist als das zweite Begriffsverständnis.[687]

683 Vgl. Becker (2013), S. 49; Macharzina/Wolf (2012), S. 71.

684 Vgl. Grochla (1978), S. 203-204.

685 In der Kundenrückgewinnungsforschung folgen dem Verständnis I u. a. Bruhn (2001), S. 119; Büttgen (2003), S. 61; Ritschel (2011), S. 38; Rutsatz (2004), S. 22; Stauss (2000a), S. 580.

686 In der Kundenrückgewinnungsforschung folgen dem Verständnis II u. a. Homburg/Schäfer (1999), S. 2; Michalski (2002), S. 12; Sauerbrey/Henning (2000), S. 4; Sieben (2002), S. 45.

687 Vgl. Barten (2011), S. 84; Pick (2008), S. 46; Ritschel (2011), S. 37-38.

Begriffsverständnis I		
Potenzielle Mitarbeiter	Aktuelle Mitarbeiter	Ehemalige Mitarbeiter
Gewinnung	Bindung	**Rückgewinnung**

Begriffsverständnis II		
Potenzielle Mitarbeiter	Aktuelle Mitarbeiter	Ehemalige Mitarbeiter
Gewinnung	Bindung	**Rückgewinnung**

Abbildung 10: Bestandteile der Begriffsverständnisse eines Regain Managements.
Quelle: In Anlehnung an Barten (2011), S. 83; Michalski (2002), S. 9.

Um die Diskrepanz zwischen den zwei Verständnissen differenzierter zu betrachten, eignet sich die Anwendung von Kriterien. In Anlehnung an STAUSS werden folgende Kriterien herangezogen: die Zielgruppe, der bestehende Beziehungsstatus, das intendierte Ziel sowie die für die Unternehmung bestehende Managementaufgabe.[688] Im Ergebnis wird deutlich, dass ein Regain Management im weiteren Sinne (Begriffsverständnis I) und ein Regain Management im engeren Sinne (Begriffsverständnis II) abgeleitet werden können. Das Regain Management im engeren Sinne besteht ausschließlich aus der reaktiven Rückgewinnung, das Regain Management im weiteren Sinne beinhaltet daneben auch die antizipative Rückgewinnung (vgl. Abbildung 11).

Begriffsverständnisse	**Regain Management im weiteren Sinne (I)**			
	Bindungsmanagement			**Regain Management im engeren Sinne (II)**
Zielgruppe	Abwanderungsgefährdeter Mitarbeiter		Aktive Kündiger	Ehemalige Mitarbeiter
Beziehungsstatus	Gefährdet aufgrund Beschwerde	Gefährdet aus sonst. Gründen	Verloren, aber revitalisierbar	Faktisch verloren
Ziel	Stabilisieren/Sichern			Zurückgewinnen
Management-aufgaben	Antizipative Rückgewinnung			Reaktive Rückgewinnung

Abbildung 11: Differenzierung der Begriffsverständnisse eines Regain Managements.
Quelle: Eigene Darstellung in Anlehnung an Stauss (2011), S. 334.

Im Rahmen dieser Arbeit wird dem *Regain Management im engeren Sinne* gefolgt, welches ausschließlich die Managementaufgabe der reaktiven Rückgewinnung umfasst und die antizi-

688 Vgl. Stauss (2011), S. 334. Vgl. dazu auch Stauss/Seidl (2007), S. 32.

pative Rückgewinnung ausschließt. Die antizipative Rückgewinnung, welche sich mit der Stabilisierung und Sicherung schwieriger Arbeitsverhältnisse beschäftigt, wird als Aufgabe dem Bindungsmanagement zugeordnet, welches auf die positive Beeinflussung der Bleibe- und Leistungsbereitschaft der Mitarbeiter durch unterschiedliche Maßnahmen abzielt.[689]

Da das Regain Management ein Element des externen Personalmarketings darstellt und das Bindungsmanagement dem internen Personalmarketing zugeordnet werden kann, wird die inhaltliche Nähe zwischen dem Bindungsmanagement und dem Regain Management deutlich.[690]

Damit einhergehend, wird die Notwendigkeit der Abstimmung dieser Bereiche kenntlich, weshalb eine Dreiteilung des Begriffsverständnisses vorgenommen wird. Zunächst stellt die Kenntnis der Gründe für die Trennung eine elementare Voraussetzung für das Regain Management dar. Dementsprechend umfasst das Regain Management die (1) *Identifikation und Analyse der Trennungsgründe* ebenso wie die *Gestaltung des Trennungsprozesses* als Ausgangspunkt. In Anlehnung an die Reintegrationsforschung, in welcher die Wichtigkeit des Kontaktes während der Entsendung des Mitarbeiters als Erfolgsfaktor für die spätere Wiedereingliederung gesehen wird, stellt neben der Gestaltung der Trennung die (2) *Kontakterhaltung* einen zentralen Bestandteil des Regain Managements dar.[691] Im Rahmen des Regain Managements bezieht sich die Kontakterhaltung auf den Zeitraum, in welchem der Mitarbeiter nicht bei der Unternehmung beschäftigt ist, aber dennoch ein Kontakt zwischen dem Mitarbeiter und der Unternehmung angestrebt wird. Der dritte Begriffsbestandteil umfasst die (3) *Rückgewinnung* des ehemaligen Mitarbeiters.[692] Hierunter ist die Wiederherstellung der Teilnahmebereitschaft des ehemaligen Mitarbeiters durch unterschiedliche Maßnahmen zu verstehen.

Unter einem ehemaligen Mitarbeiter wird somit eine Person verstanden, welche in der Vergangenheit für eine Unternehmung tätig war. Dabei ist es zwar möglich, nicht jedoch zwingend nötig, dass der Mitarbeiter in Zukunft wieder als Arbeitnehmer in die Unternehmung

689 Vgl. Berthel/Becker (2013), S. 745.

690 Für die Einordnung des Regain Managements in das Personalmarketing vgl. Kapitel 2.2.2. Die Nähe des Bindungsmanagements und des Regain Managements wird dadurch unterstrichen, dass die erste Beziehung sowie das empfundene Commitment die Basis für die Alumni-Beziehung darstellen kann. In der Alumniforschung vgl. dazu Diamond/Kashyap (1997), S. 924-925; Ziegele/Langer (2005), S. 46-48.

691 Autoren der Reintegrationsforschung, welche dieser Erkenntnis folgen, sind u. a. Ewerlin/Süß (2010), S. 528; Kühlmann (2004), S. 89-91.

692 Die inhaltliche Dreiteilung des Begriffsverständnisses eines Regain Managements spiegelt sich auch bei der Unterteilung der inhaltlichen Gestaltungselemente des Entscheidungsrahmens in Kapitel 4.4 wider.

eintritt.[693] Als Synonym für Ehemalige kann der Begriff Alumni verwendet werden, welcher in der heutigen Zeit sowohl Absolventen von Hochschulen als auch frühere Beschäftigte von Unternehmungen umfasst.[694] Die Zielgruppe der ehemaligen Mitarbeiter ist in ihrer Anzahl begrenzt.[695]

Abweichend von dem Begriffsverständnis von BRAST/CORDES werden nicht ausschließlich diejenigen ehemaligen Mitarbeiter betrachtet, welche freiwillig gekündigt haben, sondern es werden ebenfalls die Mitarbeiter integriert, welchen betriebsbedingt oder aufgrund anderer Gründe gekündigt wurde, die in der Vergangenheit von Bedeutung waren, jedoch zukünftig keine Relevanz mehr haben.[696] Dazu können u. a. zwischenmenschliche Differenzen zwischen dem Vorgesetzten und dem Mitarbeiter oder Schwierigkeiten in der Zusammensetzung des Teams gezählt werden. Die Erweiterung der Zielgruppe der mitarbeiterseitig beendeten Arbeitgeber-Arbeitnehmer-Beziehung um betriebsbedingt gekündigte bzw. aus anderen Gründen gekündigte Mitarbeiter erklärt sich dadurch, dass im Kontext des Regain Managements das Potenzial der ehemaligen Mitarbeiter von Relevanz ist. Dabei ist sowohl das aktuelle Qualifikationspotenzial als auch das zukünftige Qualifikationspotenzial für die Unternehmung von Interesse, wobei die Qualifikation „sich auf die Kenntnisse, Fähigkeiten, Fertigkeiten, Verhaltensmöglichkeiten, Werte und Einstellungen einer Person“[697] bezieht.[698] Wenn das Qualifikationspotenzial direkt auf einen im Betrieb zu besetzenden Arbeitsplatz bezogen wird, ist die Eignung des ehemaligen Mitarbeiters zu beurteilen. BERTHEL/BECKER integrieren dabei nicht ausschließlich die Arbeitskenntnisse, sondern ebenfalls die „motivational bedingten, an die Arbeitssituation geknüpften individuellen Ziele und Erwartungen“[699]. Auch wenn noch kein konkret zu besetzender Arbeitsplatz in der Unternehmung vorliegt, stellen die ehemaligen Mitarbeiter mit einem hohen aktuellen und/oder zukünftigen Qualifikationspotenzial die Zielgruppe des Regain Managements dar.

---

693 Vgl. Jaeger (2006), S. 69.

694 Vgl. Niebergall (2007), S. 5; Vintz (2003), S. 102-104. Vgl. auch Kapitel 3.3.1.

695 Vgl. Rohlmann/Wömpener (2009a), S. 475.

696 Für das Verständnis von Brast/Cordes vgl. Brast/Cordes (2010), S. 16-17.

697 Berthel/Becker (2013), S. 259.

698 Für eine Differenzierung des Qualifikationspotenzials vgl. Becker (2002), S. 472; Berthel/Becker (2013), S. 288-289. Demnach lässt sich das aktuelle Qualifikationspotenzial in ein realisiertes Arbeitsvermögen und ein latentes, sofort realisierbares Arbeitsvermögen unterscheiden. Das zukünftige Qualifikationspotenzial stellt dagegen ein latentes, später realisierbares Arbeitsvermögen dar.

699 Berthel/Becker (2013), S. 259.

Als Voraussetzung für die Wiederaufnahme der Beziehung wird in der Kundenrückgewinnungsforschung die Wiederaufnahmebereitschaft gesehen.[700] Auch die Wiederaufnahmebereitschaft eines ehemaligen Mitarbeiters lässt sich als Bereitschaft verstehen, das Arbeitsverhältnis zu einem früheren Arbeitgeber wiederaufzunehmen. Die Wiederaufnahmebereitschaft lässt sich in Anlehnung an PICK sowie RUTSATZ in die generelle und spezifische Wiederaufnahmebereitschaft differenzieren.[701] Erstere bezeichnet die von den Maßnahmen der Unternehmung unabhängige Bereitschaft, das Arbeitsverhältnis zu einem früheren Arbeitgeber erneut herzustellen. Letztere bezieht sich auf die von den Maßnahmen der Unternehmung abhängige Bereitschaft der Wiederaufnahme der Beziehung und kann auch als Erwartung des ehemaligen Mitarbeiters hinsichtlich der Maßnahmen der Unternehmung verstanden werden. Bei der spezifischen Wiederaufnahmebereitschaft spielt die aus der Alumniforschung diskutierte Nutzenorientierung eine Rolle. So wird das Interesse an der Kontakterhaltung mit der Unternehmung bzw. die Teilnahme an Ehemaligen-Netzwerken durch die Gewährung von Vorteilen erklärt.[702] Lassen sich aus der Perspektive des ehemaligen Mitarbeiters keine individuellen Vorteile erzielen, sinkt das Interesse an einer Kontakterhaltung mit der Unternehmung sowie einer Rückgewinnung, welches auch die spezifische Wiederaufnahmebereitschaft reduziert. Auch die Wiederaufnahmebereitschaft der Unternehmung in Bezug auf den ehemaligen Mitarbeiter muss als Voraussetzung für eine Kontakterhaltung sowie Rückgewinnung gegeben sein. Diese wird durch das eben erläuterte Qualifikationspotenzial des ehemaligen Mitarbeiters determiniert.

In Bezug zur Verwendung des Managementbegriffes in der Arbeitsdefinition in Kapitel 2.2.1 werden in Anlehnung an die Herleitung des Managementkonzeptes für Alumni-Organisationen nach ROHLMANN auch effizienz- sowie entwicklungsorientierte Aspekte hinzugefügt.[703] Es wird somit eine zielgerichtete, effiziente sowie entwicklungsorientierte Vorgehensweise im Regain Management angestrebt.

Die formulierte Arbeitsdefinition aus Kapitel 2.2.1 wird entsprechend angepasst, so dass folgende Definition eines Regain Managements für den Entscheidungsrahmen gültig ist:

---

700 Vgl. Homburg/Schäfer (1999), S. 5; Michalski (2002), S. 160-167; Pick (2008), S. 35-42; Stauss/Friege (1999), S. 352.

701 Vgl. Pick (2008), S. 41; Rutsatz (2004), S. 35-36.

702 In der Alumniforschung vgl. Niebergall (2007), S. 66-67.

703 Vgl. Rohlmann (2011), S. 26-27. Für eine ähnliche argumentative Vorgehensweise vgl. auch Lenecke (2012).

Regain Management umfasst die zielgerichtete, effiziente und entwicklungsorientierte Analyse, Planung, Realisation und Evaluation[704] *aller Maßnahmen, die auf eine Wiederaufnahme des vertraglichen Arbeitsverhältnisses mit ehemaligen Mitarbeitern, im Sinne einer Wiederherstellung der Teilnahmebereitschaft, abzielen. Dies beinhaltet die Analyse und Gestaltung der Trennung, die Aufrechterhaltung des Kontaktes während der Nicht-Beschäftigung innerhalb der Unternehmung sowie eine mögliche Rückgewinnung als Mitarbeiter in die Unternehmung. Voraussetzung ist, dass die Arbeitnehmer-Arbeitgeber-Beziehung zu einem früheren Zeitpunkt beendet wurde und aus Unternehmungssicht weiterhin ein betrieblich verwendbares Qualifikationspotenzial aufweist. Auch muss eine Wiederaufnahmebereitschaft der Beziehung beider Parteien vorliegen.*

4.2.2 Ziele eines Regain Managements

Um die in der Definition des Regain Managements in Kapitel 4.2.1 geforderte zielgerichtete Vorgehensweise umzusetzen, müssen die konkreten betrieblichen Ziele eines Regain Managements festgelegt werden. Dabei wird als Ziel ein zukünftiger, erstrebenswerter Zustand verstanden, dessen Eintritt von bestimmten Verhaltensweisen, Handlungen oder Unterlassungen abhängig ist.[705] Um ein Ziel erreichen zu können, muss eine Operationalisierung des Ziels stattfinden. Diese beinhaltet zunächst die Festlegung des Inhalts, des Ausmaßes sowie des zeitlichen Bezuges. Des Weiteren muss die praktische Umsetzung des Ziels durch den Entscheidungsträger möglich sowie die Messung des Zielerreichungsgrades gegeben sein.[706]

Die Ziele eines Regain Managements ergeben sich aus den Zielen des Personalmanagements, welche sich wiederum aus den Zielen der Unternehmung ableiten lassen.[707] BERTHEL/BECKER differenzieren den Zusammenhang zwischen dem strategischen Personalmanagement und der strategischen Führung einer Unternehmung und bilden drei Formen der Abhängigkeitsbeziehung: die derivative Funktion des Personalmanagements, die originäre Funktion des Personalmanagements sowie eine wechselseitige Beziehung zwischen dem Personalmanagement und der strategischen Führung der Unternehmung.[708] Im Rahmen dieser Arbeit wird von einer wechselseitigen Beziehung ausgegangen, woraus sich das Begriffsverständnis des strategisch-

[704] Für die Verwendung des Terminus der Evaluation vgl. Kapitel 4.5.6.

[705] Vgl. u. a. Hauschildt (1977), S. 9; Kappler (1975); S. 88. Für einen Überblick über Zielbegriffe in der Literatur vgl. Macharzina/Wolf (2012), S. 212.

[706] Vgl. Macharzina/Wolf (2012), S. 214-215; Marr/Stitzel (1979), S. 58.

[707] Vgl. Becker (2011), S. 41; Marr/Stitzel (1979), S. 58.

[708] Vgl. Berthel/Becker (2013), S. 717-718.

orientierten Personalmanagements bildet. Dies impliziert eine interaktive Beziehung zwischen der strategischen Unternehmungsführung und dem Personalmanagement und folgt dem Schichtenmodell des strategischen Managements, in dem das Subsystem Personal einen elementaren Bestandteil der strategischen Managementkonzeption ausmacht.[709] Dieses Verständnis beeinflusst ebenfalls die Verortung bzw. die inhaltliche Gestaltung der Ziele eines Regain Managements.

Die Zielinhalte lassen sich grundsätzlich in Sach- und Formalziele unterteilen.[710] Nach GROCHLA umfassen die Sachziele „das konkrete Handlungsprogramm der Unternehmung [...]. Sie enthalten die Art, die Menge und den Zeitpunkt für die zu erstellenden und am Markt abzusetzenden Güter und/oder Dienstleistungen.“[711] Somit beschreibt das Sachziel „was“ erreicht werden soll.[712] Abgeleitet aus der Konkretisierung des Begriffsverständnisses liegt das Sachziel des Regain Managements in der Wiederherstellung der Teilnahmebereitschaft der ehemaligen Mitarbeiter.[713] Das Sachziel kann in Unterziele untergliedert werden, welche sich inhaltlich an der Dreiteilung des Begriffsverständnisses orientieren. GROCHLA verdeutlicht dieses Vorgehen, indem „aus dem Sachziel (der Gesamtaufgabe) schrittweise die Handlungsziele (Teilaufgaben) für die Aktionsträger in der Unternehmung abgeleitet werden. Im Verlaufe dieses Gliederungsprozesses werden aus dem (angegebenen) Sachziel Teilaufgaben von immer größerem Detaillierungsgrad abgeleitet.“[714] Demnach lassen sich die Teilziele der Trennung, der Kontakterhaltung sowie der Rückgewinnung ableiten (vgl. Abbildung 12).

Während der Trennung zwischen einem Mitarbeiter und der Unternehmung werden insbesondere zwei Teilziele diskutiert. Zum einen benötigt die Unternehmung Informationen über die Gründe der Trennung, um daraus Optimierungsansätze zu generieren und Ideen für die Konzeption der Kontakterhaltung sowie Rückgewinnung abzuleiten. Zum anderen ist eine interne und externe Kommunikation mit dem Ziel der Schadensminimierung anzustreben. Dies be-

[709] Vgl. Becker (2011), S. 40-43; Berthel/Becker (2013), S. 721-722.

[710] Vgl. Grochla (1972), S. 38. Vgl. auch Jung (2006), S. 29; Thommen (2008), S. 104.

[711] Grochla (1978), S. 17. Vgl. auch Grochla (1972), S. 38.

[712] Vgl. Kolb (2010), S. 57.

[713] In der Kundenrückgewinnungsforschung vgl. dazu Barten (2011), S. 99; Hülsing (2010), S. 251-252; Michalski (2002), S. 185; Pick (2008), S. 50. Für die Konkretisierung des Begriffsverständnisses vgl. Kapitel 4.2.1.

[714] Grochla (1972), S. 39.

zieht sich insbesondere auf die Mitarbeiter, welche die Unternehmung aufgrund von negativen Erfahrungen verlassen, um negative Mund-zu-Mund-Propaganda zu vermeiden.[715]

Ziele eines Regain Managements		
Sachziele		
Wiederherstellung der Teilnahmebereitschaft		
im Bereich **Trennung:**	im Bereich **Kontakthaltung:**	im Bereich **Rückgewinnung:**
- Informationsgewinnung - Schadensminimierung	- Aufbau einer Arbeitgeberattraktivität - Entwicklung von Nutzenpotenzialen - Aufbau einer Beziehung zwischen Unternehmung und ehemaligen Mitarbeitern	- Profitabilitätsziele - Bestands- und Nachwuchssicherung - Wissensgenerierung
Formalziele		
Technisch-ökonomische Ziele	Individuale bzw. soziale Ziele	Flexibilitätsziele

Abbildung 12: Ziele eines Regain Managements.[716]

Im Rahmen der Kontakterhaltung werden drei Teilziele hervorgehoben. Zunächst ist die Unterstützung des Aufbaus einer Arbeitgebermarke durch ehemalige Mitarbeiter zu berücksichtigen, in der die ehemaligen Mitarbeiter als Markenbotschafter der Unternehmung fungieren.[717] Des Weiteren müssen für die Erhaltung des Kontaktes Nutzenpotenziale entwickelt werden, welche die Bedürfnisse und Interessen der ehemaligen Mitarbeiter abdecken, um somit durch den Kontakt zur Unternehmung auch während der Nicht-Beschäftigung einen Mehrwert zu generieren. Das Vorhandensein von Nutzenpotenzialen stellt die Basis für den Aufbau einer Beziehung zwischen der Unternehmung und dem ehemaligen Mitarbeiter dar, welches wiederum die Grundlage für eine mögliche Rückgewinnung sein kann.[718] An dieser Stelle soll jedoch darauf hingewiesen werden, dass auch andere Effekte durch den Erhalt des

715 In der Kundenrückgewinnungsforschung werden die Informationsgewinnung sowie die Schadensminimierung u. a. bei folgenden Autoren angesprochen: vgl. Barten (2011), S. 102-103; Michalski (2002), S. 187; Pick (2008), S. 52-53; Ritschel (2011), S. 39; Schöler (2011), S. 501.

716 Für die Unterteilung in Sach- und Formalziel vgl. Grochla (1978), S. 23-24; Kolb (2010), S. 58.

717 Vgl. Brast/Cordes (2010), S. 19; DGFP (2004), S. 15; Felser (2010), S. 15-20; Freitag/Student (2012), S. 13; Jochmann (2006), S. 177; Schikora (2011), S. 66.

718 Vgl. Brast/Cordes (2010), S. 17. In der Alumniforschung vgl. auch Niebergall (2007), S. 19; Rohlmann (2011), S. 15-16.

Kontaktes realisiert werden können, beispielsweise können ehemalige Mitarbeiter zu zukünftigen Geschäftspartnern oder Empfehlungsgebern werden.[719]

Im Kontext der Rückgewinnung wird die tatsächliche Wiedergewinnung von ehemaligen Mitarbeitern als Arbeitnehmer zur Bestands- und Nachwuchssicherung angestrebt.[720] Hierdurch können zum einen Profitabilitätsziele generiert werden, da die Rückgewinnung von Mitarbeitern häufig mit einer geringen Einarbeitung, der Vermeidung von Rekrutierungskosten sowie einem geringerem Risiko in Bezug auf die Leistungsfähigkeit und die Integration einhergeht.[721] Des Weiteren wird eine Wissensgenerierung erzielt, da ehemalige Mitarbeiter durch die Beschäftigung in anderen Unternehmungen neue Erkenntnisse und Erfahrungen erworben haben, von der die Unternehmung profitieren kann.[722]

Vom Sachziel abgegrenzt werden muss das Formalziel, welches sich mit der Bewertung der Aktivitäten der Unternehmung befasst. Demnach gibt das Formalziel an, „anhand welcher Kriterien die Entscheidungen in der Unternehmung im Hinblick auf die auszuwählenden Handlungsmöglichkeiten getroffen werden.“[723] Es wird von GROCHLA auch mit Effizienz gleichgesetzt.[724] Die Formalziele beschreiben die Art und Weise und klären das „wie“ der Zielerreichung.[725] Die Auswahl der Kriterien, welche zur Bewertung der Entscheidung angewendet werden, wird durch das Formalziel bestimmt. GROCHLA differenziert die Effizienzkriterien in technisch-ökonomische Kriterien, individuale bzw. soziale Kriterien sowie Kriterien der Flexibilität.[726] Ökonomische Ziele umfassen dabei u. a. die Produktivität, Rentabilität und Wirtschaftlichkeit.[727] Auch im Kontext des Regain Managements gilt es, ein günstiges Verhältnis zwischen den erbrachten Leistungen und den entstehenden Kosten zu erreichen.

Soziale Ziele bezeichnen die Berücksichtigung der Mitarbeiterinteressen sowie deren Erwartungen und Bedürfnisse, welche sehr unterschiedlich ausgeprägt sein können. MARR/STITZEL

719 Vgl. Schwuchow (2008), S. 23; Wolz (2003), S. 80.

720 Vgl. Becker (2010), S. 235-236; Freitag/Student (2012), S. 31; Jochmann (2006), S. 177; Schikora (2011), S. 66; Stotz (2007), S. 22.

721 Vgl. Brast/Cordes (2010), S. 17; Hirschfeld (2006), S. 24-25.

722 In der Reintegrationsforschung vgl. dazu Ewerlin/Süß (2010), S. 526.

723 Grochla (1972), S. 41.

724 Vgl. Grochla (1978), S. 18 und S. 24. Als Synonyme für Effizienz werden auch die Termini Leistungswirksamkeit oder Erfolgsniveau verwendet.

725 Vgl. Jung (2006), S. 29-31; Kolb (2010), S. 57; Thommen (2008), S. 104.

726 Vgl. Grochla (1978), S. 23-24. Die Unterteilung der Formalziele in ökonomische, soziale, technische und ökologische Ziele lässt sich auch bei Schweitzer finden. Vgl. Schweitzer/Schweitzer (2015), S. 21. Die Differenzierung in ökonomische und nicht-ökonomische Ziele bzw. in ökonomische und soziale Ziele lässt sich auch bei anderen Autoren finden wie u. a. Becker, M. (2010), S. 25; Kolb (2010), S. 57-58.

727 Vgl. Marr/Stitzel (1979), S. 57; Thommen (2008), S. 110-111. Zur Arbeitsleistung als personalwirtschaftliche Zielkomponente vgl. Marr/Stitzel (1979), S. 65-71.

führen als Maßnahmen zur Befriedigung dieser Bedürfnisse z. B. die Bezahlung, die Arbeitsbedingungen oder die Entwicklungsmöglichkeiten in der Unternehmung an.[728] Dies stellen einige Ansatzpunkte dar, welche in einem Regain Management berücksichtigt werden müssen. Die Maßnahmen eines Regain Managements, welche zur Erreichung der Ziele entwickelt und umgesetzt werden können, werden in Kapitel 4.4 tiefergehend erläutert.

Anhand der angeführten Beispiele wird deutlich, dass Diskrepanzen zwischen den ökonomischen und sozialen Zielen entstehen können. Der Zusammenhang zwischen ökonomischen und sozialen Zielen wird auch in der Literatur diskutiert, wobei drei Arten der Beziehung herausgestellt werden: Entweder können Ziele miteinander konkurrieren, sich gegenseitig positiv beeinflussen oder neutral zueinander stehen.[729] MARR/STITZEL gehen von einer Basiskomplementarität zwischen ökonomischen und sozialen Zielen aus, d. h. „[...] ein bestimmtes Ausmaß an ökonomischer Effizienz ist erforderlich, um soziale Effizienz realisieren zu können (und umgekehrt)“[730]. Das bedeutet einerseits, dass eine soziale Effizienz von der ökonomischen Effizienz abhängig ist. Als Beispiel wird die Gewährung von Anreizen angeführt, welche nur bei einer wirtschaftlich stabilen Lage der Unternehmung möglich ist. Umgekehrt lässt sich jedoch auch ein Abhängigkeitsverhältnis konstatieren. Eine ökonomische Effizienz kann nur durch leistungsbereite Mitarbeiter erreicht werden, wobei die Leistungsbereitschaft von der sozialen Effizienz der Unternehmung tangiert werden kann. Die von GROCHLA geforderten Flexibilitätsziele, welche das langfristige Überleben der Unternehmung gewährleisten, können durch Maßnahmen zur Erreichung sozialer Effizienz erzielt werden. Dadurch kann nicht nur die Kostenseite, sondern auch die Leistungsseite verändert werden oder die Leistungs-Kosten-Relation ist auf einen langfristigen Horizont betrachtet positiv.[731] Demnach lässt sich die Flexibilität der Unternehmung durch soziale Effizienz erlangen.

Die einzelnen Ziele des Regain Managements müssen als Zielsystem verstanden werden, die nicht einzeln betrachtet werden sollten.[732] Die Festlegung des Sachziels und insbesondere die Definition der Unterziele sollten für jede Unternehmung und die jeweilige Situation individuell erfolgen. Betriebliche Entscheidungen sind abhängig von der jeweiligen Zieldefinition, da Ziele die Funktion eines Entscheidungskriteriums einnehmen können.[733] Die nachfolgenden

---

728 Vgl. Marr/Stitzel (1979), S. 57. Vgl. auch Thommen (2008), S. 107.
729 Vgl. Macharzina/Wolf (2012), S. 217.
730 Marr/Stitzel (1979), S. 79. Vgl. auch Becker, M. (2010), S. 25-26.
731 Vgl. Marr/Stitzel (1979), S. 80.
732 Zum Zielsystem vgl. Macharzina/Wolf (2012), S. 216; Thommen (2008), S. 112.
733 Vgl. Macharzina/Wolf (2012), S. 215.

Möglichkeiten zur Gestaltung eines Regain Managements orientieren sich somit an den zuvor festgelegten Zielen.

4.2.3 Anforderungen an ein Regain Management

4.2.3.1 Auswahl der Anforderungen

Die Erreichung der im vorherigen Kapitel definierten Ziele eines Regain Managements kann durch die Formulierung von Anforderungen unterstützt werden. Anforderungen können dabei als Richtlinien verstanden werden, welche die Konzeption und Implementierung eines Regain Managements begleiten.[734] Der Erfolg oder Misserfolg eines Regain Managements kann nur auf Basis vorher festgelegter Anforderungen überprüft werden. Auch die Bewertung der Anforderungen selbst kann nur durch eine vorherige Festlegung kritisch hinterfragt werden. Somit besteht ein enger Zusammenhang zwischen der Bestimmung der Anforderungen und der Evaluation der Konzeption, welches auch die Notwendigkeit der Festlegung von Anforderungen verdeutlicht.[735]

Innerhalb der im Konzeptionsrahmen diskutierten Ansätze der unterschiedlichen Erkenntnisobjekte werden Anforderungen dargestellt, welche für die Konzeption der Anforderungen eines Regain Managements herangezogen werden können.[736] Im Folgenden werden Anforderungen aus den jeweiligen Forschungsbereichen skizziert, um dann eine Auswahl von geeignet erscheinenden Anforderungen für ein Regain Management vorzunehmen (vgl. Abbildung 13).[737]

Im Bereich der Kundenrückgewinnungsforschung werden insbesondere folgende Anforderungen formuliert:

- *Wirtschaftlichkeit*: Gegenüberstellung der Kosten- und Nutzenwirkungen der Aktivitäten eines Kundenrückgewinnungsmanagements[738]

---

734 Zur Beschreibung von Anforderungen sowie den Zusammenhang zwischen Problemen, Funktion und Anforderungen vgl. Fallgatter (1996), S. 34-35.

735 Vgl. grundsätzlich Becker (2009b), S. 268-269. Vgl. dazu auch Becker, W. (1980), S. 5-9.

736 Als Synonyme für Anforderungen lassen sich auch die Termini Bedingungen, Voraussetzung für das Funktionieren sowie Kontextfaktoren finden. Vgl. u. a. Holtschmidt/Priller (2003), S. 69; Niebergall (2007), S. 160; Rohlmann (2010), S. 29.

737 Die Ableitung von Anforderungen wird auch in den Implikationen aus dem Konzeptionsrahmen für den Entscheidungsrahmen deutlich. Vgl. dafür Tabelle 33 in Kapitel 3.6.

738 Vgl. u. a. Büttgen (2003), S. 71; Homburg/Schäfer (1999), S. 18-21; Michalski (2002), S. 210-215.

- *Individualität*: Ausgestaltung der Anreize sowie Angebote eines Kundenrückgewinnungsmanagements hinsichtlich der individuellen Interessen und Bedürfnisse der Kunden[739]
- *Gerechtigkeit*: Berücksichtigung von gerechtigkeitstheoretischen Überlegungen in Bezug auf die Strukturen, Prozesse sowie Aktivitäten eines Kundenrückgewinnungsmanagements[740]
- *Integrative Organisationsstruktur*: Implementierung des Rückgewinnungskonzeptes in die bestehende Unternehmungsstruktur[741]
- *Ganzheitlichkeit*: systematische Vorgehensweise des Kundenrückgewinnungsmanagements in Abstimmung und Zusammenarbeit mit anderen Funktionsbereichen[742]
- *Fehlertoleranz*: Förderung einer Unternehmungskultur, in der eine positive Einstellung gegenüber Problemen besteht und aus Fehlern gelernt werden kann[743]

Anforderungen aus den Erkenntnisobjekten			
Kunden-rückgewinnung	Alumniforschung	Reintegrations-forschung	Fluktuations- und Bindungsforschung
– Wirtschaftlichkeit – Individualität – Gerechtigkeit – Integrative Organisationsstruktur – Ganzheitlichkeit – Fehlertoleranz	– Strategische Planung – Nutzenorientierung	– Individualität – Flexibilität – Strategiekonsistenz – Wirtschaftlichkeit	– Flexibilität – Individualität – Wirtschaftlichkeit

Anforderungen an ein Regain Management			
Grundlegende Anforderungen	Strukturelle Anforderungen	Inhaltliche Anforderungen	Prozessuale Anforderungen
– Wirtschaftlichkeit – Strategiekonsistenz – Akzeptanz	– Integrative Organisationsstruktur – Ganzheitlichkeit	– Individualität – Gerechtigkeit – Realisierbarkeit	– Flexibilität – Transparenz

Abbildung 13: Anforderungen an ein Regain Management.

Im Rahmen der Alumniforschung wird insbesondere auf eine *strategische Planung* sowie eine *Nutzenorientierung* eingegangen. ROHLMANN hebt die Relevanz der strategischen Planung für das Alumni-Management hervor, welches u. a. die Entwicklung eines Leitbildes, die Nutzung

739 Vgl. u. a. Sauerbrey (2000), S. 13-16; Sauerbrey/Henning (2000), S. 14-16; Stauss (2000b), S. 456.

740 Vgl. Seidl (2010), S. 32; Sieben (2002), S. 154-163.

741 Vgl. Hülsing (2010), S. 265-266.

742 Vgl. Hülsing (2010), S. 266; Sieben (2002), S. 155 und S. 159.

743 Vgl. Homburg/Fürst/Sieben (2003), S. 66; Homburg/Schäfer (1999), S. 15.

von Steuerungs- und Planungsinstrumenten zur Analyse der IST-Situation sowie Vergleichsanalysen mit Planungsgrößen (SOLL) beinhaltet.[744] Im Rahmen der Nutzenorientierung steht die Schaffung eines Mehrwerts für die Ehemaligen einer Hochschule im Vordergrund. Dies bezieht sich insbesondere auf das Angebot an Maßnahmen.[745]

In der Reintegrationsforschung werden insbesondere folgende Anforderungen hervorgehoben, welche für den Kontext des Regain Managements übertragbar erscheinen:[746]

- *Individualität*: Berücksichtigung individueller Bedürfnisse der Expatriates bei der Gestaltung der Entsendung zu Lasten kollektiver Regelungen
- *Flexibilität*: Fähigkeit sich auf unvorhergesehene interne und externe Ereignisse im Sinne einer Optimierung der Unternehmungsleistung anzupassen
- *Strategiekonsistenz*: Abstimmung der Strategien zwischen dem internationalen Personalmanagement und der Unternehmungs- und Wettbewerbsstrategie insbesondere im Hinblick auf Internationalisierungsstrategien
- *Wirtschaftlichkeit*: Erreichung eines optimalen Input-Output-Verhältnisses

Auch in der Mitarbeiterbindungs- und Mitarbeiterfluktuationsforschung lassen sich die Anforderungen der *Individualität*, *Flexibilität* sowie *Wirtschaftlichkeit* finden, welche für ein Regain Management geeignet erscheinen:[747]

- *Flexibilität*: Veränderungsfähigkeit und -bereitschaft, um mit veränderten Situationen und Rahmenbedingungen umgehen zu können
- *Individualität*: Berücksichtigung der Interessen und Bedürfnisse des einzelnen Mitarbeiters bei der Gestaltung und Abstimmung von Bindungsmaßnahmen
- *Wirtschaftlichkeit*: Analyse von Kosten, Nutzen und Wirkungen, um eine effektive, effiziente und wirtschaftliche Verteilung von Ressourcen zu ermöglichen

Es wird deutlich, dass sich in den unterschiedlichen Erkenntnisobjekten Parallelen hinsichtlich bestimmter Anforderungen ergeben, teilweise jedoch auch unterschiedliche Schwerpunkte in der Bestimmung von Anforderungen zu sehen sind.

Die skizzierten Anforderungen der unterschiedlichen Erkenntnisobjekte werden auf den Kontext des Regain Managements übertragen und in Anlehnung an die Strukturierung des Ent-

744 Vgl. Rohlmann (2010), S. 29-30; Rohlmann (2011), S. 111-113.
745 Vgl. Hoffmann/Müller (2008), S. 593; Holtschmidt/Priller (2003), S. 71-72.
746 Vgl. Pawlik (2000), S. 125-129.
747 Vgl. Meifert (2005), S. 203-205; Merk (2008), S. 79-82.

scheidungsrahmens in die Kategorien grundlegende, strukturelle, inhaltliche sowie prozessuale Anforderungen unterteilt werden. Grundlegende Anforderungen beziehen sich auf das Regain Management insgesamt. In struktureller Hinsicht werden Anforderungen an die institutionelle Einordnung sowie die Akteure gestellt, welche bei der Konzeption eines Regain Managements berücksichtigt werden müssen. Die inhaltlichen Anforderungen betreffen die Gestaltung der Maßnahmen eines Regain Managements. Die prozessualen Anforderungen beziehen sich auf den Prozess bzw. den Ablauf eines Regain Managements. Die modifizierten Anforderungen an ein Regain Management werden im Folgenden erläutert. Insgesamt wird deutlich, dass diese teilweise im Widerspruch zueinander stehen können. Daher gilt es, ein Optimum in der Erfüllung der Anforderungen bei der Konzeption eines Regain Managements – jeweils abhängig von der jeweiligen Situation der Unternehmung – zu finden.

4.2.3.2 Grundlegende Anforderungen

Zu den grundlegenden Anforderungen an ein Regain Management sollten die Wirtschaftlichkeit, die Strategiekonsistenz sowie die Akzeptanz gezählt werden.

Wie bereits in der Skizzierung der Anforderungen deutlich geworden ist, werden unter der Anforderung der *Wirtschaftlichkeit* die Kosten sowie Nutzen eines Regain Managements gegenübergestellt. Zu den Kosten zählen variable Kosten wie z. B. die Kommunikationskosten und Reaktionskosten für die Gestaltung der Maßnahmen, als auch Fixkosten wie u. a. das Personal, die Beratung und Schulung oder Raummieten. Nur wenn der Nutzen bzw. die Wirkungen eines Regain Managements die Kosten mittelfristig übersteigen, ist die Anforderung der Wirtschaftlichkeit erfüllt und die Umsetzung aus betriebswirtschaftlicher Perspektive zu rechtfertigen. Dabei wird eine optimale Verwendung der zur Verfügung stehenden Ressourcen angestrebt.[748] Hierbei sind auch zeitliche, finanzielle und intrapersonelle Grenzen zu berücksichtigen.[749] Schwierigkeiten können sich insbesondere bei der Quantifizierung der Nutzeneffekte ergeben. Die Informationen darüber sind jedoch in Bezug auf die Anforderung der

[748] Im Rahmen der Erkenntnisobjekte vgl. dazu Homburg/Schäfer (1999), S. 19; Meifert (2005), S. 204-205; Michalski (2002), S. 210-215; Pawlik (2000), S. 128. Zur Analyse der Wirtschaftlichkeit vgl. Kapitel 4.5.6 Zur Überprüfung der Wirtschaftlichkeit in der Kundenrückgewinnungsforschung vgl. Büttgen (2003), S. 72; Stauss (2000a), S. 582; Stauss (2000b), S. 456.

[749] Zu den Grenzen in der Personalerhaltung vgl. Hertig (1996), S. 307-310.

Akzeptanz von großer Wichtigkeit, welches verdeutlicht, dass sich die Anforderungen der Wirtschaftlichkeit und der Akzeptanz gegenseitig bedingen.[750]

Im Rahmen des Personalmarketings werden häufig Defizite in der Umsetzung festgestellt, die auf das Fehlen eines Konzeptes bzw. einer Strategie zurückgeführt werden.[751] Auch im Bereich des Alumni-Managements stellt ein strategisches Gesamtkonzept die Basis für eine Professionalisierung dar.[752] Dementsprechend wird unter der Anforderung der *Strategiekonsistenz* die Stimmigkeit zwischen der Ausrichtung des Regain Managements, des Personalmanagements und der Unternehmungs- und Wettbewerbsstrategien verstanden.[753]

In der Kundenrückgewinnungsforschung wird die Notwendigkeit einer positiven Einstellung gegenüber Schwächen und Fehlern, insbesondere bei der Unternehmungsleitung sowie bei den Führungskräften, diskutiert. Das Bewusstsein für Fehler als Basis für Verbesserung muss durch die oberen Hierarchieebenen vorgelebt werden, damit dies auch bei den Mitarbeitern umgesetzt werden kann.[754] Dies ist auch die Voraussetzung für die *Akzeptanz* des Regain Managements innerhalb der Unternehmung, da sich mit den Fehlern aus der Vergangenheit auseinandergesetzt werden muss, um daraus zukünftige Strategien und Maßnahmen abzuleiten. Die Unterstützung eines Regain Managements durch die Unternehmungsleitung erlangt damit eine hohe Wichtigkeit.

4.2.3.3 Strukturelle Anforderungen

Im Rahmen der strukturellen Anforderungen werden eine integrative sowie ganzheitliche Organisationsstruktur angestrebt.

Die Anforderung der *integrativen Organisationsstruktur* beinhaltet die organisatorische Einbindung des Regain Managements in die bestehenden Strukturen der Unternehmung. Da das

[750] Vgl. Homburg/Schäfer (1999), S. 18-21; Merk (2008), S. 81. An dieser Stelle wird der Bezug zur ökonomischen Effizienz als Formalziel des Regain Managements deutlich. Vgl. hierzu Kapitel 4.2.2.

[751] Vgl. DGFP (2006), S. 25.

[752] Vgl. Rohlmann (2011), S. 231-234. Vgl. auch Holtschmidt/Priller (2003), S. 67-73; Klumpp et al. (2004), S. 6; Rohlmann (2010), S. 29-30.

[753] In der Reintegrationsforschung vgl. dazu Schmeisser/Clermont (1999), S. 68, sowie Pawlik (2000), welcher den Bezug zwischen der Internationalisierungsstrategie einer Unternehmung und dem internationalen Personalmanagement herstellt. An dieser Stelle sei auch auf Kapitel 4.2.2 hingewiesen, in dem die Möglichkeiten der Abstimmung zwischen dem Personalmanagement und der Unternehmungsführung erläutert werden.

[754] Vgl. in der Kundenrückgewinnungsforschung u. a. Homburg/Schäfer (1999), S. 15; Sauerbrey/Henning (2000), S. 66-68. Vgl. in der Alumniforschung u. a. Ewers (2001), S. 32-33; Klumpp et al. (2004), S. 6; Rohlmann (2010), S. 36-38.

Regain Management ein Element des externen Personalmarketings darstellt, muss es in Abhängigkeit zu den bereits existierenden Abteilungen des Personalbereichs integriert werden.[755] In der Kundenrückgewinnungsforschung nennt HÜLSING in diesem Zusammenhang die Wichtigkeit der Festlegung von internen Zuständigkeiten sowie eine direkte Abstimmung und Zusammenarbeit zwischen den Bereichen.[756]

Hinsichtlich der integrativen Organisationsstruktur lässt sich das Regain Management in strategische sowie operative Aufgaben differenzieren. Das strategisch-orientierte Regain Management befasst sich mit der Ableitung bzw. Festlegung von Zielen und Strategien, welche sich aus dem strategisch-orientierten Personalmanagement ergeben. Im Fokus stehen hierbei die Ausrichtung, Konzeption sowie Durchsetzung von strategischen Entscheidungen, welche durch die Unternehmungsleitung bzw. die Führungskräfte der Unternehmung bestimmt werden.[757]

Im Rahmen der operativen Ausrichtung des Regain Managements werden auf Basis der Ziele und Strategien des strategisch-orientierten Regain Managements die Maßnahmen der Trennung, Kontakterhaltung sowie Rückgewinnung in Anlehnung an die Unterteilung im Begriffsverständnis abgeleitet. Auch hier wird die Anforderung der integrativen Organisationsstruktur hervorgehoben, da die Maßnahmen des Regain Managements teilweise auf bestehende Maßnahmen aus den primären Personalsystemen der Personalentwicklung, der Arbeitsbedingungen sowie der Anreizsysteme zurückgreifen.[758]

Neben der Anforderung der integrativen Organisationsstruktur besteht die Anforderung der *Ganzheitlichkeit*. Es ist häufig eine fehlende Systematik bei der Realisierung von Personalmarketing-Aktivitäten zu erkennen.[759] Daher zielt die Anforderung darauf ab, einen ganzheitlichen Ansatz des Regain Managements als Element des externen Personalmarketings zu gewährleisten. Dies kann durch eine umfassende Abstimmung mit der Unternehmungsstrategie, mit der Unternehmungsstruktur – insbesondere mit den direkten Abteilungen – sowie den Unternehmungsprozessen erfolgen.[760] Neben der Berücksichtigung interner Rahmenbedin-

---

[755] Für die Abstimmung zwischen den unterschiedlichen Schnittstellen vgl. auch Kapitel 4.3.2.

[756] Vgl. Hülsing (2010), S. 265-266.

[757] Für den Zusammenhang zwischen strategisch-orientiertem Personalmanagement und dem Regain Management vgl. Kapitel 4.2.2. Für die Akteure eines Regain Management, zu denen u. a. auch die Unternehmungsleitung sowie die Führungskräfte gehören können, vgl. Kapitel 4.3.1.

[758] Für die Maßnahmengestaltung der Trennung, Kontakterhaltung sowie Rückgewinnung vgl. insbesondere Kapitel 4.4.

[759] Vgl. DGFP (2006), S. 25.

[760] In der Kundenrückgewinnungsforschung vgl. dazu Hülsing (2010), S. 266-267.

gungen sollten auch zukünftige Umweltentwicklungen beobachtet werden. MERK spricht in diesem Zusammenhang von einer Stabilität, welche sich auf einen nachhaltigen Prognose- und Umsetzungskreislauf bezieht. Dies impliziert, dass zukünftige Entwicklungen erkannt und in der Unternehmung entsprechend berücksichtigt werden.[761] Eine ganzheitliche Betrachtung von Strukturen und Prozessen der Unternehmung wird ebenfalls durch die Führungssubsysteme angestrebt, welche bereits im Zusammenhang mit dem Regain Management in der Begriffsexplikation erläutert worden sind. Die externen Faktoren finden im unternehmungspolitischen Rahmen als Basis der Führungssubsysteme Beachtung.[762]

4.2.3.4 Inhaltliche Anforderungen

Die inhaltlichen Anforderungen sollten sich auf die Individualität, die Gerechtigkeit sowie die Realisierbarkeit von Maßnahmen eines Regain Managements beziehen.

Hinsichtlich der Ausgestaltung der Maßnahmen ist in allen Erkenntnisobjekten des Konzeptionsrahmens die Anforderung der *Individualität* zu finden. SCHOLZ versteht dabei unter Individualisierung „das Abrücken von kollektiven Regelungen; stattdessen sollen verstärkt die Bedürfnisse und unterschiedlichen Wertvorstellungen der einzelnen Mitarbeiter berücksichtigt werden"[763]. Auch MEIFERT begründet die Individualisierung von Maßnahmen dadurch, dass die Beziehung zwischen der Unternehmung und dem Mitarbeiter ein individuelles Phänomen darstellt.[764] Jedes Individuum hat individuelle Erwartungen an die Beziehung zur Unternehmung.[765] Da das Erreichen der relevanten Zielgruppe bei ROHLMANN als wichtigstes Ziel deklariert wird, müssen die Maßnahmen eines Regain Managements dementsprechend auf die Bedürfnisse der ehemaligen Mitarbeiter zugeschnitten werden, wobei der Grad der Individualisierung je nach Phase der Trennung, Kontakterhaltung oder Rückgewinnung differenziert analysiert werden sollte.[766] Aus den Erkenntnissen von MERK kann abgeleitet werden, dass insbesondere im Bereich der Rückgewinnung der Anreiz im Sinne der Anreiz-Beitrags-

761 Vgl. Merk (2008), S. 79.

762 Vgl. Becker (2013), S. 34-35. Für die Nutzung der Führungssubsysteme im Regain Management vgl. Kapitel 2.2.1.

763 Scholz (2014), S. 69. Vgl. auch Drumm (2008), S. 467.

764 Vgl. Meifert (2005), S. 203-204.

765 Vgl. Porter/Steers (1973), S. 170-171.

766 Die Erreichung der richtigen Zielgruppe wird in mehreren Erkenntnisobjekten thematisiert. Vgl. u. a. Gmür/Klimecki (2001), S. 33; Hyder/Lövblad (2007), S. 277; Kobi (2012), S. 81-83; Langer/Fröhner (2005), S. 12-13; Rohlmann (2011), S. 127 sowie S. 225. Die Unterschiede in Bezug auf den Grad der Individualisierung werden in Kapitel 4.4 detaillierter betrachtet.

Theorie so gestaltet sein sollte, dass ehemalige Mitarbeiter der Unternehmung erneut beitreten.[767] In der Kundenrückgewinnungsforschung wird neben der Individualisierung der Maßnahmen ebenfalls die Individualisierung des Rückgewinnungsdialogs betrachtet, der auch im Regain Management nicht standardisiert erfolgen sollte.[768]

Die Individualisierung, d. h. die Berücksichtigung der individuellen Bedürfnisse der Mitarbeiter, ist kongruent mit den sozialen bzw. individuellen Zielen des Regain Managements, welche in Kapitel 4.2.2 im Rahmen der Formalziele dargestellt worden sind. Demzufolge steht der Anforderung der Individualität die Anforderung der Wirtschaftlichkeit eines Regain Managements gegenüber.[769]

Zu den inhaltlichen Anforderungen kann auch die *Gerechtigkeit* gezählt werden. Dies wird dadurch begründet, dass in Bezug auf die Umsetzung der Aktivitäten im Personalmarketing teilweise Willkür bzw. eine Ungleichbehandlung unterschiedlicher Zielgruppen diagnostiziert wird.[770] Auf Basis der Equity-Theorie aus der Kundenrückgewinnungsforschung lässt sich schließen, dass das Gerechtigkeitsempfinden des ehemaligen Mitarbeiters eine zentrale Voraussetzung für ein erfolgreiches Regain Management darstellt. Demnach kann eine Wiederherstellung der empfundenen Gerechtigkeit zur Rückgewinnung eines ehemaligen Mitarbeiters beitragen, wobei alle drei Gerechtigkeitsdimensionen von Relevanz sein können. Sowohl die Maßnahmen eines Regain Managements, die Umsetzung des Prozesses als auch die Interaktion zwischen der Unternehmung und dem ehemaligen Mitarbeiter sollten die Gerechtigkeitsvorstellungen des ehemaligen Mitarbeiters berücksichtigen.[771] Insbesondere eine faire Gestaltung der Rückgewinnungsmaßnahmen, welche bei den Ursachen der Trennung ansetzen und sowohl materielle wie auch immaterielle Anreize umfassen, begünstigt eine Rückgewinnung.[772]

Im Zuge der inhaltlichen Anforderungen ist auch die *Realisierbarkeit* von Maßnahmen des Regain Managements von Relevanz. In Anbetracht der Methodologie nach GROCHLA zielt der

767 Vgl. Merk (2008), S. 80. Vgl. auch Leuzinger/Luterbach (1994), S. 57-58.

768 Vgl. Sauerbrey (2000), S. 14; Stauss (2000a), S. 581; Stauss (2000b), S. 456.

769 Für die grundsätzliche Diskrepanz zwischen den Anforderungen der Individualität und der Wirtschaftlichkeit vgl. Meifert (2005), S. 203-204; Pawlik (2000), S. 126.

770 Vgl. DGFP (2006), S. 25.

771 Vgl. dazu in der Kundenrückgewinnungsforschung u. a. Homburg/Sieben/Stock (2003), S. 25-26; Pick/Krafft (2009), S. 124; Seidl (2010), S. 38-40; Sieben (2002), S. 154. Für gerechtigkeitstheoretische Überlegungen im Personalmanagement vgl. auch Bowen et al. (1999); Gehlen (2004), S. 150-151.

772 Vgl. Homburg/Fürst/Sieben (2003), S. 64-65.

Entscheidungsrahmen auf die Ableitung von praktischen Handlungsempfehlungen ab.[773] Dementsprechend muss die Umsetzung eines Regain Managements im Rahmen der Anforderungen berücksichtigt werden. Dabei können in Anlehnung an die Alumniforschung nicht vorhandene Kompetenzen der Verantwortlichen eines Regain Managements, ein Mangel an finanziellen Ressourcen sowie eine fehlende Unterstützung der Unternehmungsleitung Beispiele für Umsetzungshindernisse darstellen.[774] Es wird hervorgehoben, dass die Konzeption eines Regain Managements – sowohl hinsichtlich der organisatorischen Eingliederung als auch der spezifischen Maßnahmen der Trennung, Kontakterhaltung und Rückgewinnung – an den individuellen Kontext der Unternehmung angepasst werden muss, da die internen und externen Rahmenbedingungen nur bedingt generalisierbar sind.

4.2.3.5 Prozessuale Anforderungen

Im Rahmen der prozessualen Anforderungen sollten die Flexibilität sowie die Transparenz von Relevanz für den Ablauf eines Regain Managements sein.

Die Anforderung der *Flexibilität* bezieht sich im Gegensatz zur Anforderung der Individualität, welche insbesondere die Interessen der Mitarbeiter berücksichtigt, auf die Unternehmung insgesamt. Im Vordergrund steht dabei die Fähigkeit und Bereitschaft der Unternehmung, sich an Unvorhergesehenes sowie an interne und externe Umweltfaktoren anzupassen.[775] Dazu können die Anpassung einzelner Maßnahmen, die organisatorische Einordung und Umsetzung der Funktion sowie die Einstellung aller beteiligten personalwirtschaftlichen Entscheidungsträger gehören.[776] Die Sicherstellung von Flexibilität kann das langfristige Überleben einer Unternehmung sichern.[777] Auch diese Anforderung steht im Gegensatz zur Forderung nach Stabilität, welche unter der Anforderung der Ganzheitlichkeit thematisiert wird.[778]

Die zweite prozessuale Anforderung stellt die *Transparenz* für interne und externe Anspruchsgruppen dar. Die Prozesse sollten formal und klar geregelt sein, welches die Definition eines Soll-Ablaufs, die Bestimmung von Meilensteinen und Ansprechpartnern sowie eine

---

773 Vgl. Grochla (1978), S. 65. Zur Darstellung der Methodologie nach Grochla vgl. Kapitel 1.2.

774 Vgl. Rohlmann (2011), S. 212-213.

775 Vgl. Pawlik (2000), S. 126-127; Scholz (2014), S. 66-69.

776 Vgl. Gmür/Klimecki (2001), S. 33; Merk (2008), S. 79-80.

777 Vgl. Grochla (1978), S. 23. Für eine Darstellung der von Grochla geforderten Flexibilitätsziele vgl. Kapitel 4.2.2.

778 Vgl. Kapitel 4.2.3.4.

schriftliche Dokumentation des Prozesses impliziert. Dabei dürfen jedoch die Entscheidungs- und Handlungsspielräume der Verantwortlichen des Regain Managements nicht zu stark beschränkt werden, was den Zielkonflikt zur Anforderung der Flexibilität verdeutlicht.[779] Schnelle und transparente Vorgehensweisen sind notwendig, um ehemalige Mitarbeiter über den weiteren Prozess zu informieren. Insbesondere wenn die Beziehung aufgrund von negativen Erfahrungen beendet wurde, ist eine Transparenz zweckmäßig, um eine negative Mund-zu-Mund-Propaganda zu reduzieren.[780] Transparente Prozesse lassen sich durch eine vertrauensbildende Information und Kommunikation gegenüber den aktuellen und ehemaligen Mitarbeitern erzielen, welches die Basis für eine erfolgreiche Realisierung eines Regain Managements ist.[781]

4.2.3.6 Zusammenfassung

In der folgenden Tabelle werden die Anforderungen an ein Regain Management zusammenfassend dargestellt.

Tabelle 34: Übersicht der Anforderungen an ein Regain Management.

Anforderung	Beschreibung
Grundlegende Anforderungen	
Wirtschaftlichkeit	Gegenüberstellung der Kosten und Nutzen eines Regain Managements
Strategiekonsistenz	Stimmigkeit zwischen der Ausrichtung des Regain Managements, des Personalmanagements und der Unternehmungs- und Wettbewerbsstrategien
Akzeptanz	Akzeptanz innerhalb der Unternehmung (und der Unternehmungsleitung), sich mit den Fehlern aus der Vergangenheit auseinanderzusetzen, um daraus zukünftige Strategien und Maßnahmen abzuleiten
Strukturelle Anforderungen	
Integrative Organisationsstruktur	Organisatorische Einbindung des Regain Managements in die bestehenden Strukturen der Unternehmung
Ganzheitlichkeit	Abstimmung des Regain Managements mit der Unternehmungsstrategie, mit der Unternehmungsstruktur – insbesondere mit den direkten Abteilungen – mit den Unternehmungsprozessen sowie den externen Rahmenbedingungen
Inhaltliche Anforderungen	
Individualität	Berücksichtigung der individuellen Bedürfnisse der ehemaligen Mitarbeiter abhängig von der jeweiligen Phase der Trennung, Kontakterhaltung oder Rückgewinnung
Gerechtigkeit	Berücksichtigung der Gerechtigkeitsvorstellungen der ehemaligen Mitarbeiter bei der Konzeption der Maßnahmen eines Regain Managements, der Umsetzung des Prozesses und der Interaktion mit dem ehemaligen Mitarbeiter

[779] Für die Anforderungen an den Prozessablauf in der Kundenrückgewinnungsforschung vgl. Homburg/Fürst/Sieben (2003), S. 65; Sieben (2002), S. 159.

[780] In der Kundenrückgewinnungsforschung vgl. dazu Homburg/Fürst/Sieben (2003), S. 64.

[781] Für die Notwendigkeit einer vertrauensbildenden Information und Kommunikation vgl. Hertig (1996), S. 307-310; Holtschmidt/Priller (2003), S. 67-73; Niebergall (2007), S. 160-161.

Anforderung	Beschreibung
Inhaltliche Anforderungen	
Realisierbarkeit	Berücksichtigung der Umsetzbarkeit eines Regain Managements in der Unternehmung in Abhängigkeit von vorhandenen personellen, zeitliche und finanziellen Ressourcen
Prozessuale Anforderungen	
Flexibilität	Fähigkeit und Bereitschaft der Unternehmung, sich an Unvorhergesehenes sowie an interne und externe Umweltfaktoren anzupassen
Transparenz	Transparente und nachvollziehbare Strukturen, Prozesse und Kommunikation gegenüber internen und externen Anspruchsgruppen

4.3 Strukturelle Gestaltungselemente

4.3.1 Akteure eines Regain Managements

Um ein Regain Management innerhalb der Unternehmung umsetzen zu können, müssen die Akteure, welche an dem Regain Management beteiligt sind, bekannt sowie die Rollen und Verantwortlichkeiten definiert sein.[782] Dies wird durch die institutionelle Sichtweise des Managementbegriffes deutlich, der die Träger der Willensbildungszentren und die damit verbundenen Rollen und Funktionsweisen dieser Einheiten prägt.[783] Im Regain Management können folgende Akteure von Bedeutung sein: die Unternehmungsleitung, die Führungskräfte, die Personalabteilung sowie die aktuell in der Unternehmung beschäftigten Mitarbeiter. Weiterhin sind die ehemaligen Mitarbeiter zu berücksichtigen, welche die Zielgruppe des Regain Managements darstellen.

Für die Beschreibung der Rollen eignet sich in Anlehnung an das Innovationsmanagement das Promotorenmodell. Nach WITTE handelt es sich bei Promotoren um „Personen, die einen Innovationsprozeß aktiv und intensiv fördern [...]. Sie starten den Prozeß und treiben ihn unter Überwindung von Barrieren bis zum Innovationsentschluß voran."[784] In Bezug auf grundsätzliche Entscheidungsprozesse nennt WITTE das Promotorenmodell, führt deren Anwendung jedoch nicht weiter aus.[785] Das Modell scheint jedoch auf ein Regain Management übertragbar zu sein, weil es sich auch um einen neuartigen, komplexen, multipersonalen sowie multi-

782 Für die Definition von Rollen und Verantwortlichkeiten in den verschiedenen Erkenntnisobjekten vgl. u. a. Ewers (2001), S. 32; Hülsing (2010), S. 265; Hyder/Lövblad (2007), S. 277.

783 Vgl. Becker (2013), S. 26-27. Für weitere Erläuterungen vgl. Kapitel 2.2.1.

784 Witte (1973), S. 15-16.

785 Vgl. Witte (1973), S. 16.

operationalen Entscheidungsprozess handelt, bei dem ebenfalls mit Widerständen innerhalb der Unternehmung zu rechnen ist.[786]

In der Literatur sind unterschiedliche Termini und Differenzierungen hinsichtlich der Rolle des Promotors zu finden: WITTE unterteilt diese in Fach- und Machtpromotoren, HAUSCHILDT fügt den Prozesspromotor hinzu, und bei GEMÜNDEN/WALTER lässt sich daneben auch der Beziehungspromotor finden.[787] Für das Regain Management sind aufgrund der Möglichkeit zur besseren Differenzierung der Rollen und Aufgaben alle vier Promotorenrollen von Relevanz und werden im Folgenden auf die Akteure übertragen und anschließend erläutert. Die Rollen der Akteure sowie deren mögliche Interaktion werden in Abbildung 14 gezeigt.

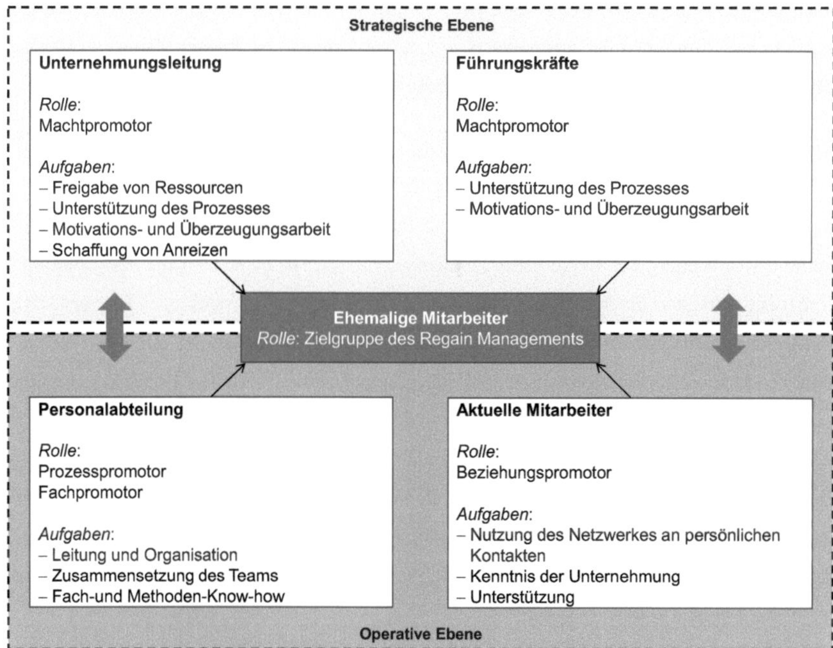

Abbildung 14: Akteure eines Regain Managements.

Die *Unternehmungsleitung*[788] hat eine zentrale Funktion im Rahmen des Regain Managements. So wird in der Literatur der unterschiedlichen Erkenntnisobjekte mehrfach die Wich-

[786] Zur Charakterisierung von innovativen Entscheidungsprozessen vgl. Witte (1999), S. 12. Witte (1999) stellt die gekürzte und überarbeitete Fassung von Witte (1973) dar.

[787] Vgl. Gemünden (2003), S. 122-123; Hauschildt/Salomo (2011), S. 123. Vgl. auch Gemünden/Walter (1995, 1999); Hauschildt/Chakrabarti (1988); Witte (1973).

[788] Die Termini Unternehmungsführung, Unternehmungsleitung bzw. Geschäftsführung und Geschäftsleitung werden in dieser Arbeit synonym verwendet. Vgl. Becker (2007), S. 28.

tigkeit von Akzeptanz und Unterstützung durch die Unternehmungsspitze hervorgehoben.[789] Zur Beschreibung der Aufgaben und Verantwortlichkeiten der Geschäftsleitung im Kontext des Regain Managements kann die Rolle des Machtpromotors herangezogen werden. Machtpromotoren legen die Unternehmungsstrategie aufgrund ihrer hierarchischen Position fest, so dass sie eine Gesamtübersicht über die Unternehmung besitzen und das Regain Management optimal in die Gesamtstrategie integrieren können. Durch die Erteilung von Anweisungen, die Verfügung von Ressourcen sowie die Schaffung geeigneter Rahmenbedingungen können sie die Konzeption und Realisierung eines Regain Managements unterstützen. Des Weiteren übernimmt die Unternehmungsleitung eine Vorbildfunktion für die Überzeugung der Mitarbeiter von der Idee des Regain Managements. Die Motivation zur Unterstützung des Regain Managements kann beispielsweise durch das Setzen von Anreizen erfolgen. Auch besteht ein enger Austausch mit den Fachpromotoren, welche im Rahmen des Regain Managements von den Mitarbeitern der Personalabteilung wahrgenommen werden können.[790]

Die *Führungskräfte* der Unternehmung, welche der Geschäftsleitung untergeordnet sind, übernehmen ähnlich wie die Geschäftsleitung die Rolle des Machtpromotors, jedoch mit anderen Schwerpunkten. Während die Geschäftsleitung überwiegend strategisch in die Konzeption und Realisierung des Regain Managements involviert ist, beinhalten die Aufgaben und Verantwortlichkeiten der Führungskräfte auch teilweise operative Aspekte.[791] Das bedeutet, dass sie der verlängerte Arm der Geschäftsleitung sind und ebenso eine Vorbildfunktion ausüben. Sie können für die Motivations- und Überzeugungsarbeit zuständig sein, aber auch direkt in das Regain Management integriert werden, z. B. durch die Teilnahme an Veranstaltungen (Maßnahme der Kontakterhaltung) oder bei der Ansprache von Rückgewinnungskandidaten (Maßnahme der Rückgewinnung). Die Unterstützung des Regain Managements durch die Führungskräfte kann eine erhebliche Erleichterung der operativen Arbeit des Regain Managements darstellen, weshalb auch eine Abstimmung zwischen der strategischen und operativen Ebene erfolgen sollte.[792]

789 Für die Wichtigkeit der Akzeptanz des Alumni-Gedankens durch die Leitungsorgane vgl. Klumpp et al. (2004), S. 6; Rohlmann (2010), S. 36-38. Vgl. auch Kapitel 4.2.3.2.

790 Zu der Rolle des Machtpromotors vgl. Becker (2013), S. 274; Hauschildt/Salomo (2011), S. 137-138; Hauschildt/Salomo (2008), S. 170; Witte (1973), S. 17-18.

791 Zur Differenzierung der unterschiedlichen Leitungsorgane einer Unternehmung vgl. Becker (2007), S. 37-46; Becker (2013), S. 28.

792 Zur Abstimmung der strategischen und operativen Ebene in der Alumni-Organisation vgl. Klumpp et al. (2004), S. 5.

Die *Personalabteilung* ist auf der operativen Ebene angesiedelt, wobei eine enge Interaktion mit der strategischen Ebene angestrebt werden sollte.[793] Die operativen sowie strategischen Aufgaben der Personalabteilung werden auch deutlich, wenn die in der Literatur diskutierten Rollen der Personalabteilung betrachtet werden: die Personalabteilung fungiert als strategischer Partner, als Change-Agent, als Administrations-Experte sowie als Mitarbeiter-Coach.[794] Im Kontext des Promotorenmodells können zwei Promotorenrollen auf die Personalabteilung übertragen werden: die Rolle des Fachpromotors sowie des Prozesspromotors. Die Rolle des Fachpromotors impliziert Expertenwissen. Dies kann Fach- und/oder Methoden-Know-how in Bezug auf ein Regain Management beinhalten, welches die Generierung von Lösungsansätzen sowie die Weitergabe von Wissen erleichtert. Daneben kann die Personalabteilung die Rolle des Prozesspromotors einnehmen, welches die Zusammenstellung des Teams, die Organisation sowie die Festlegung der Leitung des Regain Managements und die Abstimmung der Promotoren untereinander umfassen kann. Dazu gehören ebenfalls die Steuerung des Zielbildungsprozesses, d. h. die Beachtung der Zielerreichung sowie die Lösung von Zielkonflikten.[795]

Auch die *aktuellen Mitarbeiter* können zu Akteuren des Regain Managements werden. Insgesamt sollten bei der gesamten Belegschaft das Verständnis sowie die Bereitschaft vorhanden sein, ehemalige Mitarbeiter wieder in die Unternehmung integrieren zu wollen.[796] Daneben eignen sich einige Mitarbeiter für die Rolle des Beziehungspromotors, welche direkt in das Regain Management integriert werden können. Beziehungspromotoren sind Mitarbeiter, die ein gutes Netzwerk zu unterschiedlichen Hierarchieebenen und Bereichen in der Unternehmung vorweisen und die Unternehmung gut einschätzen können.[797] Zu den Leistungsbeiträgen zählen nach GEMÜNDEN/WALTER „das Erreichen und Zusammenbringen von Personen, die Dialogführung mit Personen, das Steuern ihrer Interaktionsprozesse und das Fördern sozialer Bindungen zwischen den Partnern."[798] Es wird deutlich, dass bestimmte aktuelle Mitar-

[793] Für die Abstimmung zwischen der Unternehmungsführung und dem Personalmanagement vgl. Kapitel 4.2.2.

[794] Vgl. Brast/Cordes (2010), S. 1; Jochmann (2006), S. 180-182.

[795] Zur Rolle des Fach- sowie Prozesspromotors vgl. Becker (2013), S. 275; Gemünden (2003), S. 123; Hauschildt/Salomo (2008), S. 170-171; Hausschild/Salomo (2011), S. 134-143. Zu möglichen Zielkonflikten vgl. Kapitel 4.2.2.

[796] Vgl. dazu die Anforderung der Akzeptanz in Kapitel 4.2.3.2.

[797] Zur Rolle des Beziehungspromotors vgl. Becker (2013), S. 275; Gemünden/Walter (1999), S. 122-123. Vgl. auch die Ursprungsquelle Gemünden/Walter (1995).

[798] Gemünden/Walter (1999), S. 120-121.

beiter die Kontakterhaltung sowie Rückgewinnung von ehemaligen Mitarbeitern intensiv begleiten und fördern können.[799]

Neben den Promotoren kann es jedoch auch Personen geben, die eher die Rolle von *Opponenten* einnehmen und dabei offen oder verdeckt wirtschaftliche, organisatorische, strategische oder personalpolitische Gegenargumente finden und in der Unternehmung streuen.[800] Im Kontext des Regain Managements kann es z. B. aktuelle Mitarbeiter in der Unternehmung geben, welche die Rolle eines Opponenten einnehmen. Ein Grund kann u. a. eine individuell empfundene Bedrohung der eigenen Position durch die Rückgewinnung ehemaliger Mitarbeiter sein, so dass ein Konkurrenzdenken zwischen aktuellen und ehemaligen Mitarbeitern entsteht. Daneben können auch ehemalige Mitarbeiter die Rolle eines Opponenten einnehmen, indem sie z. B. durch negative Mund-zu-Mund-Propaganda das Image der Unternehmung als Arbeitgeber sowohl für zukünftige, aktuelle sowie ehemalige Mitarbeiter reduzieren. Möglichkeiten dazu bieten neben dem persönlichen Austausch auch soziale Netzwerke, in denen die negativen „Voice“-Aktivitäten der ehemaligen Mitarbeiter einen schnellen und höheren Verbreitungsgrad erreichen.[801]

Im Rahmen des Promotorenmodells eignen sich unterschiedliche Promotoren, um auf die verschiedenen Gegenargumente der Opponenten zu reagieren. Wirtschaftliche Widerstände können vorrangig von Machpromotoren durch die Freigabe von Ressourcen reduziert werden. Organisatorische Gegenargumente lassen sich insbesondere durch Schnittstellenprobleme und unklare Rollen und Zuständigkeiten erklären. Hier können teilweise Prozesspromotoren ansetzen, welche gegebenenfalls durch Machtpromotoren aufgrund ihrer hierarchischen Position unterstützt werden müssen. Macht- und Prozesspromotoren tragen ebenfalls zur Reduktion von strategischen sowie personalpolitischen Gegenargumenten bei.[802] HAUSCHILDT und SALOMO empfehlen im Umgang mit Opponenten beispielsweise eine frühzeitige Einbindung eines Machtpromotors, ein internes Marketing für die Idee, welches durch einen Prozesspromotor gesteuert wird sowie eine unstrittige Informationsbasis, deren Schaffung zu dem Aufgabenbereich des Fachpromotors gehört.[803]

---

[799] In Kapitel 4.4.2 und 4.4.3 werden die Maßnahmen der Kontakterhaltung und Rückgewinnung dargestellt, in welche auch aktuelle Mitarbeiter direkt integriert werden können.

[800] Vgl. Folkerts (2001), S. 217-219; Hauschildt/Salomo (2007), S. 237.

[801] Vgl. Dehlsen/Franke (2009), S. 158-160; Neuberger/Pleil (2006), S. 9. Beispiele für soziale Netzwerke sind u. a. Facebook, Xing oder LinkedIn oder auch Arbeitgeberbewertungsportale wie kununu.

[802] Vgl. Folkerts (2001), S. 221-224.

[803] Vgl. Hauschildt/Salomo (2007), S. 237-240; Hauschildt/Salomo (2008), S. 172-175. Dabei basiert das Modell auf dem Ansatz von Janis/Mann. Vgl. Janis/Mann (1977).

Grundsätzlich handelt es sich bei dem Promotorenmodell um ein hypothetisches Modell, welches impliziert, dass jede Rolle von einer Person eingenommen wird. Im Rahmen einer empirischen Validierung des Modells wird jedoch deutlich, dass in der Realität sowohl Rollenkombinationen (eine Person erfüllt mehrere Rollen) als auch ein Rollenpluralismus (mehrere Personen nehmen die gleiche Rolle wahr) vorliegen.[804] Auch die Akteure im Regain Management können teilweise mehrere bzw. die gleichen Rollen wahrnehmen. Wichtig ist, dass eine klare Zuteilung der Zuständigkeiten und Entscheidungsbefugnisse zu den jeweiligen Akteuren stattfindet.[805] Das Personal kann einen entscheidenden Erfolgsfaktor für die Umsetzung eines Regain Managements darstellen.[806]

Als letztes sollen die *ehemaligen Mitarbeiter als Zielgruppe* des Regain Managements beschrieben werden, welche bereits in Kapitel 4.2.1 im Rahmen der Arbeit definiert worden sind. Trotz der dargestellten Gemeinsamkeit des früheren Arbeitsverhältnisses mit der Unternehmung, können sich mit Blick auf die Forschung zum differenziellen oder auch individuellen Personalmanagement wesentliche Unterschiede in der Zielgruppe der ehemaligen Mitarbeiter feststellen lassen. Eine differenziertere Betrachtung der Ehemaligen ist deshalb unabdingbar. Demnach kann Personalarbeit nur nachhaltig erfolgreich sein, wenn die individuellen Bedürfnisse und Wertvorstellungen der Mitarbeiter gekannt und beachtet werden, um somit die Potenziale und Fähigkeiten der Mitarbeiter der Unternehmung optimal einzusetzen.[807] Dies erscheint notwendig, da nicht alle Maßnahmen seitens der Unternehmung gleiche Wirkungen bei den Mitarbeitern erzielen.[808] An dieser Stelle muss der Zielkonflikt zwischen der Individualisierung und Standardisierung des Personalmanagements angeführt werden. Demnach führt eine am Individuum orientierte Ausgestaltung der Maßnahmen des Personalmanagements zu einem höheren Leistungsverhalten, jedoch auch zu steigenden Personalkosten.[809] Als Lösung dieses Zielkonfliktes wird das differenzielle Personalmanagement gesehen, welches „die systematische Berücksichtigung individueller Unterschiede von Mitarbeiter/innen

---

804 Vgl. Hauschildt/Salomo (2011), S. 130.

805 Vgl. dafür die Anforderung der integrativen Organisationsstruktur in Kapitel 4.2.3.3.

806 Für die Rolle des Personals in der Alumniforschung vgl. Gomboz (2001), S. 21-22.

807 Vgl. Rumpf (1997), S. 21-22; Wollert (2008), S. 395. Auch im Personalmarketing kommt der Segmentierung von Mitarbeitern in unterschiedliche Gruppen aufgrund der Heterogenität eine hohe Bedeutung zu. Vgl. Reich (1992), S. 20; Staffelbach (1995), S. 147; Wunderer (1991), S. 124. Demnach führt eine Ausrichtung auf unterschiedliche Zielgruppen zu einem effizienteren Einsatz der zur Verfügung stehenden Instrumente sowie zu einer adäquateren Berücksichtigung der Interessen und Bedürfnisse. Vgl. Bartscher/Fritsch (1992), Sp. 1751.

808 Vgl. Marr/Friedel-Howe (1989), S. 325.

809 Vgl. Becker (2012), S. 20; Morick (2002), S. 35-37 und S. 78. An dieser Stelle sollte auch auf das Substitutionsprinzip der Mitarbeiterbehandlung verwiesen werden, welches die Umgangsstrategien mit den Mitarbeitern (individuell versus generell) sowie die Kosten (soziale Kosten versus ökonomische Kosten) gegenüberstellt, um das Optimum der organisationalen Effizienz zu erreichen. Vgl. Morick (2002), S. 77-79.

aus der Bildung homogener Personalsegmente sowie darauf bezogener Maßnahmen des Personalmanagements (Systemgestaltung wie Verhaltenssteuerung)“[810] umfasst. Hierbei muss durch eine kontinuierliche Interaktion eine optimale Übereinstimmung zwischen den Leistungsvoraussetzungen der individuellen Mitarbeiter auf der einen Seite und der Situation der Unternehmung auf der anderen Seite forciert werden.[811] Die Bildung von Personalsegmenten lässt sich auf ein Regain Management übertragen, so dass die ehemaligen Mitarbeiter in homogene Teilsegmente unterteilt werden können, um den individuellen Bedürfnissen und Wertvorstellungen möglichst zu entsprechen.

Zur Bildung der homogenen Teilsegmente lassen sich in der Literatur unterschiedliche Ansätze zur Segmentierung finden. Beispiele sind u. a. sozio-demografische Merkmale, personengebundene funktionale Merkmale, Persönlichkeitsmerkmale, Eignungsmerkmale sowie Merkmale der persönlichen Lebensverhältnisse.[812] Wichtig ist, dass bei der Bildung von Teilsegmenten Merkmale gefunden werden, welche zur Abgrenzung führen. Jedes Teilsegment muss das Merkmal der „differenziellen Allgemeingültigkeit“ erfüllen. Davon abzugrenzen ist die generelle Allgemeingültigkeit, welche keine Segmentierung vorsieht.[813]

Mit Blick auf bestehende unternehmungseigene Ehemaligen-Netzwerke in der Praxis kristallisieren sich ebenfalls Zielgruppen heraus. RANSWEILER beschreibt unterschiedliche Zielgruppen: Es werden die Fach- und Führungskräfte als Zielgruppe genannt, welche aufgrund von Karriereabsichten ihren Berufsweg bei Kunden, Lieferanten oder Wettbewerbern weiter verfolgt haben. Des Weiteren wird die Zielgruppe der Pensionäre forciert, welche Interesse an einer zeitlich befristeten Tätigkeit hat, die jedoch nicht langfristig in die Unternehmungshierarchie integriert werden können. Auch ehemalige Praktikanten, die bereits in der Unternehmung tätig waren, sind von Interesse im Rahmen von Alumni-Organisationen. Zuletzt wird die Gruppe der Mitarbeiter in Elternzeit erwähnt.[814]

Im Rahmen des Personalmarketings wird die *Qualifikation* als ein mögliches Segmentierungskriterium herangezogen. Die Qualifikation kann sich sowohl auf die im Rahmen der Ausbildung als auch durch praktische Erfahrungen erlangten Kenntnisse, Fähigkeiten und

---

810 Becker (2012), S. 19. Vgl. auch Ostrowski (2012), S. 21. Zur Notwendigkeit eines differenziellen Personalmanagements vgl. auch Fritsch (1994), S. 1-7.

811 Vgl. Marr (1989), S. 40. Hiermit werden sowohl die sozialen als auch die ökonomischen Ziele angestrebt, welche in einem Zielkonflikt miteinander stehen können. Vgl. dazu Kapitel 4.2.2.

812 Vgl. Marr (1989), S. 38-40; Marr/Friedel-Howe (1989), S. 325-326. Für eine detaillierte Darstellung zur Bildung von Segmenten vgl. Ostrowski (2012), S. 160-176.

813 Vgl. Morick (2002), S. 79.

814 Vgl. Ransweiler (2011), S. 38.

Fertigkeiten beziehen.[815] Der DGFP differenziert die Zielgruppe potenzieller Arbeitnehmer in: Studierende, Schüler, berufserfahrene gewerbliche und kaufmännische Mitarbeiter, Führungsnachwuchskräfte, berufserfahrene Führungskräfte sowie Angehörige von Mitarbeitern.[816] Erweitert werden die gebildeten Segmente um die Zielgruppe der Pensionäre, welche aufgrund spezifischer Interessen und Bedürfnisse separat betrachtet werden können.[817] Damit kann sich beispielsweise folgende Unterteilung der Zielgruppe der Ehemaligen für ein Regain Management ergeben: ehemalige Praktikanten, Auszubildende, Führungsnachwuchskräfte, Fach- und Führungskräfte sowie Pensionäre.

Es sei darauf hingewiesen, dass in Abhängigkeit von der spezifischen Situation der Unternehmung unterschiedliche Segmentierungskriterien sinnvoll sind. Dies muss jeweils im Einzelfall entschieden werden. Die differenzielle Vorgehensweise bei der Betrachtung der Zielgruppe der ehemaligen Mitarbeiter hat Auswirkungen auf die Ausgestaltung der Maßnahmen der Trennung, der Kontakterhaltung und der Rückgewinnung, welche in Kapitel 4.4 erläutert werden.

4.3.2 Abstimmung der organisationalen Schnittstellen

Ein Regain Management als Element des externen Personalmarketings sollte sich im Sinne der Anforderungen der integrativen und ganzheitlichen Organisationsstruktur aus Kapitel 4.2.3.3 an vorhandene Strukturen und Prozesse anpassen bzw. darin integriert werden.[818] Dazu müssen die Funktionen der anderen Abteilungen des Personalmanagements sowie deren mögliche Überschneidungen mit einem Regain Management berücksichtigt werden. In Anlehnung an BERTHEL/BECKER sind dabei insbesondere die Schnittstellen zu den Bereichen der Personalbeschaffung sowie der Personalauswahl, der Personaleinführung und der Personalentwicklung relevant, welche in Abbildung 15 hervorgehoben werden. Dabei ist es sinnvoll, die Schnittstellen entlang der Personalbedarfsdeckungskette zu analysieren, da anhand des

815 Vgl. u. a. DGFP (2006), S. 44-45; Domsch (1992); Süß (1996). Für dieses Verständnis von Qualifikation in Abgrenzung zu den Motiven und Einstellungen eines Mitarbeiters vgl. Ostrowski (2012), S. 171-172.

816 Vgl. DGFP (2006), S. 44-45.

817 Vgl. Domsch (1992), S. 171.

818 In der Kundenrückgewinnungsforschung vgl. dazu Pick/Krafft (2009), S. 121; Schöler (2011), S. 516-517.

Kettenbildes verdeutlicht wird, „dass jede Verbindung und jedes Kettenelement funktionieren muss, damit die Kette auch ihren Zweck erfüllen kann."[819]

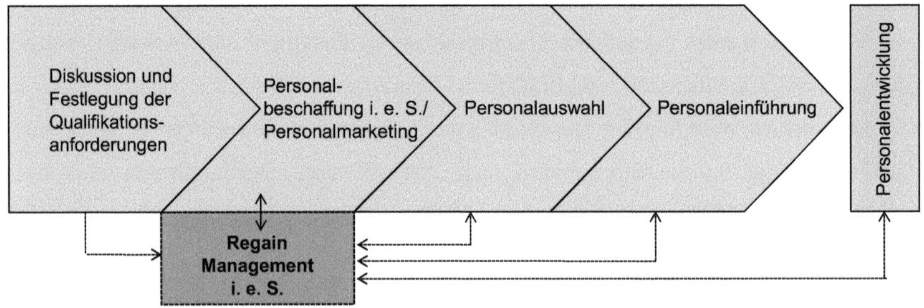

Abbildung 15: Mögliche Schnittstellen eines Regain Managements in der Personalbedarfsdeckungskette.[820]

Die *Diskussion und Festlegung der Qualifikationsanforderungen* stellen den Ausgangspunkt der Personalbedarfsdeckungskette dar. Im Rahmen dessen werden die aktuellen sowie zukünftigen Aufgaben und die damit verbundenen Anforderungen an den potenziellen Stelleninhaber besprochen, um eine zielorientierte Personalbeschaffung zu ermöglichen. Teilnehmer dieser Abstimmung sind optimaler Weise die Personalabteilung sowie der direkte und übergeordnete Vorgesetzte.[821] Auch das Regain Management muss über die Aufgaben und Anforderungen an die zu besetzende Stelle informiert sein.

Im Anschluss daran, umfasst die *Personalbeschaffung* die Suche und Bereitstellung von Personen, welche zur Deckung des Bedarfs geeignet erscheinen. Wie in Kapitel 2.2.2 hervorgehoben, gibt es dabei eine interne sowie eine externe Ausrichtung. Die interne Personalbeschaffung konzentriert sich auf die Besetzung von Vakanzen durch interne Mitarbeiter (mit oder ohne Veränderung der bestehenden Arbeitsverhältnisse); bei der externen Personalbeschaffung stehen sowohl die kurzfristige sowie mittelfristige Deckung des Personalbedarfs als auch die Rekrutierung von externen Mitarbeitern im Vordergrund.[822] Die Schnittstelle zum Regain Management, welches ein Element des externen Personalmarketings darstellt und der Personalbeschaffung angehört, ist insofern erforderlich, als dass ehemalige Mitarbeiter eine Teilmenge der potenziellen Mitarbeiter darstellen und somit ggf. für die Deckung des beste-

[819] Berthel/Becker (2013), S. 321.

[820] In Anlehnung an Berthel/Becker (2013), S. 321.

[821] Vgl. Berthel/Becker (2013), S. 320.

[822] Abgeschlossen ist die Phase der Personalbeschaffung mit dem Zugang der Bewerbungsunterlagen. Vgl. Berthel/Becker (2013), S. 322-325. Teilweise wird in der Literatur die Phase der Personalauswahl zur Personalbeschaffung gezählt. Vgl. Bröckermann (2012), S. 16; Bühner (2005), S. 69; Fröhlich/Holländer (2004), Sp. 1404; Huber (2010), S. 69-70; Jung (2008), S. 134. Diesem Verständnis wird jedoch im Rahmen dieser Arbeit nicht gefolgt.

henden und/oder zukünftigen Personalbedarfs der Unternehmung in Frage kommen.[823] Auf Basis der Informationen über die Aufgaben und Anforderungen der zu besetzenden Stelle kann das Regain Management die ehemaligen Mitarbeiter der Unternehmung analysieren, Informationen über die vakante Stelle an das Netzwerk der Ehemaligen weiterleiten sowie ggf. einen Kontakt zwischen einem potenziell geeignet erscheinenden ehemaligen Mitarbeiter und der Personalbeschaffung herstellen.

Die nächste Phase stellt die *Personalauswahl* dar, welche die Entscheidung der Auswahl eines am besten geeigneten Bewerbers umfasst. Dazu zählen als Teilaufgaben die Analyse der Bewerbungsunterlagen für eine entsprechende Vorselektion, das Durchführen von Vorstellungsgesprächen, ggf. der Einsatz von unterschiedlichen Verfahren sowie letztendlich die Bewertung und Auswahl.[824] Auch in dieser Phase erscheint eine Schnittstelle zum Regain Management notwendig, um auf der einen Seite die über den Mitarbeiter relevanten Informationen hinsichtlich der Historie in der Unternehmung weiterzuleiten.[825] Auf der anderen Seite sollte die Personalauswahl die vorherige Tätigkeit in der Unternehmung bei der Festlegung der Bewerberbeurteilung, d. h. der Fragen im Vorstellungsgespräch, der biografischen Fragebögen oder der Durchführung eines Assessment Centers, berücksichtigen. So sollte beispielsweise die Präsentation der Unternehmung im Vorstellungsgespräch weniger im Vordergrund stehen als bei neuen Bewerbern. Die jeweilige Ausgestaltung der Personalauswahl muss je nach Unternehmung und zu besetzender Position erfolgen. Im Rahmen der Personalauswahl von ehemaligen Mitarbeitern sollten auch die Erwartungen an eine erneute Tätigkeit abgestimmt werden, da nicht erfüllte Erwartungen zu Motivationsverlusten und erneuter Fluktuation führen können.[826]

Im Anschluss an die Personalauswahl folgt im Rahmen der Personalbedarfsdeckungskette die *Personaleinführung*, zu welcher einerseits die tätigkeitsbezogene als auch die soziale Eingliе-

---

[823] Vgl. dazu Kapitel 2.2.2.

[824] Vgl. Berthel/Becker (2013), S. 320 sowie S. 349-353. Für eine Übersicht zu unterschiedlichen Verfahren der Personalauswahl vgl. Berthel/Becker (2013), S. 355; Oechsler (2011), S. 220.

[825] An dieser Stelle sei auf die rechtlichen Regelungen der Personalauswahl hingewiesen, welche zu berücksichtigen sind. Vgl. dazu überblicksartig Berthel/Becker (2013), S. 370-371. Die Daten eines Mitarbeiters in Bezug auf Geschlecht, Familienstand, Schule, Ausbildung sowie Sprachkenntnisse dürfen seitens der Unternehmung für die Personaleinsatzplanung und die Personalauswahl gespeichert werden, wobei der Mitarbeiter ein Recht auf Kenntnis, Auskunft, Korrektur sowie ggf. Schadensersatzanspruch hat. Vgl. Griese (2011), S. 972-974; Scholz (2014), S. 204-206.

[826] Vgl. dazu in der Reintegrationsforschung Guzzo et al. (1994), S. 618. Bei der Personalauswahl wird neben dem Arbeitsvertrag ebenfalls der psychologische Vertrag abgeschlossen, welcher die gegenseitigen Erwartungen beinhaltet. Vgl. Kapitel 3.4.2.

derung in die Arbeitsgruppe und die Unternehmung insgesamt gezählt wird.[827] Eine systematische Einführung ist insofern notwendig, als dass neue Mitarbeiter häufig mit einem neuen Arbeitsumfeld, neuen Arbeitsgruppen sowie unbekannten Erwartungen an das eigene Verhalten konfrontiert werden. Um den Einstieg zu erleichtern, wird die Durchführung von systematischen Einführungsprogrammen, die sowohl standardisierte als auch individualisierte Komponenten enthalten und von Vorgesetzten, Kollegen, der Personalabteilung oder auch der Unternehmungsleitung umgesetzt werden können, angestrebt.[828] Auch hier sollte eine Schnittstelle zum Regain Management eingerichtet werden, da die Maßnahmen des Einführungsprogramms auf die Zielgruppe der ehemaligen Mitarbeiter adaptiert werden sollten.[829] Die Nachbetreuung sowie Wiedereingliederung stellt auch im Kundenrückgewinnungsmanagement einen elementaren Bestandteil dar.[830] So sind ggf. einige standardisierte Elemente der Personaleinführung für Mitarbeiter, die bereits in der Unternehmung tätig waren, nicht zweckmäßig. Des Weiteren sind bestimmte Maßnahmen vom Regain Management konzipiert worden, von denen die Verantwortlichen für die Personaleinführung Kenntnis haben sollten. Hier kann beispielsweise das Second-Honey-Moon-Gespräch genannt werden, in dem der Mitarbeiter nach einer gewissen Zeit der Eingliederung hinsichtlich seiner Zufriedenheit mit dem wiederaufgenommenen Arbeitsverhältnis befragt wird, um Optimierungspotenziale bezüglich der Eingliederung zu generieren und die Rückkehrentscheidung zu bekräftigen.[831]

Zuletzt ist die Abstimmung mit der *Personalentwicklung* zu nennen, in der die Veränderung der Qualifikation und/oder Leistung der Mitarbeiter einer Unternehmung durch Bildung, Karriereplanung oder Arbeitsstrukturierung im Vordergrund steht.[832] Die Qualifikation kann sich dabei sowohl auf aktuelle oder zukünftige Anforderungen einer Position beziehen oder dazu beitragen, Anforderungen in der Zukunft zu entdecken und festzulegen. Objekte der Personalentwicklung können die Fach-, Methoden-, Sozial- und Führungskompetenz sowie die persönliche Kompetenz sein. Das grundsätzliche Ziel der Personalentwicklung ist die Überein-

---

827 Vgl. Becker/Krah (2003), S. 5; Berthel/Becker (2013), S. 375. Teilweise wird das Verständnis vertreten, dass die Personaleinführung bereits während der Personalauswahl beginnt. Vgl. dazu u. a. Bühner (2005), S. 69; Stock-Homburg/Wolff (2011), S. 3-4. Diesem Verständnis wird im Rahmen der Arbeit nicht gefolgt, da eine separate Betrachtung die Schnittstellen zum Regain Management besser verdeutlicht.

828 Vgl. Becker (2004b), S. 515-516.

829 In der Reintegrationsforschung ist die Wiedereingliederung durch unterschiedliche Schwierigkeiten im beruflichen und privaten Umfeld geprägt. Vgl. Gullahorn/Gullahorn (1963), S. 41-46. Im Regain Management erscheint eine Unterstützung der ehemaligen Mitarbeiter seitens der Unternehmung sinnvoll.

830 Vgl. Homburg/Schäfer (1999), S. 14; Pick/Krafft (2009), S. 129-130; Schäfer et al. (2000), S. 64; Schöler (2011), S. 514.

831 Bezüglich des Second-Honey-Moon-Gespräches in der Kundenrückgewinnungsforschung vgl. Schöler (2011), S. 514.

832 Vgl. Berthel/Becker (2013), S. 414. Hierbei sind Mitarbeiter aller Hierarchieebenen eingeschlossen.

stimmung der Anforderungen des Arbeitsplatzes und der Qualifikation des Positionsinhabers.[833] Die Schnittstelle zwischen der Personalentwicklung und dem Regain Management ist aufgrund von zwei Gründen bedeutsam. Das Regain Management kann auf die Angebote der Personalentwicklung der Unternehmung zurückgreifen, um diese im Rahmen der Kontakterhaltung zu integrieren oder diese als Rückgewinnungsanreiz zu nutzen.[834] Zum anderen können ehemalige Mitarbeiter durch Maßnahmen der Bildung, Karriereplanung oder Arbeitsstrukturierung unterstützt werden, um den Anforderungen der neuen Stelle in der Unternehmung gerecht zu werden.

Insgesamt verdeutlichen die Ausführungen, dass eine Abstimmung der organisationalen Schnittstellen in einer wie im Begriffsverständnis geforderten zielgerichteten, effizienten und entwicklungsorientierten Vorgehensweise resultieren kann. Die Erläuterungen stellen einen idealtypischen Verlauf der Personalbedarfsdeckung dar, welcher an die jeweilige Unternehmung und deren Situation entsprechend angepasst werden muss. Im Hinblick auf die Anforderungen einer integrativen sowie ganzheitlichen Organisationsstruktur aus Kapitel 4.2.3.3 ist es von Bedeutung, dass ein Regain Management sich aus der Unternehmungsstrategie ableiten lässt sowie auf Basis bestehender Strukturen und Prozesse der Personalbedarfsdeckungskette integriert wird.

4.4 Inhaltliche Gestaltungselemente

4.4.1 Vorbemerkungen

Die inhaltlichen Gestaltungselemente orientieren sich an der Dreiteilung des Begriffsverständnisses eines Regain Managements.[835] Daran angelehnt, lassen sich die Gestaltungselemente der *Trennung* (Kapitel 4.4.2), der *Kontakterhaltung* (Kapitel 4.4.3) sowie der *Rückgewinnung* (Kapitel 4.4.4) bilden.

Der Konzeptionsrahmen (vgl. 3. Kapitel) hat die Basis für die Gestaltung von Maßnahmen eines Regain Managements geschaffen. Unter einer Maßnahme wird im Rahmen der Arbeit eine Aktivität seitens der Unternehmung verstanden, welche auf ein bestimmtes Ziel ausgerichtet ist und eine nachhaltige Wirkung erzielen soll. Je nach Gestaltungselement fokussieren die Maßnahmen eines Regain Managements unterschiedliche Zielsetzungen: Das Gestal-

---

833 Vgl. Berthel/Becker (2013), S. 420-422.

834 Vgl. dazu Kapitel 4.4.2 und 4.4.3.

835 Vgl. dazu Kapitel 4.2.1.

tungselement der *Trennung* zielt auf die Analyse der Trennungsgründe sowie die Gestaltung der Trennung ab. Das Gestaltungselement der *Kontakterhaltung* widmet sich dem Aufbau einer überbetrieblichen Beziehung zwischen dem ehemaligen Mitarbeiter und der Unternehmung und stellt die Basis für das Gestaltungselement der *Rückgewinnung* dar, das letztlich auf die Wiederherstellung der Teilnahmebereitschaft ausgerichtet sein sollte.[836]

Da die Maßnahmen aus den verschiedenen Erkenntnisobjekten des Konzeptionsrahmens abgeleitet werden, fehlt bisher eine systematische Darstellung. Daher wird folgende Vorgehensweise gewählt: Zunächst widmet sich das Gestaltungselement der Trennung den in der Literatur diskutierten Trennungsgründen, wobei die Kategorisierung in personenbezogene, unternehmungsinterne und unternehmungsexterne Trennungsgründe gewählt wird. Diese Unterteilung stellt eine in der Literatur gängige Strukturierung dar.[837] Die Analyse der Trennungsgründe ist essenziell, um daraus geeignete Maßnahmen zur Gestaltung der Trennung, der Kontakterhaltung und der Rückgewinnung ableiten zu können.[838] Anschließend erfolgt die Darstellung der Maßnahmen zur Analyse und Gestaltung der Trennung.

In den Gestaltungselementen der Kontakterhaltung und der Rückgewinnung lässt sich auf keine in der Literatur bestehende Strukturierung zurückgreifen. Im Rahmen der Begriffsexplikation wird bereits hervorgehoben, dass das Regain Management als Teil des Managementsystems der Unternehmung verstanden wird, weshalb eine Orientierung an den Managementfunktionen zur Bildung von Kategorien in den Gestaltungselementen der Kontakterhaltung und Rückgewinnung sinnvoll erscheint.[839] Die Managementfunktionen stellen den Rahmen für ein umfassendes Managementsystem dar, welches alle Regeln in Bezug auf die Strukturen und Prozesse einer Unternehmung beinhaltet und es somit ermöglicht, Managementaufgaben nach einheitlichen Standards zu erledigen. Demzufolge werden in dieser Arbeit die Führungssubsysteme nach BECKER für die Kategorisierung der Maßnahmen der Gestaltungselemente der Kontakterhaltung sowie der Rückgewinnung genutzt. Somit ergeben sich folgende Kategorien: das *Informationssystem*, das *Planungs- und Kontrollsystem*, das *Organisationssystem* sowie das *Personalsystem*. Des Weiteren basieren die Führungssubsysteme auf dem *unter-*

---

836 Vgl. zu den Zielen eines Regain Managements Kapitel 4.2.2.

837 Ähnlich differenziert Felfe die Merkmale der Bindung: Merkmale der Arbeit, Mitarbeiterführung, Merkmale der Organisation sowie Merkmale der Person. Vgl. Felfe (2008), S. 131-153. Für weitere ähnliche Gliederungen der Faktoren der Bindung vgl. Haase (1997), S. 108; Meyer/Allen (1991), S. 69-70; Piezonka (2013), S. 80. Für eine ähnliche Gliederung der Faktoren der Fluktuation vgl. Krill (2011), S. 418; Sabathil (1977), S. 35-36; Türk (1978), S. 45; Weller (2007), S. 27.

838 Zur Verwendung der Trennungsgründe für die Gestaltung von Maßnahmen vgl. Neuhaus (2010), S. 246; Nieder (2004), Sp. 761.

839 Vgl. Kapitel 2.2.1 für die Begriffsexplikation eines Regain Managements.

nehmungspolitischen Rahmen, welcher ebenfalls eine Kategorie bildet.[840] Die einzelnen Führungssubsysteme werden jeweils in Unterkategorien unterteilt, um die Maßnahmen zuordnen zu können und eine Übersichtlichkeit zu gewährleisten. Der Gesamtzusammenhang der Gestaltungselemente der Trennung, Kontakterhaltung sowie Rückgewinnung wird in Abbildung 16 visualisiert.

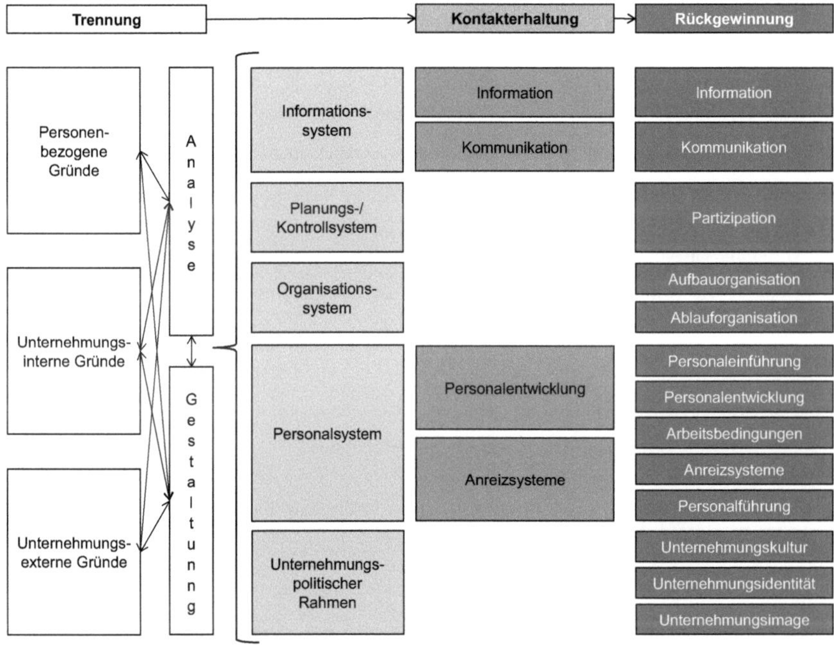

Abbildung 16: Zusammenhang der inhaltlichen Gestaltungselemente eines Regain Managements.

Im Folgenden werden zunächst im Gestaltungselement „Trennung" die Gründe für eine Trennung dargestellt, bevor die Möglichkeiten der Analyse und Gestaltung der Trennung erläutert werden. Anschließend folgt das Gestaltungselement „Kontakterhaltung", in welchem sich Maßnahmen des Informationssystems sowie des Personalsystems finden lassen. Zuletzt umfasst das Gestaltungselement „Rückgewinnung" die Maßnahmen, welche sich den Führungssubsystemen der Information, der Planung und Kontrolle, der Organisation, des Personals sowie des unternehmungspolitischen Rahmens zuordnen lassen.

840 Zu den Führungssubsystemen vgl. Becker (2013), S. 34-35; Wild (1974), S. 172-179. Die Anwendung der Führungssubsysteme nach Becker als Mittel zur Kategorisierung von Maßnahmen lässt sich ebenfalls bei Piezonka finden, welcher die Maßnahmen der Bindung in die Führungssubsysteme einordnet. Vgl. Piezonka (2013). Für weitere Ausführungen zu den Führungssubsystemen vgl. auch Kapitel 2.2.1.

4.4.2 Gestaltungselement: Trennung

4.4.2.1 Gründe der Trennung

In der Literatur werden unterschiedliche Ursachen für die Trennung von Mitarbeitern, sei es durch die Unternehmung als auch durch den Mitarbeiter initiiert, diskutiert. Dabei ist es notwendig, die Trennungsgründe zu kennen, um sie als Ansatzpunkt für die Konzeption und Implementierung von Maßnahmen zur Gestaltung der Trennung, der Kontakterhaltung sowie der Rückgewinnung zu nutzen.[841] Im Folgenden werden die in der Literatur diskutierten Gründe für eine Trennungsentscheidung den Kategorien personenbezogene, unternehmungsinterne sowie unternehmungsexterne Trennungsgründe zugeordnet und im Kontext des Regain Managements erläutert (vgl. Tabelle 35).

Die Trennungsentscheidung ist komplex und wird häufig nicht durch einen bestimmten Grund ausgelöst.[842] Die Komplexität wird insbesondere durch den umfassenden Trennungsprozess verdeutlicht.[843] Es bleibt festzuhalten, dass nicht alle Gründe seitens der Unternehmung beeinflussbar sind, gerade die personenbezogenen und die unternehmungsexternen Gründe sind kaum direkt steuerbar.[844] Sie sollten dennoch bei der Konzeption von Maßnahmen beachtet werden, da sie eine Trennungsentscheidung erklären können.

Tabelle 35: Kategorisierung der Trennungsgründe.[845]

Kategorisierung	Trennungsgründe
Personenbezogene Trennungsgründe	*Demografische Faktoren* - Alter - Geschlecht - Familienstand

[841] Vgl. Klötzl (1994), S. 16; Sabathil (1977), S. 191. Es lassen sich unterschiedliche Ansätze finden: Zum einen beschäftigen sich Autoren mit den Determinanten der Bindung von Mitarbeitern, zum anderen widmen sich Autoren den Ursachen einer Fluktuation. Beide Perspektiven bieten somit Einblicke in die Entscheidung für den Verbleib bzw. die Trennung zwischen der Unternehmung und dem Mitarbeiter. Vgl. Hirschfeld (2006), S. 12.

[842] Vgl. Hirschfeld (2006), S. 12. Zur Komplexität von Abwanderungsprozessen von Kunden vgl. Stewart (1998b), S. 10-11.

[843] Vgl. Hom/Griffeth (1995), S. 108; Mobley (1977), S. 238.

[844] Vgl. Hocutt (1998), S. 197; Krill (2011), S. 417 und S. 419; Sabathil (1977), S. 189-191.

[845] Für eine ähnliche Gliederung der Faktoren der Bindung vgl. Felfe (2008), S. 131-153; Haase (1997), S. 108; Piezonka (2013), S. 80; für eine ähnliche Gliederung der Faktoren der Fluktuation vgl. Krill (2011), S. 418; Mowday et al. (1982), S. 30-32; Sabathil (1977), S. 35-36; Türk (1978), S. 45; Weller (2007), S. 27. Diese Unterteilung lässt sich auch in der Kundenrückgewinnungsforschung finden. Vgl. dazu u. a. Büttgen (2003), S. 68; Michalski (2002), S. 42-44; Ritschel (2011), S. 69-71; Sauerbrey/Henning (2000), S. 22-23. Die Zuordnung ist nicht immer eindeutig, welches sich in unterschiedlichen empirischen Studien zeigt. Vgl. Haase (1997), S. 108-110. Dennoch wird im Rahmen dieser Arbeit aus Gründen der Übersichtlichkeit eine eindeutige Zuordnung gewählt.

Kategorisierung	Trennungsgründe
Personenbezogene Trennungsgründe	*Faktoren der Persönlichkeit* - Persönlichkeitsmerkmale - Erwartungshaltung - Variety Seeking *Faktoren des Berufs* - Bildungsstand - Beschäftigungsdauer
Unternehmungsinterne Trennungsgründe	*Soziale Faktoren* - Betriebsklima bzw. Unternehmungskultur - Verhältnis zu Kollegen - Verhältnis zum Vorgesetzten *Faktoren der Arbeit* - Arbeitsinhalt und Arbeitsbedingungen - Entscheidungsfreiräume und Verantwortung - Weiterbildungsmöglichkeiten und Entwicklungsperspektiven - Arbeitsplatzsicherheit - Monetäre Aspekte *Faktoren der Unternehmung* - Unternehmungsgröße - Standort - Branche - Unternehmungsstruktur - Image
Unternehmungsexterne Trennungsgründe	- Arbeitsmarktsituation und Arbeitsmarktchancen - Gesellschaftlicher Wandel

Personenbezogene Trennungsgründe

Die personenbezogenen Trennungsgründe können in demografische Faktoren, Faktoren der Persönlichkeit sowie Faktoren des Berufs unterteilt werden.[846]

Im Rahmen der *demografischen Faktoren* werden insbesondere das Alter, das Geschlecht sowie der Familienstand des Mitarbeiters diskutiert. Das *Alter* wird in Abhängigkeit zu einer sinkenden Risikobereitschaft und Flexibilität gesehen sowie mit einer ansteigenden Loyalität in Verbindung gesetzt.[847] WELLER zeigt, dass jüngere Mitarbeiter schneller kündigen als ältere Mitarbeiter.[848] Im Kontext des Regain Managements kann dies zu dem Rückschluss führen, dass Mitarbeiter, die in einem hohen Alter die Unternehmung verlassen, schwieriger zurückzugewinnen sind.[849] In Bezug auf das *Geschlecht* liegen Studien vor, welche aufgrund von höheren Zugangsbarrieren und geringeren Alternativen auf dem Arbeitsmarkt eine höhere

846 Vgl. Felfe (2008), S. 145; Meyer/Allen (1997), S. 106; Piezonka (2012), S. 74. Bei Krill lässt sich keine weitere Untergliederung der Faktoren des Mitarbeiters finden. Vgl. Krill (2011), S. 418.

847 Vgl. Felfe (2008), S. 145-146; Grund (2001), S. 95-96; Krill (2011), S. 418-419; Sabathil (1977), S. 80; Türk (1978), S. 45. Das Alter wird an dieser Stelle mit Lebensalter gleichgesetzt. Das Dienstalter wird im Rahmen der Beschäftigungsdauer diskutiert. Zur Risikotheorie vgl. auch Kapitel 3.2.2.

848 Vgl. Weller (2007), S. 183. Vgl. auch March/Simon (1976), S. 97.

849 Demgegenüber stehen die Erkenntnisse aus der Kundenrückgewinnungsforschung, dass mit zunehmendem Alter die generelle Wiederaufnahmebereitschaft sowie der Rückgewinnungserfolg steigen, welche die Eindeutigkeit der Erkenntnisse relativieren können. Vgl. Pick (2008), S. 200.

Bindung bei Frauen feststellen, welche jedoch wenig fundiert erscheinen und im Zuge abnehmender Rollenunterschiede keine große Relevanz erhalten.[850] Hinsichtlich des *Familienstandes* lässt sich eine höhere Bindung bei engeren Familienstrukturen erkennen, welches durch das Streben nach Sicherheit und Stabilität der beruflichen Situation begründet wird.[851] Grundsätzlich lässt sich festhalten, dass die demografischen Faktoren weder starke noch konsistente Erkenntnisse in Bezug auf die Trennungsentscheidung von Mitarbeitern liefern.[852]

Die *Faktoren der Persönlichkeit* umfassen die Persönlichkeitsmerkmale des Mitarbeiters, seine Erwartungshaltung sowie das Phänomen des Variety Seekings. In Bezug auf die *Persönlichkeitsmerkmale* des Mitarbeiters werden sowohl bestimmte Charakteristika wie u. a. die selbst wahrgenommene Kompetenz, die Einstellung zur Arbeit sowie die Selbstwirksamkeitserwartung als Einflussfaktoren der Verbleibe- bzw. Trennungsentscheidung diskutiert. Hier lassen sich allerdings keine eindeutigen Zusammenhänge und Wirkungsrichtungen erkennen.[853] Daneben werden auch Persönlichkeitstypologien mit der Trennungsentscheidung in Verbindung gebracht. Hier sind u. a. die Big Five sowie die Typologie nach VON ROSENSTIEL zu nennen.[854] Auch hier lassen sich kaum signifikante Zusammenhänge feststellen[855], weshalb die Persönlichkeitsmerkmale für die Konzeption und Implementierung von Maßnahmen eines Regain Managements vernachlässigt werden können. Des Weiteren wird die *Erwartungshaltung* des Mitarbeiters als Einflussfaktor der Trennungsentscheidung gesehen, da diese die Zeit nach dem Wechsel determiniert.[856] Die Übereinstimmung der Erwartungen des Mitarbeiters mit den realen Gegebenheiten ist von Bedeutung, welches insbesondere in der Reintegrationsforschung hervorgehoben wird.[857] Das Phänomen des *Variety Seekings* spielt in Bezug auf die Trennungsentscheidung ebenfalls eine Rolle. Hier kann das Streben nach Abwechslung – teilweise hervorgerufen aufgrund fehlender Herausforderungen und fehlender neuer Erfahrungen innerhalb der Unternehmung – den Grund für die Trennungsentscheidung darstellen

---

850 Vgl. Felfe (2008), S. 146; Mathieu/Zajac (1990), S. 177; Meyer/Allen (1997), S. 43.

851 Vgl. Mathieu/Zajac (1990), S. 177-178; Sabathil (1977), S. 80-81; Türk (1978), S. 45.

852 Vgl. Meyer/Allen (1991), S. 69; Meyer et al. (2002), S. 28-29.

853 Vgl. Felfe (2008), S. 147-148; Meyer/Allen (1997), S. 44; Meyer et al. (2002), S. 69-70.

854 Vgl. Felfe (2008), S. 148-149; von Rosenstiel (2003a), S. 234-237. Persönlichkeitstypologien zielen darauf ab, durch empirisch-induktive Erkenntnisse die „Black Box" der Persönlichkeit zu analysieren und durch Abstraktion psychologische Typologien zu bilden. Vgl. Morick (2002), S. 52-53. Die Big Five kommen dabei zu den Mitarbeitereigenschaften Extraversion, Verträglichkeit, Gewissenhaftigkeit, emotionale Stabilität sowie Offenheit. Vgl. dazu Costa/McCrae (1985, 1992). Von Rosenstiel differenziert in karriereorientiert, alternativ engagiert und freizeitorientiert. Vgl. von Rosenstiel (2003a).

855 Vgl. Sabathil (1977), S. 83.

856 Vgl. Meyer/Allen (1997), S. 52-53. In der Kundenrückgewinnungsforschung vgl. auch Seidl (2010), S. 33.

857 Vgl. Hammer et al. (1998), S. 31-33; Hyder/Lövblad (2007), S. 277; Stroh et al. (1998), S. 121-123; Stroh et al. (2000), S. 692-694; Suutari/Brewster (2003), S. 1142-1145.

und führt somit zu einer Reduktion der Rückkehrwahrscheinlichkeit.[858] MEIFERT stellt jedoch lediglich einen negativen Zusammenhang zwischen der Neigung zum Variety Seeking und dem kalkulativen Commitment her. Es kann nicht abschließend geklärt werden, ob es sich bei der Neigung zum Variety Seeking um eine Eigenschaft der Persönlichkeit handelt oder einer gesellschaftlichen Entwicklung folgt.[859] Das Phänomen sollte jedoch bei der Konzeption von Maßnahmen eines Regain Managements berücksichtigt werden.

Zu den *Faktoren des Berufs* werden der Bildungsstand sowie die Beschäftigungsdauer gezählt. Diese lassen sich zwar den Merkmalen der Person zuordnen, betreffen allerdings nicht den privaten, sondern den beruflichen Bereich. Der *Bildungsstand* weist eine negative Korrelation mit dem Commitment auf, welches durch erhöhte Chancen auf dem Arbeitsmarkt erklärt wird.[860] Je höher die Schulausbildung, desto eher steigt die Wahrscheinlichkeit einer Trennungsentscheidung.[861] In einer Studie von MEYER ET AL. wird deutlich, dass negative Zusammenhänge insbesondere zwischen dem kalkulativen Commitment und den vorhandenen Alternativen auf dem Arbeitsmarkt sowie der Übertragbarkeit von Fähigkeiten und Fertigkeiten auf andere Unternehmungen bestehen.[862] Im Gegensatz dazu verweist SABATHIL auf Korrelationen zwischen einem höheren Bildungsstand und einer sinkenden Fluktuationswahrscheinlichkeit, weshalb keine allgemeingültigen Aussagen dazu getroffen werden können.[863] Die *Beschäftigungsdauer* hat ebenfalls Einfluss auf die Trennungsentscheidung, wobei die Fluktuationsneigung in dem ersten Jahr der Beschäftigungsdauer höher ist und dann zunehmend abnimmt. Begründet wird dies zum einem durch mögliche Unsicherheiten und Konflikte bei der Einführung neuer Mitarbeiter. Zum anderen steigen mit zunehmender Betriebszugehörigkeit sogenannte Seniorenrechte, d. h. bestimmte Privilegien und soziale Leistungen, welche die Trennungsentscheidung tendenziell hemmen.[864] Es wird deutlich, dass die Beschäftigungsdauer beziehungsverstärkend wirken kann.[865]

---

858 Vgl. Jensen (2004), S. 234. In der Kundenrückgewinnungsforschung vgl. dazu Homburg/Sieben/Stock (2003), S. 24; McAlister (1982), S. 142-143; Stewart (1998a), S. 237-240.

859 Vgl. Meifert (2005), S. 69 und S. 166. Vgl. auch Bänsch (1995), S. 348-349.

860 Vgl. Felfe (2008), S. 146; Mathieu/Zajac (1990), S. 177; Mayer/Schoorman (1998), S. 19.

861 Vgl. Schasse (1991), S. 197-204.

862 Vgl. Meyer et al. (2002), S. 32.

863 Vgl. Sabathil (1977), S. 84.

864 Vgl. Sabathil (1977), S. 86-87. Bei Weller wird deutlich, dass das Kündigungsrisiko bei einer zunehmenden Beschäftigungsdauer nicht monoton fällt, sondern das Risiko zum Start des Arbeitsverhältnisses zunächst ansteigt und sich dann u-förmig entwickelt. Vgl. Weller (2007), S. 183. Vgl. auch Grund (2001), S. 96-98.

865 In der Kundenrückgewinnungsforschung vgl. Seidl (2010), S. 32.

Unternehmungsinterne Trennungsgründe

Die unternehmungsinternen Trennungsgründe lassen sich in soziale Faktoren, Faktoren der Arbeit sowie Faktoren der Unternehmung differenzieren.

Hinsichtlich der *sozialen Faktoren* werden als Trennungsgründe das Betriebsklima bzw. die Unternehmungskultur, das Verhältnis zu Kollegen sowie das Verhältnis zum Vorgesetzten diskutiert.[866] Das *Betriebsklima bzw. die Unternehmungskultur* kann insofern einen Trennungsgrund darstellen, als dass Mitarbeiter mit dem Klima innerhalb der Unternehmung unzufrieden sind und sich in der Arbeitsatmosphäre unwohl fühlen.[867] In einer Studie von WUNDERER/KÜPERS stellt die Unternehmungskultur sowohl eine potenzielle als auch eine aktuelle Motivationsbarriere dar. Es wird deutlich, dass die Unternehmungskultur einen großen Einfluss auf die Handlungs- und Entscheidungsmuster der Mitarbeiter innehat.[868] „Vermag eine Organisation keine Sozialintegration zu vermitteln, schränkt dies die Motivationslage der Mitarbeiter noch mehr ein. Fordert sie Leistung in der Arbeit ohne Sinn oder Identifikationsmöglichkeiten zu bieten, erhöht sich die Wahrscheinlichkeit von Demotivation."[869] Damit einhergehend spielt auch die Identifikation mit den Werten der Unternehmung und dem damit verbundenen Verantwortungsbewusstsein eine Rolle.[870] Neben der Unternehmungskultur wird auch das *Verhältnis zu Kollegen* als Trennungsgrund gesehen.[871] Eine ablehnende Haltung von Kollegen wird in der Reintegrationsforschung als Problem bei der Rückkehr in die Unternehmung diskutiert.[872] BAILLOD verdeutlicht, dass „je besser die Möglichkeit ist, zu kommunizieren, soziale Unterstützung zu erhalten und zu geben, je höher auch das subjektiv empfundene Eingebundensein in die Arbeitsgruppe ist, desto geringer ist die Fluktuationswahrscheinlichkeit."[873] Ebenso wird das *Verhältnis zum Vorgesetzten* zu den sozialen Faktoren gezählt, welche zu einer Trennungsentscheidung führen können.[874] Dabei sind insbesondere der zur Verfügung stehende Freiraum, die Beteiligungsmöglichkeiten, die Förderung sowie die Anerkennung abhängig vom Verhalten des Vorgesetzten.[875] Es sei je-

---

866 Vgl. von Rosenstiel (1975), S. 231 und S. 266.

867 Vgl. Hirschfeld (2006), S. 14-15; Sabathil (1977), S. 60-62.

868 Vgl. Wunderer/Küpers (2003), S. 23-24.

869 Wunderer/Küpers (2003), S. 27.

870 Vgl. Jochmann (2006), S. 174-175.

871 Vgl. Neuhaus (2010), S. 59 und S. 228; Sabathil (1977), S. 62; Wunderer/Küpers (2003), S. 23-24.

872 Vgl. Allen/Alvarez (1998), S. 32; MacDonald/Arthur (2003), S. 5.

873 Baillod (1992), S. 34.

874 Vgl. Felfe (2008), S. 135-140; Friedli/Thom (2001), S. 8; Hirschfeld (2006), S. 14; Jochmann (2006), S. 174; Neuhaus (2010), S. 228; von Rosenstiel (2003a), S. 247; Wunderer/Küpers (2003), S. 23-24.

875 Vgl. Kobi (2012), S. 74.

doch darauf hingewiesen, dass einzelne Verhaltensweisen des Vorgesetzten nur schwer mit einer direkten Trennungsentscheidung in Verbindung gebracht werden können, da jede Beziehung durch die individuellen Persönlichkeiten, komplexen Interaktionen sowie situativen Faktoren geprägt ist.[876] Insgesamt wird deutlich, dass die sozialen Faktoren einen hohen Einfluss auf die Trennungsentscheidung haben können.[877]

Im Rahmen der *Faktoren der Arbeit* werden der Arbeitsinhalt sowie die Arbeitsbedingungen, die Entscheidungsfreiräume und Verantwortung, Weiterbildungsmöglichkeiten und Entwicklungsperspektiven, die Arbeitsplatzsicherheit sowie monetäre Aspekte dargestellt. Der *Arbeitsinhalt sowie die Arbeitsbedingungen* können die Trennungsentscheidung beeinflussen. WUNDERER/KÜPERS heben hervor, dass fehlende Herausforderungen, eine fehlende Sinnhaftigkeit der Tätigkeit oder der Mangel an Ganzheitlichkeit in Bezug auf die Arbeit zur Demotivation des Mitarbeiters führen können.[878] FELFE sowie MATHIEU/ZAJAC fügen dem hinzu, dass eine Vielseitigkeit der Arbeitsaufgabe im Hinblick auf unterschiedliche Arbeitsmittel, der Umgang mit Personen und anderen Abteilungen sowie Ortswechsel positiv auf die Bleibebereitschaft wirken.[879] Damit einhergehend werden auch die mit dem Arbeitsplatz verbundenen *Entscheidungsfreiräume und Verantwortungen* betrachtet, d. h. inwiefern die Möglichkeit besteht, eigene, betriebliche Entscheidungen zu treffen. Es lässt sich ein Zusammenhang zwischen der Möglichkeit zu selbstständigen Entscheidungen und dem affektiven Commitment feststellen.[880] Auch bei VON ROSENSTIEL zählen geringe Entscheidungsbefugnisse zu den relevanten Trennungsgründen.[881] Damit verbunden spielt auch die Verantwortung der Arbeitsposition eine Rolle. In der Reintegrationsforschung wird deutlich, dass eine reduzierte oder fehlende Verantwortung bei der Rückkehr aus dem Ausland zu Unzufriedenheit der Mitarbeiter führen kann.[882] Somit lässt sich die Tendenz erkennen, dass mit steigenden Entscheidungsfreiräumen sowie erhöhter Verantwortung die Wahrscheinlichkeit der Trennungsentscheidung aus Mitarbeitersicht sinkt.[883]

Des Weiteren haben die *Weiterbildungsmöglichkeiten und Entwicklungsperspektiven* innerhalb der Unternehmung einen Einfluss auf die Trennungsentscheidung, d. h. mangelnde Auf-

---

876 Vgl. von Rosenstiel (1975), S. 280-281.

877 Vgl. Wunderer/Küpers (2003), S. 24 und S. 31.

878 Vgl. Wunderer/Küpers (2003), S. 23-24. Vgl. auch Mobley et al. (1979), S. 504; Neuhaus (2010), S. 59; Semmer/Baillod (1993), S. 185.

879 Vgl. Felfe (2008), S. 132-133; Mathieu/Zajac (1990), S. 179.

880 Vgl. Felfe (2008), S. 133. Vgl. auch Grunwald (2001), S. 205.

881 Vgl. von Rosenstiel (2003a), S. 247.

882 Vgl. MacDonald/Arthur (2003), S. 5.

883 Vgl. Türk (1978), S. 51.

stiegsmöglichkeiten können einen Auslöser für das Verlassen einer Unternehmung darstellen.[884] Auch im Rahmen der Reintegrationsforschung werden mangelnde Aufstiegsmöglichkeiten und eine fehlende Karriereplanung als Probleme bei der Reintegration benannt.[885] GEHLEN weist darauf hin, dass eine empfundene Gerechtigkeit der eigenen Aufstiegsmöglichkeiten im Vergleich zur Bezugsgruppe zu einer höheren Zufriedenheit führen kann.[886] Auch die *Arbeitsplatzsicherheit* kann die Trennungsentscheidung determinieren. Mitarbeiter, die ihren Arbeitsplatz grundsätzlich als eher unsicher bewerten, weisen eine höhere Absicht auf, die Unternehmung zu verlassen als solche, die eine hohe Arbeitsplatzsicherheit empfinden.[887]

Ein weiterer Grund für die Trennungsentscheidung können *monetäre Aspekte* sein. Dazu gehören u. a. das Gehalt, monetäre Zusatzleistungen sowie Wechselkosten.[888] Aus Perspektive der Neuen Institutionenökonomie basiert menschliches Verhalten auf Kosten-Nutzen-Überlegungen, weshalb das Gehalt eine wichtige Determinante für die Trennungsentscheidung darstellen kann.[889] Im Gegensatz dazu liegen Ansätze vor, welche die Bedeutung des Gehalts relativieren bzw. auf das Vorliegen mehrerer Auslöser verweisen, damit ein Wechsel vollzogen wird.[890] GRIFFETH/HOM/GAERNTER weisen darauf hin, dass ein als gerecht wahrgenommenes Gehalt nach Leistung zu einem höheren Commitment führt als die Zufriedenheit mit der Höhe der Bezahlung.[891] Das verdeutlicht, dass gerechtigkeitstheoretische Überlegungen auch bei der Entlohnung eine Rolle spielen und Personen ihr Input-Output-Verhältnis mit dem Input-Output-Verhältnis anderer Bezugspersonen vergleichen.[892] Neben dem Gehalt können auch monetäre Zusatzleistungen betrachtet werden, wie z. B. eine bezuschusste Kantine oder betriebliche Altersversorgung. Diese Leistungen werden als selbstverständlich wahrgenommen, wenn sie für alle Mitarbeiter einer Unternehmung gültig sind. Somit scheint es, als ob sie keinen relevanten Einflussfaktor der Trennungsentscheidung eines Mitarbeiters darstellen.[893] Neben dem Gehalt und den Zusatzleistungen spielen auch Wechselkosten eine

884 Vgl. Jochmann (2006), S. 174; Kobi (2012), S. 74; Neuhaus (2010), S. 228; von Rosenstiel (2003a), S. 247. Ebenso weist das Vorhandensein von Qualifizierungs- und Aufstiegschancen einen positiven Zusammenhang zum affektiven Commitment auf. Vgl. Felfe (2008), S. 133-135.

885 Vgl. Napier/Peterson (1994), S. 23; Vidal et al. (2008), S. 1691.

886 Vgl. Gehlen (2004), S. 138-139. Diese Annahme wird ebenso durch die Soziale Austauschtheorie sowie die Equity-Theorie unterstützt Vgl. Kapitel 3.2.2 sowie 3.5.2.

887 Vgl. Arnold/Feldman (1982), S. 355-357; Gehlen (2004), S. 113.

888 Vgl. Jochmann (2006), S. 174; von Rosenstiel (2003a), S. 247; von Rosenstiel (1975), S. 231.

889 Vgl. Jensen (2004), S. 234. Vgl. auch Kapitel 3.2.2 sowie 3.5.2 für die Ausführungen zur Transaktionskostentheorie sowie Agenturtheorie.

890 Vgl. Mathieu/Zajac (1990), S. 179; Rippe (1974), S. 50-51; Sabathil (1977), S. 68-71; Türk (1978), S. 46.

891 Vgl. Griffeth et al. (2000), S. 480.

892 Vgl. dazu die Darstellung der Equity-Theorie in Kapitel 3.2.2.

893 Vgl. von Rosenstiel (1975), S. 263-266.

Rolle. Einhergehend mit der Trennungsentscheidung, entstehen dem Mitarbeiter Kosten, welche in einem direkten Zusammenhang mit dem Wechsel stehen.[894] Wechselkosten können in Anlehnung an die Transaktionskostentheorie aus spezifischen Investitionen (wie z. B. Spezialkenntnisse durch Aus- und Weiterbildungen, welche außerhalb der Unternehmung weniger wert sind) oder direkten Wechselkosten (z. B. die Suche nach einer Alternative, Verhandlungskosten, eine über dem Marktniveau liegende Bezahlung oder eine zusätzliche Altersversorgung) bestehen. Neben den potenziellen finanziellen Wechselbarrieren existieren auch psychische Wechselbarrieren wie z. B. das Vertrauen in die Unternehmung und die aktuelle Position, sowie soziale Wechselbarrieren, zu denen das persönliche Beziehungsnetzwerk des Mitarbeiters zählt. Somit wird deutlich, dass Wechselbarrieren eine Trennungsentscheidung behindern können.[895]

Zuletzt folgt die Darstellung der *Faktoren der Unternehmung*, welche die Unternehmungsgröße, den Standort, die Branche, die Unternehmungsstruktur sowie das Image umfassen. In Bezug zur *Unternehmungsgröße* liegen unterschiedliche Erkenntnisse vor. TÜRK verdeutlicht, dass tendenziell eine stärkere Fluktuation bei großen Unternehmungen als bei kleinen Unternehmungen festzustellen ist. Dahingegen ergeben sowohl die Untersuchungen von SCHASSE als auch FRICK, dass größere Unternehmungen ein geringeres Austrittsrisiko bzw. niedrigere Fluktuationsraten aufweisen. SABATHIL schließt daraus, dass keine eindeutigen Zusammenhänge zwischen der Unternehmungsgröße und einer Trennungsentscheidung gezogen werden können.[896] Hinsichtlich des *Standortes* wird davon ausgegangen, dass die Fluktuationsrate in Großstädten aufgrund des umfassenderen Angebots an Alternativen höher ist als in Kleinstädten. Auch ist die Distanz zwischen dem Standort der Unternehmung und dem Wohnort des Mitarbeiters kürzer, wodurch eine höhere Attraktivität und somit eine geringere Fluktuationsrate erklärt wird.[897] Die *Branche* wird als Einflussfaktor einer Trennungsentscheidung in Deutschland bisher kaum berücksichtigt.[898] SABATHIL weist darauf hin, dass je nach Branche

[894] Vgl. Hirschman (1974a), S. 18-35; Mobley (1977), S. 238.

[895] Vgl. vom Hofe (2005), S. 55-59. Vgl. dazu die Darstellung der Ansätze der Neuen Institutionenökonomik im Kontext der Kundenrückgewinnungsforschung in Kapitel 3.2.2 sowie im Kontext der Mitarbeiterbindungsforschung in Kapitel 3.5.2.

[896] Vgl. Frick (1995), S. 134; Frick (1997); S. 242; Sabathil (1977), S. 54-55; Schasse (1991), S. 197-204; Türk (1978), S. 46. In kleineren Unternehmungen ist aufgrund der größeren Entscheidungsspielräume tendenziell eine größere Bedürfnisbefriedigung auf den unteren Hierarchieebenen zu finden, hingegen werden auf den höheren Hierarchieebenen größere Unternehmungen bevorzugt. Vgl. von Rosenstiel (1975), S. 334-335.

[897] Vgl. Sabathil (1977), S. 52-54; Türk (1978), S. 46.

[898] Vgl. Grund (2000), S. 82-84. Grund hebt jedoch hervor, dass hohe Fluktuationsraten im Baugewerbe sowie in der Gastronomie vorliegen. Die Fluktuationsrate in den Bereichen Bergbau und Energie, Kredit und Versicherungen sowie Gebietskörperschaften und Sozialversicherung sind dagegen eher gering.

das kritische Fluktuationsniveau variiert und dass es aus Unternehmungssicht relevant ist, das unternehmungseigene Fluktuationsniveau im Vergleich zu anderen Unternehmungen zu kennen und zu berücksichtigen.[899] In Bezug auf die *Unternehmungsstruktur* liegen Erkenntnisse vor, dass eine Dezentralisierung der Unternehmung ein höheres affektives Commitment erzielt.[900] PORTER/LAWLER kommen zu dem Ergebnis, dass flachere Hierarchien eine höhere Bedürfnisbefriedigung der Führungskräfte erzielen. Dieses Ergebnis bezieht sich jedoch auf kleine und mittlere Unternehmungen. In großen Unternehmungen wird eine höhere Bedürfnisbefriedigung der Führungskräfte durch steilere Unternehmungsstrukturen erreicht.[901] Dahingegen sehen MATHIEU/ZAJAC keine signifikanten Korrelationen zwischen der Unternehmungsstruktur und einer Trennungsentscheidung.[902] Auch das *Image* kann bei Trennungsentscheidungen eine Rolle spielen.[903] GEHLEN erkennt einen positiven Zusammenhang zwischen der Arbeitszufriedenheit der Mitarbeiter und der Zufriedenheit mit dem Unternehmungsimage. Des Weiteren wird ein negativer Zusammenhang zwischen der Zufriedenheit mit dem Image und der Absicht, die Unternehmung zu verlassen, festgestellt.[904] Dementsprechend wird davon ausgegangen, dass je stärker sich ein Mitarbeiter mit der Unternehmung identifiziert, desto niedriger ist seine Neigung, die Unternehmung freiwillig zu verlassen.[905] Für das Regain Management lässt sich folgern, dass das Image auch einen Einfluss auf die Entscheidung haben kann, zu der Unternehmung zurückzukehren.

Unternehmungsexterne Trennungsgründe

Zu den unternehmungsexternen Trennungsgründen können die Arbeitsmarktsituation und die damit verbundenen Chancen sowie der gesellschaftliche Wandel gezählt werden. Es lässt sich ein Zusammenhang zwischen der *aktuellen Arbeitsmarktsituation* und der Trennungsentscheidung feststellen. Somit erhöht sich die Kündigungswahrscheinlichkeit bei besseren Beschäftigungsaussichten.[906] Die Suche nach Alternativen bzw. die Bewertung bestehender Alternativen auf dem Arbeitsmarkt hat demnach einen Einfluss auf die Trennungsentscheidung des Mitarbeiters. Schneidet die aktuelle Arbeitsposition schlechter ab als die zur Verfügung

899 Vgl. Sabathil (1977), S. 51.
900 Vgl. Meyer/Allen (1997), S. 42.
901 Vgl. Porter/Lawler (1965), S. 43-45; von Rosenstiel (1975), S. 337-339.
902 Vgl. Mathieu/Zajac (1990), S. 180.
903 Vgl. Kobi (2012), S. 74; Sabathil (1977), S. 55-56.
904 Vgl. Gehlen (2004), S. 217.
905 Vgl. March/Simon (1976), S. 72-73.
906 Vgl. March/Simon (1976), S. 95-96; Neuhaus (2010), S. 65; Türk (1978), S. 45; Weller (2007), S. 183-184.

stehende Alternative, steigt die Wahrscheinlichkeit einer Trennungsentscheidung.[907] Neben dem Arbeitsmarkt können auch die allgemeine Konjunktur sowie staatliche Aktivitäten Einfluss nehmen. So liegen bei einem Konjunkturhoch höhere Fluktuationsraten vor als bei einem Konjunkturtief. Auch Mobilitätsförderungen durch den Staat können zu einer Erhöhung der Fluktuationsrate, d. h. einer Begünstigung der Trennungsentscheidung, führen.[908] Insgesamt lassen sich jedoch keine allgemeingültigen Aussagen hinsichtlich der Wirtschaftslage als Einflussfaktor der Trennungsentscheidung treffen.[909] Daneben wird in der Literatur auch der *gesellschaftliche Wandel* als Trennungsgrund diskutiert. Bezugnehmend zur Entwicklung von der industriellen zur post-industriellen Gesellschaft haben sich die Einstellungen der Mitarbeiter hinsichtlich Arbeit, Motivation und Leistungsbereitschaft verändert.[910] Es lässt sich ein zunehmendes Streben nach Flexibilität erkennen, wodurch Werte wie Loyalität, Treue, Verpflichtung und Verbindlichkeiten zwischen Mitarbeitern und der Unternehmung weniger wichtig werden, indes Werte wie Selbstverwirklichung, Selbstständigkeit und Eigenverantwortung an Bedeutung gewinnen.[911] Am Arbeitsmarkt lässt sich ein Zuwachs des Job Hoppings erkennen, welches mit einer Trennungsentscheidung korreliert und sich auch in dem Phänomen des Variety Seekings widerspiegelt.[912]

Grundsätzlich wird deutlich, dass personenbezogene, unternehmungsinterne sowie unternehmungsexterne Gründe sowie deren Zusammenwirken eine Trennungsentscheidung erklären können.[913] Unternehmungen können insbesondere bei den unternehmungsinternen Trennungsgründen Ansatzpunkte zur Verbesserung finden.

---

907 Vgl. Meyer/Allen (1997), S. 58-59; Mobley (1977), S. 238-239. In der Kundenrückgewinnungsforschung vgl. auch Michalski (2002), S. 17.

908 Vgl. Sabathil (1977), S. 47-50; Türk (1978), S. 45; Weller (2007), S. 27. Daneben hebt Sabathil auch konstitutive Rahmenbedingungen wie u. a. das Arbeitsrecht oder das Wirtschaftssystem als Determinanten hervor. Vgl. dazu Sabathil (1977), S. 40-46.

909 Vgl. Sabathil (1977), S. 49.

910 Vgl. Steger (1999), S. 39-40.

911 Vgl. Sennett (2006), S. 15-17; Szebel-Habig (2004), S. 23 und S. 59. Diese Entwicklung wird durch unterschiedliche Kategorisierungen von Generationen verdeutlicht, u. a. durch die Unterteilung in Babyboomer, die Generation X und die Generation Y oder durch die Theorie X und die Theorie Y nach McGREGOR. Zur Klassifizierung der Generationen vgl. u. a. McGregor (1986), S. 27-28 und S. 36-37; Scholz (2003c), S. 61-65; Szebel-Habig (2004), S. 60. Zum Ursprung vgl. auch McGregor (1960) sowie in deutscher Übersetzung McGregor (1970).

912 Vgl. Szebel-Habig (2004), S. 60.

913 Für das Vorliegen mehrerer Ursachen einer Abwanderung von Kunden sowie das Zusammenwirken der Ursachen vgl. Keaveney (1995), S. 79.

4.4.2.2 Maßnahmen zur Analyse und Gestaltung der Trennung

Um die Gründe für die Trennung zu ermitteln und die Beziehung zwischen der Unternehmung und dem Mitarbeiter so zu beenden, dass eine Basis für eine Wiederaufnahme der Beziehung gelegt ist, werden in der Literatur unterschiedliche Maßnahmen diskutiert. Diese sollen im Folgenden vorgestellt werden. Wichtig ist nicht nur eine systematische Analyse und Auswertung der Trennungsgründe, sondern auch eine Ableitung von spezifischen Maßnahmen.[914]

Die *Analyse der Trennungsentscheidung* zwischen einem Mitarbeiter und der Unternehmung ist sinnvoll, um sowohl die Notwendigkeit als auch den Einsatzort für die Konzeption und Implementierung von Maßnahmen zu kennen.[915] Auch ist es hilfreich, die Bedeutung der Trennungsgründe einschätzen zu können, da mit zunehmender Bedeutung der Trennungsgründe die Rückgewinnungswahrscheinlichkeit in die Unternehmung abnimmt.[916] Dazu eignen sich als Maßnahmen die Analyse von Kennzahlen sowie die Durchführung von Austrittsinterviews und Mitarbeiterbefragungen. Die *Kennzahlenanalyse* dient der genaueren Betrachtung der Fluktuation der Unternehmung. So besteht z. B. die Möglichkeit nach bestimmten Zielgruppen oder nach dem Alter der ausscheidenden Mitarbeiter zu selektieren, um fundierte Informationen über die betriebliche Fluktuation zu erhalten.[917]

Daneben wird die Durchführung von *Austritts- oder Abgangsinterviews* in der Literatur diskutiert. Darunter versteht HILB „ein planmäßiges und systematisches Vorgehen der Personalabteilung mit dem Ziel, alle ausscheidenden Organisationsmitglieder durch eine Reihe gezielter Fragen zu veranlassen möglichst objektive Informationen über die Austrittsgründe und die Stärken und Schwächen des Unternehmens und des Arbeitsplatzes abzugeben [...] sowie möglichst sinnvolle Verbesserungen vorzuschlagen [...].“[918] Während das Austrittsinterview grundsätzlich mündlich, schriftlich, teil- oder vollstrukturiert durchgeführt werden kann, schlägt HILB eine Standardisierung der Vorgehensweise vor, um Informationsverfälschungen zu vermeiden.[919] Dabei sollte das Austrittsinterview freiwillig und am letzten Arbeitstag des Mitarbeiters von demselben Interviewer (durch die Personalabteilung oder einem unbeteiligtem Dritten) durchgeführt werden, welcher anhand von Fragekarten eine Vergleichbarkeit und

---

914 Vgl. Moser/Saxer (2008), S. 95-96.

915 Vgl. Klötzl (1994), S. 16; Sabathil (1977), S. 191.

916 Vgl. dazu Aussagen über die Stabilität von Trennungsgründen in der Kundenrückgewinnungsforschung. Vgl. Pick (2008), S. 229; Pick/Krafft (2009), S. 125.

917 Vgl. Brast/Cordes (2010), S. 17; Kobi (2012), S. 76. Vgl. auch Nieder (2004), Sp. 760-761.

918 Hilb (2011), S. 190. Vgl. dazu auch Brast/Cordes (2010), S. 17; Prühs (1993), S. 108.

919 Vgl. Hilb (2011), S. 191. Vgl. auch Berthel/Becker (2013), S. 390; Lippold (2011), S. 168.

Auswertbarkeit der Erkenntnisse erreicht.[920] Als Zielgruppe werden grundsätzlich alle ausscheidenden Mitarbeiter empfohlen, da eine einheitliche Vorgehensweise die Akzeptanz des Austrittsgesprächs bei den Mitarbeitern erhöht.[921] Durch die Zusammenführung der Ergebnisse unterschiedlicher Austrittsgespräche lassen sich dann Ansatzpunkte zur Optimierung der bestehenden Situation[922], aber auch für die Maßnahmen der Kontakterhaltung und Rückgewinnung ableiten. MAYRTHALER schlägt ein kombiniertes Verfahren des Austrittsinterviews vor, indem eine Dreiteilung des Gespräches stattfindet. Zuerst dient die Eingangsphase der Klärung des Gesprächsanlasses und der Herstellung einer offenen Gesprächsatmosphäre. Anschließend werden mit Hilfe eines Erhebungsbogens die Erfahrungen mit der Arbeitsposition in der Unternehmung mit den Erwartungen an die zukünftige Position verglichen, um dann im dritten Teil eklatante Diskrepanzen miteinander zu diskutieren.[923] Bei der Durchführung eines Austrittsinterviews ist jedoch grundsätzlich die Informationsverfälschung zu berücksichtigen, d. h. das Verdrängen oder Verschweigen von Argumenten durch den Mitarbeiter. Des Weiteren startet die Informationsgewinnung erst nach der getroffenen Entscheidung, womit ggf. relevante Informationen unerkannt bleiben.[924] Auch müssen Informationsverzerrungen durch den Interviewer, z. B. durch die Integration bisheriger Erfahrungen oder durch eine vorschnelle Kategorisierung, genannt werden, welche nur teilweise durch eine Bewusstmachung vermieden werden können.[925] KLÖTZL nennt neben dem Einzelinterview auch Gruppen-Workshops mit mehreren ausscheidenden Mitarbeitern, um Schwachstellen und Probleme innerhalb der Unternehmung aufzudecken.[926]

Neben dem Einzelinterview können auch *Mitarbeiterbefragungen* Rückschlüsse auf die Arbeitszufriedenheit in der Unternehmung sowie Ansatzpunkte zur Optimierung generieren.[927] Dazu werden alle Mitarbeiter der Unternehmung kontinuierlich und anonym befragt, um sowohl Informationen über mögliche Trennungsgründe als auch über Bindungsdeterminanten zu generieren. Somit wird die Kritik hinsichtlich des Zeitpunktes der Informationsgewinnung (nach der Trennungsentscheidung) entkräftet, und es werden ebenfalls Anhaltspunkte vor oder

920 Vgl. Hilb (2011), S. 191-192; Kobi (2012), S. 77. Für eine Übersicht zur Anwendung der Methode vgl. Hilb (2011), S. 191-197.
921 Vgl. Prühs (1993), S. 109.
922 Vgl. Hilb (2011), S. 194.
923 Vgl. Mayrthaler (1989), S. 71-74.
924 Vgl. Marr (1975), Sp. 850; Sabathil (1977), S. 192-194.
925 Vgl. Mayrthaler (1989), S. 73.
926 Vgl. Klötzl (1994), S. 17-19.
927 Vgl. Kobi (2012), S. 77-78; Meifert (2005), S. 214.

während eines Fluktuationsentschlusses eingeholt.[928] An dieser Stelle wird die Notwendigkeit der Abstimmung mit dem internen Personalmarketing, d. h. dem Bindungsmanagement, deutlich, um die ausscheidenden Mitarbeiter sowie die aktuellen Mitarbeiter zu betrachten.[929]

Die dargestellten Maßnahmen der Trennung sollten so *gestaltet* werden, dass der Mitarbeiter die Unternehmung mit einem positiven Eindruck verlässt. Dies ist insbesondere im Hinblick auf die Ziele der Informationsgewinnung und Schadensminimierung im Bereich der Trennung bedeutsam.[930] Ein Umgang mit der Trennung nach dem Motto „Reisende soll man nicht aufhalten" scheint unangebracht und vermeidet eine partnerschaftliche Trennung.[931] Dies ist jedoch zum einen wichtig, da der ehemalige Mitarbeiter als Markenbotschafter der Unternehmung fungiert, d. h. seine positiven wie negativen Erfahrungen mit anderen potenziellen Arbeitnehmern teilt. Zum anderen gewährleistet ein positiver Abschluss des Arbeitsverhältnisses die Möglichkeit der Kontakterhaltung und Rückgewinnung.[932] Dafür muss auch in der Unternehmung Interesse an den Informationen über die Trennungsgründe, am Kontakt sowie an einer möglichen Rückgewinnung von ehemaligen Mitarbeitern bestehen, was eine Grundvoraussetzung für das Bewusstsein zur optimalen Gestaltung der Trennung darstellt.[933]

Des Weiteren wird der *Transfer von Erfahrungswissen* in der Literatur diskutiert, da mit dem Ausscheiden von Mitarbeitern auch für die Unternehmung relevantes Know-how verloren gehen kann.[934] Dabei umfasst Erfahrungswissen sowohl explizites als auch implizites Wissen, welches schwer verbalisierbar bzw. teilweise unterbewusst vorhanden ist. Es besteht immer eine Abhängigkeit zu bestimmten Situationen und Personen und beinhaltet sowohl deklarative als auch prozedurale Aspekte, d. h. es impliziert sowohl Fach- als auch Handlungs- und Prozesswissen.[935] Der Verlust von Erfahrungswissen durch das Ausscheiden von Mitarbeitern kann die Unternehmung schwächen und konkurrierende Unternehmungen bereichern[936], weshalb der Transfer dieses Wissens im Rahmen der Trennung thematisiert werden sollte. Haupteinflussfaktoren eines erfolgreichen Wissenstransfers stellen dabei die Identifikation mit den Zielen der Unternehmung, eine als fair und vertrauensvoll wahrgenommene Unternehmungs-

---

928 Vgl. Sabathil (1977), S. 194-196.
929 Vgl. dazu Kapitel 4.3.2.
930 Vgl. dazu die Ziele eines Regain Managements in Kapitel 4.2.2.
931 Vgl. Meifert (2005), S. 214.
932 Vgl. Dommer (2011); o. V. (2008), S. 26; Ransweiler (2011), S. 37; Schikora (2011), S. 66.
933 Vgl. Gertz (2008), S. 19-20; Klötzl (1994), S. 16.
934 Vgl. Hirschfeld (2006), S. 9-10.
935 Vgl. Langfermann (2012), S. 14-16.
936 Vgl. Erlach et al. (2013), S. 19.

kultur sowie ein Verständnis für den Mehrwert der Wissensweitergabe dar.[937] Dementsprechend eignen sich als Maßnahmen zur Unterstützung des Transfers von Erfahrungswissen eine offene und kontinuierliche Kommunikation, eine Partizipation der Mitarbeiter an der Gestaltung des Prozesses sowie an der Besetzung der Vakanz. Auch bietet sich ein kontinuierliches Wissensmanagement an, um als Unternehmung nicht ad hoc reagieren zu müssen.[938]

Als direkten Ansatzpunkt zur Rückgewinnung eines ausscheidenden Mitarbeiters bei der Trennung eignet sich das Angebot einer *Rückkehr-Garantie*, bekannt aus der Reintegrationsforschung. Dies impliziert die Zusicherung einer Wiederbeschäftigung, wobei teilweise auch die Position und das Gehalt berücksichtigt werden.[939] Dabei lassen sich unterschiedliche Arten der Rückkehr-Garantie differenzieren: eine Rückkehrposition, die der ursprünglichen Position in der Unternehmung entspricht, eine Rückkehrposition, welche der Stelle in der neuen Unternehmung gleicht, oder eine Aufstiegsposition.[940] Für die Unternehmung ergibt sich daraus jedoch die Problematik, dass die Personalplanung diese ausgesprochenen Rückkehr-Garantien berücksichtigen muss. Daher empfehlen SIEVERT/YAN eine Verknüpfung der Garantie an eine Leistungsbeurteilung bei der Rückkehr.[941] Eine Rückkehr-Garantie gegenüber ausscheidenden Mitarbeitern auszusprechen, sollte vom jeweiligen Kontext, der jeweiligen Person sowie der Relevanz des Mitarbeiters für die Unternehmung abhängig gemacht werden.

4.4.3 Gestaltungselement: Kontakterhaltung

4.4.3.1 Kategorisierung der Maßnahmen

In Anlehnung an die Analyse der Trennungsgründe sowie die Gestaltung der Trennung zwischen der Unternehmung und dem ausscheidenden Mitarbeiter in Kapitel 4.4.2 lassen sich

---

937 Vgl. Langfermann (2012), S. 195-198. Auch in der Reintegrationsforschung wird der Wertschätzung und dem Einsatz des neu erworbenen Wissens eine hohe Bedeutung beigemessen. Vgl. Kraimer et al. (2009), S. 41.

938 Vgl. Erlach et al. (2013), S. 102-103 sowie S. 107-109. Dabei umfasst der Begriff des Wissensmanagements „das bewusste und systematische Bestreben im Managementhandeln, Probleme im Umgang mit Wissen zu identifizieren, Maßnahmen zu ihrer Vermeidung zu ergreifen und Rahmenbedingungen für den Umgang mit Wissen zu schaffen." Wildner (2011), S. 70 und S. 77. Diese Definition orientiert sich an Davenport/Prusak (1998), S. 6-18; Nonaka/Takeuchi (1997), S. 68-108; North (2005), S. 3; Probst et al. (2003), S. 23.

939 Vgl. Fritz (1982), S. 205; Kühlmann/Stahl (1995), S. 198; Sievert/Yan (1998), S. 264.

940 Vgl. Gaugler (1989), Sp. 1945. Auch werden in der Reintegrationsforschung u. a. die Gehaltshöhe, die Hierarchieebene oder der Funktionsbereich im Rahmen einer Rückkehr-Garantie thematisiert. Vgl. Fritz (1982), S. 207-213.

941 Vgl. Sievert/Yan (1998), S. 264.

Maßnahmen entwickeln, welche den Sachzielen im Bereich der Kontakterhaltung entsprechen und sich dem Gestaltungselement der Trennung anschließen.[942]

Um innerhalb des Gestaltungselementes der Kontakterhaltung eine Übersichtlichkeit zu gewährleisten, wird, wie in Kapitel 4.4.1 beschrieben, eine Kategorisierung der Maßnahmen in Bezug auf die Führungssubsysteme nach BECKER vorgenommen.[943] Dabei spielen innerhalb des Gestaltungselementes der Kontakterhaltung insbesondere das Informationssystem sowie das Personalsystem einer Unternehmung eine Rolle (vgl. Tabelle 36).

Tabelle 36: Kategorisierung der Maßnahmen des Gestaltungselementes der Kontakterhaltung.[944]

Führungssubsystem	**Unterkategorien**
Informationssystem	Information
	Kommunikation
Personalsystem	Personalentwicklung
	Anreizsysteme

Im Rahmen des *Informationssystems* stehen die Gewinnung, Analyse und Prognose von Informationen im Vordergrund. Dazu können die Übermittlung von Informationen sowie die Kommunikation gezählt werden, welche für die kontinuierliche Erhaltung des Kontaktes mit ehemaligen Mitarbeitern wichtig erscheinen. Das *Personalsystem* bezieht sich auf die direkte Mitarbeiterführung und die Personalarbeit.[945] Im Kontext des Gestaltungselementes der Kontakterhaltung werden die Führungssubsysteme der Personalentwicklung und der Anreizsysteme herausgegriffen, weil diese Ansatzpunkte liefern, um den Kontakt zur Unternehmung aus Sicht der ehemaligen Mitarbeiter attraktiv werden zu lassen.[946]

4.4.3.2 Maßnahmen des Informationssystems

Das Informationssystem lässt sich in die Kategorien Information sowie Kommunikation untergliedern, denen die Einzelmaßnahmen jeweils zugeordnet werden können.

---

942 Für die Sachziele im Bereich der Kontakterhaltung eines Regain Managements vgl. Kapitel 4.2.2.

943 Zu den Führungssubsystemen vgl. Becker (2011), S. 40-43; Wild (1974), S. 172-179. Für die Erläuterung der Führungssubsysteme vgl. dazu Kapitel 2.2.1. Für die Benutzung der Führungssubsysteme als Kategorisierung der Maßnahmen vgl. Kapitel 4.4.1.

944 Die Zuordnung der Maßnahmen ist nicht überschneidungsfrei. In dieser Arbeit wird jedoch aufgrund der Übersichtlichkeit eine eindeutige Zuordnung gewählt.

945 Vgl. Becker (2013), S. 35.

946 Die anderen primären Personalsysteme werden aufgrund des Bezugs zum direkten Arbeitsverhältnis im Rahmen der Kontakterhaltung nicht berücksichtigt. Für eine Übersicht der primären Personalsysteme vgl. Berthel/Becker (2013), S. 22.

Information

Im Rahmen der Kategorie der Information steht die Übermittlung von Informationen im Fokus, wobei zwischen direkten sowie indirekten Maßnahmen unterschieden werden kann. In der Reintegrationsforschung wird empfohlen, den entsandten Mitarbeiter während der Abwesenheit zur Stammunternehmung über grundsätzliche wie auch über unternehmungsbezogene Entwicklungen zu informieren. Inhalte können u. a. Neuigkeiten in der Branche, strukturelle oder prozessuale Veränderungen in der Unternehmung sowie Veränderungen im Personalbereich oder dem Produktportfolio sein.[947] Daraus lässt sich ableiten, dass auch im Regain Management im Hinblick auf eine erfolgreiche Rückgewinnung eine kontinuierliche Informationsversorgung einen hohen Stellenwert bei der Kontakterhaltung einnehmen kann und branchen- wie unternehmungsbezogene Inhalte für ehemalige Mitarbeiter von Interesse sind. So kann eine realistische Erwartungshaltung der ehemaligen Mitarbeiter geformt sowie das Vertrauen zu der Unternehmung und seinen Mitarbeitern gefördert werden. Bedingung dafür ist, wie auch in der Reintegrationsforschung angenommen wird, eine realistische Informationsversorgung, welche weitgehend mit der Realität übereinstimmen sollte, um Enttäuschungen aufgrund unzutreffender Erwartungen zu vermeiden.[948]

Im Rahmen der Reintegrationsforschung und der Alumniforschung wird auf unterschiedliche Informationsmedien eingegangen. Für ein Regain Management eignen sich als *direkte Maßnahmen* der Informationsversorgung beispielsweise E-Mails, Briefe oder personalisierte Newsletter. Des Weiteren bietet sich auch die Homepage der Unternehmung, eine unternehmungseigene Stellenbörse, Unternehmungs-Zeitschriften oder Pressemitteilungen an, welche *indirekte Maßnahmen* darstellen, da die ehemaligen Mitarbeiter nicht individuell angesprochen werden.[949] Je nach Alter der ehemaligen Mitarbeiter und je nach zur Verfügung stehendem Budget können sich unterschiedliche Maßnahmen eignen. Es wird die These aufgestellt, dass ältere Ehemalige gegebenenfalls eher die Zeitschrift bevorzugen, während jüngere Ehemalige den Newsletter als Informationsmedium präferieren. Bei dem Versand eines Newsletters entstehen geringere Kosten als bei der Produktion und dem Versand einer Zeitschrift.[950] Zudem kann – je nach Umfang des Regain Managements und der Anzahl der Ehemaligen

947 Vgl. Ewerlin/Süß (2010), S. 528.

948 Vgl. Kühlmann (2004), S. 97; Kühlmann/Stahl (1995), S. 202; Martin (1986), S. 157-159; Meier-Dörzenbach (2008), S. 283-285.

949 Im Erkenntnisobjekt der Reintegrationsforschung vgl. u. a. Kolleker/Wolzendorff (2010), S. 187; Lazarova/Caligiuri (2001), S. 395; Meier-Dörzenbach (2008), S. 286. Im Erkenntnisobjekt der Alumniforschung vgl. u. a. Gerhard (2004), S. 182; Niebergall (2007), S. 27; Klumpp et al. (2004), S. 6; Zech (2002), S. 117.

950 Vgl. Zech (2002), S. 117.

– über spezifische Ehemaligen-Zeitschriften oder Beiträge von Ehemaligen in der Mitarbeiterzeitung in Anlehnung an das Alumni-Management an Hochschulen nachgedacht werden.[951]

Kommunikation

Neben einer kontinuierlichen und umfassenden Informationsversorgung scheint auch der zwischenmenschliche Austausch bei der Kontakterhaltung eine Rolle zu spielen. Dabei kann zwischen einem persönlichen sowie einem digitalen Austausch differenziert werden.

In der Alumniforschung werden für einen *persönlichen* Austausch Treffen, Veranstaltungen, Kamingespräche oder Exkursionen genannt.[952] Überträgt man die Maßnahmen auf ein Regain Management können bei den Treffen und Veranstaltungen sowohl der Austausch der ehemaligen Mitarbeiter untereinander als auch die Diskussion zu bestimmten Themenstellungen, z. B. durch den Input eines Referenten oder die Durchführung von Podiumsdiskussionen, im Vordergrund stehen. Kamingespräche dienen dazu, einen ausgewählten Kreis an ehemaligen Mitarbeitern anzusprechen und fokussieren eine gemeinsame Diskussion und Erarbeitung von Themen. Im Rahmen von Exkursionen können Betriebsbesichtigungen zu unterschiedlichen Standorten der Unternehmung angeboten werden (sowohl mit den ehemaligen Mitarbeitern als auch mit einer Gruppe aus ehemaligen und aktuellen Mitarbeitern).

Daneben heben ALLEN/ALVAREZ sowie PAIK/SEGAUD/MALINOWSKI in der Reintegrationsforschung den Kontakt zwischen der Personalabteilung und dem entsandten Mitarbeiter während der Abwesenheit zur Stammunternehmung hervor.[953] Der Kontakt zur Personalabteilung im Rahmen des Regain Managements könnte hilfreich sein, um sich auf den einzelnen Mitarbeiter zu konzentrieren und um bei Anfragen, Wünschen oder direkten Nachfragen weiterhelfen zu können. Neben diesen formellen Angeboten der Kommunikation, thematisieren LINEHAN/SCULLION die informellen Austauschmöglichkeiten in der Reintegrationsforschung.[954] Daraus lässt sich die Erkenntnis ziehen, dass das jeweilige Netzwerk zwischen einem ehemaligen Mitarbeiter und seinen ehemaligen Kollegen und Vorgesetzten auch einen essenziellen Austausch darstellen kann. Von der Unternehmung organisierte Treffen und Veranstaltungen können somit sowohl einen Beitrag zur formellen als auch zur informellen Kommunikation der ehemaligen Mitarbeiter leisten.

---

951 Vgl. Kempe (2006), S. 73-74.

952 Vgl. u. a. Gerhard (2004), S. 181-182; Klumpp et al. (2004), S. 6; Hoepner (2008), S. 7-8; Niebergall (2007), S. 27; Pausits (2006), S. 181-182.

953 Vgl. Allen/Alvarez (1998), S. 35-37; Paik et al. (2002), S. 641-642.

954 Vgl. Linehan/Scullion (2002), S. 654-656.

Im Rahmen der *digitalen Kommunikation* wird in der Alumniforschung u. a. eine lebenslange E-Mail-Adresse, eine Datenbank mit Suchfunktion sowie eine Alumni-Website diskutiert.[955] Die Idee einer lebenslangen E-Mail-Adresse, d. h. die Weiterführung der E-Mail-Adresse aus dem Arbeitsverhältnis, verfolgt das Ziel einer langfristigen Erreichbarkeit. Im Rahmen des Regain Managements in Unternehmungen sollte die Sinnhaftigkeit einer lebenslangen E-Mail-Adresse hinterfragt werden, da die Bindungswirkung an die Unternehmung damit gegebenenfalls verfehlt wird und der Mitarbeiter durch mehrfache Arbeitgeberwechsel keinen Mehrwert durch unterschiedliche E-Mail-Adressen von Unternehmungen erhält.

Daneben wird die Integration einer Datenbank empfohlen. Nach HOEPNER lassen sich zwei Formen von Datenbanken differenzieren, die im Zusammenhang miteinander stehen können: die Ehemaligen-Datenbank sowie die Mitglieder-Verwaltungsdatenbank.[956] Für ein Regain Management eignet sich die Ehemaligen-Datenbank, da sie sich an den ehemaligen Mitarbeitern orientiert und diesen ermöglicht wird, ihre Daten zu pflegen und für andere ehemalige Mitarbeiter sichtbar zu machen.[957] Daneben könnte eine Mitglieder-Verwaltungsdatenbank von der Personalabteilung für die grundsätzliche Organisation und Koordination des Regain Managements genutzt werden, d. h. beispielsweise Adressen sowie Termine von Veranstaltungen abzustimmen sowie den Versand von Newslettern zu konzipieren und zu koordinieren.[958] Da die Implementierung einer Datenbank mit erheblichen Kosten verbunden sein kann, sollten die Anforderungen an eine Datenbank bestimmt werden (z. B. Funktionalitäten, Benutzerführung, Schnittstellen), um die Kosten den Nutzen gegenüberstellen zu können.[959] Jedoch ist eine Quantifizierung des Nutzens durch Kennzahlen schwer umsetzbar.[960]

Auch kann die Gestaltung einer eigenen Website auf ein Regain Management transferiert werden.[961] Eine Website für Ehemalige kann über spezifische Themen wie Ehemaligen-Treffen informieren oder den Austausch durch Foren oder Gästebücher erlauben. Die Mitgliederdatenbank lässt sich auch mit der Website für ehemalige Mitarbeiter verknüpfen.

---

955 Vgl. Kempe (2006), S. 73; Rohlmann (2011), S. 17-18; Zech (2002), S. 118.

956 Vgl. Hoepner (2008), S. 5-6.

957 Mögliche Funktionen können beispielsweise die Teilnahmeverwaltung an Veranstaltungen, Shop-Lösungen für Merchandising, Gewinnspiele, Freundeslisten (Mailingliste, Geburtstagserinnerung), Suchfunktionen, News-Abonnements, E-Learning-Produkte und Chatfunktion sein. Vgl. Klumpp (2005), S. 9.

958 Mögliche Funktionen sind z. B. die Pflege der Zugriffsrechte, Dokumentation und Nichtverfolgung, Organi-sation (Versand von E-Mails, Serienbriefen), Vergabe von Usern, Filtermöglichkeiten sowie das Auswerten von Statistiken. Vgl. Klumpp (2005), S. 9.

959 Vgl. Klumpp (2005), S. 11-12.

960 Vgl. Breuer (2011), S. 187.

961 Für eine Website in der Alumniforschung vgl. u. a. Jäger (2001), S. 38; Kempe (2006), S. 111-113; Kramberg (2007), S. 47.

Des Weiteren können soziale Netzwerke wie Xing, Facebook oder LinkedIn genutzt werden, um sich in Foren auszutauschen und in Kontakt zu bleiben. Diese bestehenden Social-Networking-Dienste erleichtern die Kommunikation, Koordination sowie Kooperation und eignen sich demnach für die Pflege von flüchtigen Beziehungen.[962] Es muss jedoch berücksichtigt werden, dass Inhalte kaum verifizierbar sind und aus Unternehmungssicht die Rechte der Daten bei den jeweiligen Netzwerkbetreibern liegen.[963]

Insgesamt sind der Kosten- und Zeitaufwand für den Aufbau und die Pflege der Kontakterhaltung sowie der erhöhte Koordinationsbedarf zu beachten. Die Pflege eines Netzwerkes, d. h. die kontinuierliche Aktualisierung von Daten und Informationen, verursacht laufende Kosten.[964] Daher sollte der Umfang der Maßnahmen für die Unternehmung rentabel und sinnvoll sein, da sich bestimmte Maßnahmen erst bei einer großen Anzahl an ehemaligen Mitarbeitern eignen.[965] Auch kann die Nutzung von sozialen Netzwerken als Vorteil gesehen werden, da die ehemaligen Mitarbeiter gegebenenfalls bereits als Mitglied bei diesen Netzwerken angemeldet sind, über Neuigkeiten informiert werden und Informationen aus einer Hand abrufen können, ohne sich in einer zusätzlichen Datenbank registrieren zu müssen. Aus Sicht der Unternehmung kann die Nutzung von sozialen Netzwerken zur Kontakterhaltung aus Kostengründen interessant sein.[966]

Eine Unternehmung kann jeweils auf Basis situativer Einflussfaktoren und der jeweiligen Zielsetzung die Maßnahmen des Informationssystems nutzen. Dabei können die Ziele im Bereich der Kontakterhaltung auf den Aufbau einer Arbeitsgeberattraktivität, die Entwicklung von Nutzenpotenzialen sowie den Aufbau einer Beziehung zwischen der Unternehmung und den ehemaligen Mitarbeitern abzielen.[967] Insbesondere die Abstimmung der Maßnahmen ist wichtig, da beispielsweise Treffen und Veranstaltungen durch Newsletter oder Berichte in Unternehmungs-Magazinen unterstützt und somit die Wirkung intensiviert werden kann.[968]

---

962 Vgl. Meffert et al. (2012), S. 672; Uzler/Schenk (2013), S. 172-175.

963 Vgl. Brünger/Burkhardt (2012), S. 105; Meffert et al. (2012), S. 678.

964 Vgl. Cyganski (2008), S. 321; Euler (2007), S. 64.

965 Vgl. Jaeger (2006), S. 73; Wolz (2003), S. 81.

966 Vgl. Dommer (2011); Smalian (2009), S. 59.

967 Zu den Zielen eines Regain Managements vgl. Kapitel 4.2.2.

968 Vgl. Hoepner (2008), S. 8.

4.4.3.3 Maßnahmen des Personalsystems

Im Bereich des Personalsystems lassen sich im Kontext der Kontakterhaltung die Kategorien Personalentwicklung sowie Anreizsysteme bilden, denen jeweils Einzelmaßnahmen zugeordnet werden können.

Personalentwicklung

Im Kontext der Personalentwicklung lassen sich in Bezug auf die Veränderung der Qualifikation oder der Leistung von Mitarbeitern die Arten Bildung, Karriereplanung sowie Arbeitsstrukturierung differenzieren. Nach BERTHEL/BECKER sind ausschließlich die bestehenden Mitarbeiter aller Hierarchieebenen einer Unternehmung integriert.[969] Diese Sichtweise wird in Bezug auf die Maßnahmen der Kontakterhaltung erweitert, so dass sich aus dem Bereich der Personalentwicklung auch Maßnahmen identifizieren lassen, welche für die Zielgruppe des Regain Managements relevant sein könnten, um den Kontakt zwischen der Unternehmung und den ehemaligen Mitarbeitern zu halten. Die Arbeitsstrukturierung, welche sich auf den konkreten Arbeitsplatz im Betrieb bezieht, wird aufgrund der Distanz zwischen dem ehemaligen Mitarbeiter und der Unternehmung für die Maßnahmen der Kontakterhaltung ausgeschlossen.[970]

Die Personalentwicklungsart der *Bildung* lässt sich in die Aus- und Fortbildung untergliedern. Die *Ausbildung* beinhaltet „alle betrieblich initiierten Bildungsmaßnahmen, mit denen Mitarbeiter, die für bestimmte Tätigkeiten oder Berufe erforderliche Qualifikationen vermittelt werden."[971] Im Kontext des Regain Managements kann die Kontakterhaltung zu ehemaligen Auszubildenden oder Dualstudenten durch verschiedene Angebote im Rahmen der Ausbildung gefördert werden. Als Maßnahmen eignen sich u. a. die Betreuung von Abschlussarbeiten, die Vergabe von Praktika und studentischen Teilzeitpositionen sowie die finanzielle Unterstützung während des Studiums.[972] Auch die Aufnahme von Praktikanten in ein Praktikanten-Bindungsprogramm kann als Maßnahme zur Kontakterhaltung verstanden werden.[973] Somit kann der Kontakt zu ehemaligen Studenten gehalten werden, um diese bei Möglichkeit

---

969 Vgl. Becker (2013), S. 414 und S. 448.

970 Für weitere Ausführungen zur Arbeitsstrukturierung vgl. Berthel/Becker (2013), S. 465-479.

971 Berthel/Becker (2013), S. 449.

972 Vgl. für ähnliche Maßnahmen u. a. Freimuth (1987), S. 146-147.

973 Praktikantenbindungsprogramme können auch als Entwicklungs- und Förderprogramme bezeichnet werden, in dem Hochschulabsolventen nach einem erfolgreichen Praktikum aufgenommen werden. Zu Förderprogrammen vgl. Gülpen (2004), S. 6-9 sowie zu den Zielen von Förderprogrammen vgl. Gülpen (2004), S. 14-15.

zurückzugewinnen und erneut an sich zu binden. Diese interne Rekrutierungsstrategie kann zu Kosteneinsparungen bei der Personalbeschaffung führen sowie das Risiko von Fehleinstellungen reduzieren.[974]

Daneben widmet sich der Bereich der *Fortbildung* der „Vermittlung von Kenntnissen und Fähigkeiten [...], mit der die Qualifikation eines Mitarbeiters erhalten oder durch Erweiterung und/oder Vertiefung verbessert werden kann."[975] BERTHEL/BECKER schließen allgemeine Fortbildungen in Form von Sprachkursen aus, da zwischen beruflicher und allgemeiner Fortbildung unterschieden wird. Dieser Sichtweise wird in der Arbeit nicht gefolgt, da im Rahmen der Reintegrationsforschung und der Alumniforschung Weiterbildungen allgemeiner Natur in das Portfolio an Maßnahmen integriert werden.[976] Im Rahmen der Reintegrationsforschung können sich Fortbildungen während der Abwesenheit zur Stammunternehmung auf soziale, fachliche und/oder methodische Fähigkeiten beziehen.[977] GAUGLER verweist sowohl auf betriebliche Bildungsmaßnahmen als auch auf überbetriebliche Angebote wie Management-Seminare, Fortbildungen zur Führung von Mitarbeitern sowie zu rechtlichen Fragestellungen.[978] Übertragen auf das Regain Management, sollte das Angebot an Fortbildungen einen Mehrwert für die ehemaligen Mitarbeiter generieren – und zwar sowohl mit dem Ziel in die Unternehmung zurückzukehren als auch bei anderen Arbeitgebern tätig zu werden. Aus Sicht der Unternehmung dient das Angebot an Fortbildungen der Verbesserung des Unternehmungsimages sowie der Unterstützung der Kontakterhaltung mit ehemaligen Mitarbeitern.

Eine Karriere beschreibt die Abfolge von Stellen einer Person im Stellengefüge einer Unternehmung, weshalb sich die *Karriereplanung* mit dem individuellen, beruflichen Werdegang der Mitarbeiter einer Unternehmung beschäftigt.[979] Eine Karriere sollte sich nicht ausschließlich auf die Unternehmung beziehen, sondern auch den Arbeitgeberwechsel in die Karriereplanung integrieren.[980] Dieser Sichtweise wird aus Perspektive des Regain Managements zugestimmt. Zu den Maßnahmen der Karriereplanung lassen sich abgeleitet aus den Forschungsobjekten der Alumniforschung und der Reintegrationsforschung die Karrieregesprä-

974 Vgl. Kienbaum (2003), S. 26.

975 Berthel/Becker (2013), S. 456.

976 Vgl. Berthel/Becker (2013), S. 456. In dieser Arbeit werden die Begriffe Fortbildung und Weiterbildung aufgrund des marginalen Unterschieds hinsichtlich ihrer Begriffsinhalte synonym verwendet. Vgl. Berthel/Becker (2013), S. 456.

977 Vgl. Kolleker/Wolzendorff (2010), S. 187; Kühlmann/Stahl (1995), S. 202; Sievert/Yan (1998), S. 265.

978 Vgl. Gaugler (1989), S. 1946-1947.

979 Vgl. Berthel/Becker (2013), S. 479.

980 Vgl. Berthel/Becker (2013), S. 480. Vgl. auch Berthel (1995) sowie Berthel/Koch (1985).

che, das Mentorensystem sowie das Coaching nennen.[981] Für ein Regain Management lässt sich daraus ableiten, dass sich diese Maßnahmen gerade im Hinblick auf eine langfristige, überbetriebliche Karriereplanung anbieten. Dabei können Karrieregespräche zwischen der Personalabteilung und den ehemaligen Mitarbeitern stattfinden, während ein Mentorensystem sich für den Austausch zwischen bestehenden und ehemaligen Mitarbeitern der Unternehmung eignet. Für die Auswahl des Mentors ist dabei das Verständnis für eine außerbetriebliche Karriere sowie das Interesse, den ehemaligen Mitarbeiter als potenziellen Mitarbeiter zurückzugewinnen, notwendig. Auch sollte der Mentor über eine höherrangige Position im Verhältnis zum ehemaligen Mitarbeiter verfügen, um als Ansprechpartner, Ratgeber und Befürworter des ehemaligen Mitarbeiters aufzutreten. MEIER-DÖRZENBACH betont zudem ein durch Vertrauen geprägtes Verhältnis zwischen dem Mentor und dem entsendeten Mitarbeiter, welches auch für die Beziehung zwischen dem Mentor im Regain Management und dem ehemaligen Mitarbeiter sinnvoll erscheint.[982] Im Gegensatz zum Mentorenkonzept, in welchem eher die Karriereentwicklung im Fokus steht, findet ein Coaching grundsätzlich zwischen einem Mitarbeiter und einem Berater (Coach) statt, welcher in unterschiedlichen Problemstellungen beratend zur Seite steht. Die Rolle des Coachs kann sowohl von externen Beratern als auch internen Vorgesetzen mit entsprechender Ausbildung wahrgenommen werden.[983]

Anreizsysteme

Bevor die Maßnahmen der Kontakterhaltung innerhalb des Anreizsystems dargestellt werden können, muss zunächst das Verständnis eines Anreizsystems festgelegt werden. Im Rahmen dieser Arbeit wird das Verständnis eines Anreizsystems im weiteren Sinne geteilt, welches die zielgerichtete Gestaltung des Managementsystems zur positiven Beeinflussung der Mitarbeitermotivation umfasst. Damit beinhaltet es „die Summe aller im Wirkungsverbund bewusst gestalteten und aufeinander abgestimmten Stimuli [...], die bestimmte Verhaltensweisen [...] auslösen bzw. verstärken, die Wahrscheinlichkeit des Auftretens unerwünschter Verhaltensweisen dagegen mindern [...] sowie die damit verbundene Administration [...]. Dieses Verständnis erfasst die Gesamtheit der von Vorgesetzten und dem Betrieb gewährten materiellen

981 Zu den Autoren der Reintegrationsforschung vgl. u. a. Kühlmann (2004), S. 90; Meier-Dörzenbach (2008), S. 270-274; Vidal et al. (2007b), S. 1413; Vidal et al. (2008), S. 1695. Zu den Autoren der Alumniforschung vgl. u. a. Pausits (2006), S. 181-182; Rohlmann (2011), S. 17-18.

982 Vgl. Meier-Dörzenbach (2008), S. 270-274.

983 Vgl. Berthel/Becker (2013), S. 502. Für eine vertiefende Darstellung des Coachings vgl. Greif (2008) sowie für eine Verbreitung des Coachings in deutschen Großunternehmungen vgl. Tonhäuser (2010).

und immateriellen Anreize, die für den Mitarbeiter einen subjektiven Wert besitzen."[984] Erweitert werden muss das Verständnis um die Zielgruppe der ehemaligen Mitarbeiter, so dass auch im Rahmen eines Regain Managements Anreize materieller sowie immaterieller Art mit dem Ziel der Kontakterhaltung bewusst durch die Unternehmung gesetzt werden können.

Materielle Anreize beziehen sich auf das Vergütungs- und Entgeltsystem und spielen im Rahmen des Gestaltungselementes der Kontakterhaltung eine untergeordnete Rolle.[985] Im Konzeptionsrahmen (vgl. Kapitel 3) wird deutlich, dass innerhalb des Alumni-Managements an Hochschulen Abonnements und Vergünstigungen, Print-Produkte sowie Merchandising zum Portfolio der materiellen Anreize gehören.[986] Übertragen auf die materiellen Anreize der Kontakterhaltung im Kontext eines Regain Managements, können ebenfalls Vergünstigungen z. B. in Bezug auf das Produktangebot der Unternehmung gewährt oder Werbeartikel im Rahmen von Treffen und Veranstaltungen verteilt werden. Durch Merchandising- oder Werbegeschenke der Unternehmung kann bei Verwendung durch den ehemaligen Mitarbeiter, ähnlich wie an Hochschulen, ein Erinnerungseffekt erzielt sowie eine emotionale Bindung erzeugt werden. Nachteilig sind dagegen die hohen Kosten für die Produktion sowie ein schwer zu erfassender Nutzen.[987]

Immaterielle Anreize können durch die Ausgestaltung der Führungssubsysteme festgelegt werden.[988] Dementsprechend zählen dazu auch die bereits dargestellten Maßnahmen des Informationssystems und der Personalentwicklung (als Teil des Personalsystems) mit dem Ziel der Kontakterhaltung. Darüber hinaus wird in der Alumniforschung insbesondere der Umgang zwischen der Hochschule und den Alumni thematisiert. Hierbei werden die Serviceorientierung sowie ein fairer Umgang hervorgehoben.[989] Für ein Regain Management lässt sich dar-

---

984 Berthel/Becker (2013), S. 568-569. Neben dem Anreizsystem im weiteren Sinne wird in der Literatur auch das Anreizsystem im engeren Sinne sowie das Anreizsystem im weitesten Sinne diskutiert. Unter einem Anreizsystem im engeren Sinne wird die individuelle Gestaltung von Anreizplänen für den einzelnen Mitarbeiter verstanden. Das Anreizsystem im weitesten Sinne vertritt das Verständnis, dass der gesamte Betrieb ein Anreizsystem darstellt. Dies impliziert sowohl bewusste als auch unterbewusste Entscheidungen und die damit verbundenen Anreizwirkungen. Vgl. dazu Becker (1990), S. 8; Berthel/Becker (2013), S. 568.

985 Im Rahmen des Gestaltungselementes der Rückgewinnung kommt den materiellen Anreizen eine höhere Bedeutung zu. Vgl. dazu Kapitel 4.4.4.5.

986 Vgl. Klumpp (2004); Rohlmann (2011), S. 18.

987 Vgl. Müller (2008), S. 118-119. „Merchandising bezeichnet den Verkauf von selbst produzierten oder zugekauften Artikeln mit eindeutiger Markierung der Hochschule." Dahingegen werden Werbeartikel „z. B. auf Messen, Informationsveranstaltungen und Events an Studieninteressierte oder Multiplikatoren kostenlos verteilt." Müller (2008), S. 118.

988 Vgl. Berthel/Becker (2013), S. 623. Vgl. auch Becker/Ostrowski (2012), S. 527.

989 Vgl. dazu u. a. Hoffmann/Müller (2008), S. 593-595; König (2011), S. 215-217.

aus ableiten, dass auch der Umgang mit den ehemaligen Mitarbeitern von Wertschätzung und Anerkennung geprägt sein sollte, um die Basis für eine mögliche Rückgewinnung zu legen.

Es wird deutlich, dass die formulierten Ziele im Bereich der Kontakterhaltung – d. h. der Aufbau einer Arbeitgeberattraktivität, die Entwicklung von Nutzenpotenzialen sowie der Aufbau einer Beziehung zwischen der Unternehmung und den ehemaligen Mitarbeitern – durch die Maßnahmen des Personalsystems erreicht werden können.[990] Wichtig ist, dass die Bedürfnisse der ehemaligen Mitarbeiter befriedigt werden.[991] Insbesondere den immateriellen Anreizen wird im Rahmen des Gestaltungselementes der Kontakterhaltung eine hohe Wirkung zugesprochen.

4.4.4 Gestaltungselement: Rückgewinnung

4.4.4.1 Kategorisierung der Maßnahmen

Das Gestaltungselement der Rückgewinnung schließt sich an die Beziehung zwischen der Unternehmung und dem ehemaligen Mitarbeiter durch die Maßnahmen der Kontakterhaltung an und zielt auf das Sachziel der Wiederherstellung der Teilnahmebereitschaft ab. Auch können im Bereich der Rückgewinnung Profitabilitätsziele, eine Bestands- und Nachwuchssicherung sowie eine Wissensgenerierung verfolgt werden.[992] Voraussetzung für eine Rückgewinnung ist die Wiederaufnahmebereitschaft der Beziehung durch beide Parteien.[993]

Die Maßnahmen des Gestaltungselementes der Rückgewinnung lassen sich aus den Erkenntnisobjekten der Reintegrationsforschung sowie der Mitarbeiterbindungsforschung ableiten.[994] Wie bereits in den Vorbemerkungen erläutert, lehnt sich die Kategorisierung an die Führungssubsysteme nach BECKER an, so dass sich die Kategorien des *Informationssystems*, des *Planungs- und Kontrollsystems*, des *Organisationssystems* und des *Personalsystems* sowie des *unternehmungspolitischen Rahmens* bilden lassen.[995] Tabelle 37 liefert eine Übersicht über

---

990 Zu den Zielen eines Regain Managements vgl. Kapitel 4.2.2.

991 Vgl. dazu in der Alumniforschung den Netzwerksansatz und das Konzept des sozialen Kapitals. Vgl. Niebergall (2007), S. 66-67. Vgl. auch Kapitel 3.3.2.

992 Zu den Zielen im Bereich der Rückgewinnung vgl. Kapitel 4.2.2.

993 Vgl. Kapitel 4.2.1. Dabei können auch irreversible Wechselentscheidungen seitens eines ehemaligen Mitarbeiters vorliegen, so dass keine Rückgewinnung möglich ist. Dies lässt sich aus der Kundenrückgewinnungsforschung ableiten. Vgl. dazu Roos (1999), S. 77-79. Vgl. auch Kapitel 3.2.4.

994 Vgl. dafür Kapitel 3.4 und 3.5.

995 Zu den Führungssubsystemen vgl. Becker (2011), S. 40-43; Wild (1974), S. 172-179. Für die Erläuterung der Führungssubsysteme vgl. auch Kapitel 2.2.1. Für die Benutzung der Führungssubsysteme als Kategori-

die Führungssubsysteme und deren Unterkategorien im Gestaltungselement der Rückgewinnung.

Tabelle 37: Kategorisierung der Maßnahmen des Gestaltungselementes der Rückgewinnung.

Führungssubsystem	Unterkategorien
Informationssystem	Information
	Kommunikation
Planungs- und Kontrollsystem	Partizipation
Organisationssystem	Aufbauorganisation
	Ablauforganisation
Personalsystem	Personaleinführung
	Personalentwicklung
	Arbeitsbedingungen
	Anreizsysteme
	Personalführung
Unternehmungspolitischer Rahmen	Unternehmungskultur
	Unternehmungsidentität
	Unternehmungsimage

Im Folgenden werden die unterschiedlichen Maßnahmen der Unterkategorien vorgestellt. Diese orientieren sich an den Trennungsgründen aus Kapitel 4.4.2.1 und richten sich an den individuellen Mitarbeiter und seine jeweiligen Bedürfnisse.[996]

4.4.4.2 Maßnahmen des Informationssystems

Das Führungssubsystem der Information lässt sich, wie bereits im Gestaltungselement der Kontakterhaltung in Kapitel 4.4.3.2 deutlich geworden ist, in die Kategorien *Information* und *Kommunikation* unterteilen.

Im Erkenntnisobjekt der Mitarbeiterbindung wird eine umfassende, transparente und kontinuierliche Informations- und Kommunikationspolitik in den Zusammenhang mit der Bindung von Mitarbeitern gesetzt.[997] Dabei werden insbesondere die proaktive Vorgehensweise in der Informations- und Kommunikationspolitik sowie die Nachvollziehbarkeit von Managemententscheidungen in den Vordergrund gerückt.[998] HERTIG hebt die vertrauens- sowie motivationssteigernde Wirkung einer entsprechenden Informations- und Kommunikationspolitik her-

sierung der Maßnahmen vgl. Kapitel 4.4.1. Das Informationssystem und das Personalsystem werden bereits in dem Gestaltungselement der Kontakterhaltung beschrieben (vgl. Kapitel 4.4.3). Um Dopplungen zu vermeiden, werden daher in diesem Abschnitt lediglich die Besonderheiten im Kontext der Rückgewinnung hervorgehoben.

996 Bezüglich der unterschiedlichen Zielgruppen eines Regain Managements vgl. Kapitel 4.2.1.

997 Vgl. u. a. Gehlen (2004), S. 146-148; Moser/Saxer (2008), S. 170.

998 Vgl. Genzwürker (2006), S. 218; Pepels (2002), S. 142-143.

vor.[999] Daraus lässt sich ableiten, dass für eine erfolgreiche Rückgewinnung und erneute Bindung der ehemaligen Mitarbeiter eine regelmäßige und transparente Information und Kommunikation notwendig erscheint. BERTHEL/BECKER verknüpfen die innerbetriebliche Informationspolitik mit einer Vermittlung von Wertschätzung gegenüber den Mitarbeitern.[1000] Somit kann dem ehemaligen Mitarbeiter durch eine entsprechende Transparenz und Kontinuität die entgegengebrachte Wertschätzung des ehemaligen Arbeitgebers verdeutlicht werden.

Die in Kapitel 4.4.3.2 dargestellten Maßnahmen der Kontakterhaltung können wesentliche Ansatzpunkte für eine Rückgewinnung darstellen bzw. auch als Maßnahmen der Rückgewinnung charakterisiert werden.[1001] Dies wird bei der Betrachtung des Sachziels der Rückgewinnung deutlich. So können die Maßnahmen des Informationssystems der Kontakterhaltung bei einer bestehenden Vakanz genutzt werden, um potenzielle Ehemalige darüber zu *informieren*, u. a. durch eine Ausschreibung der vakanten Position in der Ehemaligen-Zeitschrift, in der Ehemaligen-Datenbank oder auf der Ehemaligen-Website. Darüber hinaus ist im Rahmen der *Kommunikation* die Suche nach oder direkte Ansprache von potenziellen Ehemaligen via E-Mail, Telefon oder durch soziale Netzwerke möglich. Auch Treffen, Veranstaltungen und Kamingespräche eignen sich zur direkten Rückgewinnung von ehemaligen Mitarbeitern. Wichtig hierbei ist in Anlehnung an das Überraschungs-Verarbeitungsmodell aus der Reintegrationsforschung die realistische Informationsvermittlung und Tätigkeitsvorschau hinsichtlich der zu besetzenden Position.[1002] Wird die Vakanz durch einen ehemaligen Mitarbeiter besetzt und entspricht diese nicht dessen Erwartungen, kann es zu Unzufriedenheit und ggf. zur erneuten Trennung des Arbeitsverhältnisses führen.

4.4.4.3 Maßnahmen des Planungs- und Kontrollsystems

Das *Planungssystem* stellt alle in der Unternehmung bestehenden Pläne sowie deren Beziehungen untereinander, d. h. vorliegende Abhängigkeiten oder Über- bzw. Unterordnungen, dar und umfasst somit den Prozess der Zielplanung, der Generierung von Alternativen bis hin zur Entscheidung. Dies führt zur Strukturierung bestehender und zukünftiger Entscheidungs-

[999] Vgl. Hertig (1996), S. 308-309.

[1000] Vgl. Berthel/Becker (2013), S. 624.

[1001] Die Maßnahmen des Informationssystems der Rückgewinnung werden jedoch aufgrund der Vermeidung von Dopplungen an dieser Stelle nicht im Detail dargestellt. Vgl. dafür Kapitel 4.4.3.2.

[1002] Vgl. Kühlmann/Stahl (1995); Louis (1980).

und Handlungsspielräume der Unternehmung.[1003] Eng damit verknüpft, betrachtet das *Kontrollsystem* alle Soll- und Ist-Zustände und analysiert bestehende Abweichungen kontinuierlich und entlang des gesamten Planungsprozesses (d. h. Zielkontrolle, Planfortschrittskontrolle, Ergebniskontrolle, Prognosekontrolle sowie Prämissenkontrolle).[1004] Somit werden das Planungs- und Kontrollsystem im Kontext des Regain Managements zusammen betrachtet.

Die *Teilnahme an Planungs- und Entscheidungsprozessen*, d. h. die individuelle Partizipation, ist unter motivationalen Aspekten von großer Relevanz. Dazu zählt u. a. die Partizipation auf unternehmungsweiter Ebene im Rahmen von Gremienarbeit, die Einflussnahme auf gruppenbezogene und betriebliche Entscheidungen sowie die auf den individuellen Arbeitsplatz bezogene Partizipation.[1005] In der Mitarbeiterbindungsforschung wird die *Partizipation* als wichtige Bindungsdeterminante gesehen.[1006] Das Planungs- und Kontrollsystem spielt insofern im Regain Management eine Rolle, als dass Mitarbeitern – je nach Art der individuellen Motive – die Partizipation an betrieblichen Entscheidungen sowie Handlungsspielräume in Bezug auf die Arbeitsposition bei der Rückkehr in die Unternehmung wichtig sein können. Dabei können sich die Handlungsspielräume auf die Aufgaben, die Zielvorstellungen, die Übernahme von Verantwortung oder die Arbeitsweise beziehen, welche von der jeweiligen Managementebene und dem Anteil an operativen und strategischen Entscheidungen abhängt.[1007] Die Implementierung unterschiedlicher organisatorischer bzw. personalbezogener Maßnahmen wie u. a. Job Enrichment, autonome Arbeitsgruppen oder eine Delegation können bei der Ausweitung des jeweiligen Entscheidungs- und Handlungsspielraums hilfreich sein.[1008]

In der Reintegrationsforschung wird die langfristige *Planung der Rückkehr* eines Mitarbeiters aus dem Ausland als kritischer Erfolgsfaktor gesehen, um den Anforderungen des Mitarbeiters, aber auch der Unternehmung gerecht werden zu können.[1009] Im Regain Management kann die frühzeitige Planung der Rückkehr zur Vermeidung von nicht erfüllten Anforderun-

---

1003 Vgl. Becker (2013), S. 151-154.

1004 Vgl. Becker (2013), S. 166-170. Die Zielkontrolle umfasst einen Soll-Soll-Vergleich, die Prognosekontrolle einen Wird-Wird-Vergleich sowie die Prämissenkontrolle einen Wird-Ist-Vergleich. Während der Phase der Implementierung stellt die Planfortschrittskontrolle einen Soll-Wird-Vergleich auf, während die Ergebniskontrolle bei der Realisation einen Soll-Ist-Vergleich zieht.

1005 Vgl. Becker (2013), S. 35; Berthel/Becker (2013), S. 623. Die Partizipation kann auch im Zusammenhang mit der gesetzlich geregelten Mitbestimmung sowie der betrieblichen und unternehmerischen Mitbestimmung gesehen werden. Da hier jedoch kaum motivationale Einflussnahmen möglich sind, werden diese im Rahmen der Arbeit nicht betrachtet. Vgl. Berthel/Becker (2013), S. 623. Für weitere Ausführungen zur betrieblichen und unternehmerischen Mitbestimmung vgl. Berthel/Becker (2013), S. 684-698.

1006 Vgl. Klimecki/Gmür (2005), S. 342; Haase (1997), S. 340; von Rosenstiel (2003a), S. 247.

1007 Vgl. Becker (2013), S. 27-29.

1008 Vgl. dazu Kapitel 4.4.4.5.

1009 Vgl. Fritz (1982), S. 239; Hirsch (2003), S. 422.

gen hilfreich sein. Dafür erscheint die Berücksichtigung der betrieblichen Personalbedarfsplanung, Karriereplanung sowie Stellenbesetzungsplanung notwendig.

4.4.4.4 Maßnahmen des Organisationssystems

Das Organisationssystem einer Unternehmung umfasst die Struktur- sowie die Prozessorganisation, welche durch alle in der Unternehmung bestehenden generellen oder expliziten Regelungen gestaltet und geprägt werden.[1010] Im Rahmen der *Aufbauorganisation* spielen die Spezialisierung, d. h. die Bildung arbeitsteiliger Unternehmungseinheiten, die Konfiguration, d. h. die Festlegung einer hierarchischen Ordnung dieser Unternehmungseinheiten sowie die Koordination dieser Einheiten eine Rolle. Die *Ablauforganisation* organisiert und gestaltet die Prozessabläufe, welche sich aus der Aufbauorganisation ergeben. Es wird deutlich, dass die Aufbau- und Ablauforganisation in einem engen Abhängigkeitsverhältnis zueinander stehen.[1011]

Für den Mitarbeiter ist das Organisationssystem einer Unternehmung relevant, da durch die organisatorischen Regelungen der Handlungsspielraum determiniert wird. „Insofern müssen die Regeln eignungs- und motivationsgerechte Stimuli beinhalten und/oder Freiräume lassen, deren Nutzung motivationsfördernd ist.“[1012] Beispielsweise können Kompetenzregeln festgelegt werden, welche Aufgabeninhalte und Karriereverläufe betreffen. Ebenso können Regeln innerhalb des unternehmungspolitischen Rahmens das individuelle Handeln beeinflussen z. B. durch die Unternehmungskultur oder die Betriebsverfassung.[1013] Auch kann eine zu starke Spezialisierung zu Monotonie und Demotivation bei den Mitarbeitern führen, weshalb die Bildung von größeren Aufgabenbereichen nach dem Prinzip der Objektspezialisierung empfohlen wird, wodurch größere Gestaltungsspielräume und eine höhere Verantwortungsübernahme durch den Mitarbeiter erzielt werden können.[1014] Hinsichtlich des Parameters der Konfiguration können eine flache Hierarchie und damit verbundene größere Leitungsspannen zu einer geringeren Fremdkontrolle führen, welches den Handlungsspielraum ebenfalls vergrö-

---

[1010] Vgl. Becker (2013), S. 179. An dieser Stelle sei darauf hingewiesen, dass in diesem Fall weder der institutionelle noch der funktionale Managementbegriff sinnvoll ist, sondern der instrumentale Managementbegriff Anwendung findet. Vgl. Becker (2013), S. 179. Für eine Ausführung des Managementbegriffes vgl. auch Kapitel 2.2.1.

[1011] Vgl. Becker (2013), S. 181.

[1012] Becker (2013), S. 186.

[1013] Vgl. Berthel/Becker (2013), S. 624-625.

[1014] Vgl. Bea/Göbel (2010), S. 255 und S. 320.

ßert.[1015] An dieser Stelle wird die Überlappung zum Planungs- und Kontrollsystem der Unternehmung deutlich, welches ebenfalls die Gestaltung von Handlungs- und Entscheidungsspielräumen als Maßnahme der Rückgewinnung beeinflussen kann. Es liegen unterschiedliche Stellschrauben innerhalb der Führungssubsysteme vor, aus denen sich Handlungsoptionen für eine erfolgreiche Rückgewinnung ergeben.

Für den Kontext des Regain Managements ist des Weiteren hervorzuheben, dass ehemalige Mitarbeiter aufgrund ihrer vorherigen Beschäftigung innerhalb der Unternehmung unterschiedliche Kenntnisse von diesen strukturell verankerten Regeln in der Aufbau- und Ablauforganisation der Unternehmung besitzen, welches bereits als ein Vorteil bei der Einarbeitung von ehemaligen Mitarbeitern herausgestellt wurde. In diesem Zusammenhang erscheint es jedoch wichtig, dass ehemalige Mitarbeiter über Veränderungen unterrichtet werden und einen transparenten Einblick in die ggf. veränderten organisationalen Regeln erhalten sollten, um eine Rückgewinnung auf Basis realistischer Informationen zu ermöglichen. Auch hier wird die Schnittstelle zu den Maßnahmen der Rückgewinnung innerhalb des Informationssystems deutlich.[1016]

In Bezug auf die Ablauforganisation sind auch im Kontext des Regain Managements schnelle, transparente und effiziente Prozessabläufe wichtig, da dies als ein Erfolgsfaktor in der Kundenrückgewinnungsforschung gesehen wird.[1017] So führen in Anlehnung an die Equity-Theorie effiziente Prozessabläufe zu einer höheren prozeduralen Gerechtigkeit. Das bedeutet, dass Mitarbeiter effiziente Prozessabläufe als fair wahrnehmen. Diese Wahrnehmung hat einen positiven Einfluss auf die empfundene Qualität des Rückgewinnungsangebots, welches dem ehemaligen Mitarbeiter unterbreitet werden kann.

4.4.4.5 Maßnahmen des Personalsystems

Im Rahmen des Personalsystems des Gestaltungselementes der Rückgewinnung lassen sich Maßnahmen identifizieren, welche der Systemgestaltung, d. h. insbesondere den primären Teilsystemen der Personaleinführung (als Teil der Personalbedarfsdeckung), der Personalentwicklung, der Arbeitsbedingungen sowie der Anreizsysteme, zugeordnet werden können. Da-

---

1015 Vgl. Bea/Göbel (2010), S. 320.

1016 Vgl. dazu Kapitel 4.4.4.2.

1017 Vgl. Homburg et al. (2007), S. 468; Sieben (2002), S. 105. Zur genauen Darstellung der Equity-Theorie vgl. Kapitel 3.2.2.

neben lassen sich Maßnahmen der Personalführung, im Sinne der Verhaltenssteuerung, finden.[1018]

Personaleinführung

Die Personaleinführung umfasst, wie in Kapitel 4.3.2 erläutert, auf der einen Seite den Qualifizierungsprozess sowie auf der anderen Seite den Sozialisierungsprozess des neuen Mitarbeiters in der Unternehmung. Der *Einarbeitungszeit*, der *Einführung am Arbeitsplatz* sowie den *Wiedereingliederungsseminaren* werden in der Reintegrationsforschung eine hohe Bedeutung hinsichtlich einer erfolgreichen Reintegration nach dem Auslandsaufenthalt beigemessen.[1019] Für ein Regain Management kann daraus abgeleitet werden, dass auch ehemalige Mitarbeiter eine entsprechende Einarbeitungsphase durchlaufen sollten, welche berücksichtigt, dass sie bereits in der Unternehmung gearbeitet haben. Diese kann durch die Einführung am Arbeitsplatz, den Austausch mit Kollegen sowie durch Seminare geprägt sein. Hierdurch kann den Erwartungen des ehemaligen Mitarbeiters an die Rückkehr in die Unternehmung entsprochen werden. In Studien von BLACK sowie STROH/GREGERSEN/BLACK wurde nachgewiesen, dass erfüllte Erwartungen an die Rückkehr zu einer schnelleren Integration und höheren Bleibe- und Leistungsbereitschaft nach der Rückkehr führen.[1020] Die genaue Ausgestaltung der Einarbeitungszeit hängt von dem Mitarbeiter, den bisherigen Erfahrungen in der Unternehmung, der Arbeitsposition sowie den Besonderheiten der Unternehmung ab.[1021]

Personalentwicklung

Die Personalentwicklungsarten der Bildung, der Arbeitsstrukturierung sowie der Karriereplanung können ebenfalls zur Differenzierung der Maßnahmen des Gestaltungselementes der Rückgewinnung angewendet werden.[1022] Dabei können die Maßnahmen der Personalentwicklung jeweils einen Teil des Rückgewinnungsangebots darstellen, welches dem ehemaligen Mitarbeiter zur Wiederherstellung der Teilnahmebereitschaft unterbreitet wird.

In Anlehnung an die Maßnahmen zur Kontakterhaltung im Bereich der *Bildung* (vgl. Kapitel 4.4.3.3) können diese als Ansatzpunkte zur Rückgewinnung genutzt werden. Im Bereich der *Ausbildung* können duale Studiengänge beispielsweise zu einer höheren Bindung an die Un-

[1018] Zu den Teilsystemen des Personalmanagements vgl. Kapitel 2.1.

[1019] Vgl. Black et al. (1992), S. 751.

[1020] Vgl. Black (1992), S. 188-190; Stroh et al. (1998), S. 121. Vgl. auch Hammer et al. (1998), S. 79-80; Schudey et al. (2012), S. 66.

[1021] Vgl. Berthel/Becker (2013), S. 382-384.

[1022] Für eine Darstellung der Personalentwicklungsarten vgl. Kapitel 4.4.3.3.

ternehmung führen bzw. können diese die Basis für eine Rückgewinnung nach Beendigung des Studiums darstellen.[1023] Auch kann die Finanzierung einer *Fortbildung* einen Anreiz zur Rückgewinnung darstellen, wenn die erhöhte Bleibe- und Leistungsbereitschaft von Mitarbeitern durch das Angebot von Fortbildungen betrachtet wird.[1024] Dabei existieren unterschiedliche Möglichkeiten. Zu den Maßnahmen der individuellen Qualifizierung am Arbeitsplatz („on-the-job") können u. a. Projektarbeit, Job Enlargement, Job Enrichment, Job Rotation oder teilautonome Arbeitsgruppen gezählt werden. Fachseminare, Vorträge, Workshops oder Selbststudium können Maßnahmen der Personalentwicklung außerhalb des Arbeitsplatzes („off-the-job") darstellen. Parallel zur Tätigkeit am Arbeitsplatz („parallel-to-the-job") besteht die Möglichkeit des Coachings oder Mentorings.[1025]

Im Rahmen der *Arbeitsstrukturierung* ist „die Gestaltung von Inhalt, Umfeld und Bedingungen der Arbeit auf der Ebene eines Arbeitsplatzes innerhalb einer konkreten Arbeitssituation zu verstehen."[1026] Im Zuge der Rückgewinnung nimmt die Gestaltung des zukünftigen Arbeitsplatzes einen hohen Stellenwert ein, so dass der ehemalige Mitarbeiter über Möglichkeiten der Arbeitsstrukturierung informiert werden sollte. Dabei kann die Arbeitsstrukturierung sowohl eine Arbeitsfeldverkleinerung als auch eine Arbeitsfeldvergrößerung, jeweils in quantitativer wie in qualitativer Sicht, implizieren.[1027] In der Mitarbeiterbindungsforschung wird insbesondere den Maßnahmen der quantitativen (z. B. Job Enlargement und Job Rotation) sowie der qualitativen (z. B. Job Enrichment) Arbeitsfeldvergrößerung eine bindungsfördernde Wirkung zugesprochen.[1028] Aufgrund der beschriebenen Trennungsgründe in Bezug auf die Arbeitsposition (vgl. Kapitel 4.4.2.1), können diese Maßnahmen einen Ansatz zur Gestaltung der Rückkehrposition bieten. Wenn beispielsweise ein ehemaliger Mitarbeiter die Unternehmung aufgrund eines Mangels an Herausforderungen im Rahmen der Arbeitsposition verlassen hat, führt ein Job Enrichment durch mehr Autonomie, Verantwortung und Kontrolle zu

---

1023 Vgl. Berthel/Becker (2013), S. 455. Teilweise kann eine anschließende, befristete Tätigkeit an das duale Studium geknüpft sein, so dass eine Bindung durch Pflicht besteht. Diese ist jedoch wenig zweckmäßig. Vgl. Gmür/Klimecki (2001), S. 30-31.

1024 Semmer/Baillod (1993), S, 185. Berthel/Becker weisen auf den Unterschied zwischen einer Fortbildung als Anreiz und einer Fortbildung mit dem Ziel der Qualifizierung des Mitarbeiters hin. Erstere können zu erheblichen Kosten führen und werden nicht der Personalentwicklung zugeordnet. Vgl. Berthel/Becker (2013), S. 424. Hertig hebt hervor, dass Fortbildungen mit dem Ziel der Qualifizierung mittelfristig zu einer Verbesserung der Bleibe- und Leistungsbereitschaft führen. Vgl. Hertig (1996), S. 221.

1025 Vgl. Wunderer (2009), S. 363. Für eine umfassende Erläuterung der einzelnen Maßnahmen vgl. Berthel/Becker (2013), S. 498-519. Zum Ursprung vgl. Conradi (1983).

1026 Berthel/Becker (2013), S. 465.

1027 Vgl. Berthel/Becker (2013), S. 465.

1028 Vgl. Meifert (2005), S. 214; Szebel-Habig (2004), S. 96-97.

einer Aufgabenbereicherung, welches bei einer erneuten Tätigkeit in der Unternehmung eine Motivationssteigerung zur Folge haben kann.

Während in Kapitel 4.4.3.3 die Maßnahmen der Kontakterhaltung im Rahmen der *Karriereplanung* und damit insbesondere die überbetriebliche Karriere im Fokus der Betrachtung lag, beziehen sich die Maßnahmen der Rückgewinnung auf die innerbetriebliche Karriere. Als Trennungsgrund wurde in der Literatur die fehlende Entwicklungsperspektive angeführt.[1029] Um diesem Trennungsgrund entgegenzuwirken bzw. einen Anreiz für die Rückgewinnung ehemaliger Mitarbeiter zu schaffen, bieten sich die Entwicklung eines Karrieresystems bzw. Karrierepläne an, d. h. die systematische Karriereplanung mit dem Ziel Vakanzen durch interne Mitarbeiter zu besetzen.[1030] Dabei heben FRIEDLI/THOM die Wichtigkeit einer strukturierten, transparenten sowie flexiblen Gestaltung hervor, um seitens der Unternehmung auf die Individualität der Mitarbeiter reagieren zu können. Dazu zählt auch die Berücksichtigung unterschiedlicher Laufbahnformen wie die Fachlaufbahn, Führungslaufbahn oder die Karriere in Projekten.[1031] Auch in der Reintegrationsforschung hat die Entwicklungsperspektive für den einzelnen Mitarbeiter bzw. das Vorhandensein eines langfristigen, betrieblichen Karriereplans einen hohen Stellenwert in Bezug auf eine erfolgreiche Reintegration von Mitarbeitern aus dem Ausland.[1032] Im Kontext der Rückgewinnung ist es daher wichtig, dem ehemaligen Mitarbeiter langfristige Perspektiven in der Unternehmung aufzuzeigen und dabei individuelle Laufbahnformen, abhängig vom jeweiligen Mitarbeiter, zu berücksichtigen.

Arbeitsbedingungen

Unter Arbeitsbedingungen sind im Rahmen dieser Arbeit die Maßnahmen zu verstehen, welche unmittelbar von der Unternehmung gestaltbar sind, sich direkt auf den Arbeitsvollzug beziehen und dabei technisch-wirtschaftliche sowie physische und psychische Aspekte berücksichtigen. Dabei gelten die endogenen sachlichen sowie die personellen Arbeitsbedingungen seitens der Unternehmung als beeinflussbar. Zu ersteren werden u. a. die sachliche Ausstattung, finanzielle Ressourcen oder die Unternehmungsstrukturen und -prozesse gezählt.

1029 Vgl. dafür Kapitel 4.4.2.1.

1030 Vgl. Berthel/Becker (2013), S. 480. Vgl. auch Grunwald (2001), S. 206-209.

1031 Vgl. Friedli/Thom (2008), S. 86-87. Unter *Führungslaufbahn* wird dabei die zumeist vertikale Versetzung in der Linienorganisation verstanden. Die *Fachlaufbahn* weist einen steigenden Anteil an Fachaufgaben und damit einen sinkenden Anteil an administrativen Aufgaben auf. Die Karriere in *Projektgruppen* umfasst die Entsendung in unterschiedliche Projekte, teilweise verbunden mit Leitungsstellen. Vgl. Berthel/Becker (2013), S. 486-487.

1032 Vgl. u. a. Harvey (1989), S. 140-141; Kühlmann/Stahl (1995), S. 196-198; Lazarova/Caligiuri (2001), S. 396; Shen/Hall (2009), S. 809; Stroh (1995), S. 450; van der Heijden et al. (2009), S. 842; Vidal et al. (2007a), S. 1277.

Letzteres betrifft eher das Können und Wollen innerbetrieblicher Kooperationspartner sowie den Austausch mit Vorgesetzten, Kollegen und Nachgeordneten.[1033] In der Mitarbeiterbindungsforschung lassen sich unterschiedliche Maßnahmen identifizieren, welche sich den ergonomischen und organisatorischen Gestaltungsbereichen nach BERTHEL/BECKER zuordnen lassen.[1034] Diese können auch im Rahmen eines Regain Management von Bedeutung sein.

Bei der *ergonomischen Arbeitsplatzgestaltung* werden psychologische und physiologische sowie informationstechnologische und sicherheitstechnische Aspekte berücksichtigt, wobei die Unternehmung nicht nur humanitäre, sondern insbesondere wirtschaftliche Ziele verfolgt.[1035] HERTIG verdeutlicht den Einfluss einer ergonomischen Arbeitsplatzgestaltung auf die Zufriedenheit und Leistungsbereitschaft von Mitarbeitern.[1036] Daraus lässt sich ableiten, dass dieses auch Voraussetzungen darstellen, die bei einer Rückgewinnung von Mitarbeitern gegeben sein sollten.

Die *organisatorische Arbeitsplatzgestaltung* bezieht sich auf die Arbeitsaufgabe sowie Regelungen zur Arbeitszeit. In Bezug auf die *Arbeitsaufgabe* werden u. a. der Arbeitsinhalt, die Entscheidungs- und Handlungsfreiheit sowie die Übernahme von Verantwortung als Einflussfaktoren der Bindung von Mitarbeitern genannt.[1037] MOSER/SAXER konstatieren, dass die Arbeit sinn- und identifikationsstiftend sein muss.[1038] In der Reintegrationsforschung wird neben dem Arbeitsinhalt, die Wichtigkeit der Rollenklarheit als Determinante einer erfolgreichen Reintegration betont.[1039] Übertragen auf ein Regain Management wird deutlich, dass die Arbeitsaufgabe, die dem ehemaligen Mitarbeiter angeboten wird, je nach Motivstruktur des Mitarbeiters, entsprechende Anforderungen erfüllen und daher bereits zuvor von der Unternehmung berücksichtigt werden sollte. Auch hier wird die Verbindung zum Organisationssystem deutlich, in welchem im Rahmen der Gestaltung der Aufbauorganisation durch das Analy-

---

1033 Vgl. Berthel/Becker (2013), S. 96-97 und S. 540-542. Die exogenen sachlichen Arbeitsbedingungen wie z. B. konjunkturelle Einflüsse oder das Verhalten von Wettbewerbern sind von der Unternehmung nicht unmittelbar beeinflussbar und werden daher im Rahmen der Arbeit nicht betrachtet.

1034 Zu den Ansätzen der Mitarbeiterbindungsforschung vgl. Kapitel 3.5.

1035 Vgl. Berthel/Becker (2013), S. 542-550. Vgl. hierzu auch den Zielkonflikt zwischen sozialen und ökonomischen Zielen in Kapitel 4.2.2.

1036 Vgl. Hertig (1996), S. 219.

1037 Vgl. Hirschfeld (2006), S. 19-20; Szebel-Habig (2004), S. 94-95.

1038 Vgl. Moser/Saxer (2008), S. 175.

1039 Vgl. u. a. Black et al. (1992), S. 744-752; Suutari/Brewster (2003), S. 1148; Vidal et al. (2007a), S. 1279.

se/Synthese-Konzept Einfluss auf die Schaffung von Stellen genommen werden kann, um die Bindung bzw. Rückgewinnung von Mitarbeitern zu forcieren.[1040]

In Bezug auf die *Arbeitszeit* lassen sich in der Mitarbeiterbindungsforschung je nach individueller Situation des Mitarbeiters unterschiedliche Erkenntnisse gewinnen. Im Vordergrund steht grundsätzlich die Flexibilisierung der Arbeitszeit, um je nach Bedürfnis des Mitarbeiters auf unterschiedliche Gestaltungsmöglichkeiten zurückgreifen zu können. Dabei kann nach inhaltlichen sowie formalen Flexibilisierungskriterien vorgegangen werden. Flexible Arbeitszeiten führen nicht automatisch bei jedem Mitarbeiter zu einer erhöhten Motivation, sondern die Möglichkeit zur Mitbestimmung bezüglich der Ausgestaltung der Arbeitszeit erscheint wichtig.[1041] Tabelle 38 gibt einen Überblick über die in der Literatur diskutierten Arbeitszeitregelungen, wobei der Handlungsspielraum entweder bei der Unternehmung, beim Mitarbeiter oder bei beiden liegt.

Tabelle 38: Formen der Arbeitszeitflexibilisierung.[1042]

Handlungsspielraum bei der Unternehmung	**Handlungsspielraum bei der Unternehmung und beim Mitarbeiter**	**Handlungsspielraum beim Mitarbeiter**
Kapazitätsorientierte Arbeitszeit	Dauer - gleitende Arbeitszeit - freie Arbeitszeit - Teilzeitarbeit - Jahresarbeitsvertrag - Sabbatical - Vorruhestand - flexible Altersgrenze	Dauer - Job Sharing

Bei der kapazitätsorientierten Arbeitszeit liegt der Handlungsspielraum bei der Unternehmung, da diese den Personaleinsatz abhängig von der betrieblichen Situation bestimmt. Im Rahmen der Gleitzeit kann ein Mitarbeiter seine Wochenarbeitszeit in Bezug auf Tage und Stundenzahl weitgehend frei verteilen, sodass ein Handlungsspielraum beim Mitarbeiter und bei der Unternehmung entsteht. Beim Job Sharing kann der Mitarbeiter relativ frei über die Gestaltung des Tagesablaufes verfügen, so dass hier ein großer Handlungsspielraum seitens des Mitarbeiters vorzufinden ist.[1043]

In diesem Zusammenhang wird in der Mitarbeiterbindungsforschung auch das Konzept der *Work-Life-Balance* diskutiert, d. h. die Vereinbarkeit von beruflichen und privaten Zielen als

1040 Zum Analyse-Synthese-Konzept vgl. grundlegend Kosiol (1976). Zunächst muss durch eine *Analyse* die Gesamtaufgabe der Unternehmung in Teilaufgaben untergliedert werden. Daran anschließend können im Rahmen einer *Synthese* Teilaufgaben zu Stellen zusammengefasst werden. Vgl. Kosiol (1976), S. 32-33. Vgl. auch Grochla (1978), S. 126-129.

1041 Vgl. Friedli/Thom (2001), S. 26-27; Grunwald (2001), S. 87-92; Szebel-Habig (2004), S. 104.

1042 Quelle: In Anlehnung an Scholz (2014), S. 734.

1043 Vgl. Scholz (2014), S. 734-736.

Determinante der Bindung.[1044] Maßnahmen, die sich hieraus ergeben können, sind u. a. flexible Arbeitszeitmodelle, Kinderbetreuungsangebote, Angebote für pflegebedürftige Angehörige sowie Telearbeitsplätze.[1045] Wie bereits in der Reintegrationsforschung deutlich wird, müssen auch die Partner bei einer Reintegration beachtet werden.[1046] Demnach sollte auch die Zielgruppe der Dual Career Couples berücksichtigt werden, bei denen beide Partner karriereorientiert und berufstätig sind.[1047] Diese weisen eine hohe Leistungsbereitschaft und Leistungsmotivation auf.[1048] Eine Rückgewinnung kann beispielsweise erfolgreich sein, wenn auch dem Partner des ehemaligen Mitarbeiters Perspektiven eröffnet werden. Die Maßnahmen zur Verbesserung der Spannung zwischen beruflichen und privaten Zielen können insgesamt den unterschiedlichen Feldern der primären Personalmanagementsysteme zugeordnet werden.

Für das Regain Management lässt sich ableiten, dass bei der Gestaltung der Arbeitsposition nicht nur die Inhalte, sondern ebenfalls das Arbeitszeitmanagement eine Bedeutung für die Rückgewinnung eines ehemaligen Mitarbeiters haben können.

Anreizsysteme

Anreizsysteme im Gestaltungselement der Rückgewinnung können sich in materielle und immaterielle Anreize unterteilen lassen.[1049] *Materielle Anreize* setzen sich aus obligatorischen Bestandteilen wie dem Festgehalt, Sozialleistungen, Nebenleistungen wie Firmenwagen sowie einem variablen Entgelt zusammen. Daneben können auch fakultative Bestandteile wie Erfolgs- oder Kapitalbeteiligungen vorliegen.[1050] In der Mitarbeiterbindungsforschung wird ein Zusammenhang zwischen materiellen Anreizsystemen und der Bindung von Mitarbeitern hergestellt, wobei die Bindungswirkung geringer eingeschätzt wird als die Bindungswirkung immaterieller Anreize.[1051] Da jedoch die Annahme besteht, dass ein gewisses Gehaltsniveau

---

1044 Vgl. Klimecki/Gmür (2005), S. 346; Szebel-Habig (2004), S. 103-106.

1045 Vgl. u. a. Flato/Reinbold-Scheible (2008), S. 184-185. Für weitergehende Einblicke sowie Beispiele für die Anwendung des Konzept der Work-Life Balance in der Praxis vgl. Kaiser/Ringlstetter (2010).

1046 In der Reintegrationsforschung vgl. dazu Hammer et al. (1998), S. 81; Shen/Hall (2009), S. 809; Suutari/Brewster (2003), S. 1148.

1047 Vgl. Berthel/Becker (2013), S. 486. Der Terminus *Dual Career Couples* bezeichnet „(Ehe-) Paare mit oder ohne Kinder […], wo beide Partner kontinuierlich und weitgehend abgestimmte Laufbahnen im selben oder unterschiedlichen Unternehmen anstreben und gleichzeitig über ein über weite Strecken gemeinsames und weitgehend gleichberechtigtes (Familien-) Leben führen." Corpina (1996), S. 19. Vgl. weiterführend auch Ostermann (2002).

1048 Vgl. Völkel et al. (2008), S. 156.

1049 Auch im Gestaltungselement der Rückgewinnung wird dem Begriffsverständnis des Anreizsystems im weiteren Sinne gefolgt, welches in Kapitel 4.4.3.3 im Rahmen des Personalsystems der Kontakterhaltung erläutert wurde.

1050 Vgl. Berthel/Becker (2013), S. 571-572.

1051 Vgl. u. a. Genzwürker (2006), S. 218; Kobi (1999), S. 74-76.

– gemessen an Branche, Funktion und Standort – als Standard seitens der Mitarbeiter wahrgenommen wird, lässt sich daraus schlussfolgern, dass sowohl immaterielle als auch materielle Bestandteile eines Anreizsystems für die Rückgewinnung von Mitarbeitern eingesetzt werden sollten.[1052] Des Weiteren wird festgestellt, dass die Wirkung von Anreizen je nach Mitarbeiter unterschiedlich stark ausfällt. In diesem Zusammenhang wird in der Literatur das Cafeteria-System hervorgehoben, welches dem Mitarbeiter erlaubt, unter der Prämisse der Kostenneutralität, aus einem festgelegten Gesamtvolumen unterschiedliche betriebliche Leistungen zu beanspruchen, um so eine optimale individuelle Bedürfnisbefriedigung zu erzielen.[1053] Dem Cafeteria-Ansatz wird eine Steigerung der Leistungsbereitschaft, eine Verbesserung der Attraktivität auf dem Arbeitsmarkt sowie eine Erhöhung der Zufriedenheit der Mitarbeiter zugeschrieben.[1054] MOSER/SAXER heben hervor, dass materielle Anreizsysteme „gerecht (leistungs- und marktgerecht), transparent, zuverlässig, motivierend, flexibel, einfach und wirtschaftlich sein“[1055] und von den Mitarbeitern akzeptiert werden sollten. Diese Anforderungen müssen auch bei der Zusammenstellung der materiellen Anreize für ehemalige Mitarbeiter berücksichtigt werden.

Wie auch bei dem Gestaltungselement der Kontakterhaltung lassen sich den *immateriellen Anreizen* der Rückgewinnung unterschiedliche Maßnahmen der anderen Führungssubsysteme zuordnen. Beispielhaft können das Angebot an Weiterbildungen, die Flexibilisierung der Arbeitszeit, die Informationspolitik, Partizipationsmöglichkeiten, das Unternehmungsimage sowie Aspekte des Organisationssystems genannt werden.[1056]

Personalführung

Bei der Darstellung der Trennungsgründe wurde deutlich, dass das Verhältnis zum Vorgesetzten einen entscheidenden Einflussfaktor ausmachen kann.[1057] Dies bestätigt die in der Mitarbeiterbindungsforschung konstatierte Annahme, dass die Rolle sowie der Führungsstil des Vorgesetzten eine entscheidende Rolle spielen. So werden u. a. das Informationsverhalten des Vorgesetzten, die Kommunikationsfähigkeit, die Möglichkeit zur Partizipation sowie ein

1052 In der Mitarbeiterbindungsforschung vgl. dazu Thom/Friedli (2008), S. 67.

1053 Vgl. Friedli/Thom (2001), S. 26; Stotz (2007), S. 173-176. Für einen umfassenden Einblick vgl. Korb (2008); Wagner (2005); Wagner et al. (1993).

1054 Vgl. Wagner et al. (1993), S. 7.

1055 Moser/Saxer (2008), S. 48.

1056 Vgl. Berthel/Becker (2013), S. 572; Becker/Ostrowski (2012), S. 527. Vgl. auch die Ausführungen zum Führungssubsystem Personal im Gestaltungselement der Kontakterhaltung in Kapitel 4.4.3.3.

1057 Vgl. hierzu Kapitel 4.4.2.1.

glaubwürdiges Handeln der Unternehmungsleitung hervorgehoben.[1058] Dieses kann durch ein regelmäßiges Feedback sowie die Förderung von Mitarbeitern ergänzt werden.[1059] Es wird deutlich, dass die Führungskräfte einer Unternehmung als Schnittstelle zwischen der Koordination der Mitarbeiterleistungen sowie den Zielvorgaben der Unternehmung fungieren und dabei alle Führungssubsysteme berücksichtigen. Sie agieren unter Beachtung der jeweiligen Unternehmungsstruktur und der Unternehmungsprozesse (Organisationssystem), haben Einfluss auf die Art und Weise der Informationsvermittlung und Kommunikation mit den Mitarbeitern (Informationssystem) und beeinflussen den Grad der Partizipation (Planungs- und Kontrollsystem).

Um diesen Anforderungen an ein Führungsverhalten gerecht zu werden, ergeben sich in der Mitarbeiterbindungsforschung unterschiedliche Maßnahmen. HIRSCHFELD schlägt unternehmungsweit gültige und gelebte Führungsrichtlinien, das Führen von Mitarbeitern durch Zielvorgabe, die kontinuierliche Bewertung von Führungsleistungen sowie die Kompetenzentwicklung von Führungskräften vor.[1060] SZEBEL-HABIG nennen zur Umsetzung eines kooperativen Führungsstils u. a. Mitarbeitergespräche sowie Zielvereinbarungssysteme.[1061] PEPELS greift im Rahmen der Kommunikationspolitik auf Maßnahmen wie z. B. die Transparenz unternehmungspolitischer Entscheidungen sowie die Entwicklung eines Führungshandbuches zurück.[1062]

Wie bei den Ausführungen zu den Akteuren eines Regain Managements bereits herausgestellt wurde, können die Führungskräfte einer Unternehmung einen aktiven Einfluss auf die Rückgewinnung von ehemaligen Mitarbeitern haben.[1063] Folglich ist es wichtig, dass die Beziehung zwischen dem ehemaligen Mitarbeiter und dem potenziellen Vorgesetzen berücksichtigt wird. Dies betrifft sowohl die eigentliche Rückgewinnung, wenn der Vorgesetzte in diese Phase einbezogen wird, als auch die potenzielle Zusammenarbeit danach. Einhergehend mit dem Person-Environment-Fit Ansatz, der u. a. in der Reintegrationsforschung erläutert wird, sollte der Fit zwischen dem ehemaligen Mitarbeiter und dem Vorgesetzten sichergestellt werden.[1064] Bei ehemaligen Mitarbeitern muss auch berücksichtigt werden, dass diese sich über

---

1058 Vgl. u. a. Haase (1997), S. 322-325 und S. 332-333; Meifert (2005), S. 210-211. Für weitere Ausführungen zum Einfluss des Führungsverhalten auf die Mitarbeiter vgl. Wunderer/Küpers (2003), S. 40-41.

1059 Vgl. Flato/Reinbold-Scheible (2008), S. 192-193.

1060 Vgl. Hirschfeld (2006), S. 20-21.

1061 Vgl. Szebel-Habig (2004), S. 100-102. Zu den unterschiedlichen Arten von Führungsstilen und der jeweiligen Wirkung auf die Motivation von Mitarbeitern vgl. Wunderer/Küpers (2003), S. 40-41.

1062 Vgl. Pepels (2002), S. 142-143.

1063 Vgl. dazu Kapitel 4.3.1.

1064 Im Kontext der Reintegrationsforschung vgl. Kühlmann/Stahl (1995).

andere informelle Kanäle in der Unternehmung über den potenziellen Vorgesetzten informieren können, z. B. durch den Kontakt zu ehemaligen Kollegen oder ehemaligen Vorgesetzten.

4.4.4.6 Maßnahmen des unternehmungspolitischen Rahmens

Der unternehmungspolitische Rahmen stellt die Basis für die Führungssubsysteme dar. Bei der Darstellung der Trennungsgründe wurde deutlich, dass sowohl die Unternehmungskultur als auch das Unternehmungsimage einen Einfluss haben können.[1065] In Anlehnung an BERTHEL/BECKER sowie die in der Literatur diskutierten Determinanten werden folgende Elemente des unternehmungspolitischen Rahmens betrachtet: der (1) Unternehmungszweck, die Unternehmungsvision, die Unternehmungsmission sowie die Unternehmungskultur, die (2) Unternehmungsidentität sowie das (3) Unternehmungsimage.[1066]

Der (1) *Unternehmungszweck* umfasst das oberste Unternehmungsziel, das durch die *Vision* als übergeordnetes Leitbild ein Zukunftsbild der Unternehmung schafft. Wird die Vision schriftlich festgelegt, entspricht das der *Mission* einer Unternehmung.[1067] Unter einer *Unternehmungskultur* wird „die Summe der von den Mitarbeitern einer Unternehmung (oder eines Teils hiervon) gemeinsam getragene Wertvorstellungen, Normen und Verhaltensmustern“[1068] verstanden. Die genannten Bereiche formen das Selbstbild der Unternehmung.[1069] In Bezug auf die Gestaltung der Unternehmungskultur empfehlen MOSER/SAXER eine motivierende und identifikationsstiftende Kultur mit einer verständlichen Vision sowie Strategien, um diese zukünftig zu erreichen.[1070] Bei einer Übereinstimmung der Wertvorstellungen und Verhaltensweisen der einzelnen Mitarbeiter mit denen der Unternehmungskultur entwickeln diese tendenziell eine höhere Bleibebereitschaft und empfehlen die Unternehmung als Arbeitge-

[1065] Zur Darstellung der Trennungsgründe vgl. Kapitel 4.4.2.1.

[1066] Der Unternehmungszweck stellt dabei das formulierte Selbstbild der Unternehmung dar, während die Unternehmungsidentität das wahrgenommene Selbstbild repräsentiert. Das Unternehmungsimage ist dahingegen das Fremdbild. Für den Zusammenhang zwischen dem Unternehmungszweck, der Unternehmungsidentität sowie des Unternehmungsimage vgl. Becker (2013), S. 128.

[1067] Vgl. Becker (2013), S. 105 und S. 115-116. Auf Basis der Vision sowie der Mission einer Unternehmung können die Unternehmungsziele abgeleitet werden. Vgl. Becker (2013), S. 118. Aus diesen ergeben sich wiederum die Ziele eines Regain Managements. Vgl. dazu Kapitel 4.2.2.

[1068] Becker (2013), S. 120. Für eine detaillierte Beschreibung der Bestandteile einer Unternehmungskultur vgl. Schein (1984) sowie Schein (1985).

[1069] Vgl. Becker (2013), S. 128.

[1070] Vgl. Moser/Saxer (2008), S. 125 sowie S. 165.

ber.[1071] Auch wird die Hypothese dargelegt, dass die Unternehmungskultur für die Eintrittsentscheidung in die Unternehmung relevant sein kann.[1072] Daraus wird geschlussfolgert, dass die Unternehmungskultur die Rückkehrentscheidung eines ehemaligen Mitarbeiters beeinflussen kann. Somit scheint es wichtig, die Gemeinsamkeiten hinsichtlich bestimmter Wertvorstellungen und Verhaltensweisen zwischen dem ehemaligen Mitarbeiter und der Unternehmung herauszustellen. Dafür können sich u. a. die Entwicklung sowie Kommunikation von einem Leitbild, Verhaltensrichtlinien oder Führungsgrundsätze eignen.

Die (2) *Unternehmungsidentität* steht in einem engen Zusammenhang mit der Unternehmungskultur und stellt die Vermarktung der Unternehmung im Sinne einer strategischen Positionierung dar. Somit charakterisiert es das wahrgenommene Selbstbild der Unternehmung. Als Ansatzpunkte zur Gestaltung werden das Unternehmungsverhalten, die Unternehmungserscheinung sowie die Unternehmungskommunikation genannt.[1073] Die organisationale Identität kann u. a. durch eine Unterscheidungskraft zur Konkurrenz sowie dem Prestige positiv beeinflusst werden.[1074]

Das (3) *Unternehmungsimage* kennzeichnet das Fremdbild der Unternehmung und beschreibt das Ansehen der Unternehmung in der Öffentlichkeit.[1075] Ein positives und glaubwürdiges Unternehmungsimage kann in einer guten Positionierung als Arbeitgeber resultieren, welches zu einer Verbesserung der Gewinnung von Mitarbeitern (in qualitativer wie quantitativer Hinsicht) sowie Mitarbeiterbindung führen kann.[1076] Insbesondere im Kontext des Regain Managements erscheint es sinnvoll, ein möglichst konsistentes und authentisches Bild zwischen der internen sowie der externen Wahrnehmung der Unternehmung zu erzielen, da ehemalige Mitarbeiter beide Perspektiven einnehmen können und somit die Unternehmung nur bei einer Übereinstimmung von Selbst- und Fremdbild als glaubwürdig erscheint. Die wechselseitige Beziehung zwischen der Innen- und der Außenansicht eines ehemaligen Mitarbeiters wird ebenfalls von der Umwelt tangiert. Da diese jedoch außerhalb des Einflussbereiches der Unternehmung steht, wird diese nicht weiter betrachtet.

[1071] Vgl. Szebel-Habig (2004), S. 89-91. Gemeinsame Werte haben auch einen positiven Einfluss auf das Discretionary Collaborative Behavior an Hochschulen. Vgl. Heckman/Guskey (1998), S. 109. Vgl. auch Kapitel 3.3.2.

[1072] Vgl. Moser/Saxer (2008), S. 125 sowie S. 165.

[1073] Vgl. Becker (2013), S. 127-128.

[1074] In der Alumniforschung vgl. dazu Mael/Ashforth (1992), S. 107. Vgl. auch Kapitel 3.3.2.

[1075] Vgl. Becker (2013), S. 128.

[1076] Vgl. Szebel-Habig (2004), S. 93-94.

4.4.5 Zusammenfassende Betrachtung

Im Rahmen der inhaltlichen Gestaltungselemente liegen unterschiedliche Maßnahmen (vgl. Tabelle 39) zur Gestaltung der Trennung, der Kontakterhaltung sowie der Rückgewinnung vor. Die Maßnahmen sind aus dem Kontext des Personalmanagements bekannt, zielen in einem Regain Management jedoch auf die Wiederherstellung der Teilnahmebereitschaft ab.

Tabelle 39: Übersicht möglicher Maßnahmen der inhaltlichen Gestaltungselemente.

Trennung		
Gründe der Trennung	Personenbezogene Trennungsgründe	Demografische Faktoren Faktoren der Persönlichkeit Faktoren des Berufs
Gründe der Trennung	Unternehmungs-interne Trennungsgründe	Soziale Faktoren Faktoren der Arbeit Faktoren der Unternehmung
Gründe der Trennung	Unternehmungs-externe Trennungsgründe	Arbeitsmarktsituation Arbeitsmarktchancen Gesellschaftlicher Wandel
Maßnahmen der Trennung	Analyse	Kennzahlenanalyse Austrittsinterview Mitarbeiterbefragungen
Maßnahmen der Trennung	Gestaltung	Positive Verabschiedung Transfer von Erfahrungswissen Rückkehr-Garantie
Kontakterhaltung		
Informationssystem	Information	Direkt: E-Mail, Brief, Newsletter Indirekt: Homepage, Stellenbörse, Unternehmungs-Zeitschriften, Pressemittteilungen
Informationssystem	Kommunikation	Persönlich: Treffen, Veranstaltungen, Kamingespräche, Exkursionen, Kontakt zur Personalabteilung, Kontakt zu Kollegen und Vorgesetzten Digital: Datenbank, Alumni-Website, soziale Netzwerke
Personalsystem	Personalentwicklung	Bildung: Abschlussarbeiten, Praktika, Teilzeitpositionen, finanzielle Unterstützung, Praktikanten-Bindungsprogramm, Fortbildungen Karriereplanung: Karrieregespräche, Mentorensystem, Coaching
Personalsystem	Anreizsysteme	Materiell: Vergünstigungen, Werbeartikel Immateriell: Wertschätzung, Anerkennung
Rückgewinnung		
Informationssystem	Information	Stellenausschreibung in Ehemaligen-Zeitschrift, Ehemaligen-Datenbank oder Ehemaligen-Website
Informationssystem	Kommunikation	E-Mail, Telefon, soziale Netzwerke, Treffen, Veranstaltungen
Planungs- und Kontrollsystem	Partizipation	Frühzeitige Planung der Rückkehr, Job Enrichment, autonome Arbeitsgruppen, Delegation
Organisationssystem	Aufbauorganisation	Spezialisierung, Konfiguration, Koordination
Organisationssystem	Ablauforganisation	Schnelle, effiziente und transparente Prozessabläufe
Personalsystem	Personaleinführung	Einarbeitungszeit, Einführung am Arbeitsplatz, Wiedereingliederungsseminare
Personalsystem	Personalentwicklung	Bildung: Ausbildung und Fortbildung Arbeitsstrukturierung: Job Enlargement, Job Rotation, Job Enrichment Karriereplanung: Karrieresystem, Karrierepläne, Laufbahnformen
Personalsystem	Arbeitsbedingungen	Ergonomische Arbeitsplatzgestaltung: psychologisch, physiologisch, informationstechnologisch, sicherheitstechnisch Organisatorische Arbeitsplatzgestaltung: Arbeitsaufgabe, Arbeitszeit, Work-Life-Balance

Rückgewinnung		
Personalsystem	Anreizsysteme	Materiell: Festgehalt, Sozialleistungen, variables Entgelt, Erfolgs- und Kapitalbeteiligungen, Cafeteria-System Immateriell: Fortbildungen, Arbeitszeit
	Personalführung	Führungsrichtlinien/Führungshandbuch, Zielvereinbarungssysteme, Bewertung von Führungsleistungen, Kompetenzentwicklung, Mitarbeitergespräche
Unternehmungs-politischer Rahmen	Unternehmungskultur Unternehmungsidentität Unternehmungsimage	

Bei einem Vergleich der Trennungsgründe mit den Maßnahmen der Trennung, Kontakterhaltung und Rückgewinnung wird deutlich, dass sich aus den Gründen Maßnahmen ableiten lassen. Nur wenn die Maßnahmen zur Kontakterhaltung und Rückgewinnung auf die jeweiligen Trennungsgründe abgestimmt sind, erscheint ein erfolgreiches Regain Management möglich zu sein. Dabei wird deutlich, dass häufig nicht ein Trennungsgrund vorliegt, sondern eine Vielzahl von Gründen zur Trennungsentscheidung führen kann. Demnach ist nicht eine bestimmte Maßnahme von Bedeutung, um die Wiederherstellung der Teilnahmebereitschaft zu erzielen, sondern es sollte ein Portfolio an Maßnahmen vorliegen, das sich an den individuellen Trennungsgründen orientiert. Auch sollten die Maßnahmen den Mitarbeiter in seiner Entscheidung positiv bestärken.[1077] Im Hinblick auf das Maßnahmenportfolio der unterschiedlichen Führungssubsysteme ist erkennbar, dass diese eng miteinander verbunden sind und die separate Betrachtung nur analytisch möglich ist. So lassen sich Wirkungszusammenhänge zwischen den Führungssubsystemen erkennen.

In diesem Zusammenhang gelten die inhaltlichen Anforderungen aus Kapitel 4.2.3.4, welche *Individualität*, *Gerechtigkeit* und *Realisierbarkeit* fordern. Demnach sollten sich die Maßnahmen an dem individuellen Mitarbeiter orientieren, um dadurch die Kontakterhaltung und Rückgewinnung an den Bedürfnissen und Interessen des ehemaligen Mitarbeiters auszurichten. Des Weiteren sollten die Maßnahmen von den Ehemaligen als gerecht wahrgenommen werden, um eine kontraproduktive Wirkung des Regain Managements zu vermeiden. Das Angebot an Maßnahmen für die Unternehmung sollte realisierbar sein, d. h. die anfallenden Kosten müssen in einem Verhältnis zu den Nutzen stehen. Hier kommt der Zielkonflikt zwischen ökonomischen und sozialen Zielen zum Tragen, auf den bereits in Kapitel 4.2.2 eingegangen wird. Eine differenzierte Vorgehensweise in Anlehnung an bestimmte Mitarbeitersegmente kann somit eine Lösung darstellen.[1078]

[1077] Dies lässt sich aus der Theorie der kognitiven Dissonanz im Erkenntnisobjekt der Kundenrückgewinnungsforschung ableiten, in der das Rückgewinnungsangebot konsonanzförderliche Elemente enthalten sollte. Vgl. Kapitel 3.2.2.

[1078] Zu den Ausführungen eines differenziellen Mitarbeiterbindungsmanagements vgl. Ostrowski (2012).

Eine Unternehmung muss – abhängig von der jeweiligen Situation – entscheiden, welche Maßnahmen ggf. schon in der Unternehmung eingesetzt werden und sich auf die Gestaltungselemente der Kontakterhaltung und Rückgewinnung für die Zielgruppe der ehemaligen Mitarbeiter übertragen lassen und inwiefern sich eine Erweiterung und Intensivierung von Maßnahmen mit dem Ziel der Wiederherstellung der Teilnahmebereitschaft lohnen. Somit ist die Gestaltung der Maßnahmen der Führungssubsysteme in Bezug auf ein Regain Management abhängig von der spezifischen Unternehmung, insbesondere von der Unternehmungskultur, der Unternehmungsgeschichte, der Branche, den Interessen der Stakeholder, der geschäftlichen und wirtschaftlichen Situation sowie den Zukunftsperspektiven.[1079]

Insgesamt zeigen die Ausführungen, dass die Einordnung in das externe Personalmarketing aus Perspektive der inhaltlichen Gestaltungselemente sinnvoll erscheint, weil sich die Maßnahmen insbesondere aus der Mitarbeiterbindungsforschung ableiten lassen, welches als Aufgabe dem internen Personalmarketing zugeordnet ist. Das wirkt plausibel, da die Wiederherstellung der Teilnahmebereitschaft an die vorherige Bindung zur Unternehmung anschließt und nicht voneinander getrennt betrachtet werden sollte.

4.5 Prozessuale Gestaltungselemente

4.5.1 Vorbemerkungen

Im Rahmen der prozessualen Gestaltungselemente steht die Umsetzung eines Regain Managements in der Unternehmung im Fokus. In Anlehnung an den funktionalen Managementbegriff aus Kapitel 2.2.1 bietet sich eine grundsätzliche Gliederung des Prozesses in Analyse, Zielbestimmung, Planung, Realisation und Kotrolle an.[1080] Ansätze aus dem Personalmarketing, in dem das Regain Management verortet ist, leisten einen Beitrag zur weiteren Prozessgestaltung.[1081] Zudem liefern die Erkenntnisobjekte der Kundenrückgewinnungsforschung und der Mitarbeiterbindungsforschung Hinweise, welche die Phasenunterteilung bestätigen

---

1079 Vgl. dazu grundsätzlich Becker (1985), S. 240.

1080 Vgl. Macharzina/Wolf (2012), 412-426. Der funktionale Managementbegriff wurde bereits in der Begriffsexplikation erläutert und dem Verständnis des Regain Managements neben dem institutionellen Managementbegriff zugeordnet. Vgl. dazu auch Kapitel 2.2.1.

1081 Vgl. dazu die Einordnung des Regain Managements in Kapitel 2.2.2.

sowie eine weiterführende Konkretisierung ermöglichen.[1082] Die Phasen eines Regain Managements werden in Abbildung 17 visualisiert und stellen einen idealtypischen Verlauf dar.

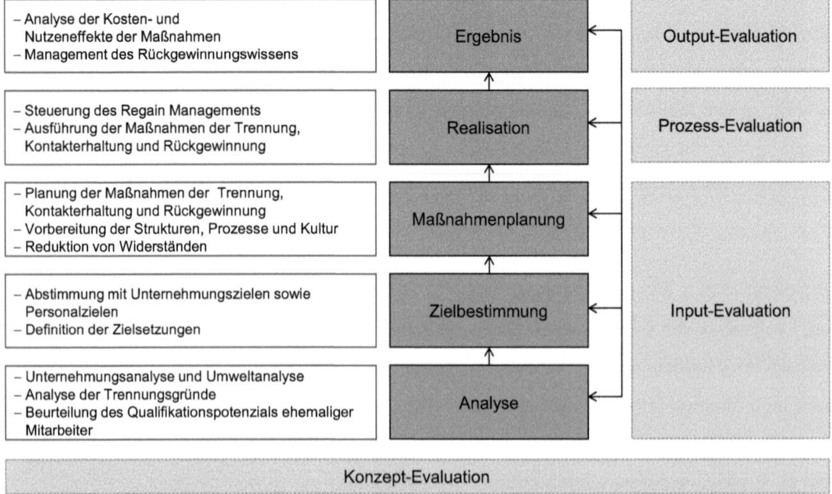

Abbildung 17: Überblick der prozessualen Gestaltungselemente eines Regain Managements.[1083]

Zunächst umfasst die Phase der *Analyse* die Untersuchung der Zielgruppe der ehemaligen Mitarbeiter, um eine Einschätzung der aktuellen Situation sowie der Notwendigkeit der Realisation eines Regain Managements zu erlangen. Darauf aufbauend, werden im Rahmen der *Zielbildung*, die Ziele eines Regain Managements für die Unternehmung abgleitet – insbesondere in Abhängigkeit zur verfolgten Personal- und Unternehmungsstrategie. Dem folgt die *Maßnahmenplanung*, wobei sowohl die einzelnen Gestaltungselemente der Trennung, Kontakterhaltung und Rückgewinnung sowie deren Zusammenwirken berücksichtigt werden. Anschließend findet in der Phase der *Realisation* die Durchsetzung sowie Steuerung des Regain Managements statt. Zuletzt beinhaltet die *Evaluation* die kontinuierliche Bewertung der Zielerreichung sowie Implikationen für die Optimierung des Regain Managements.

Die Kontrolle eines Regain Managements erfolgt durch eine Evaluation, da im Gegensatz dazu ein Controlling die Bewertung von Entscheidungen anhand von quantitativen Kennzah-

---

1082 Vgl. dazu in der Kundenrückgewinnungsforschung u. a. Schöler (2011); Stauss/Friege (1999); Homburg/Schäfer (1999); Pick/Krafft (2009). In der Mitarbeiterbindungsforschung vgl. u. a. Bruhn (1999); vom Hofe (2005); Szebel-Habig (2004); Wucknitz/Heyse (2008).

1083 Für die Einteilung der Phasen vgl. Becker (2011), S. 150. Für die Unterteilung der Evaluationsebenen vgl. Berthel/Becker (2013), S. 525.

len vorsieht.[1084] Die für ein Regain Management zur Verfügung stehenden Daten umfassen jedoch unterschiedliche Facetten, die durch ausschließlich quantitative Verfahren nur schwer zu erfassen sowie zu systematisieren sind und daher eines qualitativen Ansatzes bedürfen. Dieser Anforderung kann eine Evaluation gerecht werden, da diese neben quantitativen Auswertungen hauptsächlich qualitativ vorgeht.[1085] Die einzelnen Phasen werden im Folgenden erläutert.

4.5.2 Analyse

Die Phase der Analyse bezieht grundsätzlich das interne sowie das externe Umfeld der Unternehmung mit ein, um Kenntnis über den Ist-Zustand zu gewinnen und die zukünftige Entwicklung zu prognostizieren.[1086]

KIRCHGEORG/MÜLLER verstehen die Analyse der aktuellen Situation als Ausgangspunkt für das Personalmarketing, was mit Blick auf die Verortung des Regain Managements auf dieses übertragbar ist.[1087] In der Kundenrückgewinnungsforschung umfasst die Phase der Analyse die Identifikation verlorener Kunden, die Feststellung des Kundenwertes, die Ermittlung der Kündigungsgründe sowie die Segmentierung verlorener Kunden.[1088] Für ein Regain Management kann daraus gefolgert werden, dass die ehemaligen Mitarbeiter identifiziert und hinsichtlich des betrieblich verwendbaren Qualifikationspotenzials bewertet werden müssen.

In Bezug auf die Beurteilung des betrieblich verwendbaren Qualifikationspotenzials ehemaliger Mitarbeiter kann nicht auf die in der Kundenrückgewinnungsforschung angeführten Analysen (wie z. B. ABC-Analysen, Scoring-Modelle oder der Customer Lifetime Value) zurückgegriffen werden, da die ökonomische Bewertung von ehemaligen Mitarbeitern nur schwer realisierbar ist.[1089] Die Personalbeurteilung, welche als „ein institutionalisierter Prozess zu verstehen [ist], in dem planmäßig und formalisiert Informationen über die Leistungen

1084 Vgl. Gerlich (1999), S. 15-16.

1085 Vgl. Günther (2001), S. 42-46.

1086 Vgl. Becker (2013), S. 163. Im Kontext der Mitarbeiterbindungsforschung vgl. auch Stotz (2007), S. 128-129.

1087 Vgl. Kirchgeorg/Müller (2011), S. 68.

1088 Vgl. u. a. Büttgen (2003), S. 63-69; Ritschel (2011), S. 46-72; Stauss (2000b), S. 458-464.

1089 Vgl. dazu Wunderer/Jaritz (2007), S. 114-115. Hier wird hervorgehoben, dass die Erstellung eines Kennzahlensystems zur Errechnung des Cash-Flows für Mitarbeiter nicht möglich ist bzw. nur einen geringen Informationsgehalt aufweist. Des Weiteren existieren in der Literatur zum Personalcontrolling unterschiedliche Ansätze zur Bewertung des Humanvermögens. Diese sind jedoch aufgrund zeitlicher und sachlicher Probleme in der Zurechnung kaum für genaue Kosten- und Nutzenmessungen geeignet. Vgl. Wunderer/Jaritz (2007), S. 178-187.

und/oder die Potenziale von Mitarbeitern durch dazu beauftragte Mitarbeiter hinsichtlich arbeitsplatzbezogener, entweder vergangenheits-, gegenwarts- oder zukunftsorientierter Kriterien gewonnen, verarbeitet und ausgewertet werden"[1090], scheint indes als zweckmäßig und auf ein Regain Management übertragbar. So sollten bei der Trennung eines Mitarbeiters Informationen zur erbrachten Leistung sowie zum zukünftig betrieblich verwendbaren Qualifikationspotenzial festgehalten werden.

Zur Ermittlung der Leistungs- und Qualifikationspotenziale des ehemaligen Mitarbeiters kann beispielsweise mit dem Vorgesetzten des ehemaligen Mitarbeiters gesprochen werden.[1091] In der Literatur werden unterschiedliche Möglichkeiten zur Beurteilung der erbrachten Leistung diskutiert.[1092] Neben der bereits erbrachten Leistung ist es jedoch auch im Interesse der Unternehmung, das zukünftige Potenzial des ehemaligen Mitarbeiters einschätzen zu können. Auch hierfür bieten sich unterschiedliche Arten der Potenzialbeurteilung wie z. B. diagnoseorientierte, psychologische, biografische sowie verhaltensorientierte Verfahren an.[1093] So lassen sich im Regain Management potenzielle Rückgewinnungskandidaten feststellen, wobei jede Unternehmung auf die bereits eingesetzten Verfahren zurückgreifen kann.[1094]

Darüber hinaus scheint es notwendig, die Gründe für die Trennung zu identifizieren, um daraus Handlungsoptionen für die Kontakterhaltung sowie Rückgewinnung zu schaffen. Dafür muss zwischen den ehemaligen Mitarbeitern, welche die Unternehmung bereits verlassen haben, und denjenigen, welche sich gerade im Trennungsprozess befinden, differenziert werden. In Kapitel 4.4.2.2 sind die unterschiedlichen Maßnahmen zur Analyse und Gestaltung der Trennung erläutert worden. Die Maßnahmen der Gestaltung der Trennung sind nur auf aktuell ausscheidende Mitarbeiter übertragbar, wohingegen die Maßnahmen der Analyse auf alle Ehemaligen anwendbar sind. Auch ehemalige Mitarbeiter, die nicht mehr in einem Arbeitsverhältnis zur Unternehmung stehen, können im Rahmen einer Befragung oder eines Gespräches zu ihren Trennungsgründen interviewt werden.[1095] Neben den qualitativ orientierten Ver-

---

[1090] Berthel/Becker (2013), S. 269.

[1091] Vgl. Wucknitz/Heyse (2008), S. 44. Diese Form der Personalbeurteilung wird als Untergebenenbeurteilung bezeichnet. Vgl. Berthel/Becker (2013), S. 269.

[1092] Für einen Überblick über die verschiedenen Verfahren der Leistungsbeurteilung sowie deren Anwendung vgl. Berthel/Becker (2013), S. 273-287.

[1093] Für einen Überblick über die verschiedenen Verfahren der Potenzialbeurteilung sowie deren Anwendung vgl. Berthel/Becker (2013), S. 289-298.

[1094] Es sei auch auf die bestehenden inhaltlichen sowie methodischen Anforderungen wie Probleme hingewiesen, welche sich bei der Anwendung der Verfahren zur Qualifikationsdiagnose und -prognose ergeben können. Vgl. Berthel/Becker (2013), S. 264-269. Diese sind auch bei der Anwendung der Verfahren auf die Zielgruppe der ehemaligen Mitarbeiter zu berücksichtigen.

[1095] Vgl. Kirchgeorg/Müller (2011), S. 68; Szebel-Habig (2004), S. 128-129.

fahren zu den Trennungsgründen, bietet sich auch die Analyse von Kennzahlen an. Hier sind u. a. folgende Kennzahlen zu nennen:

- *Fluktuationsquote*: Quotient aus der Anzahl der freiwilligen Personalabgänge im Jahr und der durchschnittlichen Anzahl der Mitarbeiter der Unternehmung.[1096]

- *Durchschnittliche Betriebszugehörigkeit*: Summe aus der Dauer der Betriebszugehörigkeit in Jahren aller Mitarbeiter durch die Anzahl an Mitarbeitern.[1097]

Die dargestellte Fluktuationsquote bezieht sich ausschließlich auf die freiwilligen Personalabgänge, da diese im Kontext des Regain Managements relevant sind. Hinzugefügt werden kann, je nach Bedarf der Unternehmung, die Anzahl betrieblich bedingter Personalabgänge.[1098] Die Berechnung der Fluktuationsquote kann sich auf die Gesamtunternehmung sowie einzelne Abteilungen beziehen. SZEBEL-HABIG empfiehlt beide Quoten zu ermitteln, um unter Umständen Hinweise auf Missstände in einer Abteilung zu erhalten, welche Rückschlüsse auf eine Führungsproblematik zulassen. Auch bietet sich ein Vergleich der Fluktuationsquote mit der Dauer der Betriebsangehörigkeit an, wodurch beispielsweise Schwierigkeiten bei der Personaleinführung von Mitarbeitern identifiziert werden können.[1099] Diese Informationen erscheinen auch für eine erneute Rückgewinnung von Mitarbeitern wichtig.

Neben der Analyse der Zielgruppe der ehemaligen Mitarbeiter sollten weitere interne und externe Rahmenbedingungen analysiert werden. Dazu können u. a. die Feststellung organisatorischer Probleme wie interne Widerstände oder eine fehlende Abstimmung zwischen den Abteilungen gezählt werden.[1100] Auch externe Faktoren wie das Arbeitgeberimage der Unternehmung oder Arbeitgeberpräferenzen, d. h. Kenntnisse darüber, welche Merkmale mit der Unternehmung aus Sicht von Arbeitnehmern assoziiert werden, verhelfen der Realisierung und Optimierung eines Regain Managements.[1101]

[1096] Vgl. Sabathil (1977), S. 23-27. Dies stellt die von der Bundesvereinigung der Arbeitgeberverbände empfohlene Formel dar. Daneben existiert noch die Schlüter-Formel, welche in die Bezugsgröße nur diejenigen Mitarbeiter integriert, aus denen die freiwilligen Personalabgänge stammen. Daher wird der Bestand an Mitarbeitern zu Beginn des Jahres zuzüglich der Personalzugänge als Bezugsgröße genutzt. Vgl. Szebel-Habig (2004), S. 51-52.

[1097] Vgl. Szebel-Habig (2004), S. 55-56.

[1098] Vgl. dazu die Konkretisierung des Begriffsverständnisses in Kapitel 4.2.1.

[1099] Vgl. Szebel-Habig (2004), S. 52.

[1100] Vgl. Bruhn (1999), S. 23.

[1101] Vgl. Kirchgeorg/Müller (2011), S. 71. Für weitere praxisbezogene Methoden zur Analyse der internen wie externen Rahmenbedingungen vgl. Wucknitz (2000), S. 45-71.

4.5.3 Zielbestimmung

Im Anschluss an die Phase der Analyse folgt die Zielbildung, in der die Soll-Zustände anhand prinzipieller Wunschvorstellungen sowohl für die Gesamtunternehmung als auch für einzelne Bereiche festgelegt werden.[1102] Grundsätzlich stehen die Phasen der Analyse sowie der Zielbildung in einem Wechselverhältnis zueinander, so dass die Analyse sowohl einen vorgelagerten als auch einen nachgelagerten Prozessschritt zur Zielbildung darstellen kann.[1103]

Die Ziele für ein Regain Management sind dabei aus den Unternehmungszielen sowie den Zielen des Personalbereichs abzuleiten, wobei im Sinne des strategisch-orientierten Personalmanagements auch die gegensätzliche Beeinflussung möglich ist, d. h. dass sich auf Basis der Ziele eines Regain Managements Veränderungen für die Unternehmungs- und Personalziele ergeben können.[1104]

Das Sachziel eines Regain Managements liegt in der Wiederherstellung der Teilnahmebereitschaft und stellt das oberste Ziel dar, aus dem sich für die unterschiedlichen Gestaltungselemente der Trennung, der Kontakterhaltung sowie der Rückgewinnung Teilziele ableiten lassen. Die Zielformulierung ist dabei abhängig von den jeweiligen Ergebnissen der Analyse. Lässt sich beispielsweise feststellen, dass eine Unternehmung keine Übersicht über die Trennungsgründe der ehemaligen Mitarbeiter besitzt, kann das Ziel zunächst in der Informationsgewinnung im Bereich der Trennung liegen, um Ansatzpunkte für die Gestaltung eines Regain Managements zu erlangen.[1105] Wenn eine Unternehmung bereits ein Ehemaligen-Netzwerk betreibt, können die Ziele in der Verbesserung von Nutzenpotenzialen, z. B. in Form einer Erweiterung der Maßnahmen zur Kontakterhaltung, oder in der Steigerung der Rückgewinnungs-Quote liegen.[1106]

Auch lassen sich Ziele hinsichtlich interner oder externer Rahmenbedingungen ableiten. So kann ein Ziel auch in der Erhöhung der Anzahl von Mentoren durch aktuelle Mitarbeiter oder

---

1102 Vgl. Becker (2011), S. 150.

1103 Vgl. Becker (2013), S. 163. In der Kundenrückgewinnungsforschung lassen sich auch Ansätze finden, welche mit der Zielbildung beginnen. Vgl. u. a. Pick/Krafft (2009), S. 126 und S. 130. In dieser Arbeit wird von einem iterativen Prozess ausgegangen.

1104 Vgl. dazu Kapitel 4.2.1.

1105 Insbesondere im Mittelstand sind das Verständnis für ehemalige Mitarbeiter sowie die Implementierung eines systematischen Ansatzes zur Kontakterhaltung und Rückgewinnung kaum anzutreffen. Vgl. u. a. Gertz (2008), S. 20-21.

1106 Das Ehemaligen-Netzwerk von z. B. McKinsey umfasst 25.000 Ehemalige und kann einen Zuwachs von 1.000 Ehemaligen pro Jahr verzeichnen. Vgl. Freitag/Student (2012). In diesem Zusammenhang wird deutlich, dass das Ziel des Aufbaus einer Beziehung zwischen der Unternehmung und den ehemaligen Mitarbeitern bereits Erfolge aufweisen kann.

Führungskräfte liegen, die sich für die Kontakterhaltung mit ehemaligen Mitarbeitern einsetzen.[1107] Denkbar sind auch Schwierigkeiten in der Abstimmung der wahrzunehmenden Aufgaben und Verantwortlichkeiten eines Regain Managements zwischen den organisationalen Schnittstellen, sodass ein Ziel in der systematischen und transparenten Gestaltung der Strukturen und Prozessabläufe liegen kann.[1108] Es wird deutlich, dass die Zielbildung je nach Unternehmung voneinander abweichen kann und in Abhängigkeit zu den Ergebnissen aus der Analyse steht.

Insgesamt sollte bei der Zielbildung darauf geachtet werden, dass Ziele spezifisch formuliert, messbar, erreichbar, realistisch und erfolgswirksam sowie zeitlich terminiert sind.[1109]

4.5.4 Maßnahmenplanung

Im Anschluss an die Phasen der Analyse und Zielbildung folgt die *Planung* der Maßnahmen eines Regain Managements. Bei der Entscheidung hinsichtlich geeigneter Maßnahmen der Gestaltungselemente der Trennung, der Kontakterhaltung sowie der Rückgewinnung kann eine Unternehmung unterschiedliche Phasen des Planungsprozesses durchlaufen. Zunächst erfolgt in Abhängigkeit zu den festgelegten Zielen, die Bildung von Prämissen, gefolgt von der Formulierung der Problemstellung. Diese kann insofern in Abhängigkeit zu den Ergebnissen der Analyse stehen, als dass z. B. Informationen über die Trennungsgründe der ehemaligen Mitarbeiter die Auswahl der Maßnahmen beeinflussen. Da es für eine Problemstellung verschiedene Lösungswege geben kann, können alternative Vorgehensweisen analysiert werden – jeweils in Abhängigkeit zu möglichen Konsequenzen. Die Auswahl geeigneter Maßnahmen erfolgt nach einer Bewertung der alternativen Lösungswege.[1110] Im Kontext der Mitarbeiterbindungsforschung konstatiert VOM HOFE, dass je gründlicher die Phase der Analyse und der Planung erfolgt und je differenzierter sich die Auswahl an Maßnahmen an der individuellen Situation des Mitarbeiters orientiert, desto wirkungsvoller ist das Ergebnis der Maß-

1107 Vgl. Kapitel 4.3.1.

1108 Vgl. Kapitel 4.3.2.

1109 Vgl. Macharzina/Wolf (2012), S. 214-215.

1110 Für einen Überblick über die Phasen des Planungsprozesses vgl. Becker (2011), S. 150-152.

nahmen.[1111] Diese Vorgehensweise erscheint auch im Regain Management unter Beachtung des zur Verfügung stehenden Budgets sinnvoll.[1112]

Die *Implementierung* folgt der Maßnahmenplanung und bereitet die Realisation eines Regain Managements vor. Im Rahmen der Implementierung werden die Zeitpunkte der Maßnahmendurchführung konkretisiert, die zur Realisation benötigten Ressourcen bereitgestellt sowie die betroffenen Mitarbeiter in den Planungsprozess integriert.[1113]

Grundsätzlich kann aus unterschiedlichen Forschungsbereichen des Konzeptionsrahmens (vgl. Kapitel 3) abgeleitet werden, dass sich in der Phase der Implementierung *Barrieren* in der Unternehmungsstruktur, den Unternehmungsprozessen sowie der Unternehmungskultur ergeben können. STOTZ hebt deshalb die Wichtigkeit der Vorbereitungsphase für den Erfolg der Realisation hervor, die sich auf interne Strukturen, Systeme und die Konstellationen der Zusammenarbeit auswirken kann.[1114] Dazu zählt auch, die Mitarbeiter über die bestehende Umsetzung sowie die damit verbundenen Veränderungen zu informieren.[1115] Diese Aussage wird von BRUHN unterstützt, welcher den Abbau von Vorbehalten und Barrieren gegenüber von Veränderungen hervorhebt.[1116] Die Implementierung eines Regain Management stellt in diesem Kontext die Veränderung dar.

Hinsichtlich potenzieller Implementierungsbarrieren können auch in der Kundenrückgewinnungsforschung Hinweise für ein Regain Management gewonnen werden.[1117] In Bezug auf die Unternehmungssysteme wird die Einführung eines Systems zur Aufbereitung und Verwendung von Daten der ehemaligen Mitarbeiter betont, wobei datenschutzrechtliche Bestimmungen beachtet werden müssen.[1118] Zudem wird auf die fehlende Akzeptanz des Rückgewinnungsgedankens durch die Unternehmungskultur bzw. die Unternehmungsleitung hingewiesen. Durch die Einführung eines Regain Managements muss sich die Unternehmung mit den Gründen für die Trennung von ehemaligen Mitarbeitern auseinandersetzen, welches auch Rückschlüsse auf Fehler und Schwächen der Unternehmung zulässt. Der Umgang mit Fehlern

---

1111 Vgl. vom Hofe (2005), S. 200.

1112 An dieser Stelle wird der Zielkonflikt zwischen sozialen – eine möglichst individuelle Vorgehensweise in Bezug auf den ehemaligen Mitarbeiter – und ökonomischen Zielen, d. h. den vorhandenen finanziellen Ressourcen, deutlich. Vgl. dazu Kapitel 4.4.2.

1113 Vgl. Becker (2011), S. 150-152. Die Phase der Implementierung ist damit zwar Teil des Managementprozesses, jedoch nicht Teil des Planungsprozesses.

1114 Vgl. dazu Stotz (2007), S. 129-132.

1115 Vgl. vom Hofe (2005), S. 201.

1116 Vgl. Bruhn (1999), S. 25.

1117 Vgl. u. a. Homburg/Schäfer (1999), S. 3-4; Michalski (2002), S. 215-221.

1118 Vgl. dazu auch Kapitel 4.4.3 und 4.4.4.

stellt jedoch eine zentrale Voraussetzung im Regain Management dar, um Verbesserungspotenziale auszunutzen. Dies impliziert das Eingestehen von Fehlern sowie die Bereitschaft aus Fehlern zu lernen. Zum Umgang mit internen Widerständen, sowohl bei den aktuellen Mitarbeitern als auch bei den Führungskräften, bietet sich der Einsatz von Promotoren an. Diese übernehmen unterschiedliche Rollen des Macht-, Fach-, Prozess- und Beziehungspromotors, um mögliche Widerstände auf unterschiedliche Weise zu reduzieren und die Implementierung eines Regain Managements zu unterstützen.[1119]

4.5.5 Realisation

Nachdem die Planung der Maßnahmen abgeschlossen ist und im Rahmen der Implementierung die notwendigen Anpassungen der Unternehmungsstruktur, der Unternehmungsprozesse sowie der Unternehmungskultur vorgenommen wurden, schließt sich die Realisation eines Regain Managements an. Diese Phase umfasst die Umsetzung der Maßnahmen sowie die Steuerung der Realisation.[1120] Es kann demnach zwischen Management- und Ausführungsaufgaben im Regain Management unterschieden werden.[1121]

Die Managementaufgaben können von der Unternehmungsleitung sowie durch die Führungskräfte wahrgenommen werden. Im Rahmen der Realisation liegt der Schwerpunkt in der Steuerung des Regain Managements, beispielsweise durch die Freigabe von Ressourcen oder die Schaffung von Akzeptanz für ein Regain Management. Im Gegensatz dazu können die Ausführungsaufgaben von Mitarbeitern der Personalabteilung umgesetzt werden. Hierzu zählen u. a. die Organisation und Koordination der einzelnen Aufgaben des Regain Managements. Die Abstimmung zwischen den Management- und den Ausführungsaufgaben, d. h. zwischen der strategischen sowie operativen Ebene des Regain Managements, ist für eine erfolgreiche Realisation von großer Bedeutung.[1122]

[1119] Vgl. dazu die Akteure eines Regain Managements in Kapitel 4.3.1.

[1120] Vgl. Becker (2011), S. 152.

[1121] Leitungsaufgaben umfassen die sachlichen Tätigkeiten der Analyse, Planung, Entscheidung, Veranlassung der Umsetzung, Steuerung sowie Kontrolle. Daneben zählt auch die Aufgabe der Personalführung dazu. Dahingegen bezieht sich die Ausführungsaufgabe auf die Realisation von Plänen und Entscheidungen. Vgl. Becker (2011), S. 26.

[1122] Vgl. Kapitel 4.3.1.

4.5.6 Evaluation

Als abschließende Phase folgt die Evaluation eines Regain Managements. Die Notwendigkeit der Kontrolle von durchgeführten Maßnahmen wird in den unterschiedlichen Erkenntnisobjekten, sowohl in der Mitarbeiterbindungs- und Mitarbeiterfluktuationsforschung, der Alumniforschung als auch in der Kundenrückgewinnungsforschung, hervorgehoben.[1123] Im Rahmen dieser Arbeit wird, wie bereits in Abschnitt 4.5.1 erläutert, dem Evaluationsverständnis gefolgt, da im Gegensatz zur Kundenrückgewinnungsforschung, in welcher der Begriff des Controllings verwendet wird, der Bedarf nach einem eher qualitativen Ansatz zur Bewertung besteht.[1124]

Im Rahmen der Arbeit wird unter einer *Evaluation* die systematische Informationssammlung und -analyse von Daten verstanden, die das Ziel verfolgt, die Entwicklung, Durchführung und Realisation eines Regain Managements zu bewerten oder zu verbessern.[1125] Dabei wird die Evaluation nicht nur als letzte Phase der prozessualen Gestaltungselemente verstanden, sondern es wird grundsätzlich empfohlen, den gesamten Prozess im Blick zu haben und zu evaluieren.[1126] Die Forderung nach einer formativen Evaluation wird auch durch die Notwendigkeit einer kontinuierlichen Anwendung eines Controllings in der Mitarbeiterbindungsforschung unterstützt.[1127] Um dieser Kontinuität zu entsprechen, kann zwischen unterschiedlichen Ebenen bzw. Phasen unterschieden werden, in denen eine Evaluation sinnvoll erscheint. Es ergeben sich in Anlehnung an die Evaluationsebenen in der Personalentwicklung die Konzept-Evaluation, die Input-Evaluation, die Prozess-Evaluation sowie die Output-Evaluation.[1128]

1123 In der Kundenrückgewinnungsforschung vgl. insbesondere Homburg/Schäfer (1999), S. 18-21; Michalski (2002), S. 208-215; Stauss/Friege (1999), S. 355-358. In der Mitarbeiterbindungsforschung vgl. u. a. Bruhn (1999), S. 24; Friedli/Thom (2001), S. 31-38; vom Hofe (2005), S. 200-202; Wucknitz/Heyse (2008), S. 118-122. In der Alumniforschung vgl. Kramberg (2007), S. 46.

1124 Vgl. auch Kapitel 4.5.1. In der Kundenrückgewinnungsforschung wird die Profitabilität eines Kunden anhand bestimmter Kriterien bewertet und in Segmente eingeteilt, bei denen die Anwendung von Maßnahmen zur Kontakterhaltung und Rückgewinnung effizient erscheint. Für die Bewertung von Kunden sowie der Segmentierung in Kundengruppen vgl. u. a. Michalski (2002), S. 191-199.

1125 Vgl. in enger Anlehnung an Werning (2013), S. 23. Dabei bezieht Werning die Evaluation auf das Training-off-the-job. Zum ausführlichen Begriffsverständnis der Evaluation im Kontext des Trainigs off-the-job sowie die Abgrenzung zum Controlling vgl. Werning (2013), S. 19-27.

1126 Dies stimmt mit dem Verständnis einer formativen Evaluation überein. Im Gegensatz dazu wird im Rahmen einer summativen Evaluation nur eine Bewertung am Ende des Prozesses durchgeführt. Vgl. Berthel/Becker (2013), S. 522-523.

1127 Vgl. u. a. Szebel-Habig (2004), S. 124; Wucknitz/Heyse (2008), S. 27 und S. 118.

1128 Für die Übersicht der Evaluationsebenen in den Phasen der Personalentwicklung vgl. Becker (2005), S. 50-51; Berthel/Becker (2013), S. 524-526. Vgl. auch das Vier-Ebenen-Konzept von Kirkpatrick (1996); Kirkpatrick/Kirkpatrick (2007).

- Die (1) *Konzept-Evaluation* kann als Meta-Ebene der Evaluation beschrieben werden und fokussiert sich auf die strategische Passung des Konzeptes sowie auf den gesamten Prozessablauf. Im Fokus der Analyse steht daher, ob das Konzept des Regain Management zur strategischen Ausrichtung der Unternehmung passt und ob die einzelnen Phasen des Regain Managements adäquat ablaufen.

- Die (2) *Input-Evaluation* bezieht sich auf die Phasen der Analyse, Zielbestimmung und Maßnahmenplanung eines Regain Managements. Hier kann geprüft werden, ob die Situation der Unternehmung ausreichend analysiert bzw. geeignete Ziele daraus abgeleitet wurden. Des Weiteren steht im Vordergrund, ob sich die Festlegung der Maßnahmen an den Zielen orientiert hat, inwiefern alternative Maßnahmen geprüft wurden und ob die Rahmenbedingungen in zeitlicher und personeller Hinsicht zur Maßnahmenplanung passen.

- Die (3) *Prozess-Evaluation* betrifft die Phase der Realisation der Maßnahmen der Trennung, Kontakterhaltung sowie Rückgewinnung. Hier kann evaluiert werden, ob die Maßnahme entsprechend der Zielsetzung umgesetzt wird. Beispielsweise könnte eine fehlende Qualifizierung des Personals zu Lasten der Durchführung der Maßnahme führen. Dieses Ergebnis könnte durch eine Evaluation am Ende des Prozesses nicht als Einflussfaktor identifiziert werden, da lediglich das Ergebnis betrachtet wird.

- Abschließend umfasst die (4) *Output-Evaluation* das Ergebnis der Maßnahmen, d. h. es folgt eine Bewertung der Kosten und Nutzen, um Rückschlüsse auf die Rentabilität und den Nutzen des Regain Managements zu ziehen. Dazu werden in der Mitarbeiterbindungsforschung unterschiedliche Instrumente aufgeführt, die auch im Kontext des Regain Managements angewendet werden können, z. B. Befragungen, Beobachtungen, Soll-Ist-Analysen, Abweichungsanalysen sowie eine Balanced Scorecard.[1129] Des Weiteren wird das Management des Rückgewinnungswissens in der Kundenrückgewinnungsforschung betont.[1130] Auch im Regain Management erscheint das Rückgewinnungswissen im Kontext der Optimierungsfunktion wichtig, da Informationen über den Rückgewinnungsprozess systematisch aufbereitet werden können, um diese zur Verbesserung des Regain Managements zu nutzen.

1129 Vgl. u. a. Szebel-Habig (2004), S. 121; Wucknitz/Heyse (2008), S. 119.

1130 Vgl. Pick/Krafft (2009), S. 129; Schöler (2011), S. 514.

In Bezug auf die Evaluation der unterschiedlichen Prozessphasen muss auf die personellen, zeitlichen sowie finanziellen Ressourcen verwiesen werden. Dazu zählen u. a. die Anzahl benötigter Personen sowie deren Kompetenz in der Umsetzung einer Evaluation, die zur Verfügung stehenden finanziellen Mittel sowie die zeitlichen Kapazitäten.[1131] Der personelle und finanzielle Aufwand einer idealtypischen Evaluation entlang der Ebenen ist hoch.[1132] Dementsprechend sollten die vorhandenen Ressourcen bei der Konzeption der prozessualen Gestaltungselemente berücksichtigt werden.

4.5.7 Zusammenfassende Betrachtung

Die prozessualen Gestaltungselemente eines Regain Managements lassen sich idealtypisch in die Phasen der Analyse, der Zielbestimmung, der Maßnahmenplanung, der Realisation sowie der Evaluation unterteilen. Im Rahmen einer formativen Evaluation werden die einzelnen Phasen des Regain Managements hinsichtlich verschiedener Foki analysiert und geprüft, um somit eine Legitimation des Regain Managements zu erzielen und eine kontinuierliche Optimierung anzustreben.

Neben den inhaltlichen Gestaltungselementen, welche sich der Maßnahmengestaltung eines Regain Managements widmen, fokussieren die prozessualen Gestaltungselemente den Ablauf eines Regain Managements. Dies umfasst die Koordination der strategischen und operativen Aufgabenerfüllung sowie die dafür verantwortlichen Schnittstellen.

In Kapitel 4.2.3.5 sind die prozessualen Anforderungen erläutert worden. Demnach sollten die prozessualen Gestaltungselemente *flexibel* und *transparent* – sowohl für interne als auch externe Prozessbeteiligte – sein. Flexibilität zeigt sich aufgrund einer kontinuierlichen Evaluation des gesamten Prozesses, wodurch es ständig zu Anpassungen in der Analyse, Zielbildung und Planung der Maßnahmen führen kann, welche sich auf die Realisation eines Regain Managements auswirken. Transparenz ist notwendig, damit einerseits die interne Koordination von Aufgaben und Verantwortlichen möglich ist. Anderseits unterstützt ein transparenter Prozessablauf auch die Bildung von Vertrauen der ehemaligen Mitarbeiter.[1133]

[1131] Vgl. Werning (2013), S. 143-145.
[1132] Vgl. Becker (2005), S. 51.
[1133] Vgl. dazu Kapitel 4.2.3.5.

4.6 Zusammenfassende Gesamtbetrachtung des Regain Managements

Der Entscheidungsrahmen zeigt, dass grundlegende, strukturelle, inhaltliche sowie prozessuale Ansatzpunkte zur Gestaltung eines Regain Managements vorliegen.

Im Rahmen der *grundlegenden Gestaltungselemente* konnte ein umfassendes Begriffsverständnis für ein Regain Management konkretisiert und festgelegt werden, welches in der wissenschaftlichen Literatur bisher nur rudimentär behandelt wird. Auch die inhaltliche Verortung des Regain Managements in das externe Personalmarketing erscheint sinnvoll, um die Nähe zum Bindungsmanagement als interne Ausrichtung des Personalmarketings herauszustellen.[1134] Somit wird der Zielgruppe der ehemaligen Mitarbeiter als potenzielle Mitarbeitergruppe durch das Regain Management eine neue Bedeutung beigemessen.[1135] Dies lässt sich u. a. durch neues Wissen und Erfahrungen, geringere Einarbeitungszeiten durch bestehende Kenntnisse der Unternehmung sowie ein reduziertes Risikos des Scheiterns begründen. Auch das Bedürfnis nach Abwechslung wurde durch einen vorherigen Wechsel befriedigt. Es wird vermutet, dass bei der Rückgewinnung von ehemaligen Mitarbeitern somit von einer stärkeren Bleibe- und Leistungsbereitschaft ausgegangen werden kann.[1136]

Daher liegt das Sachziel des Regain Managements in der Wiederherstellung der Teilnahmebereitschaft ehemaliger Mitarbeiter. Damit verbunden konnten Unterziele in den Bereichen der Trennung, Kontakterhaltung sowie Rückgewinnung abgeleitet werden. Anhand der Ziele wird deutlich, dass eine Unternehmung mit der Implementierung eines Regain Managements unterschiedliche Schwerpunkte setzen kann. So kann der Fokus u. a. auf der Informationsgewinnung im Rahmen des Trennungsprozesses, dem Aufbau eines Ehemaligen-Netzwerkes sowie in der Bestands- und Nachwuchssicherung liegen. Die Zieldefinition hat somit einen Einfluss auf den Gestaltungsumfang des Regain Managements.

Die *strukturellen Gestaltungselemente* stellen die möglichen Akteure eines Regain Managements sowie die Abstimmung zu den organisationalen Schnittstellen in der Personalbedarfsdeckung dar. Der Bezug zum Promotorenmodell hebt hervor, dass die Information, Kommunikation sowie Partizipation der Akteure bei der Implementierung des Regain Managements besondere Berücksichtigung erfahren sollten.[1137] So müssen sowohl die Unternehmungsleitung und die Führungskräfte aus strategischer Perspektive, als auch die Personalabteilung und

---

[1134] Vgl. dazu Kapitel 2.2.

[1135] Vgl. Kaiser/Ringlstetter (2011), S. 132-133.

[1136] Vgl. Hennige (2008), S. 24; Jaeger (2006), S. 71; Schwuchow (2008), S. 23.

[1137] Vgl. auch Kapitel 4.4.3.2, Kapitel 4.4.4.2 sowie Kapitel 4.4.4.4.

die aktuellen Mitarbeiter aus operativer Perspektive die Rückgewinnungsidee nachvollziehen und akzeptieren können. Die Akzeptanz stellt entsprechend eine grundlegende Anforderung dar.[1138] Dies kann durch eine Unternehmungskultur unterstützt werden, in der ein offener und transparenter Umgang mit Fehlern und Schwächen gelebt und eine Partizipation seitens der Mitarbeiter zugelassen wird. Dies ist in der Unternehmungspraxis jedoch häufig nicht anzutreffen.[1139]

Bei der Darstellung der organisationalen Schnittstellen ist die Anforderung der integrativen Organisationsstruktur bedeutsam, da es in allen Bereichen der Personalbedarfsdeckung – beginnend bei der Festlegung der Qualifikationsanforderungen bis hin zur Personaleinführung und Personalentwicklung – Abstimmungsbedarf sowie Überschneidungen hinsichtlich der Aufgaben mit einem Regain Management geben kann. Abhängig von der Zielsetzung der Unternehmung sowie den zur Verfügung stehenden Ressourcen muss die Sinnhaftigkeit einer eigenständigen Abteilung mit der Aufgabe des Regain Managements analysiert werden. So sollte auch die Möglichkeit in Betracht gezogen werden, nicht das Gesamtkonzept des Regain Managements zu implementieren, sondern einzelne Aspekte aufzunehmen und auf die bestehenden Strukturen und Prozesse der Unternehmung zu übertragen.

Die *inhaltlichen Gestaltungselemente* basieren auf der Dreiteilung des Begriffsverständnisses des Regain Managements, welches eine Kategorisierung der Maßnahmen in die Bereiche „Trennung“, „Kontakterhaltung“ und „Rückgewinnung“ erlaubt. Bei der Analyse der Trennung muss die Problematik der fehlenden bzw. falschen Informationen durch die Durchführung von Austrittsgesprächen oder Mitarbeiterbefragungen hervorgehoben werden, so dass ggf. nicht die richtigen Trennungsgründe ermittelt werden. Der positive Umgang mit den ausscheidenden Mitarbeitern hat hier einen großen Einfluss. Jedoch muss festgehalten werden, dass keine standardisierbare Lösung für eine eindeutige Feststellung der Trennungsgründe vorliegt.[1140]

Im Rahmen der Kontakterhaltung steht der Aufbau eines Netzwerkes zwischen der Unternehmung und den ehemaligen Mitarbeitern im Vordergrund. Die Nutzung sozialer Netzwerke kann zwar eine Erleichterung für den Aufbau und die Pflege eines Ehemaligen-Netzwerkes in

1138 Vgl. dazu Kapitel 4.2.3.2.

1139 Vgl. Herbst (2009), S. 40-41; Staiger (2008), S. 145-146. Vgl auch Kapitel 4.5.4 sowie Kapitel 4.5.5.

1140 Vgl. Marr (1975), Sp. 850; Mayrthaler (1999), S. 73; Sabathil (1977), S. 192-194. Vgl. auch Kapitel 4.4.2.2.

personeller sowie finanzieller Hinsicht bedeuten.[1141] Dennoch besteht die Frage, inwieweit ehemalige Mitarbeiter über bestehende soziale Netzwerke miteinander interagieren und ein durch die Unternehmung initiiertes Netzwerk überflüssig wird.[1142] Um dem entgegenzuwirken, sollte die Kontakterhaltung auf die Schaffung von Nutzenpotenzialen ausgerichtet sein, welche sich an den individuellen Interessen der ehemaligen Mitarbeiter orientieren.[1143] Eine Lösung, um die Diskrepanz zwischen der Orientierung am Individuum und der organisationalen Effizienz zu reduzieren, kann eine differenzielle Vorgehensweise darstellen.[1144] Zudem sollten bei der Gestaltung des Rückgewinnungsangebots gerechtigkeitstheoretische Überlegungen beachtet werden. So wird das Rückgewinnungsangebot mit dem vorherigen Beschäftigungsverhältnis, mit Angeboten anderer Unternehmungen sowie mit anderen Bezugspersonen verglichen, bevor eine Entscheidung bezüglich der Wiederaufnahme der Teilnahmebereitschaft getroffen wird.[1145] Auffällig ist, dass die Maßnahmen des Gestaltungselementes der Rückgewinnung aus dem Personalmanagement bekannt sind, jedoch im Kontext des Regain Managements mit einer anderen Zielsetzung verfolgt werden.

Im Zusammenhang mit den inhaltlichen Gestaltungselementen wird auf die Anforderungen der Individualität, Gerechtigkeit sowie Realisierbarkeit verwiesen. Diese verdeutlichen die Zielkonflikte zwischen einer möglichst individuellen sowie gerechten Behandlung der ehemaligen Mitarbeiter und einer in Hinblick auf die gegebenen Ressourcen realisierbaren Umsetzung.[1146] Die Kenntnis über bestehende Zielkonflikte ermöglicht eine Sensibilisierung für die Gestaltung von Maßnahmen sowie den Umgang mit ehemaligen Mitarbeitern. In diesem Zusammenhang sollten auch die aktuellen Mitarbeiter berücksichtigt werden, da Ablehnung und Bedenken gegenüber ehemaligen Mitarbeitern auftreten können. Beispiele dafür sind eine zu hohe Priorisierung der Ehemaligen, so dass dadurch Konflikte entstehen können.[1147]

Insgesamt sind die Wirkungszusammenhänge zwischen den Maßnahmen der Trennung, Kontakterhaltung sowie Rückgewinnung und damit einer Wiederherstellung der Teilnahmebereitschaft weitgehend unbekannt. Entsprechend können viele Einflussfaktoren das Zusammenwirken tangieren. Im Rahmen dieser Arbeit konnten mögliche Bedingungen, Wirkungen und

1141 Vgl. Cyganski (2008), S. 321; Dommer (2011); Meffert et al. (2012), S. 672; Uzler/Schenk (2013), S. 172-175; Smalian (2009), S. 59.

1142 Basis für die Annahme sind die zunehmenden Aktivitäten in den sozialen Netzwerken zur Kontakt- und Beziehungspflege. Vgl. dazu Jers et al. (2013), S. 24-25.

1143 Vgl. Brast/Cordes (2010), S. 17; Niebergall (2007), S. 19; Rohlmann (2011), S. 15-16.

1144 Vgl. u. a. Morick (2002), S. 95-103.

1145 Vgl. Kapitel 4.4.4.4.

1146 Vgl. dazu Kapitel 4.2.3.4.

1147 Vgl. Gertz (2008), S. 19; Sullivan (2006a).

Zusammenhänge auf Basis von Plausibilitätsüberlegungen und logischen Schlussfolgerungen abgeleitet werden, dennoch lassen sich keine eindeutigen Erkenntnisse gewinnen.

Hinsichtlich der *prozessualen Gestaltungselemente* steht der Ablauf eines Regain Managements im Vordergrund, wobei ein idealtypischer Prozess bestehend, aus den Phasen der Analyse, Zielbestimmung, Maßnahmenplanung, Realisation sowie Evaluation, dargestellt wurde. Die Ausgestaltung des Regain Managements hängt von den zur Verfügung stehenden Ressourcen sowie den Rahmenbedingungen ab. So wird ein höherer Personalbedarf sowie Expertenwissen benötigt, um ein Regain Management für die Unternehmung zu konzipieren. Der Koordinationsaufwand steigt aufgrund der Abstimmung zwischen dem Regain Management und den Strukturen und Prozessen der anderen Abteilungen der Personalbedarfsdeckung.[1148] Auch die Pflege des Netzwerkes zur Kontakterhaltung sowie die Gestaltung der Maßnahmen benötigen personelle Ressourcen.[1149] Einhergehend mit den steigenden Kosten, muss auf die Schwierigkeit der Evaluation bzw. der Bestimmung der Kosten und Nutzen des Regain Managements hingewiesen werden, welche sich kaum quantifizieren lassen.[1150] In Bezug auf die Anforderungen der Flexibilität und Transparenz erscheint eine flexible Reaktion auf Entwicklungen und Trends notwendig, z. B. hinsichtlich technologischer Veränderungen in der Gestaltung von Netzwerken sowie in den Verhaltensweisen der Nutzung.[1151] Zum anderen sollte der Ablauf für aktuelle wie ehemalige Mitarbeiter transparent sein, da so eine erhöhte Akzeptanz des Regain Managements erzielt werden kann.

Insgesamt sollte die Ausgestaltung der strukturellen, inhaltlichen und prozessualen Gestaltungselemente von der jeweiligen Unternehmung abhängig gemacht werden. Die Größe der Unternehmung kann die Relevanz des Regain Managements beeinflussen. So gibt es bereits große Unternehmungen wie z. B. MICROSOFT, die hohe finanzielle und zeitliche Ressourcen für die Implementierung und Pflege eines Ehemaligen-Netzwerkes aufwenden.[1152] Auch bei mittelständischen Unternehmungen kann die systematische Kontakterhaltung und Rückgewinnung effektiv sein, da der Umfang des Regain Managements durch die Unternehmung selbst bestimmt werden kann.[1153] Des Weiteren kann die Branche die Wichtigkeit des Regain Managements tangieren. Handelt es sich beispielsweise um wissensintensive Branchen, in

---

[1148] Vgl. auch Kapitel 4.3.2.
[1149] Vgl. Jaeger (2006), S. 73.
[1150] Vgl. Breuer (2011), S. 187-188.
[1151] Vgl. Schenk et al. (2013).
[1152] Vgl. Wolz (2003), S. 80.
[1153] Vgl. Jaeger (2006), S. 73-74.

denen das Personal als wichtigste Ressource angesehen wird[1154], kann die Rückgewinnung ehemaliger Mitarbeiter eine elementare Bedeutung einnehmen. Dabei sollten die Anforderungen der Wirtschaftlichkeit und Strategiekonsistenz beachtet werden, wobei die zeitliche Verzögerung des Erfolges eines Regain Managements eine Barriere darstellen kann.[1155]

Der Entscheidungsrahmen soll Ideen für die Gestaltung eines Regain Managements in der Unternehmung liefern sowie auf Chancen und Grenzen hinweisen. Dennoch muss die praktische Umsetzung eines Regain Managements individuell analysiert werden, da der Entscheidungsrahmen auf „(verallgemeinerte) praktische Handlungszwecke“[1156] fokussiert ist und daher auch keinen Anspruch auf Vollständigkeit erheben kann.

Die Beziehung zur Zielgruppe der ehemaligen Mitarbeiter erscheint für Unternehmungen bedeutsam.[1157] Das Regain Management kann neben anderen Versuchen, einen innovativen Ansatz zur Reaktion auf die demografische Entwicklung und den zunehmenden Fachkräftemangel darstellen, jedoch das Problem nicht grundsätzlich lösen.

[1154] Vgl. Michler (2005), S. 36. Diese Aussage basiert auf dem Verständnis, dass Wissen an Personen gebunden ist. Vgl. auch North (2005), S. 33; Sollberger (2006), S. 66-68.

[1155] Vgl. dazu Kapitel 4.2.3.2. Vgl. auch Jaeger (2001), S. 73.

[1156] Grochla (1978), S. 63.

[1157] Vgl. Parment (2009), S. 103.

5. Schlussbetrachtung

Im Rahmen der Problemstellung wurde deutlich, dass die Bindung von Mitarbeitern sowohl aus Mitarbeitersicht als auch aus Unternehmungssicht, an ihre Grenzen stößt. Daraus ergibt sich die Notwendigkeit neuer Denkansätze im Personalmanagement, insbesondere in Bezug auf demografische Entwicklungen und den damit verbundenen Fachkräftemangel. Technologische Entwicklungen und der Wandel der Generationen ermöglichen ein lebenslanges Netzwerken, auch über organisationale Grenzen hinaus. Daher ist der zentrale Gegenstand der vorliegenden Arbeit das Regain Management, welches sich mit der Rückgewinnung ehemaliger Mitarbeiter befasst.

Da die wissenschaftliche Auseinandersetzung mit dem Regain Management ehemaliger Mitarbeiter bislang wenig fundiert erschien, lag das Erkenntnisziel der Arbeit in der systematischen Entwicklung eines Entscheidungsrahmens für ein Regain Management als Element des externen Personalmarketings. Dies konnte durch die explorative Forschung, die gewählte bezugsrahmenorientierte Methodologie nach GROCHLA sowie der Verfolgung einer sachlich-analytischen Forschungsstrategie erreicht werden. Somit wurde das bestehende theoretische Defizit abgeschwächt, eine konzeptionelle Basis gelegt sowie erste praktische Handlungsempfehlungen für ein Regain Management ehemaliger Mitarbeiter gewonnen.

Dafür wurde im Grundlagenteil zunächst das Personalmarketing als Subfunktion der Personalbeschaffung im Personalmanagement verortet. Darauf folgte eine Begriffsexplikation des Regain Managements, in welcher die Fluktuationsentscheidung des Mitarbeiters betrachtet und der Bezug zur vorherigen Bindung des Mitarbeiters hergestellt wurde. Durch die Abgrenzung zu den personalwirtschaftlichen Phänomenen der Remotivierung sowie der Reintegration, konnte der Begriff weiter konkretisiert werden. Nach den Ausführungen zum Managementbegriff wurde eine Arbeitsdefinition des Regain Managements abgeleitet. Dies stellte die Basis für die Einordnung des Regain Managements als Element des externen Personalmarketings dar.

Aufgrund der fehlenden, systematischen Konzeption eines Regain Managements erschien die Einbeziehung anderer Forschungsbereiche hilfreich, die sich für einen Erkenntnistransfer auf das Regain Management eignen. Dafür wurden im dritten Kapitel die Erkenntnisobjekte der Kundenrückgewinnung, der Alumniforschung, der Reintegration sowie der Mitarbeiterbindung und Mitarbeiterfluktuation ausgewählt, um wertvolle Hinweise für die Gestaltung eines

Regain Managements zu generieren. Theoretische, konzeptionelle sowie empirische Ansätze wurden dargestellt sowie anhand von vorab ausgewählten Kriterien diskutiert.

Die Implikationen aus dem Konzeptionsrahmen stellten die Basis für das vierte Kapitel, welches die Entwicklung des Entscheidungsrahmens für ein Regain Management umfasste. Die Untergliederung in grundlegende, strukturelle, inhaltliche sowie prozessuale Gestaltungselemente im Entscheidungsrahmen ermöglichte eine Systematisierung des Regain Managements.

Im Rahmen der grundlegenden Gestaltungselemente wurde das Begriffsverständnis des Regain Managements festgelegt, welches die Analyse und Gestaltung der Trennung, die Aufrechterhaltung des Kontaktes während der Nicht-Beschäftigung innerhalb der Unternehmung sowie die mögliche Rückgewinnung differenzierte. Das Vorhandensein eines betrieblich verwendbaren Qualifikationspotenzials sowie die Wiederaufnahmebereitschaft beider Parteien wurden dem Begriffsverständnis als notwendige Voraussetzungen hinzugefügt. Anschließend wurden die Sach- und Formalziele eines Regain Managements dargelegt. Das Sachziel liegt in der Wiederherstellung der Teilnahmebereitschaft ehemaliger Mitarbeiter und lässt sich wiederum in Unterziele der Trennung, Kontakterhaltung und Rückgewinnung unterteilen. Die Ableitung sowie Darstellung von folgenden grundlegenden, strukturellen, inhaltlichen und prozessualen Anforderungen schloss sich an: Wirtschaftlichkeit, Strategiekonsistenz, Akzeptanz, integrative Organisationsstruktur, Ganzheitlichkeit, Individualität, Gerechtigkeit, Realisierbarkeit, Flexibilität, Transparenz.

Strukturell konnten die Akteure des Regain Managements unter Einbeziehung des Promotorenmodells identifiziert werden. Auf strategischer Ebene zählen die Unternehmungsleitung und die Führungskräfte und auf operativer Ebene die Personalabteilung und die aktuellen Mitarbeiter zu den Akteuren. Auch die Notwendigkeit einer differenziellen Betrachtung der Zielgruppe der ehemaligen Mitarbeiter wurde betont. Die Abstimmung zu den organisationalen Schnittstellen der Personalbedarfsdeckung erlangte in Bezug auf eine ganzheitliche Umsetzung des Regain Managements ebenfalls an Bedeutung.

Im Rahmen der inhaltlichen Gestaltungselemente wurden personenbezogene, unternehmungsinterne sowie unternehmungsexterne Gründe für die Trennungsentscheidung von Mitarbeitern dargestellt. Diese sind Ausgangspunkt für ein Portfolio an Maßnahmen, welche sich für die Analyse und Gestaltung der Trennung, der Kontakterhaltung sowie der Rückgewinnung von ehemaligen Mitarbeitern anbieten.

Abschließend konnte im Rahmen der prozessualen Gestaltungselemente der Prozess des Regain Managements mit den Phasen der Analyse, Zielbestimmung, Maßnahmenplanung, Realisation und Evaluation idealtypisch dargestellt werden.

Um eine weitere Fundierung des Regain Managements zu erreichen, ist eine empirische Verifizierung zu empfehlen. Dies entspricht dem Verständnis von Theorien als vorläufiges Ergebnis, welches in einem zweiten Schritt empirisch überprüft werden muss.[1158] Dafür eignen sich sowohl die empirische als auch die formal-analytische Forschungsstrategie nach GROCHLA, da durch die Verbindung der drei Forschungsstrategien „eine Synthese von systematischer Spekulation, systematischem empirischem Wissen und systematischem analytischem Denken“ [1159] erzielt werden kann.

Empfehlungen für empirische Forschungsarbeiten liegen zum einen in der Ermittlung des Status Quo des Regain Managements in der Praxis. Hierbei ist es interessant zu untersuchen, welche strukturellen, inhaltlichen und prozessualen Ansatzpunkte des Regain Managements vorliegen bzw. welche Gründe für den Einsatz bzw. Nichteinsatz des Regain Managements seitens der Unternehmungen genannt werden. Methodisch könnten Experteninterviews mit den Verantwortlichen für das Regain Management in Unternehmungen eingesetzt werden. Daneben ist auch die Perspektive der ehemaligen Mitarbeiter interessant, um zu untersuchen, wie der Trennungsprozess sowie die Ansatzpunkte zur Kontakterhaltung und Rückgewinnung aus Mitarbeitersicht wahrgenommen werden und inwiefern Interesse an dem Einsatz bzw. Nichteinsatz des Regain Managements besteht.

Des Weiteren sollte der im Rahmen der Arbeit entwickelte Entscheidungsrahmen für das Regain Management einer empirischen Überprüfung unterzogen werden, so dass die Einführung eines systematischen Regain Managements anhand von Fallstudien in Unternehmungen begleitet wird. Hier können weitere Informationen über strukturelle, inhaltliche und prozessuale Aspekte gewonnen werden, welche zu einer Präzisierung, Modifizierung sowie Evaluierung des Entscheidungsrahmens führen können.

1158 Vgl. Lamnek (2010), S. 129.

1159 Grochla (1978), S. 96.

Literaturverzeichnis

Achouri, C. (2007): Recruiting und Placement. Methoden und Instrumente der Personalauswahl und -platzierung. 1. Aufl., Wiesbaden 2007.

Adams, J. S. (1963): Toward an Understanding of Inequity. In: Journal of Abnormal and Social Psychology, 67. Jg. (1963), H. 5, S. 422-436.

Adams, J. S. (1965): Inequity in Social Exchange. In: Berkowitz, L. (Hrsg.): Advances in Experimental Social Psychology. 2. Aufl., New York 1965, S. 267-299.

Adebahr, H. (1971): Die Fluktuation der Arbeitskräfte – Vorrausetzung und wirtschaftliche Wirkungen eines sozialen Prozesses. Berlin 1971.

Ajzen, I. (1985): From Intentions to Actions: A Theory of Planned Behavior. In: Kuhl, J./Beckmann, J. (Hrsg.): Action Control. From Cognition to Behavior. Berlin [u. a.] 1985, S. 11-39.

Ajzen, I. (1991): The Theory of Planned Behavior. In: Organizational Behavior and Human Decision Processes, 50. Jg. (1991), H. 2, S. 179-211.

Ajzen, I./Fishbein, M. (1969): The Prediction of Behavioral Intentions in a Choice Situation. In: Journal of Experimental Social Psychology, 5. Jg. (1969), o. H., S. 400-416.

Ajzen, I./Fishbein, M. (1980): Understanding Attitudes and Predicting Social Behavior. New York 1980.

Alajoutsijärvi, K./Möller, K./Tähtinen, J. (2000): Beautiful Exit: How to Leave Your Business Partner. In: European Journal of Marketing, 34. Jg. (2000), H. 11/12, S. 1270-1289.

Alchian, A. A. (1979): Some Economics of Property. In: Alchian, A. A. (Hrsg.): Economic Forces at Work. Indianapolis 1979, S. 127-149.

Alexander, S./Ruderman, M. (1987): The Role of Procedural and Distributive Justice in Organizational Behavior. In: Social Justice Research, 1. Jg. (1987), H. 2, S. 899-923.

Allen, D./Alvarez, S. (1998): Empowering Expatriates and Organizations to Improve Repatriation Effectiveness. In: Human Resource Planning, 21. Jg. (1998), H. 4, S. 29-39.

Allen, N. J./Meyer, J. P. (1990): The Measurement and Antecedents of Affective, Continuance, and Normative Commitment. In: Journal of Occupational Psychology, 63. Jg. (1990), H. 1, S. 1-18.

Antón, C./Camarero, C./Carrero, M. (2007): The Mediating Effect of Satisfaction on Consumers' Switching Intention. In: Psychology & Marketing, 24 Jg. (2007), H. 6, S. 511-538.

Arnold, U. (1975): Betriebliche Personalbeschaffung: Grundzüge einer marktorientierten Beschaffungspolitik. Berlin 1975.

Arnold, H. J./Feldman, D. C. (1982): A Multivariate Analysis of the Determinants of Job Turnover. In: Journal of Applied Psychology, 67. Jg. (1982), H. 3, S. 350-360.

Baade, R./Sundberg, J. O. (1996): What Determines Alumni Generosity? In: Economics of Education Review, 15. Jg. (1996), H. 1, S. 75-81.

Bänsch, A. (1995): Variety Seeking – Marketingfolgerungen aus Überlegungen und Untersuchungen zum Abwechslungsbedürfnis von Konsumenten. In: Jahrbuch der Absatz- und Verbrauchsforschung, 41. Jg. (1995), H. 4, S. 343-365.

Baillod, J. (1992): Fluktuation bei Computerfachleuten. Eine Längsschnittuntersuchung über die Beziehungen zwischen Arbeitssituationen und Berufsverläufen. Bern 1992.

Baillod, J./Semmer, N. (1994): Fluktuation und Berufsverläufe bei Computerfachleuten. In: Zeitschrift für Arbeits- und Organisationspsychologie, 38. Jg. (1994), H. 4, S. 152-163.

Bamberger, I./Wrona, T. (2012): Strategische Unternehmungsführung: Strategien, Systeme, Methoden, Prozesse. 2., vollst. überarb. u. erw. Aufl., München 2012.

Bandte, H. (2007): Komplexität in Organisationen: organisationstheoretische Betrachtungen und agentenbasierte Simulation. Dissertation. Wiesbaden 2007.

Bansal, H. S./Taylor, S. F. (1999): The Service Provider Switching Model: A Model of Consumer Switching Behavior in the Services Industry. In: Journal of Service Research, 2. Jg. (1999), H. 2, S. 200-218.

Barmeyer, C. I. (2010): Reintegration. In: Scholz, C. (Hrsg.): Vahlens Großes Personallexikon. 1. Aufl., München 2010, S. 981.

Barnard, C. I. (1938): The Functions of the Executive. Cambridge 1938.

Barnard, C. I. (1970): Die Führung großer Organisationen. Essen 1970.

Barten, A. (2011): Rückgewinnungsmanagement öffentlicher Theaterbetriebe. Relevanz, Voraussetzungen, Handlungsempfehlungen. Siegen 2011.

Bartlett, C. A./Ghoshal, A. (2002): Building Competitive Advantage Through People. In: MIT Sloan Management Review, 43. Jg. (2002), H. 2, S. 34-41.

Bartscher, T. R./Fritsch, S. (1992): Personalmarketing. In: Gaugler, E./Weber, W. (Hrsg.): Handwörterbuch des Personalwesens. 2. Aufl., Stuttgart 1992, Sp. 1747-1758.

Bauer, E. (1977): Markt-Segmentierung. Stuttgart 1977.

Bauer, H. H./Jensen, S. (2001): Determinanten der Mitarbeiterbindung. Überlegungen zur Verallgemeinerung der Kundenbindungstheorie. Forschungsbericht des Instituts für marktorientierte Unternehmensführung, Universität Mannheim. Mannheim 2001.

Batz, M. (1996): Erfolgreiches Personalmarketing – Personalverantwortung aus marktorientierter Sicht. Heidelberg 1996.

Bea, F. X./Göbel, E. (2010): Organisation – Theorie und Gestaltung, 4. Aufl., Stuttgart 2010.

Bearden, W. O./Teel, J. E. (1983): Selected Determinants of Consumer Satisfaction and Complaint Reports. In: Journal of Marketing Research, 20. Jg. (1983), H. 1, S. 21-28.

Beck, C. (2008): Personalmarketing 2.0. Personalmarketing in der nächsten Stufe ist Präferenz-Management. In: Beck, C. (Hrsg.): Personalmarketing 2.0. Vom Employer Branding zum Recruiting. Köln 2008, S. 9-56.

Becker, F. G. (1985): Anreizsysteme für Führungskräfte im Strategischen Management. Bergisch Gladbach, Köln 1985.

Becker, F. G. (1990): Anreizsysteme für Führungskräfte. Instrumente zur strategisch-orientierten Steuerung des Managements. 2. überarb. Aufl., Stuttgart 1990.

Becker, F. G. (2002): Lexikon des Personalmanagements. 2. Aufl., München 2002.

Becker, F. G. (2004a): Anleitung zum wissenschaftlichen Arbeiten. 3., erw. u. verb. Aufl., Lohmar, Köln 2004.

Becker, F. G. (2004b): Personaleinführung. In: Wirtschaftswissenschaftliches Studium, 33. Jg. (2004), H. 9, S. 514-519.

Becker, F. G. (2005): Den Return of Development messen. Möglichkeiten und Grenzen der Evaluation. In: Personalführung, 38. Jg. (2005), H. 4, S. 48-53.

Becker, F. G. (2006): Explorative Forschung mittels Bezugsrahmen: Ein Beitrag zur Methodologie. In: Oppelland, H.-J. (Hrsg.): Deutschland und seine Zukunft: Innovation und Veränderung in Bildung, Forschung und Wirtschaft. Festschrift zum 75. Geburtstag von Prof. Dr. Dr. h. c. Norbert Szyperski. Lohmar 2006, S. 281-306.

Becker, F. G. (2007): Organisation der Unternehmungsleitung. Stellgrößen der Leitungsorganisation. Stuttgart 2007.

Becker, F. G. (2009a): Demografieorientierte (= marktorientierte) Personalarbeit. In: Hünerberg, R./Mann, A. (Hrsg.): Ganzheitliche Unternehmensführung in dynamischen Märkten. Festschrift für Univ.-Prof. Dr. Armin Töpfer. Wiesbaden 2009, S. 327-349.

Becker, F. G. (2009b): Grundlagen betrieblicher Leistungsbeurteilungen. Leistungsverständnis und -prinzip, Beurteilungsproblematik und Verfahrensprobleme. 5., überarb. u. akt. Aufl., Stuttgart 2009.

Becker, F. G. (2010): Mitarbeiterbindung: Ein Einblick in ein schwieriges Objekt und den Status Quo der Diskussion. In: Bruhn, M./ Stauss, B. (Hrsg.): Serviceorientierung im Unternehmen: Forum Dienstleistungsmanagement 2010. Wiesbaden 2010, S. 229-252.

Becker, F. G. (2011): Strategische Unternehmungsführung. Eine Einführung. 4., neu bearb. Aufl., Berlin 2011.

Becker, F. G. (2012): Differenzielles Personalmanagement. Eine Skizze. In: Ortlieb, R./Sieben, B. (Hrsg.): Geschenk wird einer nichts – oder doch? Festschrift für Gertraude Krell. Programmatisches – Personalpolitik – Gender – Diversity –Diskursive Anknüpfungen. München, Mering 2012, S. 19-24.

Becker, F. G. (2013): Grundlagen der Unternehmungsführung. Einführung in die Managementlehre. 2., überarb. u. korr. Aufl., Berlin 2013.

Becker, M. (2010): Personalwirtschaft. Stuttgart 2010.

Becker, W. (1980): Anforderungen an Planungssysteme, dargestellt am Beispiel der staatlichen Planung. München 1980.

Becker, F. G./Krah, O. (2003): Explorative Studie zur Personaleinführung bei Unternehmungen in OWL: Ergebnisübersicht. Diskussionspapier Nr. 510 der Fakultät für Wirtschaftswissenschaften der Universität Bielefeld. Bielefeld 2003.

Becker, F. G./Ostrowski, Y. (2012): Materielle Anreizsysteme für Führungskräfte. State oft he Art der Führungskräftevergütung in Forschung und unternehmerischer Praxis. In: Wissenschaftliches Studium, 41. Jg. (2012), H. 10, S. 526-531.

Belfield, C./Beney, A. P. (2000): What Determines Alumni Generosity? Evidence for the UK. In: Education Economics, 8. Jg. (2000), H. 1, S. 65-80.

Bell, G. D. (1967): The Automobile Buyer After Purchase. In: Journal of Marketing, 31. Jg. (1967), H. 3, S. 12-16.

Bell, N./Staw, B. (1989): People as Sculptors versus Sculpture: The Roles of Personality and Personal Control in Organizations. In: Arthur, M. B./Hall, D. T./Lawrence, B. S. (Hrsg.): Handbook of Career Theory. Cambridge 1989, S. 232-251.

Berens, W./Rohlmann, A./Schmitting, W. (2011): Alumni-Arbeit versus Fundraising – Ein Plädoyer. In: Forschung & Lehre, o. Jg. (2011), H. 1, S. 40-41.

Berger, R./Geißler, J. (1968): Marketing in der Personalpolitik. Pflege der „human relations" als Arbeitsprogramm. In: Der Volkswirt, 22. Jg. (1968), H. 11, S. 26-27.

Berthel, J. (1995): Karriere und Karrieremuster von Führungskräften. In: Kieser, A. (Hrsg.): Handwörterbuch der Führung. 2., neu Gestalt. Aufl., Stuttgart 1995, Sp. 1285-1298.

Berthel, J./Becker, F. G. (2013): Personal-Management. Grundzüge für Konzeptionen betrieblicher Personalarbeit. 10. überarb. u. akt. Aufl., Stuttgart 2013.

Berthel, J./Koch, H. E. (1985): Karriereplanung und Mitarbeiterförderung. Sindelfingen, Stuttgart 1985.

Bertrand, M. (2004): Best-Practice-Personalbindungsstrategien in Großunternehmen. In: Bröckermann, R./Pepels, W. (Hrsg.): Personalbindung. Wettbewerbsvorteile durch strategisches Human Resource Management. Berlin 2004, S. 265-286.

Bettencourt, L. A./Brown, S. W. (1993): The Extra-Role Performance of Service Employees on Behalf of Their Customers and Firms. In: Cravens, D./Dickson, P. (Hrsg.): Enhancing Knowledge Development in Marketing. Chicago 1993. Band 4, S. 125-126.

Beverland, M./Farrelly, F./Woodhatch, Z. (2004): The Role of Value Change Management in Relationship Dissolution. Hygiene and Motivational Factors. In: Journal of Marketing Management, 20. Jg. (2004), H. 9/10, S. 927-939.

Bies, R. J./Shapiro, D. L. (1987): Interactional Fairness Judgments: The Influence of Causal Accounts. In: Social Justice Research, 1. Jg. (1987), H. 2, S. 199-218.

Birg, H. (2005): Die demographische Zeitwende – Der Bevölkerungsrückgang in Deutschland und Europa. 4. Aufl., München 2005.

Bitner, M. J./Booms, B. H./Tetreault, M. S. (1990): The Service Encounter: Diagnosing Favorable and Unfavorable Incidents. In: Journal of Marketing, 54. Jg. (1990), H. 1, S. 71-84.

Black, J. S. (1992): Coming Home: The Relationship of Expatriate Expectations with Repatriation Adjustment and Job Performance. In: Human Relations, 45. Jg. (1992), H. 2, S. 177-192.

Black, J. S./Gregersen, H./Mendenhall, M. (1992): Toward a Theoretical Framework of Repatriation Adjustment. In: Journal of International Business Studies, 23. Jg. (1992), H. 4, S. 737-760.

Black, J. S./Mendenhall, M. (1992): The U-Curve Adjustment Hypothesis Revised: A Review and Theoretical Framework. In: Journal of International Business Studies, 22. Jg. (1992), H. 2, S. 225-247.

Black, J. S./Mendenhall, M./Oddou, G. (1991): Toward a Comprehensive Model of International Adjustment: An Integration of Multiple Theoretical Perspectives. In: The Academy of Management Review, 16. Jg. (1991), H. 2, S. 291-317.

Bleis, T. (1992): Personalmarketing. Darstellung und Bewertung eines kontroversen Konzeptes. München, Mering 1992.

Blodgett, J. G./Hill, D. J./Tax, S. S. (1997): The Effects of Distributive, Procedural, and Interactional Justice on Postcomplaint Behavior. In: Journal of Retailing, 73. Jg. (1997), H. 2, S. 185-210.

Böhringer, C. (2008): In aller Freundschaft – Deutsche Hochschulen hoffen mit ihren Alumni-Netzwerken auf neue Geldquellen. In: Die ZEIT, o. Jg. (2003), H. 3.

Boenigk, S. (2011): Kündigungspräventionsmanagement. In: Hippner, H./Hubrich, B./Wilde, K. D. (Hrsg.): Grundlagen des CRM. Strategie, Geschäftsprozesse und IT-Unterstützung. 3. Aufl., Wiesbaden 2011, S. 476-497.

Bourdieu, P. (1983): Ökonomisches Kapital, kulturelles Kapital, soziales Kapital. In: Kreckel, R. (Hrsg.): Soziale Ungleichheiten, Soziale Welt. Sonderband 2, Göttingen 1983, S. 183-198.

Bowen, D. E./Gilliland, S. W./Folger, R. (1999): HRM and Service Fairness: How Being Fair with Employees Spills over to Customers. In: Organizational Dynamics, 27. Jg. (1999). H. 3, S. 7-23.

Bower, G. H./Hilgard, E. R. (1983): Theorien des Lernens. 5., veränd. Aufl., Stuttgart 1983.

Brandenburg, U./Domschke, J.-P. (2007): Die Zukunft sieht alt aus. Herausforderungen des demografischen Wandels für das Personalmanagement. Wiesbaden 2007.

Brast, C./Cordes, A. (2010): Employer Relationship Management. Entwicklung eines Bezugsrahmens. Münster 2010.

Breitsohl, H./Ruhle, S. (2013): Residual Affective Commitment to Organizations: Concept, Causes and Consequences. In: Human Resource Management Review, 23. Jg. (2013), H. 2, S. 161-173.

Breuer, P. (2011): Trend zu lebenslangen Netzwerken: Alumni-Netzwerke in Unternehmen. In: Klaffke, M. (Hrsg.): Personalmanagement von Millennials. Konzepte, Instrumente und Best-Practice-Ansätze. Wiesbaden 2011, S. 181-196.

Brinkmann, R./Stapf, K. (2005): Innere Kündigung. Wenn der Job zur Fassade wird. München 2005.

Brockner, J./Rubin, J. Z. (1985): Entrapment in Escalating Conflicts: A Social Psychological Analysis. New York 1985.

Bröckermann, R. (2004): Fesselnde Unternehmen – gefesselte Beschäftigte. In: Bröckermann, R./Pepels, W. (Hrsg.): Personalbindung. Wettbewerbsvorteile durch strategisches Human Resource Management. Berlin 2004, S.15-31.

Bröckermann, R. (2012): Personalwirtschaft, Lehr- und Übungsbuch für Human Resource Management. 6., überarb. Aufl., Stuttgart 2012.

Bröckermann, R./Pepels, W. (2002): Personalmarketing an der Schnittstelle zwischen Absatz- und Personalwirtschaft. In: Bröckermann, R./Pepels, W. (Hrsg.): Personalmarketing. Akquisition, Bindung, Freistellung. Stuttgart 2002, S. 1-15.

Brünger, C./Burkhardt, S. (2012): Risikomanagement in Facebook, Skype & Co. Datenschutz- und Sicherheitsrisiken beim Einsatz von Social Software zur Kommunikation in Unternehmen. Aachen 2012.

Bruggink, T. H./Siddiqui, K. (1995): An Econometric Model of Alumni Giving: A Case Study for a Liberal Arts College. In: The American Economist, 39. Jg. (1995), H. 2, S. 53-60.

Bruhn, M. (1999): Internes Marketing. Integration der Kunden- und Mitarbeiterorientierung. Grundlagen – Implementierung – Praxisbeispiele. 2. Aufl., Wiesbaden 1999.

Bruhn, M. (2001): Relationship Marketing. Wiesbaden 2001.

Bruhn, M./Michalski, S. (2001): Rückgewinnungsmanagement. Ergebnisse einer explorativen Studie zum Stand des Rückgewinnungsmanagements bei Banken und Versicherungen. In: Die Unternehmung, 55. Jg. (2001), H. 2, S. 423-437.

Bruhn, M./Michalski, S. (2003): Analyse von Kundenabwanderungen – Forschungsstand, Erklärungsansätze, Implikationen. In: Zeitschrift für betriebswirtschaftliche Forschung, 55. Jg. (2003), H. 8, S. 431-454.

Bruhn, M./Michalski, S. (2005): Gefährdete Kundenbeziehungen und abgewanderte Kunden als Zielgruppen der Kundenbindung. In: Bruhn, M./Homburg, C. (Hrsg.): Handbuch Kundenbindungsmanagement, 5. Aufl., Wiesbaden 2005, S. 251-271.

Brunner, D. (2009): Die Wahrnehmung der Lohndisparität im Unternehmen und deren Wirkung auf die Kündigungsabsicht. München 2009.

Büchner, R. (1972): Personal-Marketing. In: Marketing Journal, o. Jg. (1972), H. 6, S. 530-535.

Bühner, R. (2005): Personalmanagement. München [u. a.] 2005.

Büttgen, M. (2001): Recovery Management. In: Schmalenbachs Zeitschrift für betriebswirtschaftliche Forschung, 61. Jg. (2001), H. 3, S. 397-401.

Büttgen, M. (2003): Recovery Management – systematische Kundenrückgewinnung und Abwanderungsprävention zur Sicherung des Unternehmenserfolges. In: Die Betriebswirtschaft, 63. Jg. (2003), H. 1, S. 60-76.

Burt, R. S. (1980): Models of Network Structures. In: Annual Review of Sociology, 6. Jg. (1980), H. 1, S. 79-141.

Burt, R. S. (1992): Structural Holes: The Social Structure of Competition. Cambridge 1992.

Butzer-Strothmann, K. (1999): Krisen in Geschäftsbeziehungen. Wiesbaden 1999.

Cable, D. M./Graham, M. E. (2000): The Determinants of Job Seekers' Reputation Perception. In: Journal of Organizational Behavior, 21. Jg. (2000), H. 8, S. 929-947.

Caplan, R. D. (1983): Person-Environment Fit: Past, Present, and Future. In: Cooper, C. L. (Hrsg.): Stress Research. Chichester 1983, S. 35-77.

Capraro, A. J./Broniarczyk, S./Srivastava, R. K. (2003): Factors Influencing the Likelihood of Customer Defection. The Role of Consumer Knowledge. In: Journal of the Academy of Marketing Science, 31. Jg. (2003), H. 2, S. 164-175.

Cardotte, E. R./Turgeon, N. (1988): Dissatisfiers and Satisfiers. Suggestions from Consumer Complaints and Compliments. In: Journal of Consumer Satisfaction, Dissatisfaction and Complaining Behavior, 1. Jg. (1988), H. 1, S. 74-79.

Caughey, C. C./Francis, S. K./Buasri, V. (1999): An Exploratory Study of Exit Behavior and the Appearance of Retail Stores. In: Journal of Consumer Satisfaction, Dissatisfaction and Complaining Behavior, 12. Jg. (1999), H. 1, S. 155–161.

Cerdin, J. L./Pargneux, M. (2009): Career and International Assignment Fit: Toward an Integrative Model of Success. In: Human Resource Management, 48. Jg. (2009), H. 1, S. 5-25.

Chakravarty, S./Feinberg, R./Widdows, R. (1997): Reasons of Their Discontent. In: Bank Marketing, 29. Jg. (1997), H. 11, S. 49.

Chenet, P./Tynan, C./Money, A. (2000): The Service Performance Gap: Test the Redeveloped Causal Model. In: European Journal of Marketing, 34. Jg. (2000), H. 3-4, S. 472-496.

Chmielewicz, K. (1994): Forschungskonzeptionen der Wirtschaftswissenschaft. 3. unveränd. Aufl., Stuttgart 1994.

Christopher, M./Payne, A./Ballantyne, D. (1991): Relationship Marketing. Oxford 1991.

Clotfelter, C. T. (2001): Who Are the Alumni Donors? Giving by Two Generations of Alumni from Selective Colleges. In: Nonprofit Management & Leadership, 12. Jg. (2001), H. 2, S. 119-138.

Clotfelter, C. T. (2003): Alumni Giving to Elite Private Colleges and Universities. In: Economics of Education Review, 22. Jg. (2003), S. 109-120.

Coase, R. H. (1937): The Nature of the Firm. In: Economica, 4. Jg. (1937), H. 16, S. 386-405.

Cole, M. S./Bruch, H. (2006): Organizational Identity Strength, Identification, and Commitment and Their Relationships to Turnover Intentions: Does Organizational Hierarchy Matter? In: Journal of Organizational Behavior, 27. Jg. (2006), H. 5, S. 585-605.

Colgate, M./Norris, M. (2000): Why Customers Leave or Decide to Leave Their Bank. In: Business Review, 2. Jg. (2000), H. 2, S. 40-51.

Colgate, M./Stewart, K./Kinsella, R. (1996): Customer Defection: A Study of the Student Market in Ireland. In: International Journal of Bank Marketing, 14. Jg. (1996), H. 3, S. 23-29.

Conlon, D. E./Murray, N. M. (1996): Customer Perceptions of Corporate Responses to Product Complaints: The Role of Explanations. In: The Academy of Management Journal, 39. Jg. (1996), H. 4, S. 1040-1056.

Conradi, W. (1983): Personalentwicklung. Stuttgart 1983.

Corpina, P. (1996): Laufbahnentwicklung von Dual Career Couples – Gestaltung partnerschaftsorientierter Laufbahnen. Bamberg 1996.

Costa, P. T/McCrae, R. R. (1985): The NEO Personality Inventory Manual. Odessa 1985.

Costa, P. T/McCrae, R. R. (1992): NEO PI-R. Professional Manual. Odessa 1992.

Costigan, R. D./Insinga, R. C./Berman, J. J./Kranas, G./Kureshov, V. A. (2011): Revisiting the Relationship of Supervisor Trust and CEO Trust to Turnover Intentions: A Three-Country Comparative Study. In: Journal of World Business, 46. Jg. (2011), H. 1, S. 74-83.

Cotton, J. L./Tuttle, J. M. (1986): Employee Turnover: A Meta-Analysis and Review with Implications for Research. In: Academy of Management Review, 11. Jg. (1986), H. 1, S. 55-70.

Cox, D. F./Rich, S. U. (1964): Perceived Risk and Consumer Decision-Making: The Case of Telephone Shopping. In: Journal of Marketing Research, 1. Jg. (1964), H. 4, S. 32-39.

Cunningham, B. M./Cochi-Ficano, C. K. (2002): The Determinants of Donative Revenue Flows From Alumni of Higher Education: An Empirical Inquiry. In: Journal of Human Resources, 37. Jg. (2002), H. 3, S. 540-569.

Cyert, R./March, J. (1992): A Behavioral Theory of the Firm. 2. Aufl., New Jersey 1992.

Cyert, R./March, J. (1995): Eine verhaltenswissenschaftliche Theorie der Unternehmung. 2. Aufl., Stuttgart 1995.

Cyganski, P. (2008): Soziale Netzwerke im Web 2.0 – Chancen, Risiken und Veränderungen für Organisationen. In: Becker, J./Knackstedt, R./Pfeiffer, D. (Hrsg.): Wertschöpfungsnetzwerke. Konzepte für das Netzwerkmanagement und Potenziale aktueller Informationstechnologien. Heidelberg 2008, S. 305-324.

Dalessio A./Silverman, W. H./Schuck, J. R. (1986): Paths to Turnover: A Re-Analysis and Review of Existing Data on the Mobley, Horner, and Hollingsworth Turnover Model. In: Human Relations, 39. Jg. (1986), H. 3, S. 245-264.

Datel, W. E./Lifrak, S. T. (1969): Expectations Affect Change, and Military Performance in the Army Recruit. In: Psychological Reports, 24. Jg. (1969), H. 3, S. 855-879.

Davenport, T./Prusak, L. (1998): Working Knowledge. How Organizations Manage What They Know. Boston 1998.

Deci, E. L./Ryan, R. M. (1985): Intrinsic Motivation and Self-Determination in Human Behavior. New York 1985.

Decker, R. (2002): Data Mining und Datenexploration in der Betriebswirtschaft. Diskussionsarbeiten der Fakultät für Wirtschaftswissenschaften der Universität Bielefeld, Diskussionspapier Nr. 488. Bielefeld 2002.

Decker, R./Wagner, R. (2002): Marketingforschung. Methoden und Modelle zur Bestimmung des Käuferverhaltens. München 2002.

Dehlsen, M./Franke, C. (2009): Employer Branding: Mitarbeiter als Botschafter der Arbeitgebermarke. In: Trost, A. (Hrsg.): Employer Branding. Arbeitgeber positionieren und präsentieren. Köln 2009, S. 156-169.

Deller, J./Kern, S./Hausmann, E./Diederichs, Y. (2008): Personalmanagement im demografischen Wandel. Ein Handbuch für den Veränderungsprozess. Heidelberg 2008.

Demsetz, H. (1967): Towards a Theory of Property Rights. In: American Economic Review. Papers and Proceedings, 57. Jg. (1967), H. 2, S. 347-359.

DGFP (2004): Retentionmanagement. Die richtigen Mitarbeiter binden. Bielefeld 2004.

DGFP (2006): Erfolgsorientiertes Personalmarketing in der Praxis. Konzepte – Instrumente – Praxisbeispiele. Bielefeld 2006.

DGFP (2010): Expat-Management – Auslandseinsätze erfolgreich gestalten. Düsseldorf 2010.

Diamond, W. D./Kashyap, R. K. (1997): Extending Models of Prosocial Behavior to Explain University Alumni Contributions. In: Journal of Applied Social Psychology, 27. Jg. (1997), H. 10, S. 915-928.

Dick, A. S./Basu, K. (1994): Customer Loyalty: Toward an Integrated Conceptual Framework. In: Journal of the Academy of Marketing Science, 22. Jg. (1994), H. 2, S. 99-113.

Diekmann, A. (2005): Empirische Sozialforschung: Grundlagen, Methoden, Anwendungen. 14. Aufl., Hamburg 2005.

Diller, H./Haas, A./Ivens, B. S. (2005): Verkauf und Kundenmanagement. Eine prozessorientierte Konzeption. Stuttgart 2005.

Dincher, R. (1992): Fluktuation. In: Gaugler, W./Weber, W. (Hrsg.): Handwörterbuch des Personalwesens. 2. Aufl., Stuttgart 1992, S. 873-883.

Dincher, R. (2007): Personalmarketing und Personalbeschaffung. Einführung und Fallstudie zur Anforderungsanalyse und Personalakquisition. 2. Aufl., Neuhofen 2007.

Dommer, M. (2011): Niemals geht man so ganz. In: Frankfurter Allgemeine Zeitung, 23.08.2011. Online verfügbar unter: http://faz.net/-gyq-6m4n2 [letzter Zugriff am 19.07.2013].

Domsch, M. (1992): Personalmarketing für Frauen in Fach- und Führungspositionen. In: Strutz, H. (Hrsg.): Strategien des Personalmarketing. Wiesbaden 1992, S. 171-182.

Drinkmann, A. (1990): Methodenkritische Untersuchungen zur Metaanalyse. Dissertation. Weinheim 1990.

Drumm, H. J. (2008): Personalwirtschaftslehre. 6. Aufl., Berlin [u. a.] 2008.

Duck, S. (1982): A Topography of Relationship Disengagement and Dissolution. In: Duck, S. (Hrsg.): Personal Relationships: Dissolving Personal Relationships. London 1982, S. 1-30.

East, R./Hogg, A./Lomas, W. (1998): The Future of Retail Schemes. In: Journal of Targetting, Measurement and Analysis for Marketing, 7. Jg. (1998), H. 1, S. 11-21.

Edwards, J. R. (1991): Person-Job Fit: A Conceptual Integration, Literature Review, and Methodological Critique. In: International Review of Industrial and Organizational Psychology, 6. Jg. (1991), o. H., S. 283-357.

Eisend, M. (2004): Metaanalyse – Einführung und kritische Diskussion. Diskussionsbeiträge des Fachbereichs Wirtschaftswissenschaft der Freien Universität Berlin. Nr. 2004/8. Berlin 2004.

Erlach, C./Orians, W./Reisach, O. (2013): Wissenstransfer bei Fach- und Führungskräftewechsel. Erfahrungswissen erfassen und weitergeben. München 2013.

Esser, H. (2000): Soziales Handeln, Band 3. In: Esser, H. (Hrsg.): Soziologie. Spezielle Grundlagen. Frankfurt am Main 2000.

Etzioni, A. (1975): A Comparative Analysis of Complex Organizations. On Power, Involvement, and Their Correlates. London 1975.

Euler, M. (2007): Networking – Ein Praxis-Leitfaden für erfolgreiches Interaktions- und Netzwerkmanagement. Oldenburg 2007.

Ewerlin, D./Süß, S. (2010): Reintegration nach einer Auslandsentsendung. In: Wirtschaftswissenschaftliches Studium, 39. Jg. (2010), H. 11, S. 526-530.

Ewers, H. J. (2001): Alumni-Arbeit braucht Kooperation und Konkurrenz. In: Stifterverband für die Deutsche Wissenschaft e. V. (Hrsg.): Alumni Netzwerke – Strategien der Absolventenarbeit an Hochschulen. Essen 2001, S. 24-35.

Fallgatter, M. J. (1996): Beurteilung von Lower Management-Leistung. Konzeptualisierung eines zielorientierten Verfahrens. Lohmar, Köln 1996.

Fallgatter, M. J. (2002): Theorie des Entrepreneurship. Perspektiven zur Erforschung der Entstehung und Entwicklung junger Unternehmungen. Habilitationsschrift. Wiesbaden 2002.

Farrel, D. (1983): Exit, Voice, Loyalty, and Neglect as Responses to Job Satisfaction: A Multidimensional Scaling Study. In: Academy of Management Journal, 26. Jg. (1983), H. 4, S. 596-607.

Farrel, D./Rusbult, C. E. (1981): Exchange Variables as Predictors of Job Satisfaction, Job Commitment, and Turnover: The Impact of Rewards, Costs, Alternatives, and Investments. In: Organizational Behavior and Human Performance, 28. Jg. (1981), S. 78-95.

Felfe, J. (2008): Mitarbeiterbindung. Göttingen 2008.

Felfe, J./Schmook, R./Six, B. (2006): Die Bedeutung kultureller Wertorientierungen für das Commitment gegenüber der Organisation, dem Vorgesetzten, der Arbeitsgruppe und der eigenen Karriere. In: Zeitschrift für Personalpsychologie, 5. Jg. (2006), H. 3, S. 94-107.

Felps, W./Mitchell, T. R./Hekman, D. R./Lee, T. W./Holtom, B. C./Harman, W. S. (2009): Turnover Contagion: How Coworkers' Job Embeddedness and Job Search Behaviors Influence Quitting. In: Academy of Management Journal, 52. Jg. (2009), H. 3, S. 545-561.

Felser, G. (2010): Personalmarketing. Göttingen [u. a.] 2010.

Festing, M./Dowling, P. J./Weber, W./Engle, A. D. (2011): Internationales Personalmanagement. 3., akt. u. überarb. Aufl., Wiesbaden 2011.

Festinger, L. (1957): A Theory of Cognitive Dissonance. New York 1957.

Festinger, L. (1964): Conflict, Decision and Dissonance. Stanford 1964.

Festinger, L. (1978): Theorie der kognitiven Dissonanz. Bern [u. a.] 1978.

Finkelmann, D. P./Goland, A. R. (1990): How to Satisfy Your Customers. In: Flick, U. (Hrsg.): Qualitative Forschung. Theorie, Methoden, Anwendung in Psychologie und Sozialwissenschaft. Hamburg 1990, S. 2–12.

Fisch, J. H. (2003): Innere Kündigung als Folge einer sich selbsterfüllenden Prophezeiung – Wenn Stewards mit Agenten verwechselt werden. In: Zeitschrift für Personalforschung, 17. Jg. (2003), H. 2, S. 215-223.

Fischer, M./Hüser, A./Mühlenkamp, C./Schade, C./Schott, E. (1993): Marketing und neuere ökonomische Theorie: Ansätze einer Systematisierung. In: Betriebswirtschaftliche Forschung und Praxis, o. Jg. (1993), H. 4, S. 444-470.

Fishbein, M./Azjen, I. (1975): Belief, Attitude, Intention and Behavior: An Introduction to Theory and Research. Reading 1975.

Flato, E./Reinbold-Scheible, S. (2008): Zukunftsweisendes Personalmanagement. Herausforderung demografischer Wandel. München 2008.

Fleer, A. (2001): Der Leistungsbeitrag der Personalabteilung: Systematisierung und Ansätze zu dessen Beurteilung. Dissertation. Lohmar, Köln 2001.

Folkerts, L. (2001): Promotoren in Innovationsprozessen – Empirische Untersuchung zur personellen Dynamik. Dissertation. Wiesbaden 2001.

Franke, N. (2000): Personalmarketing zur Gewinnung von betriebswirtschaftlichem Führungsnachwuchs. In: Marketing ZFP – Journal of Research and Management, 22. Jg. (2000), H. 1, S. 75-92.

Freimuth, J. (1987): Personalakquisition an Hochschulen. In: Personal: Zeitschrift für Human Resource Management, 39. Jg. (1987), H. 4, S. 144-147.

Freitag, M./Student, D. (2012): Schwarmintelligenz. In: manager magazin, o. Jg. (2012), H. 4, S. 28-36.

Frese, E. (2000): Grundlagen der Organisation: Konzept – Prinzipien – Strukturen. 8., überarb. Aufl., Wiesbaden 2000.

Frey, J. (1970): Arbeitsplatzwechsel, insbesondere seine Auswirkungen auf den Betriebserfolg. Dissertation. St. Gallen 1970.

Frey, D./Benning, E. (1997): Dissonanz. In: Frey, D./Greif, S. (Hrsg.): Sozialpsychologie. Ein Handbuch in Schlüsselbegriffen. Weinheim 1997, S. 147-153.

Frey, D./Gaska, A. (1993): Die Theorie der kognitiven Dissonanz. In: Frey, D./Irle, M. (Hrsg.): Theorien der Sozialpsychologie. Band I: Kognitive Theorie. Bern [u. a.] 1993, S. 275-324.

Frick, B. (1995): Betriebsverfassung und Personalfluktuation. In: Semlinger, K./Frick, B. (Hrsg.): Betriebliche Modernisierung in personeller Erneuerung: Personalentwicklung, Personalaustausch und betriebliche Fluktuation. Berlin 1995, S. 123-140.

Frick, B. (1997): Mitbestimmung und Personalfluktuation. München, Mering 1997.

Friedli, V./Thom, N. (2001): Personalerhaltung. Ein Element des nachhaltigen Personalmanagements. Arbeitsbericht Nr. 53 des Instituts für Organisation und Personal der Universität Bern. Bern 2001.

Friedrich, O. (1999): Get-Back Interviews. Lernen von Kündigern. In: Schrick, K. (Hrsg.): Das innovative Call Center. Erfolgsstrategien für serviceorientiertes Call-Center-Management. München 1999, S. 247-253.

Fritsch, S. (1994): Differentielle Personalpolitik. Eignung zielgruppenspezifischer Weiterbildung für ältere Arbeitnehmer. Wiesbaden 1994.

Fritz, J. (1982): Die Planung der Wiedereingliederung höherer Führungskräfte multinationaler Unternehmen in einen Stammlandunternehmensbereich nach dem Auslandseinsatz. Dissertation. Mannheim 1982.

Fröhlich, W. (1987a): Strategisches Personalmarketing. Kontinuierliche Unternehmensentwicklung durch systematische Ausnutzung interner und externer Qualifikationspotenziale. Düsseldorf 1987.

Fröhlich, W. (1987b): Personal-Marketing für die 90er Jahre. Strategiefelder einer neuen Personal-Management-Dimension. In: Personalwirtschaft, o. Jg. (1987), H. 12, S. 527-534.

Fröhlich-Glantschnig, E. (2005): Berufsbilder in der Beschaffung: Ergebnisse einer Delphi-Studie. Dissertation. Wiesbaden 2005.

Fröhlich, W./Holländer, K. (2004): Personalbeschaffung und -akquisition. In: Gaugler, E./Oechsler, W. A./Weber, W. (Hrsg.): Handwörterbuch des Personalwesens. 3., überarb. u. erw. Aufl., Stuttgart 2004, S. 1404-1420.

Gaier, S. E. (2005): Alumni Satisfaction with Their Undergraduate Academic Experience and the Impact on Alumni Giving and Participation. In: International Journal of Educational Advancement, 5. Jg. (2005), H. 4, S. 279-288.

Ganesh, J./Arnold, M. J./Reynolds, K. E. (2000): Understanding the Customer Base of Service Providers. An Examination of the Differences Between Switchers and Stayers. In: Journal of Marketing, 64. Jg. (2000), H. 3, S. 65-87.

Gauger, J. (2000): Commitment-Management in Unternehmen – Am Beispiel des mittleren Managements. Dissertation. Wiesbaden 2000.

Gaugler, E. (1989): Repatriierung von Stammhausdelegierte(n). In: Macharzina, K./Welge, M. K. (Hrsg.): Handwörterbuch Export und Internationale Unternehmung. Stuttgart 1989, S. 1937-1951.

Gehlen, S. (2004): "Intention to Quit" chinesischer Mitarbeiter in deutsch-chinesischen Gemeinschaftsunternehmen in China. Dissertation. Trier 2004.

Gelbert, A./Inglsperger, A. (2008): Employer Branding als Wachstumshebel. In: Insights, 7. Jg. (2008), S. 14-21.

Gemünden, H. G. (2003): Eigenverantwortung im Innovationsmanagement: Die Rolle der Promotoren. In: Koch, S./Kaschube, J./Fisch, R. (Hrsg.): Eigenverantwortung für Organisationen. Göttingen [u. a.] 2003, S. 121-130.

Gemünden, H. G./Walter, A. (1995): Der Beziehungspromotor – Schlüsselperson für interorganisationale Innovationsprozesse. In: Zeitschrift für Betriebswirtschaftslehre, 65. Jg. (1995), H. 9, S. 971-986.

Gemünden, H. G./Walter, A. (1999): Beziehungspromotoren – Schlüsselpersonen für zwischenbetriebliche Innovationsprozesse. In: Hauschildt, J./Gemünden, H. G. (Hrsg.): Promotoren. Champions der Innovation. 2., erw. Aufl., Wiesbaden 1999, S. 111-132.

Gensch, D. H. (1984): Targeting the Switchable Industrial Customer. In: Marketing Science, 3. Jg. (1984), H. 1, S. 41-54.

Genzwürker, S. (2006): Organizational Commitment in Umbruchsituationen – ein ressourcenorientierter Ansatz. Lübeck, Marburg 2006.

Gerhard, J. (2004): Die Hochschulmarke. Ein Konzept für deutsche Universitäten. Dissertation. Köln 2004.

Gerlich, P. (1999): Controlling von Bildung, Evaluation oder Bildungs-Controlling? Überblick, Anwendung und Implikationen einer Aufwand-Nutzen-Betrachtung von Bildung unter besonderer Berücksichtigung wirtschafts- und sozialpsychologischer Aspekte am Beispiel akademischer Nachwuchsführungskräfte in Banken. München 1999.

Gertz, W. (2008): Offene Türen für Rückkehrer? In: Personalwirtschaft, o. Jg. (2008), H. 6, S. 17-21.

Givon, M. (1984): Variety Seeking through Brand Switching. In: Marketing Science, 3. Jg. (1984), H. 1, S. 1-22.

Gladstein, D. L. (1984): Groups in Context: A Model of Task Group Effectiveness. In: Administrative Science Quarterly, 29. Jg. (1984), H. 4, S. 499-517.

Glass, G. V. (1976): Primary, secondary, and Meta-Analysis of Research. In: Educational Researcher, 5. Jg. (1976), H. 10, S. 3-8.

Glassman, M./McAfee, B. (1992): Integrating the Personnel and the Marketing Functions: The Challenge of the 1990s. In: Business Horizons, o. Jg. (1992), H. Mai/Juni, S. 52-58.

Gmür, M. (2010): Remotivierung. In: Scholz, C. (Hrsg.): Vahlens Großes Personallexikon. 1. Aufl., München 2010, S. 982.

Gmür, M./Klimecki, R. (2001): Personalbindung und Flexibilisierung. In: zfo – Zeitschrift für Führung und Organisation, 70 Jg. (2001), H. 1, S. 28-34.

Gmür, M./Martin, P./Karczunski, D. (2002): Employer Branding – Schlüsselfunktionen im strategischen Personalmarketing. In: Personal – Zeitschrift für Human Resource Management, 54 Jg. (2002), H. 10, S. 12-17.

Gmür, M./Thommen, J.-P. (2007): Human Resource Management. Strategien und Instrumente für Führungskräfte und das Personalmanagement in 13 Bausteinen. 2., überarb. u. erw. Aufl., Zürich 2007.

Gomboz, I. (2001): Alumni-Beziehungen – eine Frage der Kultur? In: Stifterverband für die Deutsche Wissenschaft e. V. (Hrsg.): Alumni Netzwerke – Strategien der Absolventenarbeit an Hochschulen. Essen 2001, S. 14-23.

Goodwin, C./Roos, I. (1992): Consumer Responses to Service Failures: Influence of Procedural and Interactional Fairness Perceptions. In: Journal of Business Research, 25. Jg. (1992), H. 2, S. 149-163.

Goossens, F. (1975): Der große Bluff um „Personal-Beratung". In: Personal – Zeitschrift für Human Resource Management, 25. Jg. (1975), H. 2, S. 45.

Graziano, W. G./Mather Musser, L. (1982): The Joining and the Parting of the Ways. In: Duck, S. (Hrsg.): Personal Relationships. Band 4. London 1982, S. 75-106.

Greenberger, D./Strasser, S. (1986): Development and Application of a Model of Personal Control in Organizations. In: The Academy of Management Review, 11. Jg. (1986), H. 1, S. 164-177.

Greenberger, D./Strasser, S./Lee, S. (1988): Personal Control as a Mediator between Perceptions of Supervisory Behaviors and Employee Reactions. In: Academy of Management Journal, 31. Jg. (1988), H. 2, S. 405-417.

Gregersen, H. (1992): Commitments to a Parent Company and a Local Work Unit During Repatriation. In: Personnel Psychology, 45. Jg. (1992), H. 1, S. 29-54.

Gregersen, H./Black, J. (1996): Multiple Commitments Upon Repatriation: The Japanese Experience. In: Journal of Management, 22. Jg. (1996), H. 2, S. 209-229.

Greif, S. (2008): Coaching und ergebnisorientierte Selbstreflexion. Theorie, Forschung und Praxis des Einzel- und Gruppencoachings. Göttingen [u. a.] 2008.

Grieger, J./Ortlieb, R./Pantelmann, H./Sieben, B. (2010): Strategische Bindung der Ressourcen von Fach- und Führungskräften. Beurteilung und Umsetzung in Unternehmen. In: Zeitschrift für Personalforschung, 24. Jg. (2010), H. 4, S. 338-362.

Griese, T. (2011): Datenschutz. In: Röller, J. (Hrsg.): Personalbuch 2011: Arbeitsrecht, Lohnsteuerrecht, Sozialversicherungsrecht. 18. Aufl., München 2011, S. 971-982.

Griffeth, R. W./Hom, P. W./Gaertner, S. (2000): A Meta-Analysis of Antecedents and Correlates of Employee Turnover: Update, Moderator Tests, and Research Implications for the Next Millennium. In: Journal of Management, 26. Jg. (2000), H. 3, S. 463-488.

Grimpe, C. (2005): Arbeitszufriedenheit und Fluktuation im Post Merger Integrationsprozess. ZWE – Zentrum für Europäische Wirtschaftsforschung. Mannheim 2005.

Grochla, E. (1972): Unternehmungsorganisation. Neue Ansätze und Konzeptionen. Reinbek bei Hamburg 1972.

Grochla, E. (1978): Einführung in die Organisationstheorie. Stuttgart 1978.

Gröppel-Klein, A./Königstorfer, J./Terlutter, R. (2010): Verhaltenswissenschaftliche Aspekte der Kundenbindung. In: Bruhn, M./Homburg, C. (Hrsg.): Handbuch Kundenbindungsmanagement. Strategien und Instrumente für ein erfolgreiches CRM. 7. Aufl., Wiesbaden 2010, S. 42-79.

Grund, C. (2000): Der zwischenbetriebliche Arbeitsplatzwechsel: Determinanten, Konsequenzen und empirische Befunde für die Bundesrepublik Deutschland. München 2000.

Grunwald, C. (2001): Personalerhaltung im oberen Management: Strategien und Maßnahmen zur Vermeidung ungewollter Fluktuation. Dissertation. Hohenheim 2001.

Gülpen, B. (2004): Mitarbeiter fördern: Programme zur Personalentwicklung. 1. Aufl., Stuttgart 2004.

Günther, S. (2001): Evaluation der Personalentwicklung on-the-job. Konzeptionelle Grundlagen einer integrativen Gestaltung. Dissertation. Bielefeld 2001.

Gullhorn, J./Gullahorn, J. (1963): An Extention of the U-Curve Hypothesis. In: Journal of Social Issues, 19. Jg. (1963), H. 3, S. 33-47.

Guzzo, R./Noonan, K./Elron, E. (1994): Expatriate Managers and the Psychological Contract. In: Journal of Applied Psychology, 79. Jg. (1994), H. 4, S. 617-626.

Haase, D. (1997): Organisationsstruktur und Mitarbeiterbindung. Eine empirische Analyse in Kreditinstituten. Köln 1997.

Häder, M. (2010): Empirische Sozialforschung. 2., überarb. Aufl., Wiesbaden 2010.

Hagedoorn, M./Yperen, N. W. v./Vliert, E. v. d./Buunk, B. P. (1999): Employees‘ Reactions to Problematic Events. A Circumplex Structure of Five Categories of Responses, and the Role of Job Satisfaction. In: Journal of Organizational Behavior, 20. Jg. (1999), H. 3, S. 309-321.

Halinen, A./Tähtinen, J. (2002): A Process Theory of Relationship Ending. In: International Journal of Service Industry Management, 13. Jg. (2002), H. 2, S. 163-180.

Hammer, M./Hart, W./Rogan, R. (1998): Can You Go Home Again? An Analysis of the Repatriation of Corporate Managers and Spouses. In: Management International Review, 38. Jg. (1998), H. 1, S. 67-86.

Hartman, D. E./Schmidt, S. L. (1995): Understanding Student/Alumni Satisfaction from a Consumer's Perspective: The Effects of Institutional Performance and Program Outcomes. In: Research in Higher Education, 36. Jg. (1995), H. 2, S. 197-217.

Harvey, M. G. (1989): Repatriation of Corporate Executives: An Empirical Study. In: Journal of International Business Studies, 20. Jg. (1989), H.1, S. 131-144.

Hausknecht, J. P./Rodda, J./Howard, M. J. (2009): Targeted Employee Retention: Performance-Based and Job-Related Differences in Reported Reasons for Staying. In: Human Resource Management, 48. Jg. (2009), H. 2, S. 269-288.

Hauschildt, J. (1977): Entscheidungsziele – Zielbildung in innovativen Entscheidungsprozessen. Tübingen 1977.

Hauschildt, J./Chakrabarti, A. K. (1988): Arbeitsteilung im Innovationsmanagement – Forschungsergebnisse, Kriterien und Modelle. In: Zeitschrift für Organisation, 57. Jg. (1988), H. 6, S. 378-388.

Hauschildt, J./Salomo, S. (2007): Innovationsmanagement. 4., überarb., erg. u. akt. Aufl., München 2007.

Hauschildt, J./Salomo, S. (2008): Promotoren und Opponenten im organisatorischen Umbruch. In: Fisch, R./Müller, A./Beck, D. (Hrsg.): Veränderungen in Organisationen. Stand und Perspektiven. Wiesbaden 2008, S. 163-176.

Hauschildt, J./Salomo, S. (2011): Innovationsmanagement. 5., überarb., erg. u. akt. Aufl., München 2011.

Hax, K. (1971): Grundlagen unternehmerischer Entscheidungen in der Wirtschaftspraxis. In: Grochla, E. (Hrsg.): Computer-gestütze Entscheidungen in Unternehmungen. Wiesbaden 1971, S. 11-22.

Hay Group (2001): The Retention Dilemma. Why Productive Workers Leave – Seven Suggestions for Keeping Them. Online verfügbar unter: http://www.haygroup.com/downloads/my/Retention_Dilemma.pdf, [letzter Zugriff: 29.09.2014].

Heckman, R./Guskey, A. (1998): The Relationship between Alumni and University: Toward a Theory of Discretionary Collaborative Behavior. In: Journal of Marketing Theory and Practice, 6. Jg. (1998), H. 2, S. 97-112.

Heidel, U. (2006): Alumnus noch vor dem ersten Studientag. In: DAAD (Hrsg.): Hochschulmarketing. Ein Handbuch für Politik und Praxis. Bielefeld 2006, S. 106-107.

Helgesen, O./Nesset, E. (2007): Images, Satisfacion and Antecedents: Drivers of Student Loyalty? A Case Study of a Norwegian University College. In: Corporate Reputation Review, 10. Jg. (2007), H. 1, S. 38-59.

Helmig, B. (2001): Variety Seeking Behavior. In: DBW, 61. Jg. (2001), H. 6, S. 727-730.

Hennige, S. (2008): Neues Spiel, neues Glück. In: Personalwirtschaft, o. Jg. (2008), H. 6, S. 24-25.

Hennig-Thurau, T./Langer, M. F./Hansen, U. (2001): Modeling and Managing Student Loyality – An Approach Based on the Concept of Relationship Quality. In: Journal of Service Research, o. Jg. (2001), H. 4, S. 331-344.

Hentschel, B. (1991): Beziehungsmarketing. In: wisu – das Wirtschaftsstudium, 20. Jg. (1991), H. 1, S. 25-28.

Herbst, D. (2009): Corporate Identity. 4. Aufl., Berlin 2009.

Hertig, P. (1996): Personalentwicklung und Personalerhaltung in der Unternehmungskrise. Effektivität und Effizienz ausgewählter personalwirtschaftlicher Maßnahmen des Krisenmanagements. Bern [u. a.] 1996.

Hilb, M. (2011): Integriertes Personal-Management. Ziele – Strategien – Instrumente. 20. Aufl., Köln 2011.

Hirsch, K. (1992): Reintegration von Auslandsmitarbeitern. In: Bergemann, N./Sourisseaux, A. L. J. (Hrsg.): Interkulturelles Management. Heidelberg 1992, S. 285-298.

Hirsch, K. (2003): Reintegration von Auslandsmitarbeitern. In: Bergemann, N./Sourisseaux, A. L. J. (Hrsg.): Interkulturelles Management. 3., voll. überarb. u. erw. Aufl., Heidelberg 2003, S. 417-430.

Hirschfeld, K. (2006): Retention und Fluktuation: Mitarbeiterbindung - Mitarbeiterverlust. Nyon 2006.

Hirschman, A .O. (1970): Exit, Voice, Loyalty. Responses to Decline in Firms, Organizations, and States. Cambridge 1970.

Hirschman, A. O. (1974a): Abwanderung und Widerspruch. Reaktionen auf Leistungsabfall bei Unternehmungen, Organisationen und Staaten. Tübingen 1974.

Hirschman, A. O. (1974b): Exit, Voice and Loyalty. Further Reflections and a Survey of Recent Contributions. In: Social Science Information, 13. Jg. (1974), H. 1, S. 7-26.

Hocutt, M. A. (1998): Relationship Dissolution Model: Antecedents of Relationship Commitment and the Likelihood of Dissolving a Relationship. In: International Journal of Service Industry Management, 9. Jg. (1998), H. 2, S. 189-200.

Hoepner, I. Y. (2008): Alumni-Management als strategischer Faktor. Erfolgsfaktoren, Bausteine und Potenziale. In: Archut, A./Fasel, C./Miller, F./Streier, E.-M. (2008): Handbuch Wissenschaft kommunizieren. Stuttgart 2008, S. 1-15.

Hoffman, K. D./Kelley, S. W. (2000): Perceived Justice Needs and Recovery Evaluation: A Contingency Approach. In: European Journal of Marketing, 34. Jg. (2000), H. 3/4, S. 418-432.

Hoffmann, S./Müller, S. (2008): Intention postgradualer Bindung: Warum Studenten der Wirtschaftswissenschaften nach dem Examen dem Alumniverein beitreten wollen. In: Schmalenbachs Zeitschrift für betriebswirtschaftliche Forschung, 60. Jg. (2008), H. September, S. 570-600.

Hogarth, J. M./Hilgert, M. A./Kolodinsky, J. M. (2004): Consumers´ Resolution of Credit Card Problems and Exit Behaviors. In: Journal of Services Marketing, 18. Jg. (2004), H. 1, S. 19-34.

Holtschmidt, P./Priller, S. (2003): Alumni-Netzwerke. Nutzenpotentiale, Ausgestaltung und Erfolgsfaktoren. In: alumni-clubs.net e. V. (Hrsg.): Alumni-Schriftenreihe, Band 5. Mannheim, Siegen 2003.

Hom, P. W./Griffeth, R. W. (1991): Structural Equations Modeling Test of a Turnover Theory: Cross-sectional and Longitudinal Analysis. In: Journal of Applied Psychology, 76. Jg. (1991), H. 3, S. 350-366.

Hom, P. W./Griffeth, R. W. (1995): Employee Turnover. Cincinnati 1995.

Hom, P. W./Kinicki, A. J. (2001): Toward a Greater Understanding of How Dissatisfaction Drives Employee Turnover. In: Academy of Management Journal, 44. Jg. (2001), H. 5, S. 975-987.

Homans, G. C. (1958): Social Behavior as Exchange. In: American Journal of Sociology, 63. Jg. (1958), H. 6, S. 597-606.

Homans, G. C. (1960): Die Theorie der sozialen Gruppe. Köln 1960.

Homans, G. C. (1961): Social Behavior: Its Elementary Forms. London 1961.

Homburg, C./Becker, A./Hentschel, F. (2010): Der Zusammenhang zwischen Kundenzufriedenheit und Kundenbindung. In: Bruhn, M./Homburg, C. (Hrsg.): Handbuch Kundenbindungsmanagement. Strategien und Instrumente für ein erfolgreiches CRM. 7. Aufl., Wiesbaden 2010, S. 110-144.

Homburg, C./Bruhn, M. (2010): Kundenbindungsmanagement – Eine Einführung in die theoretischen und praktischen Problemstellungen. In: Bruhn, M./Homburg, C. (Hrsg.): Handbuch Kundenbindungsmanagement. Strategien und Instrumente für ein erfolgreiches CRM. 7. Aufl., Wiesbaden 2010, S. 3-39.

Homburg, C./Fürst, A./Sieben, F. (2003): Willkommen zurück! In: Harvard Business manager, o. Jg. (2003), H. Dezember, S. 57-67.

Homburg, C./Giering, A. (2001): Personal Characteristics as Moderators of the Relationship Between Customer Satisfaction and Loyalty – An Empirical Analysis. In: Psychology & Marketing, 18. Jg. (2001), H. 1, S. 43-66.

Homburg, C./Hoyer, W. D./Stock, R. M. (2007): How to Get Lost Customers Back? A Study of Antecedents of Relationship Revival. In: Academy of Marketing Science, 35. Jg. (2007) H. Mai, S. 461-474.

Homburg, C./Schäfer, H. (1999): Customer Recovery: Profitabilität durch systematische Rückgewinnung von Kunden. Arbeitspapier 39 der Reihe Management-Know-how des Instituts für Marktorientierte Unternehmensführung der Universität Mannheim. Mannheim 1999.

Homburg, C./Sieben, F./Stock, R. (2003): Einflussgrößen des Kundenrückgewinnungserfolgs: Theoretische Betrachtung und empirische Befunde im Dienstleistungsbereich. Institut für Marktorientierte Unternehmensführung, Universität Mannheim. Wissenschaftliches Arbeitspapier Nr. 61. Mannheim 2003.

Homburg, C./Sieben, F./Stock, R. (2004): Einflussgrößen des Kundenrückgewinnungserfolgs. Theoretische Betrachtung und empirische Befunde im Dienstleistungsbereich. In: Marketing ZFP – Journal of Research and Management, 26. Jg. (2004), H. 1, S. 25-41.

Hornberger, S. (2010): Arbeitskraftunternehmer. In: Scholz, C. (Hrsg.): Vahlens Großes Personallexikon. 1. Aufl., München 2010, S. 47-48.

Hornke, L. F./Hunold, D./Wimmer, T./Woll, D. M. (2010): Das RWTH Alumni-Stipendium – Alumni Bindungsmanagement an der RWTH Aachen. In: Ulrich, G./Voss, R. (Hrsg.): Hochschul Relationship Marketing. Köln 2010, S. 105-116.

Huber, A. (2010): Personalmanagement. München 2010.

Hülsing, A. (2010): Innovatives Kundenrückgewinnungskonzept. In: Zerres, M. P./Reich, M. (Hrsg.): Handbuch Versicherungsmarketing. Berlin, Heidelberg 2010, S. 247-271.

Hulbert, J./Pitt, L./Ewing, M. (2003): Defections, Discourse and Devolution. Some Propositions on Consumer Desertion, Dialogue and Loyalty. In: Journal of General Management, 28. Jg. (2003), H. 3, S. 43-51.

Hulin, C. L./Roznowski, M./Hachiya, D. (1985): Alternative Opportunities and Withdrawal Decisions: Empirical and Theoretical Discrepancies and an Integration. In: Psychological Bulletin, 97. Jg. (1985), H. 2, S. 233-250.

Hunziker, P. (1973): Personalmarketing. Bern 1973.

Hyder, A./Lövblad, M. (2007): The Repatriation Process – A Realistic Approach. In: Career Development International, 12. Jg. (2007), H. 3, S. 264-281.

Itasse, S. (2007): Freiräume senken Mitarbeiterfluktuation. In: Maschinenmarkt, 113. Jg. (2007), H. 36, S. 32-39.

Jäger, W. (2001): Friendraising – Alumni-Arbeit in Freiburg. In: Stifterverband für die Deutsche Wissenschaft e. V. (Hrsg.): Alumni Netzwerke – Strategien der Absolventen-arbeit an Hochschulen. Essen 2001, S. 36-41.

Jaeger, S. (2006): Mitarbeiterbindung – Zur Relevanz der dauerhaften Bindung von Mitarbeitern in modernen Unternehmen. Saarbrücken 2006.

Janis, I. L./Mann, L. (1977): Decision Making – A Psychological Analysis of Conflict, Choice, and Commitment. New York 1977.

Jensen, S. (2004): Determinanten der Mitarbeiterbindung. In: Wirtschaftswissenschaftliches Studium, 33. Jg. (2004), H. 4, S. 233-237.

Jensen, M. C./Meckling, W. H. (1976): Theory of the Firm: Managerial Behavior, Agency Costs and Ownership Structure. In: Journal of Financial Economics, 3. Jg. (1976), H. 4, S. 305-360.

Jers, C./Gölz, H./Taddicken, M. (2013): Forschungsgegenstand Web 2.0. In: Schenk, M./Jers, C./Gölz, H. (Hrsg.): Die Nutzung des Web 2.0 in Deutschland. Verbreitung, Determinanten, Auswirkungen. Baden-Baden 2013, S. 18-30.

Jochmann, W. (2006): Retention-Management – Die Leistungsträger der Unternehmung binden. In: Riekhof, H. (Hrsg.): Strategien der Personalentwicklung. 6., überarb. Aufl., Wiesbaden 2006, S. 173-191.

Johnson, C. A. (1994): Winning Back Customers through Database Marketing. In: Direct Marketing, 57. Jg. (1994), H. 7, S. 36-37.

Johri, R./Misra, R. K. (2014): Self-Efficacy, Work Passion and Wellbeing: A Theoretical Framework. In: The IUP Journal of Soft Skills, 8. Jg. (2014), H. 4, S. 20-35.

Jung, H. (2006): Allgemeine Betriebswirtschaftslehre. München 2006.

Jung, H. (2008): Personalwirtschaft. 8., akt. u. überarb. Aufl., München 2008.

Kahn, B. E. (1995): Consumer Variety-Seeking among Goods and Services: An Integrative Review. In: Journal of Retailing and Consumer Services, 2. Jg. (1995), H. 3, S. 139-148.

Kahnemann, D./Tversky, A. (1979): Prospect Theory. An Analysis of Decision under Risk. In: Econometrica, 47. Jg. (1979), H. 2, S. 263-292.

Kainz, S. (2004): Netzwerke als Karriere-Turbo. In: Seebacher, U. G./Klaus, G. (2004): Networking & Alumning – Vom zeitraubenden Wahnsinn zum ökonomischen Erfolgsfaktor. Ottobrunn 2004, S. 105-110.

Kaiser, S./Ringlstetter, M. J. (2010): Work-Life Balance. Erfolgsversprechende Konzepte und Instrumente für Extremjobber. Berlin, Heidelberg 2010.

Kaiser, S./Ringlstetter, M. J. (2011): Strategic Management of Professional Service Firms. Theory and Practice. Berlin, Heidelberg 2011.

Kappelhoff, P. (1993): Soziale Tauschsysteme. Strukturelle und dynamische Erweiterung des Marktmodells. München 1993.

Kappelhoff, P. (2000): Der Netzwerkansatz als konzeptueller Rahmen für eine Theorie interorganisationaler Netzwerke. In: Sydow, J./Windeler, A. (Hrsg.): Steuerung von Netzwerken. Konzepte und Praktiken, Wiesbaden 2000, S. 25-57.

Kappler, E. (1975): Zielsetzungs- und Zieldurchsetzungsplanung in Betriebswirtschaften. In: Ulrich, H. (Hrsg.): Unternehmensplanung. Wiesbaden 1975, S. 82-102.

Keaveney, S. M. (1995): Customer Switching Behavior in Service Industries: An Exploratory Study. In: Journal of Marketing, 59. Jg. (1995), H. 2, S. 71-82.

Kelley, S. W./Davis, M. A. (1994): Antecedents to Customer Expectations for Service Recovery. In: Journal of the Academy of Marketing Science, 22. Jg. (1994), H. 1, S. 52-61.

Kelley, S. W./Hoffman, K. D./Davis, M. A. (1993): A Typology of Retail Failures and Recoveries. In: Journal of Retailing, 69. Jg. (1993), H. 4, S. 429-452.

Kempe, M. (2006): Entwicklung einer Marketing-Konzeption für das Alumni-Management am Beispiel der TU Chemnitz basierend auf dem Ansatz der Kundenbindung. In: alumni-clubs.net e. V. (Hrsg.): Alumni-Schriftenreihe. Band 17. Mannheim 2006.

Kerstens, L. M. (2006): The Study of Alumni Professional Success, Commitment to the University, and the Role of Academic Learning Environment, Dissertation. Rotterdam 2006.

Khilji, S. E./Wang, X. (2007): New Evidence in an Old Debate: Investigating the Relationship Between HR Satisfaction and Turnover. In: International Business Review, 16. Jg. (2007), H. 3, S. 377-395.

Kienbaum (2001): Die Kienbaum Retention-Studie 2001. Gummersbach 2001.

Kienbaum (2003): High Potentials Praktikantenstudie. Online verfügbar unter: http://www.vertragsmuster.de/Portaldata/3/Resources/documents/downloadcenter/studien/recruiting/Praktikantenstudie_2003.pdf [letzter Zugriff am: 14.10.2014].

Kieser, A. (1995): Anleitung zum kritischen Umgang mit Organisationstheorien. In: Kieser, A. (Hrsg.): Organisationstheorien. 2., überarb. Aufl., Stuttgart [u. a.] 1995.

Kieser, A./Walgenbach, P. (2010): Organisation. 6., überarb. Aufl., Stuttgart 2010.

Kimmel, D. (2004): Erfolgreiches Networking für AbsolvetInnen. In: Seebacher, U. G./Klaus, G. (2004): Networking & Alumning – Vom zeitraubenden Wahnsinn zum ökonomischen Erfolgsfaktor. Ottobrunn 2004, S. 91-103.

Kirchgeorg, M./Müller, J. (2011): Personalmarketing als Schlüssel zur Gewinnung, Bindung und Wiedergewinnung von Mitarbeitern. In: Stock-Homburg, R./Wolff, B. (Hrsg.): Handbuch Strategisches Personalmanagement. Wiesbaden 2011, S. 63-81.

Kirkpatrick, D. L. (1996): Evaluation. In: Crai, R. L. (Hrsg.): The ASTD Training and Development Handbook. 4. Aufl., New York 1996, S. 295-312.

Kirkpatrick, D. L./Kirkpatrick, J. D. (2007): Implementing the Four Levels. A Practical Guide for Effective Evaluation of Training Programs. San Francisco 2007.

Kirsch, W. (1977): Die Betriebswirtschaftslehre als Führungslehre. Erkenntnisperspektiven, Aussagensysteme, wissenschaftlicher Standort. München 1977.

Kirsch, W. (1984): Wissenschaftliche Unternehmensführung oder Freiheit vor der Wissenschaft. Studien zu den Grundlagen der Führungslehre. 2. Halbband. München 1984.

Kirsch, W./Maaßen, H. (1989): Managementsysteme. Planung und Kontrolle. München 1989.

Kleinaltenkamp, M. (1992): Investitionsgüter-Marketing aus informationsökonomischer Sicht. In: Zeitschrift für betriebswirtschaftliche Forschung, 44. Jg. (1992), H. 9, S. 809-829.

Klimecki, R. G./Gmür, M. (2001): Personalmanagement: Strategien, Erfolgsbeiträge, Entwicklungsperspektiven. Stuttgart 2001.

Klimecki, R. G./Gmür, M. (2005): Personalmanagement. Strategien, Erfolgsbeiträge, Entwicklungsperspektiven. 3., erweiterte Aufl., Stuttgart 2005.

Klötzl, G. L. (1994): Das Austritts-Gespräch – eine Quelle „reiner Information"? In: Personal. Personalführung + Technik + Organisation, 46. Jg. (1994), H. 1, S.16-19.

Klose, S. (2008): Gefährdung existierender Kundenbeziehungen. Dissertation. Frankfurt am Main 2008.

Klumpp, M. (2004): „Alumning" – Eine prozessuale Betrachtung. In: Seebacher, U. G./Klaus, G. (2004): Networking & Alumning – Vom zeitraubenden Wahnsinn zum ökonomischen Erfolgsfaktor. Ottobrunn 2004, S. 67-90.

Klumpp, M. (2005): Datenbanklösungen für die Alumni-Arbeit. In: alumni-clubs.net/CHE (Hrsg.): Leitfaden Alumni-Arbeit an Hochschulen. Mannheim et al. 2005.

Klumpp, M./Lenk, T./Vonesch, P. (2004): Zentrale und dezentrale Aufgabenverteilung in der Alumni-Arbeit. In: alumni-clubs.net/CHE (Hrsg.): Leitfaden Alumni-Arbeit an Hochschulen. Mannheim [u. a.] 2004.

Knoblauch, R. (2004): Motivation und Honorierung der Mitarbeiter als Personalbindungsinstrumente. In: Bröckermann, R./Pepels, W. (Hrsg.): Personalbindung. Wettbewerbsvorteile durch strategisches Human Resource Management. Berlin 2004, S. 101-130.

Kobi, J. M. (1999): Personalrisikomanagement. Wiesbaden 1999.

Kobi, J. M. (2000): Management des Personalrisikos. In: Personalwirtschaft, o. Jg. (2000), H. 6, S. 31-37.

Kobi, J. M. (2009): Talentrisikomanagement. In: Jäger; W./Lukasczyk, A. (Hrsg.): Talent Management – Strategien, Umsetzung, Perspektiven. Köln 2009, S. 51-60.

Kobi, J. M. (2012): Personalrisikomanagement. 3., voll. überarb. Aufl., Wiesbaden 2012.

Koch, A. (2009): Personalmarketing. In: Scholz, C. (Hrsg.): Vahlens Großes Personallexikon. München 2009, S. 914-917.

König, A. (2011): Hochschulbindung und Alumni-Engagement als Folge wahrgenommener Hochschulgerechtigkeit. Dissertation. Trier 2011.

Kohonen, E. (2008): The Impact of International Assignments on Expatriates' Identity and Career Aspirations: Reflections Upon Re-entry. In: Scandinavian Journal of Management, 24. Jg. (2008), S. 320-329.

Kolb, M. (2010): Personalmanagement. Grundlagen und Praxis des Human Resources Managements. 2. Aufl., Wiesbaden 2010.

Kolleker, A./Wolzendorff, D. (2010): Training into the Job und Reintegration. In. Bröckermann, R./Müller-Vorbrüggen, M. (Hrsg.): Handbuch Personalentwicklung. Die Praxis der Personalbildung, Personalförderung und Arbeitsstrukturierung. 3. Aufl., Stuttgart 2010, S. 177-195.

Kolter, E. R. (1991): Strategisches Personalmarketing an Hochschulen. Ergebnisse eines Dreiländervergleichs. München, Mering 1991.

Korb, N. (2008): Cafeteria-Systeme. Perspektiven für eine wissenschaftliche Betrachtung. Berlin 2008.

Kosiol, E. (1976): Organisation der Unternehmung. 2., durchges. Aufl., Wiesbaden 1976.

Kraimer, M. L./Shaffer, M. A./Bolino, M. C. (2009): The Influence of Expatriate and Repatriate Experiences on Career Advancement and Repatriates Intention. In: Human Resource Management, 48. Jg. (2009), H. 1, S. 27-47.

Kramberg, C. (2007): Hochschulmarketing für Alumni. In: Hochschulmarketing – Herausforderung und Erfolgsfaktoren im Wettbewerb. Dokumentation der Tagung vom 15. Januar 2007. Dokumentationspapier Nr. 197 der Wissenschaftlichen Gesellschaft für Marketing und Unternehmensführung e. V., Leipzig 2007, S. 42-50.

Kreklau, C. (1974): Kritische Bestandsaufnahme von Beiträgen zu einem betriebswirtschaftlich fundierten Personalmarketing. In: Zeitschrift für betriebswirtschaftliche Forschung, 26. Jg. (1974), o. H., S. 746-763.

Kreutzer, R. T. (2009): Praxisorientiertes Dialog-Marketing. Konzepte – Instrumente – Fallbeispiele. Wiesbaden 2009.

Krill, M. (2011): Mitarbeiterbindung als Umkehrung von Fluktuation: Implikationen der Fluktuationsdeterminantenforschung, 6. Jg. (2011), H. 4, S. 401-425.

Kroeber-Riel, W./Weinberg, P./Gröppel-Klein, A. (2013): Konsumentenverhalten. 10. Aufl., München 2013.

Kubicek, H. (1975): Empirische Organisationsforschung. Konzeption und Methodik. Stuttgart 1975.

Kubicek, H. (1977): Heuristische Bezugsrahmen und heuristisch angelegte Forschungsdesigns als Element einer Konstruktionsstrategie empirischer Forschung. In: Köhler, R. (Hrsg.): Empirische und handlungstheoretische Forschungskonzeptionen der Betriebswirtschaftslehre. Stuttgart 1977, S. 3-36.

Kühlmann, T. M. (2004): Auslandseinsatz von Mitarbeitern. Göttingen [u. a.] 2004.

Kühlmann, T. M./Stahl, G. K. (1995): Die Wiedereingliederung von Mitarbeitern nach einem Auslandseinsatz: Wissenschaftliche Grundlagen. In: Kühlmann, T. M. (Hrsg.): Mitarbeiterentsendung ins Ausland – Auswahl, Vorbereitung, Betreuung und Wiedereingliederung. Göttingen 1995, S. 177-215.

Kuß, A./Diller, H. (2001): Kaufrisiko. In: Diller, H. (Hrsg.): Vahlens Großes Marketinglexikon. 2. Aufl., München 2001, S. 757-758.

Kwiecinski, B. (2004): Once upon a Time in America. In: Seebacher, U. G./Klaus, G. (2004): Networking & Alumning – Vom zeitraubenden Wahnsinn zum ökonomischen Erfolgsfaktor. Ottobrunn 2004, S. 153-170.

LaBarbera, P. A./Mazursky, D. (1983): A Longitudinal Assessment of Consumer Satisfaction/Dissatisfaction: The Dynamic Aspect of the Cognitive Process. In: Journal of Marketing Research, 20. Jg. (1983), H. 4, S. 393-404.

Lakatos, I. (1982): Die Methodologie der wissenschaftlichen Forschungsprogramme. Band 1. Braunschweig, Wiesbaden 1982.

Lambert, E. G./Hogan, N. L./Barton, S. M. (2001): The Impact of Job Satisfaction on Turnover Intent: A Test of a Structural Measurement Model Using a National Sample of Workers. In: Social Science Journal, 38. Jg. (2001), H. 2, S. 233-250.

Lamnek, S. (2010): Qualitative Sozialforschung, 5. überarb. Aufl., Weinheim, Basel 2010.

Langer, M./Fröhner, S. (2005): Nutzen der Ehemaligen in der Arbeit von Alumni-Organisationen - Theoretisch-konzeptionelle Fundierung im Relationship Marketing und Ableitung von Handlungsempfehlungen. In: alumni-clubs.net/CHE (Hrsg.): Leitfaden Alumni-Arbeit an Hochschulen. Mannheim [u. a.] 2005.

Langfermann, J. (2012): Einflussfaktoren auf die Weitergabe von Erfahrungswissen in Unternehmen. Eine empirische Studie am Beispiel der BMW AG. Dissertation. Hamburg 2012.

Lau, L. K. (2003): Institutional Factors Affecting Student Retention. In: Education, 124. Jg. (2003), H. 1, S. 126-136.

Laux, H./Gillenkirch, R. M./Schenk-Mathes, H. Y. (2012): Entscheidungstheorie. 8., erw. u. vollst. überarb. Aufl., Berlin, Heidelberg 2012.

Lazarova, M./Caligiuri, P. (2001): Retaining Repatriates: The Role of Organizational Support Practices. In: Journal of World Business, 36. Jg. (2001), H. 4, S. 389-401.

Lee, J. E. (2008): Der Beitrag von Human Resource Management-Systemen zum Unternehmenserfolg: Eine Fallstudie am Beispiel erfolgreicher südkoreanischer Unternehmen. Mering 2008.

Lee, J./Jablin, F. M. (1992): A Cross-Cultural Investigation of Exit, Voice, Loyalty and Neglect as Responses to Dissatisfying Work Conditions. In: Journal of Business Communication, 29. Jg. (1992), H. 3, S. 203-228.

Lee, T. W./Mitchell, T. R. (1994): An Alternative Approach: The Unfolding Model of Voluntary Employee Turnover. In: Academy of Management Review, 19. Jg. (1994), H. 1, S. 51-89.

Leidig, G. (2002): Darwiportunismus und Human-Ressourcen-Risikomanagement. In: Personal – Zeitschrift für Human Resource Management, 54. Jg. (2002), H. 1, S. 758-761.

Lenecke, K. (2012): Hochschulbindung durch Student Services. Grundlagen, Analysen, Perspektiven. Saarbrücken 2012.

Leuzinger, A./Luterbach, T. (1994): Mitarbeiterführung im Krankenhaus, 2. Aufl., Bern 1994.

Levine, W. (2008): Communications and Alumni Relations: What Is the Correlation Between an Institution's Communications Vehicles and Alumni Annual Giving. In: International Journal of Educational Advancement, 8. Jg. (2008), H. 3/4, S. 176-197.

Levy, J. S. (1992): An Introduction to Prospect Theory. In: Political Psychology, 13. Jg. (1992), H. 2, S. 171-186.

Li, J. J. (2008): How to Retain Senior Managers in International Joint Ventures: The Effects of Alliance Relationship Characteristics. In: Journal of Business Research, 61 Jg. (2008), H. 9, S. 986-994.

Lilli, W./Frey, D. (2001): Die Hypothesentheorie der sozialen Wahrnehmung. In: Frey, D./Irle, M. (Hrsg.): Theorien der Sozialpsychologie. 2. Nachdruck der zweiten vollst. überarb. u. erw. Aufl. 1993, Bern [u. a.] 2001, S. 48-78.

Liljander, V./Strandvik, T. (1995): The Nature of Customer Relationships in Services. In: Swartz, T. A./Bowen, D. E./Brown, S. W. (Hrsg.): Advances in Services Marketing and Management. 4. Aufl., London 1995, S. 141-167.

Linehan, M./Scullion, H. (2002): The Repatriation of Female International Managers. An Empirical Study. In: International Journal of Manpower, 23. Jg. (2002), H. 7, S. 649-658.

Lippold, D. (2011): Die Personalmarketing-Gleichung. Einführung in das wertorientierte Personalmanagement. München 2011.

Lipsey, M. W./Wilson, D. T. (2001): Practical Meta-Analysis. Thousand Oaks 2001.

Lisberg-Haag, I. (2006): Botschafter von unschätzbarem Wert. AbsoventUM in Mannheim existiert seit zehn Jahren. In: DAAD (Hrsg.): Hochschulmarketing. Ein Handbuch für Politik und Praxis. Bielefeld 2006, S. 108-109.

Louis, M. R. (1980): Surprise and Sense Making – What Newcomers Experience in Entering Unfamiliar Organizational Settings. In: Administrative Science Quarterly, 25. Jg. (1980), H. 2, S. 226-251.

Lucco, A. (2008): Anbieterseitige Kündigung von Kundenbeziehungen. Empirische Erkenntnisse und praktische Implikationen zum Kündigungsmanagement. Wiesbaden 2008.

Lyasgaard, S. (1955): Adjustment in a Foreign Society: Norwegian Fulbright Grantees Visiting the United States. In: International Social Science Bulletin, 7. Jg. (1955), S. 45-51.

MacDonald, S./Arthur, N. (2003): Employees' Perceptions of Repatriation. In: Canadian Journal of Career Development, 2. Jg. (2003), H. 1, S. 3-11.

Macharzina, K./Wolf, J. (2012): Unternehmensführung. Das internationale Managementwissen. Konzepte – Methoden – Praxis. 8. Aufl., Wiesbaden 2012.

MacInnis, D. J. (2011): A Framework for Conceptual Contributions in Marketing. In: Journal of Marketing, 75. Jg. (2011), H. 4, S. 136-154.

Mackensen, L. (1986): Deutsches Wörterbuch, 12., völlig neu bearb. u. stark erw. Aufl., München 1986.

Mael, F./Ashforth, B. E. (1992): Alumni and Their Alma Mater: A Partial Test of the Reformulated Model of Organizational Identification. In: Journal of Organizational Behavior, 13. Jg. (1992), H. 2, S. 103-123.

Maier, G./Rappensperger, G. (1999): Eintritt, Verbleib und Aufstieg in Organisationen. In: Hoyos, C./Frey, D. (Hrsg.): Arbeits- und Organisationspsychologie. Ein Lehrbuch. Weinheim 1999, S. 50-63.

Marbach, J. H. (1994): Tauschbeziehungen zwischen Generationen: Kommunikation, Dienstleistungen und finanzielle Unterstützungen in Dreigenerationenfamilien. In: Bien, W. (Hrsg.): Eigeninteresse oder Solidarität. Beziehungen in modernen Mehrgenerationenfamilien. DJI: Familiensurvey. Band 2. Opladen 1994, S. 77-111.

March, J. G./Simon, H. A. (1958): Organizations. New York 1958.

March, J. G./Simon, H. A. (1976): Organisation und Individuum. Menschliches Verhalten in Organisationen. Wiesbaden 1976.

Marr, R. (1975): Fluktuation. In: Gaugler, E. (Hrsg.): Handwörterbuch des Personalwesens. Stuttgart 1975, Sp. 845-855.

Marr, R. (1989): Überlegungen zu einem Konzept einer „Differentiellen" Personalwirtschaft. In: Drumm, H. J. (Hrsg.): Individualisierung der Personalwirtschaft. Bern, Stuttgart 1989, S. 37-47.

Marr, R./Friedel-Howe, H. (1989): Perspektiven der Entwicklung einer differentiellen Personalwirtschaft für den entscheidungsorientierten Ansatz. In: Kirsch, W./Picot, A. (Hrsg.): Die Betriebswirtschaftslehre im Spannungsfeld zwischen Generalisierung und Spezialisierung. Wiesbaden 1989, S. 323-336.

Marr, R./Stitzel, M. (1979): Personalwirtschaft. Ein konfliktorientierter Ansatz. München 1979.

Martin, A. (1989): Die empirische Forschung in der Betriebswirtschaftslehre: Eine Untersuchung über die Logik der Hypothesenprüfung, die empirische Forschungspraxis und die Möglichkeit einer theoretischen Fundierung realwissenschaftlicher Untersuchungen. Stuttgart 1989.

Martin, J. N. (1986): Orientation for Reentry Experience: Conceptual Overview and Implications for Researchers and Practitioners. In: Paige, R. M. (Hrsg.): Cross Cultural Orientation: New Conceptualizations and Applications. Lanham [u. a.] 1986, S. 147-173.

Maschmann, F. (2004): Arbeitnehmer. In: Gaugler, E./Oechsler, W. A./Weber, W. (Hrsg.): Handwörterbuch des Personalwesens, 3., überarb. u. erw. Aufl., Stuttgart 2004, S. 73-84.

Mathieu, J./Zajac, D. (1990): A Review and Meta-analysis of the Antecedents, Correlates, and Consequences of Organizational Commitment. In: Psychological Bulletin, 108. Jg. (1990), H. 2, S. 171-194.

Matzler, K. (1997): Kundenzufriedenheit und Involvement. Wiesbaden 1997.

Maxham, J./Netemeyer, R. (2003): Firms Reap What They Sow: The Effetcs of Shared Values and Perceived Organizational Justice on Customers' Evaluations of Complaint Handling. In: Journal of Marketing, 67. Jg. (2003), H. Januar, S. 46-62.

Mayer, R. C./Schoorman, F. D. (1998): Differentiating Antecedents of Organizational Commitment: A Test of March and Simon's Model. In: Journal of Organizational Behavior, 19. Jg. (1998), H. 1, S. 15-28.

Mayrthaler, W. (1989): Das Austrittsinterview. Vorschlag für ein kombiniertes Verfahren. In: Personal. Mensch und Arbeit im Betrieb, 39. Jg. (1989), H. 2, S. 71-74.

McAlister, L. (1982): A Dynamic Attribute Satiation Model of Variety-Seeking Behavior. In: Journal of Consumer Research, 9. Jg. (1982), H. 2, S. 141-150.

McAlister, L./Pessemier, E. (1982): Variety Seeking Behavior: An Interdisciplinary Review. In: Journal of Consumer Research, 9. Jg. (1982), H. 3, S. 311-322.

McCollough, M. A./Berry, L. L./Yadav, M. S. (2000): An Empirical Investigation of Consumer Satisfaction after Service Failure and Recovery. In: Journal of Service Research, 3. Jg. (2000), H. 2, S. 121-137.

McCrae, R. R./Costa, P. T. (1987): Validation of the Five-Factor Model of Personality across Instruments and Observers. In: Journal of Personality and Social Psychology, 52. Jg. (1987), H. 1, S. 81-90.

McGregor, D. (1960): The Human Side of Enterprise. New York 1960.

McGregor, D. (1970): Der Mensch im Unternehmen. Düsseldorf 1970.

McGregor, D. (1986): Der Mensch im Unternehmen. Hamburg 1986.

McKinley, W./Mone, M. A./Moon, G. (1999): Determinants and Development of Schools in Organization Theory. In: Academy of Management Review, 24. Jg. (1999), H. 4, S. 634-648.

McReynolds, P. (1971): The Nature and Assessment of Intrinsic Motivation. In: McReynolds, P. (Hrsg.): Advances in Psychological Assessment. 2. Aufl., Palo Alto 1971, S. 157-177.

Meckl, R. (2009): Personalmanagement. In: Scholz, C. (Hrsg.): Vahlens großes Personallexikon. München 2009, S. 898-899.

Meffert, H./Burmann, C./Kirchgeorg, M. (2012): Marketing. Grundlagen marktorientierter Unternehmensführung. Konzepte – Instrumente – Praxisbeispiele. 11. Aufl., Wiesbaden 2012.

Meier-Dörzenbach, C. (2008): Die erfolgreiche Reintegration von Expatriates: Motivationale und organisationale Einflussfaktoren. Dissertation. Hamburg 2008.

Meifert, M. T. (2005): Mitarbeiterbindung. Eine empirische Analyse betrieblicher Weiterbildner in deutschen Grossunternehmen. Mering 2005.

Meifert, M. (2013): Etappe 7: Retentionmanagement. In: Meifert, M. (Hrsg.): Strategische Personalentwicklung – Ein Programm in 8 Etappen. 3. Aufl., Wiesbaden 2013, S. 291-312.

Meißner, A. (2012): Lerntransfer in der betrieblichen Weiterbildung: theoretische und empirische Exploration der Lerntransferdeterminanten im Rahmen des Training off-the-job. Dissertation. Lohmar 2012.

Meißner, A./Becker, F. G. (2007): Competition for Talents. Probleme und Handlungsempfehlungen speziell für mittelständische Unternehmen. In: Wirtschaftswissenschaftliches Studium, 8. Jg. (2007), S. 394-399.

Meixner, O. (2005): Variety Seeking Behaviour – ein kausales Erklärungsmodell zum Markenwechselverhalten der Konsumenten im Lebensmittelbereich. In: Jahrbuch der Österreichischen Gesellschaft für Agrarökonomie. Band 10. Wien 2005, S. 47-57.

Merk, J. (2008): Strategisches Personalbindungsmanagement im Krankenhaus. Theoretisch und empirisch gestützte Gestaltungsempfehlungen zur Verringerung der Fluktuation kompetenter Mitarbeiter. Berlin 2008.

Meyer, J. P./Allen, N. J. (1991): A Three-Component Conceptualization of Organizational Commitment. In: Human Resource Management Review, 1. Jg. (1991), H. 1, S. 61-89.

Meyer, J. P./Allen, N. J. (1997): Commitment in the Workplace – Theory, Research and Application. Thousand Oaks 1997.

Meyer, J. P./Herscovitch, L. (2001): Commitment in the Workplace: Toward a General Model. In: Human Resource Management Review, 11. Jg. (2001), H. 3, S. 299-326.

Meyer, J. P./Stanley, D. J./Herscovitch, L./Topolnytsky, L. (2002): Affective, Continuance and Normative Commitment to the Organization: A Meta-analysis of Antecedents, Correlates, and Consequences. In: Journal of Vocational Behavior, 61. Jg. (2002), H. 1, S. 20-52.

Michaels, C. E./Spector, P. E. (1982): Causes of Employee Turnover: A Test of the Mobley, Griffeth, Hand, and Meglino Model. In: Journal of Applied Psychology, 67. Jg. (1982), H. 1, S. 53-59.

Michalski, S. (2002): Kundenabwanderungs- und Kundenrückgewinnungsprozesse. Eine theoretische und empirische Untersuchung am Beispiel von Banken. 1. Aufl., Wiesbaden 2002.

Michalski, S. (2004): Types of Customer Relationship Ending Processes. In: Journal of Marketing Management, 20. Jg. (2004), H. 9/10, S. 977-999.

Michalski, S. (2006): Kündigungspräventionsmanagement. In: Hippner, H./Wilde, K. D. (Hrsg.): Grundlagen des CRM. Konzepte und Gestaltung. 2., überarb. u. erw. Aufl., Wiesbaden 2006, S. 584-604.

Michler, I. (2005): Internationaler Standortwettbewerb um Unternehmensgründer. Dissertation. Wiesbaden 2005.

Mitchell, T. R./Holtom, B. C./Lee, T. W./Sablynski, C. J./Erez, M. (2001): Why People Stay: Using Job Embeddedness to Predict Voluntary Turnover. In: Academy of Management Journal, 44. Jg. (2001), H. 6, S. 1102-1122.

Mittal, B./Lassar, W. M. (1998): Why Customers Switch? The Dynamics of Satisfaction Versus Loyalty. In: The Journal of Services Marketing, 12. Jg. (1998), H. 3, S. 177-194.

Mobley, W. H. (1977): Intermediate Linkages in the Relationship Between Job Satisfaction and Employee Turnover. In: Journal of Applied Psychology, 62. Jg. (1977), H. 2, S. 237-240.

Mobley, W. H. (1982): Employee Turnover: Causes, Consequences, and Control. Reading 1982.

Mobley, W. H./Griffeth, R. W./Hand, H. H./Meglino, B. M. (1979): Review and Conceptual Analysis of the Employee Turnover Process. In: Psychological Bulletin, 86. Jg. (1979), H. 3, S. 493-522.

Mohr, L. A./Bitner, M. J. (1995): The Role of Employee Effort in Satisfaction with Service Transactions. In: Journal of Business Research, 32. Jg. (1995), o. H., S. 239-252.

Morgan, R. M./Hunt, S. D. (1994): The Commitment-Trust Theory of Relationship Marketing. In: Journal of Marketing, 58. Jg. (1994), H. 3, S. 20-38.

Morick, H. (2002): Differentielle Personalwirtschaft. Theoretisches Fundament und praktische Konsequenzen. München 2002.

Moser, R./Saxer, A. (2008): Retention Management für High Potentials. Konzeptionelle Grundlagen – Empirische Ergebnisse – Gestaltungsempfehlungen. Saarbrücken 2008.

Mowday, R. T./Porter, L. W./Steers, R. M. (1982): Employee-Organization Linkages. The Psychology of Commitment, Absenteeism, and Turnover. New York [u. a.] 1982.

Müller, C. (2008): Instrumente zur Rekrutierung internationaler Studierender: ein Praxisleitfaden für erfolgreiches Hochschulmarketing. Bielefeld 2008.

Müller, S. (1991): Die Psyche des Managers als Determinante des Exporterfolges. Eine kulturvergleichende Studie zur Auslandsorientierung von Managern aus 6 Ländern. Stuttgart 1991.

Mure, J. (2007): Weiterbildungsfinanzierung und Fluktuation: Theoretische Erklärungsansätze und empirische Befunde auf Basis des Skill-Weights Approach. München 2007.

Muchinsky, P. M./Morrow, P. C. (1980): A Multidisciplinary Model of Voluntary Employee Turnover. In: Journal of Vocational Behavior, 17. Jg. (1980), H. 3, 263-290.

Napier, N. K./Peterson, R. B. (1994): Expatriate Re-Entry: What Do Repatriates Have to Say? In: Human Resource Planning, 14. Jg. (1994), H. 1, S. 19-28.

Neuberger, C./Pleil, T. (2006): Online-Public Relations: Forschungsbilanz nach einem Jahrzehnt. Online im Internet. URL: http://www.scribd.com/doc/100124234/Neuberger-Christoph-Pleil-Thomas-2006-Online-Public-Relations-Forschungsbilanz-nach-einem-Jahrzehnt [zuletzt abgerufen am 25.04.2015].

Neuhaus, A. (2010): Das „Arbeitnehmerkündigungsverhalten" als Teilaspekt einer allgemeinen Theorie von Fluktuation: Ein einstellungstheoretischer Erklärungsansatz für die Personalpraxis. Münster 2010.

Ng, T. W. H./Butts, M. M. (2009): Effectiveness of Organizational Efforts to Lower Turnover Intentions: The Moderating Role of Employee Locus of Control. In: Human Resource Management, 48. Jg. (2009), H. 2, S. 289-310.

Nicolai, A. T. (2004): Der „trade-off" zwischen „rigour" and „relevance" und seine Konsequenzen für die Managementwissenschaften. In: Zeitschrift für Betriebswirtschaft, 74. Jg. (2004), H. 2, S. 99-118.

Niebergall, C. (2007): Alumni-Organisationen als Netzstrukturen. Dissertation. Bergische Universität Wuppertal. Wuppertal 2007.

Nieder, P. (2004): Fluktuation. In: Gaugler, E./Oechsler, W./Weber, W. (Hrsg.): Handwörterbuch des Personalwesens. 3., überarb. u. erg. Aufl., Stuttgart 2004, Sp.757-767.

Nonaka, I./Takeuchi, H. (1997): Die Organisation des Wissens. Wie japanische Unternehmen eine brachliegende Ressource nutzbar machen. Frankfurt am Main 1997.

North, K. (2005): Wissensorientierte Unternehmensführung. Wertschöpfung durch Wissen. 4. Aufl., Wiesbaden 2005.

Oechsler, W. A. (2011): Personal und Arbeit – Einführung in die Personalarbeit unter Einbeziehung des Arbeitsrechts. 9., akt. u. überarb. Aufl., München, Wien 2011.

Okunade, A. A./Berl, R. L. (1997): Determinants of Charitable Giving of Business School Alumni. In: Research in Higher Education, 38. Jg. (1997), H. 2, S. 201-214.

Olfert, K. (2008): Personalwirtschaft. 13., verb. u. akt. Aufl., Kiel 2008.

Oliver, R./Swan, J. (1989): Consumer Perceptions of Interpersonal Equity and Satisfaction in Transactions: A Field Survey Approach. In: Journal of Marketing, 53. Jg. (1989), H. April, S. 21-35.

Organ, D. (1988): Organizational Citizenship Behavior. Lexington 1988.

Ortlieb, R. (2009): Fluktuation. In: Scholz, C. (Hrsg.): Vahlens großes Personallexikon. München 2009, S. 359-362.

Ostermann, A. (2002): Dual-Career Couples unter personalwirtschaftlich-systemtheoretischem Blickwinkel. Frankfurt am Main 2002.

Ostrowski, Y. (2012): Differentielles Mitarbeiterbindungsmanagement. Entwicklung eines Entscheidungsrahmens. Dissertation. Lohmar, Köln 2012.

Ostrowski, Y./Bauer, S./Feld, J./Lisson, A.-K. (2011): Regain Management in der Personalarbeit: Eine explorative Studie zum Status Quo. Diskussionspapier Nr. 584 der Fakultät für Wirtschaftswissenschaften der Universität Bielefeld. Bielefeld 2011.

Ott, E. (1975): Methodisches Konzept zur Diagnose der Personalfluktuation. Dissertation. Weinheim 1975.

Overbeck, J.-F. (1968): Möglichkeiten der Marktforschung am Arbeitsmarkt und ihrer Auswertung zu einer Konzeption marktbezogener Personalpolitik. München 1968.

o. V. (2008): Niemals geht man so ganz. In: Personalwirtschaft, o. Jg. (2008), H. 6, S. 26-27.

o. V. (2009): Immobilienunternehmen entdecken ihre Alumni. In: Immobilien Zeitung, o. Jg. (2009), H. 39-40, v. 01.10.2009, S. 59.

o. V. (2010): Sich alle Türen offen halten. Robert Half Studie: Eine Bewerbung beim ehemaligen Arbeitgeber kann sich lohnen. Online im Internet. URL: http://www.roberthalf.de/EMEA/120710_Sich_alle_Tueren_offen_halten_D.pdf [zuletzt abgerufen am 04.11.2012].

Paik, Y./Segaud, B./Malinowski, C. (2002): How to Improve Repatriation Management. Are Motivations and Expectations Congruent Between the Company and Expatriates? In: International Journal of Manpower, 23. Jg. (2002), H. 7, S. 635-648.

Parment, A. (2009): Die Generation Y – Mitarbeiter der Zukunft. Wiesbaden 2009.

Pausits, A. (2006): Student Relationship Management in der akademischen Weiterbildung. Dissertation. Flensburg 2006.

Pawlik, T. (2000): Personalmanagement und Auslandseinsatz. Kulturelle und personalwirtschaftliche Aspekte. Wiesbaden 2000.

Penley, L. E./Gould, S. (1988): Etzioni's Model of Organizational Involvement: A Perspective for Understanding Commitment to Organizations. In: Journal of Organizational Behavior, 9. Jg. (1988), H. 1, S. 43-59.

Penrose, E. T. (1995): The Theory of the Growth of the Firm. 3. Aufl. Oxford [u. a.] 1995.

Pepels, W. (2002): Personalbindung. In: Bröckermann, R./Pepels, W. (Hrsg.): Personalmarketing. Akquisition – Bindung – Freistellung. Stuttgart 2002, S. 129-143.

Peter, S. I. (2001): Kundenbindung als Marketingziel, 2., überarb. u. akt. Aufl., Wiesbaden 2001.

Pfeffer, J./Salancik, G. R. (1978): The External Control of Organizations. A Resource Dependence Perspective. New York [u. a.] 1978.

Pfohl, H.-C. (1981): Planung und Kontrolle. Stuttgart [u. a.] 1981.

Pfohl, H.-C./Stölzle, W. (1997): Planung und Kontrolle. 2., neu bearb. Aufl., München 1997.

Pick, D. (2008): Wiederaufnahme vertraglicher Geschäftsbeziehungen. Münster 2008.

Pick, D./Krafft, M. (2009): Status Quo des Rückgewinnungsmanagements. In: Link, J./ Seidl, F. (Hrsg.): Kundenabwanderung. Früherkennung, Prävention, Kundenrückgewinnung. Mit erfolgreichen Praxisbeispielen aus verschiedenen Branchen. 1. Aufl., Wiesbaden 2009, S. 121-141.

Picot, A./Reichwald, R./Wigand, R. T. (2003): Die grenzenlose Unternehmung. Information, Organisation und Management. 5. Aufl., Wiesbaden 2003.

Picot, A./Schuller, S. (2004): Institutionenökonomie. In: Schreyögg, G./von Werder, A. (Hrsg.): Handwörterbuch Unternehmensführung und Organisation. 4. Aufl., Stuttgart 2004, Sp. 514-521.

Pietschmann, B. P./Bell, C. (1999): Das Personal als Unique Selling Position. In: Zeitschrift für Human Resource Management. 51. Jg. (1999), H. 4, S. 176 – 180.

Piezonka, S. (2013): Bindungsmanagement im industriellen Mittelstand. Eine explorative Studie bei Ingenieuren. Dissertation. Köln 2013.

Ping, R. (1993): The Effects of Satisfaction and Structural Constraints on Retailer Existing, Voice, Loyalty, Opportunism, and Neglect. In: Journal of Retailing, 69. Jg. (1993), H. 3, S. 320-352.

Ping, R. (1995): Some Uninvestigated Antecedents of Retailer Exit Intention. In: Journal of Business Research, 34. Jg. (1995), H. 3, S. 171-180.

Plinke, W./Söllner, A. (2008): Kundenbindung und Abhängigkeitsbeziehungen. In: Bruhn, M./Homburg, C. (Hrsg.): Handbuch Kundenbindungsmanagement. Strategien und Instrumente für ein erfolgreiches CRM. 6. Aufl., Wiesbaden 2008, S. 77-101.

Popper, K. R. (1994): Logik der Forschung. Tübingen 1994.

Porter, L. W./Lawler, E. E. (1965): Properties of Organization Structure in Relation to Job Attitudes and Job Behavior. In: Psychological Bulletin, 64. Jg. (1965), H. 1, S. 23-51.

Porter, L. W./Steers, R. M. (1973): Organizational, Work, and Personal Factors in Employee Turnover and Absenteeism. In: Psychological Bulletin, 80. Jg. (1973), H. 2, S. 151-176.

Porter, L. W./Steers, R. M./Mowday, R. T./Boulian, P. V. (1974): Organizational Commitment, Job Satisfaction, and Turnover among Psychiatric Technicians. In: Journal of Applied Psychology, 59. Jg. (1974), H. 5, S. 603-609.

Premack, S. L./Wanous, J. P. (1985): A Meta-Analysis of Realistic Job Preview Experiments. In: Journal of Applied Psychology, 70. Jg. (1985), H. 4, S. 706-719.

Prezewowsky, M. (2007): Demografischer Wandel und Personalmanagement. Herausforderungen und Handlungsalternativen vor dem Hintergrund der Bevölkerungsentwicklung. 1. Aufl., Wiesbaden 2007.

Price, J. L. (1977): The Study of Turnover. Ames 1977.

Probst, G./Raub, S./Romhardt, K. (2003): Wissen managen. Wie Unternehmen ihre wertvollste Ressource optimal nutzen. 4. Aufl., Wiesbaden 2003.

Prühs, F.-P. (1993): Abschlußgespräch. In: Strutz, H. (Hrsg.): Handbuch Personalmarketing. 2., erw. Aufl., Wiesbaden 1993, S. 108-112.

Pumerantz, R. K. (2005): Alumni-in-Training: A Public Roadmap for Success. In: International Journal of Educational Advancement, 5. Jg. (2005), H. 4, S. 289-300.

Raffée, H. (1993): Grundprobleme der Betriebswirtschaftslehre. Betriebswirtschaft im Grundstudium der Wirtschaftswissenschaften. Band 1. 8. Aufl., Göttingen 1993.

Raffée, H./Wiedmann, K.-P. (1985): Wertewandel und gesellschaftsorientiertes Marketing. Die Bewährungsprobe strategischer Unternehmensführung. In: Raffée, H./Wiedmann, K.-P. (Hrsg.): Strategisches Marketing. Stuttgart 1985, S. 552-611.

Raffée, H./Wiedmann, K.-P. (1986): Wertewandel und Marketing. Arbeitspapier des Instituts für Marketing der Universität Mannheim Nr. 49. Mannheim 1986.

Rafiq, M./Ahmed, P. (1993): The Scope of Internal Marketing: Defining the Boundary between Marketing and Human Resource Management. In: Journal of Marketing Management, 9. Jg. (1993), H. 3, S. 219-232.

Ramlall, S. (2004): A Review of Employee Motivation Theories and heir Implications for Employee Retention within Organizations. In: The Journal of American Academy of Business, 5. Jg. (2004), H. 1/2, S. 52-63.

Ransweiler, S. (2011): Nach dem Abschied eng verbunden. In: Personalmagazin, 10 Jg. (2011), o. H., S. 37-39.

Reich, K.-H. (1992): Der Einsatz von Marketinginstrumenten im Personalbereich. In: Strutz, H. (Hrsg.): Strategien des Personalmarketings: was erfolgreiche Unternehmen besser machen. Wiesbaden 1992, S. 13-27.

Reich, K.-H. (1993): Personalmarketing-Konzeption. In: Strutz, H. (Hrsg.): Handbuch Personalmarketing. 2. Aufl., Wiesbaden 1993, S. 164-178.

Reich, F. (1995): Personalmarketing im Straßengütertransportgewerbe. Arbeitgeberimage, Personalrekrutierungsstrategien und Sozialleistungsangebot. Wiesbaden 1995.

Reichheld, F. F. (1997): Lernen Sie von abtrünnigen Kunden, was Sie falsch machen. In: Harvard Business manager, o. Jg. (1997), H. 2, S. 57-68.

Reinartz, W. J./Kumar, V. (2003): The Impact of Customer Relationship Characteristics on Profitable Lifetime Duration. In: Journal of Marketing, 67. Jg. (2003), H. 1, S. 77-99.

Remer, A. (1978): Personalmanagement. Berlin, New York 1978.

Rhoades, L./Eisenberger, R./Armeli, S. (2001): Affective Commitment to the Organization: The Contribution of Perceived Organizational Support. In: Journal of Applied Psychology, 86. Jg. (2001), H. 5, S. 825-836.

Richter, G. (1999): Innere Kündigung. Modellentwicklung und empirische Befunde aus einer Untersuchung im Bereich der öffentlichen Verwaltung. In: Zeitschrift für Personalforschung, 13. Jg. (1999), H. 2, S. 113-138.

Rigby, D. K./Reichheld, F. F./Schefter, P. (2002): CRM – Wie Sie die vier größten Fehler vermeiden. In: Harvard Business Manager, o. Jg. (2002), H. 4, S. 55-63.

Rippe, W. (1974): Die Fluktuation von Führungskräften der Wirtschaft: Eine empirische Studie über den Entschluss zum zwischenbetrieblichen Arbeitsplatzwechsel. Berlin 1974.

Rippel, K. (1973): Personal-Marketing als Management-Funktion in modernen Unternehmen. In: Marktforscher, 2. Jg. (1973), H. 17, S. 31-40.

Risch, S. (1995): Willkommen im Club. In: manager magazin, o. Jg. (1995), H. 11, S. 319-325.

Ritschel, F. (2011): Kundenrückgewinnungsmanagement im stationären Einzelhandel. Dissertation. Wiesbaden 2011.

Rohlmann, A. (2010): Alumni-Management im deutschen Hochschulsektor – Deskriptive Ergebnisse einer empirischen Studie, Arbeitspapier Nr. 12/1. Münster 2010.

Rohlmann, A. (2011): Professionelles Alumni-Management im deutschen Hochschulsektor. Status Quo, Einflussfaktoren und Perspektiven. Dissertation. Hamburg 2011.

Rohlmann, A./Wömpener, A. (2009a): Alumni Relationship Management als Erfolgsfaktor im Wettbewerb der Hochschulen. In: Zeitschrift für Betriebswirtschaft, o. Jg. (2009), H. 4, S. 473-502.

Rohlmann, A./Wömpener, A. (2009b): Mit langem Atem zum Erfolg – Alumni-Management als Wettbewerbsfaktor. In: Forschung & Lehre, o. Jg. (2009), H. 3, S. 194-195.

Roos, I. (1999): Switching Processes in Customer Relationships. In: Journal of Service Research, 2. Jg. (1999), H. 1, S. 68-85.

Rosenkopf, L./Corredoira, R. A. (2008): What You Can Gain When You Lose Good People. In: Harvard Business Review, o. Jg. (2008), H. April, S. 24 und S. 28.

Ross, S. (1973): The Economic Theory of Agency: The Principal's Problem. In: American Economic Review. Papers and Proceedings, 63. Jg. (1973), H. 2, S. 134-139.

Rousseau, D. M. (1989): Psychological and Implied Contracts in Organizations. In: Employee Responsibilities and Rights Journal, 2. Jg. (1989), H. 2, S. 121-139.

Ruhle, S./Breitsohl, H. (2012): Residuales organisationales Commitment: Ein konzeptioneller Ansatz zur Erweiterung der Bindungsforschung. Schumpeter Discussion Papers 2012-007. Wuppertal 2012.

Ruhlender, R. (1978): Personal-Marketing. In: Drummer, W./Friedrichs, H. (Hrsg): Personal-Enzyklopädie. München 1978, S. 145-148.

Rumpf, H. (1997): Individualisierung als Kernkompetenz eines strategischen Personalmanagements. In: Scholz, C. (Hrsg.): Individualisierung als Paradigma. Festschrift für Hans Jürgen Drumm. Stuttgart 1997, S. 11-32.

Rust, R. T./Chung, T. S. (2006): Market Models of Service and Relationships. In: Marketing Science, 25. Jg. (2006), H. 6, S. 560-580.

Rutsatz, U. (2004): Kundenrückgewinnung durch Direktmarketing. Das Beispiel des Versandhandels. Dissertation. Wiesbaden 2004.

Sabathil, P. (1977): Fluktuation von Arbeitskräften. München 1977.

Sattelberger, T. (1997): Vom Quantensprung zum Paradigmenwechsel. In: Personalführung, o. Jg. (1997), H. 8, S. 700-706.

Sauerbrey, C. (2000): Studie zum Customer Recovery Management von Dienstleistern. Ergebnisbericht. Fachhochschule Hannover. Hannover 2000.

Sauerbrey, C./Henning, R. (2000): Kunden-Rückgewinnung. Erfolgreiches Management für Dienstleister. München 2000.

Schäfer, H./Karlshaus, J.-T./Sieben, F. (2000): Profitabilität durch systematisches Rückgewinnen von Kunden. In: Absatzwirtschaft, o. Jg. (2000), H. 12, S. 56-64.

Schanz, G. (1988a): Methodologie für Betriebswirte. 2. Aufl., Stuttgart 1988.

Schanz, G. (1988b): Erkennen und Gestalten: Betriebswirtschaftslehre in kritisch-rationaler Absicht. Stuttgart 1988.

Schanz, G. (1992): Wissenschaftsprogramme der Betriebswirtschaftslehre. In: Bea, F. X./Dichtl, E./Schweitzer, M. (Hrsg.): Allgemeine Betriebswirtschaftlehre. Band 1: Grundlagen, 6. Aufl., Stuttgart, Jena 1992, S. 57-139.

Schanz, G. (2000): Personalwirtschaftslehre: Lebendige Arbeit in verhaltenswissenschaftlicher Perspektive. 3., neu bearb. u. erw. Aufl., München 2000.

Schasse, U. (1991): Betriebszugehörigkeitsdauer und Mobilität. Eine empirische Untersuchung zur Stabilität von Beschäftigungsverhältnissen. Frankfurt am Main, New York 1991.

Schein, E. H. (1980): Organizational Psychology. 3. Aufl., Englewood Cliffs 1980.

Schein, E. H. (1984): Coming to a New Awareness of Organizational Culture. In: Sloan Management Review, 25. Jg. (1984), H. 2, S. 3-16.

Schein, E. H. (1985): Organizational Culture and Leadership. A Dynamic View. San Francisco [u. a.] 1985.

Schenk, M./Jers, C./Gölz, H. (2013): Die Nutzung des Web 2.0 in Deutschland. Verbreitung, Determinanten und Auswirkungen. Baden-Baden 2013.

Scherm, E./Süß, S. (2010): Personalmanagement. 2. Aufl., München 2010.

Schikora, S. (2011): Buhlen um die Ehemaligen. In: Human Resource Manager, o. Jg. (2011), H. April/ Mai, S. 66-68.

Schmeisser, W./Clermont, A. (1999): Personalmanagement. Herne, Berlin 1999.

Schmidtbauer, H. (1974): Personalmarketing unter besonderer Berücksichtigung der Personalbeschaffung. Augsburg 1974.

Schnittker, N. (2008): Niemals geht man so ganz. In: Personalwirtschaft, o. Jg. (2011), H. 6, S. 26-27.

Schöler, A. (2011): Rückgewinnungsmanagement. In: Hippner, H./Hubrich, B./Wilde, K. D. (Hrsg.): Grundlagen des CRM. Strategie, Geschäftsprozesse und IT-Unterstützung. 3. Aufl., Wiesbaden 2011.

Scholz, C. (1995): Personalmarketing. In: Tietz, B. (Hrsg.): Handwörterbuch des Marketing. Stuttgart 1995, S. 2004-2019.

Scholz, C. (2003a): Die neue Arbeitswelt. Zwischen Darwinismus und Opportunismus. In: Personalführung. 36. Jg. (2003), H. 5, S. 114-117.

Scholz, C. (2003b): Unsichere Arbeitswelt. In: businessbestseller, o. Jg. (2003), H. 1, S. 62-65.

Scholz, C. (2003c): Spieler ohne Stammplatzgarantie. Weinheim 2003.

Scholz, C. (2014): Personalmanagement. Informationsorientierte und verhaltenstheoretischen Grundlagen. 6., neu bearb. u. erw. Aufl., München 2014.

Schreyögg, G. (2004): Organisationstheorie. In: Schreyögg, G./Werder, A. (Hrsg.): Handwörterbuch Unternehmensführung und Organisation. 4. Aufl., Stuttgart 2004, Sp. 1069-1087.

Schudey, A. P./Jensen, O./Sachs, S. (2012): 20 Jahre Rückanpassungsforschung – eine Metaanalyse. In: Zeitschrift für Personalforschung, 26. Jg. (2012), H. 1, S. 48-73.

Schweitzer, M./Schweitzer, M. (2015): Grundlagen der Betriebswirtschaftslehre unter Rationalitäts- und Moralitätsaspekten. In: Schweitzer, M./ Baumeister, A. (Hrsg.): Allgemeine Betriebswirtschaftslehre. 11., völlig neu bearb. Aufl., Berlin 2015, S. 3-45.

Schwuchow, E. (2008): „Rückkehrer sind ein Indikator für eine gute Unternehmenskultur.“ – Interview mit Professor Dr. Hermann Simon. In: Personalwirtschaft, o. Jg. (2008), H. 6, S. 22-23.

Seidl, F. (2009): Customer Recovery Management und Controlling. Erfolgsmodellierung im Rahmen der Kundenabwanderungsfrüherkennung, -prävention und Kundenrückgewinnung. In: Link, J./Seidl, F. (Hrsg.): Kundenabwanderung. Früherkennung, Prävention, Kundenrückgewinnung. Mit erfolgreichen Praxisbeispielen aus verschiedenen Branchen. 1. Aufl., Wiesbaden 2009, S. 5-34.

Seidl, F. (2010): Customer Recovery Controlling – Kennzahlenbasierte Erfolgsmodellierung im Rahmen der Kundenabwanderungsfrüherkennung, -prävention und Kundenrückgewinnung. Dissertation. Kassel 2010.

Seiwert, L. J. (1985): Vom operativen zum strategischen Personalmarketing. In: Personalwirtschaft, o. Jg. (1985), H. 9, S. 348-353.

Semmer, N./Baillod, J. (1993): Korrelate und Prädikatoren von Fluktuation: Zum Stand der Forschung. In: Zeitschrift für Arbeitswissenschaft, 19. Jg. (1993), H. 3 , S. 179-186.

Semmer, N./Baillod, J./Stadler, G./Gail, K. (1996): Fluktuation bei Computerfachleuten: Eine follow-up Studie. In: Zeitschrift für Arbeits- und Organisationspsychologie, 40. Jg. (1996), H. 4, S. 190-199.

Sennett, R. (2006): The Culture of the New Capitalism. New Haven 2006.

Senter, J. L./Martin, J. E. (2007): Factors Affecting the Turnover of Different Groups of Part-Time Workers. In: Journal of Vocational Behavior, 71. Jg. (2007), H. 1, S. 45-68.

Shemwell, D. J./Cronin, J. J./Bullard, W. R. (1994): Relational Exchanges in Services: An Empirical Investigation of Ongoing Customer Service-provider Relationships. In: International Journal of Service Industry Management. 5. Jg. (1994), H. 3, S. 57-68.

Shen, Y./Hall, D. T. (2009): When Expatriates Explore Other Options: Retaining Talent Through Greater Job Embeddedness and Repatriation Adjustment. In: Human Resource Management, 48. Jg. (2009), H. 5, S. 793-816.

Sheridan, J. E. (1992): Organizational Culture and Employee Retention. In: Academy of Management Journal, 35. Jg. (1992), H. 5, S. 1036-1056.

Sheridan, J. E./Abelson, M. A. (1983): Cusp Catastrophe Model of Employee Turnover. In: The Academy of Management Journal, 26. Jg. (1983), H. 3, S. 418-436.

Sieben, F. G. (2002): Rückgewinnung verlorener Kunden. Erfolgsfaktoren und Profitabilitätspotenziale. Wiesbaden 2002.

Sievert, H.-W./Yan, S. (1998): Die Reintegration im internationalen Personalmanagement. In: Barmeyer, C. I./Bolten, J. (Hrsg.): Interkulturelle Personalorganisation. Berlin 1998, S. 241-273.

Simon, H. A. (1981): Entscheidungsverhalten in Organisationen – Eine Untersuchung von Entscheidungsprozessen in Management und Verwaltung. Landsberg am Lech 1981.

Simon, H./Wiltinger, K./Sebastian, K.-H./Tacke, G. (1995): Effektives Personalmarketing. Strategien - Instrumente – Fallstudien. Wiesbaden 1995.

Smalian, S. (2009): Immobilienunternehmen entdecken ihre Alumni. In: Immobilien-Zeitung, 39./40. Jg. (2009), o. H., S. 59.

Sollberger, B. A. (2006): Wissenskultur. Erfolgsfaktor für ein ganzheitliches Wissensmanagement. Bern [u. a.] 2006.

Soutar, G. N./Sweeney, J. C. (2003): Are There Cognitive Dissonance Segments? In: Australian Journal of Management, 28. Jg. (2003), H. 3, S. 227-249.

Spencer, D. G. (1986): Employee Voice and Employee Retention. In: Academy of Management Journal, 29. Jg. (1986), H. 3, S. 488-502.

Spiewak, M. (2001): Der Schatz der Ehemaligen. In: Die Zeit, o. Jg. (2001), H. 42.

Staehle, W. H. (1999): Management. Eine verhaltenswissenschaftliche Perspektive. 8. Aufl., überarb. von Conrad, P./Sydow, J., München 1999.

Staffelbach, B. (1986): Personal-Marketing. In: Rühli, E./Wehrli, H. P. (Hrsg.): Strategisches Marketing und Management. Konzeptionen in Theorie u. Praxis. Bern, Stuttgart 1986, S. 124-143.

Staffelbach, B. (1995): Strategisches Personalmarketing (Überblick). In: Scholz, C./ Djarrahzadeh, M. (Hrsg.): Strategisches Personalmanagement. Konzeptionen und Realisationen. Stuttgart 1995, S. 142-158.

Stahl, G. K./De Luque, M. S. (2014): Antecedents of Responsible Leader Behavior: A Research Synthesis, Conceptual Framework, and Agenda for Future Research. In: The Journal of Management Perspectives, 28. Jg. (2014), H. 3, S. 235–254.

Staiger, M. (2008): Wissensmanagement in kleinen und mittelständischen Unternehmen. Systematische Gestaltung einer wissensorientierten Organisationsstruktur und -kultur. 1. Aufl., München, Mering 2008.

Staude, J. (1989): Strategisches Personalmarketing. In: Weber, W./Weinmann, J. (Hrsg.): Strategisches Personalmanagement. Stuttgart 1989, S. 167-178.

Stauss, B. (2000a): Rückgewinnungsmanagement (Regain Management). In: Wirtschaftswissenschaftliches Studium, 29. Jg. (2000), H. 10, S. 579-582.

Stauss, B. (2000b): Rückgewinnungsmanagement: Verlorene Kunden als Zielgruppe. In: Bruhn, M. (Hrsg.): Kundenbeziehungen im Dienstleistungsbereich. Wiesbaden 2000, S. 449-471.

Stauss, B. (2000c): Perspektivenwandel: Vom Produkt-Lebenszyklus zum Kundenbeziehungs-Lebenszyklus. In: Thexis – Fachzeitschrift für Marketing, 17. Jg. (2000), H. 2, S. 15-18.

Stauss, B. (2011): Der Kundenbeziehungs-Lebenszyklus. In: Hippner, H./Hubrich, B./Wilde, K. D. (Hrsg.): Grundlagen des CRM. Strategie, Geschäftsprozesse und IT-Unterstützung, 3., vollst. überarb. u. erw. Aufl., Wiesbaden 2011, S. 320-341.

Stauss, B./Friege, C. (1999): Regaining Service Customers: Costs and Benefits of Regain Management. In: Journal of Service Research, 1 Jg. (1999), H. 4, S. 347-361.

Stauss, B./Friege, C. (2006): Kundenwertorientiertes Rückgewinnungsmanagement. In: Günter, B./Helm, S. (Hrsg.): Kundenwert. Grundlagen – Innovative Konzepte – Praktische Umsetzungen. Wiesbaden 2006, S. 509-530.

Stauss, B./Seidel, W. (2007): Beschwerdemanagement. Unzufriedene Kunden als profitable Zielgruppe. 4. Aufl., München 2007.

Steers, R. M./Mowday, R. T. (1981): Employee Turnover and Postdecision Accomodation Processes. In: Cummings, L./ Staw, B. (Hrsg.): Research in Organizational Behavior. Greenwich 1981, S. 235-281.

Steger, U. (1999): Globalisierung gestalten. Szenarien für Markt, Politik und Gesellschaft. Berlin 1999.

Steinmann, H./Schreyögg, G./Koch, J. (2013): Management. Grundlagen der Unternehmungsführung. Konzepte - Funktionen - Fallstudien. 7., vollst. überarb. Aufl., Wiesbaden 2013.

Stewart, K. (1998a): The Customer Exit Process – A Review and Research Agenda. In: Journal of Marketing Management, 14. Jg. (1998), H. 4, S. 235-250.

Stewart, K. (1998b): An Exploration of Customer Exit in Retail Banking. In: International Journal of Bank Marketing, 16. Jg. (1998), H. 1, S. 6-14.

Stock-Homburg, R. (2010): Personalmanagement. Theorien – Konzepte – Instrumente. 2. Aufl., Wiesbaden 2010.

Stock-Homburg, R./Wolff, B. (2011): Strategisches Personalmanagement. In: Handbuch Strategisches Personalmanagement. Wiesbaden 2011, S. 3-7.

Stötzer, S. (2009): Stakeholder Performance Reporting von Nonprofit-Organisationen: Grundlagen und Empfehlungen für die Leitungsberichterstattung als stakeholderorientiertes Steuerungs- und Rechenschaftslegungsinstrument. Dissertation. Wiesbaden 2009.

Stolpmann, M. (2000): Kundenbindung im E-Business. Loyale Kunden – nachhaltiger Erfolg. Bonn 2000.

Stone, R. N./Mason, J. B. (1995): Attitude and Risk: Exploring the Relationship. In: Psychology & Marketing, 12. Jg. (1995), H. 2, S. 135-153.

Stotz, W. (2007): Employee Relationship Management. Der Weg zu engagierten und effizienten Mitarbeitern. München, Wien 2007.

Strauss, L. C./Volkwein, J. F. (2004): Predictors of Student Commitment at Two-Year and Four-Yeat Institutions. In: The Journal of Higher Education, 75. Jg. (2004), H. 2, S. 203-227.

Stroh, L. K. (1995): Predicting Turnover Among Repatriates. Can Organizations Affect Retention Rates? In: International Journal of Human Resource Management, 6. Jg. (1995), H. 2, S. 443-456.

Stroh, L. K./Gregersen, H. B./Black, J. S. (1998): Closing the Gap: Expectations Versus Reality Among Repatriates. In: Journal of World Business, 33. Jg. (2000), H. 2, S. 111-124.

Stroh, L. K./Gregersen, H. B./Black, J. S. (2000): Triumphs and Tragedies: Expectations and Commitments Upon Repatriation. In: International Journal of Human Resource Management, 11. Jg. (2000), H. 4, S. 681-697.

Strutz, H. (1992): Personalmarketing: Alter Wein in neuen Schläuchen? In: Strutz, H. (Hrsg.): Strategien des Personalmarketings: was erfolgreiche Unternehmen besser machen. Wiesbaden 1992, S. 1-11.

Strutz, H. (1993): Ziele und Aufgaben des Personalmarketings. In: Strutz, H. (Hrsg.): Handbuch Personalmarketing. 2. Aufl., Wiesbaden 1993, S. 1-16.

Strutz, H. (2004): Personalmarketing. In: Gaugler, E./Oechsler, W. A./Kammlott, J. (Hrsg.): Handwörterbuch des Personalwesens. 3. Aufl., Stuttgart 2004, S. 1593-1601.

Süß, M. (1996): Externes Personalmarketing für Unternehmen mit geringer Branchenattraktivität. München [u. a.] 1996.

Süß, S./Ritter, H. (2005): Geld ist nicht alles. In: Personal – Zeitschrift für Human Resource Management, o. Jg. (2005), H. 1, S. 14-17.

Sullivan, J. (2006a): Boomerangs: The Strategic Process of Rehiring Your Former Employees – Part 1. In: http://www.ere.net/2006/05/15/boomerangs-the-strategic-process-of-rehiring-your-former-employees-part-1/ [zuletzt abgerufen am 22.10.14].

Sullivan, J. (2006b): Boomerangs: The Strategic Process of Rehiring Your Former Employees – Part 2. In: http://www.ere.net/2006/05/22/boomerangs-the-strategic-process-of-rehiring-your-former-employees-part-2/ [zuletzt abgerufen am 22.10.14].

Suutari, V./Brewster, C. (2003): Repatriation: Empirical Evidence from a Longitudinal Study of Careers and Expectations Among Finnish Expatriates. In: International Journal of Human Resource Management, 14. Jg. (2003), H. 7, S. 1132-1151.

Sydow, J. (2005): Strategische Netzwerke. Evolution und Organisation. Wiesbaden 2005.

Szebel-Habig, A. (2004): Mitarbeiterbindung: Auslaufmodell Loyalität? Mitarbeiter als strategischer Erfolgsfaktor. Weinheim, Basel 2004.

Tähtinen, J./Halinen, A. (2002): Research on Ending Exchange Relationships: A Categorization, Assessment and Outlook. In: Marketing Theory, 2. Jg. (2002), H. 2, S. 165-188.

Tanova, C./Holtom, B. C. (2008): Using Job Embeddedness Factors to Explain Voluntary Turnover in Four European Countries. In: The International Journal of Human Resource Management, 19. Jg. (2008), H. 9, S. 1553-1568.

Tax, S./Brown, S./Chandrashekaran, M. (1998): Customer Evaluations of Service Complaint Experiences: Implications for Relationship Marketing. In: Journal of Marketing, 62. Jg. (1998), H. 2, S. 60-76.

Taylor, J. W. (1974): The Role of Risk in Consumer Behavior. In: Journal of Marketing, 38. Jg. (1974), H. 2, S. 54-60.

Taylor, A. L./Martin, J. (1995): Characteristics of Alumni Donors and Nondonors at a Research in Public University. In: Research in Higher Education, 36. Jg. (1995), H. 3, S. 283-302.

Theisen, M. R. (2006): Wissenschaftliches Arbeiten. Technik – Methodik – Form, 13., neu bearb. Auflage. München 2006.

Thibaut, J. W./Kelley, H. H. (1959): The Social Psychology of Groups. New York 1959.

Thom, N./Friedli, V. (2008): Hochschulabsolventen gewinnen, fördern und erhalten, 4., überarb. Auflage. Bern 2008.

Thom, N./Zaugg, R. (1994): Personalmarketing - auch in rezessiven Zeiten? In: io management, 63. Jg. (1994), H. 4, S. 72-74.

Thom, N./Zaugg, R. (1996): Personalmarketing und (stagnative) Unternehmensentwicklung. In: Hummel, T. R./Wagner, D. (Hrsg.): Differentielles Personalmarketing. Stuttgart 1996, S. 27-48.

Thomas, D. (2003): Alumni-Netzwerke. Integration in und Bindung an die Hochschule. Eine empirische Analyse der Perspektiven von Alumni-Netzwerken an deutschen Hochschulen anhand der HIS-Absolventenuntersuchung ’93. In: alumni-clubs.net e. V. (Hrsg.): Alumni-Schriftenreihe. Band 6. Mannheim, Siegen 2003.

Thomas, J. S./Blattberg, R. C./Fox, E. J. (2004): Recapturing Lost Customers. In: Journal of Marketing Research, 61. Jg. (2004), H. Februar, S. 31-45.

Thommen, J.-P. (2008): Managementorientierte Betriebswirtschaftslehre, 8., überarb. u. erw. Aufl., Zürich 2008.

Töpfer, A. (2007): Betriebswirtschaftslehre. Anwendungs- und prozessorientierte Grundlagen. 2. Aufl., Berlin 2007.

Tokman, M./Davis, L. M./Lemon, K. N. (2007): The WOW Factor: Creating Value through Win-back Offers to Reacquire Lost Customers. In: Journal of Retailing, 83. Jg. (2007), H. 1, S. 47-64.

Tonhäuser, C. (2010): Implementierung von Coaching als Instrument der Personalentwicklung in deutschen Großunternehmen. Frankfurt am Main 2010.

TowersPerrin (2007): Global Workforce Study 2007-2008. Was Mitarbeiter bewegt, zum Unternehmenserfolg beizutragen. Mythos und Realität. Frankfurt am Main 2007.

Trevor, C. O. (2001): Interactions Among Actual Ease-of-Movement Determinants and Job Satisfaction in The Prediction of Voluntary Turnover. In: Academy of Management Journal, 44. Jg. (2001), H. 4, S. 621-638.

Tscheulin, D. (1994): „Variety Seeking Behavior” bei nicht-habitualisierten Konsumentenentscheidungen. In: Zeitschrift für betriebswirtschaftliche Forschung, 46. Jg. (1994), H. 1, S. 54-62.

Türk, K. (1978): Instrumente betrieblicher Personalwirtschaft. Neuwied 1978.

Turnley, W. H./Feldman, D. C. (2000): Re-examining the Effects of Psychological Contract Violations: Unmet Expectations and Job Dissatisfaction as Mediators. In: Journal of Organizational Behavior, 21. Jg. (2000), H. 1, S. 25-42.

Tutt, L. (2002): Bindung von Top-Alumni. Abschlussbericht eines Kooperationsprojektes zwischen dem CHE und der TUM-Tech. Arbeitspapier Nr. 39 des Centrums für Hochschulentwicklung. Gütersloh, München 2002.

Ulrich, H. (1970): Die Unternehmung als produktives soziales System. 2. Aufl., Bern, Stuttgart 1970.

Uzler, C./Schenk, M. (2013): Soziale Netzwerke. In: Schenk, M./Jers, C./Gölz, H. (Hrsg.): Die Nutzung des Web 2.0 in Deutschland. Verbreitung, Determinanten und Auswirkungen. Baden-Baden 2013, S. 160-186.

van der Heijden, J. A. V./van Engen, M. L./Paauwe, J. (2009): Expatriate Career Support: Predicting Expatriate Turnover and Performance. In: The International Journal of Human Resource Management, 20. Jg. (2009), H. 4, S. 831-845.

Venetis, K. A./Ghauri, P. N. (2004): Service Quality and Customer Retention: Building Long-term Relationships. In: European Journal of Marketing, 38. Jg. (2004), H. 11/12, S. 1577-1598.

VHB (2015a): Neues betriebswirtschaftliches Zeitschriften-Rating VHB-JOURQUAL3 veröffentlicht. Online im Internet. URL: http://vhbonline.org/verein/nachrichten/nachrichtdetailansicht/?tx_ttnews[tt_news]=567 &cHash=e9b2256c42b883b066d910bcfed42f43 [zuletzt abgerufen am 17.04.2015].

VHB (2015b): VHB-JOURQUAL3. Online im Internet. URL: http://vhbonline.org/service/jourqual/vhb-jourqual-3/ [zuletzt abgerufen am 17.04.2015].

VHB (2015c): Hinweise zum verantwortlichen Umgang mit VHB-JOURQUAL3. Online im Internet. URL: http://vhbonline.org/service/jourqual/vhb-jourqual-3/begleitdokumente/hinweise-zum-verantwortlichen-umgang-mit-vhb-jourqual3/ [zuletzt abgerufen am 17.04.2015].

Vidal, E. S./Valle, R. S./Aragón, I. B. (2007a): Antecedents of Repatriates' Job Satisfaction and Its Influence on Turnover Intentions: Evidence from Spanish Repatriated Managers. In: Journal of Business Research, 60. Jg. (2007), H. 12, S. 1272-1281.

Vidal, E. S./Valle, R. S./Aragón, I. B. (2007b): The Adjustment Process of Spanish Repatriates: A Case Study. In: The International Journal of Human Resource Management, 18. Jg. (2007), H. 8, S. 1396-1417.

Vidal, E. S./Valle, R. S./Aragón, I. B. (2008): International Workers' Satisfaction With the Repatriation Process. In: The International Journal of Human Resource Management, 19. Jg. (2008), H. 9, S. 1683-1702.

Vintz, A.-K. (2003): Alumni-Arbeit in den USA? Vorbild für die American Studies Alumni-Association e. V. in Leipzig? In: alumni-clubs.net e. V. (Hrsg.): Alumni-Schriftenreihe 7. Siegen 2003.

Völkel, L./Grunschel, C./Dries, C. (2008): Dual Career Couples – Die zukünftige Lebensform der heutigen Studenten? In: Aretz, W./Mierke, K. (Hrsg.): Aktuelle Themen der Wirtschaftspsychologie. Beiträge und Studien. Band 1. Köln 2008, S. 150-166.

Vollmer, R. E. (1993): Personalimage. In: Strutz, H. (Hrsg.): Handbuch Personalmarketing. 2. Aufl., Wiesbaden 1993, S. 164-178.

vom Hofe, A. (2005): Strategien und Maßnahmen für ein erfolgreiches Management der Mitarbeiterbindung. Dissertation. Hamburg 2005.

von Eckardstein, D./Schnellinger, F. (1971): Personalmarketing im Einzelhandel. Berlin 1971.

von Bertalanffy, L. (1972): Grundlagen der Systemtheorie. In: Bleicher, K. (Hrsg.): Organisation als System. Wiesbaden 1972, S. 31-45.

von Rosenstiel, L. (1975): Die motivationalen Grundlagen des Verhaltens in Organisationen. Leistung und Zufriedenheit. Berlin 1975.

von Rosenstiel, L. (2003a): Bindung der Besten. Ein Beitrag zur mitarbeiterbezogenen strategischen Planung. In: Ringlstetter, M. J./Henzler, H./Mirow, M. (Hrsg.): Perspektiven der strategischen Unternehmensführung. Theorien, Konzepte, Anwendungen. Wiesbaden 2003, S. 229-254.

von Rosenstiel, L. (2003b): Entwicklung und Training von Führungskräften. In: von Rosenstiel, L. (Hrsg.): Führung von Mitarbeitern. Handbuch für erfolgreiches Personalmanagement. Stuttgart 2003, S. 67-83.

von Rosenstiel, L./Nerdinger, F. W. (2000): Die Münchener Wertestudien – Bestandsaufnahme und (vorläufiges) Resümee. In: Psychologische Rundschau, 51. Jg. (2000), H. 3, S. 146-157.

von Rosenstiel, L./Nerdinger, F. W./Spieß, E. (1998): Von der Hochschule in den Beruf. Wechsel der Welten in Ost und West. Göttingen 1998.

Voß, G. G./Pongratz, H. J. (1998): Der Arbeitskraftunternehmer. Eine Grundform der Ware Arbeitskraft? In: Kölner Zeitschrift für Soziologie und Sozialpsychologie, 50. Jg. (1998), H. 2, S. 131-158.

Wagner, D. (2005): Cafeteria-Systeme: Grundsätzliche Gestaltungsmöglichkeiten. In: Zander, E./Wagner, D. (Hrsg.): Handbuch des Entgeltmanagements. München 2005, S. 139-152.

Wagner, D./Grawert, A./Langemeyer, H. (1993): Cafeteria-Modelle: Möglichkeiten der Individualisierung und Flexibilisierung von Entgeltsystemen für Führungskräfte. Stuttgart, Zürich 1993.

Walsh, G. (2011): Unfriendly Customers As a Social Stressor – An Indirect Antecedent of Service Employees' Quitting Intention. In: European Management Journal, 29. Jg. (2011), H. 1, S. 67-78.

Wanous, J. P. (1973): Effects of Realistic Job Preview on Job Acceptance, Job Attitudes, and Job Survival. In: Journal of Applied Psychology, 58. Jg. (1973), H. 3, S. 327-332.

Wanous, J. P. (1992): Organizational Entry. 2. Aufl., New York 1992.

Wanous, J. P./Poland, T. D./Premack, S. L./Davis, K. S. (1992): The Effects of Met Expectations on Newcomer Attitudes and Behaviors: A Review and Meta-Analysis. In: Journal of Applied Psychology, 77. Jg. (1992), H. 3, S. 288-297.

Watzka, K. (2003): Hochschulmarketing. Arbeitgeberattraktivität und Rekrutierungskanäle. In: Personal, 55. Jg. (2003), H. 7, S. 8-11.

Weber, W./Festing, M. (1996): Wiedereingliederung entsandter Führungskräfte – Idealtypische Modellvorstellungen und realtypische Handhabungsformen. In: Macharzina, K./Wolf, J. (Hrsg.): Handbuch Internationales Führungskräfte-Management. Stuttgart 1996, S. 455-479.

Weber, W./Kolb, M. (1977): Einführung in das Studium der Betriebswirtschaftslehre. Stuttgart 1977.

Weerts, D. J./Ronca, J. M. (2008): Characteristics of Alumni Donors Who Volunteer at their Alma Mater. In: Research in Higher Education, 49. Jg. (2008), H. 3, S. 274-292.

Weibler, J. (1996): Personalmarketing. In: Das Wirtschaftsstudium, 25. Jg. (1996), H. 4, S. 305-310.

Weller, I. (2007): Fluktuationsmodelle: Ereignisanalysen mit dem Sozio-oekonomischen Panel. München, Mering 2007.

Werning, E. (2013): Evaluation des Training off-the-job. Entwicklung eines Bezugsrahmens vor dem Hintergrund eines kognitiven Lernverständnisses. Dissertation. Lohmar, Köln 2013.

Wild, J. (1974): Betriebswirtschaftliche Führungslehre und Führungsmodelle. In: Wild, J. (Hrsg.): Unternehmungsführung. Berlin 1974, S. 141-179.

Wildner, S. (2011): Problemorientiertes Wissensmanagement. Eine Neukonzeption des Wissensmanagement aus konstruktivistischer Sicht. Dissertation. Lohmar, Köln 2011.

Wilkens, U. (2004): Management von Arbeitskraftunternehmern. Psychologische Vertragsbeziehungen und Perspektiven für die Arbeitskräftepolitik in wissensintensiven Organisationen. Wiesbaden 2004.

Williamson, O. E. (1975): Markets and Hierarchies: Analysis and Antitrust Implications: A Study in the Economics of Internal Organization. New York 1975.

Williamson, O. E. (1979): Transaction-Cost Economics: The Governance of Contractual Relations. In: The Journal of Law and Economics, 22. Jg. (1979), H. 2, S. 233-261.

Williamson, O. E. (1985): The Economic Institutions of Capitalism: Firms, Markets, Relational Contracting. New York 1985.

Williamson, O. E. (1990): Die ökonomischen Institutionen des Kapitalismus. Tübingen 1990.

Williamson, O. E. (1991): Comparative Economic Organizations: The Analysis of Discrete Structural Alternatives. In: Administrative Science Quarterly, 36. Jg. (1991), H. 2, S. 269-296.

Wiswede, G. (2012): Einführung in die Wirtschaftspsychologie. 5., akt. Aufl., München 2012.

Witte, E. (1973): Organisation für Innovationsentscheidungen. Göttingen 1973.

Witte, E. (1999): Das Promotoren-Modell. In: Hauschildt, J./Gemünden, H. G. (Hrsg.): Promotoren. Champions der Innovation. 2., erw. Aufl., Wiesbaden 1999, S. 9-41.

Wöhe, G./Döring, U. (2010): Einführung in die Allgemeine Betriebswirtschaftslehre. 24., überarb. u. akt. Aufl., München 2010.

Wolf, J. (2013): Organisation, Management und Unternehmensführung. Theorien, Praxisbeispiele, Kritik. Wiesbaden 2013.

Wollert, A. (2008): Bemerkungen über die Lebensphasenorientierte Personalpolitik. In: Sackmann, S. (Hrsg.): Mensch und Ökonomie. Wie sich Unternehmen das Innovationspotential dieses Wertespagats erschließen. Wiesbaden 2008, S. 394-409.

Wolz, U. (2003): Die Verbindung wird gehalten. In: Personalmagazin, o. Jg. (2003), H. 9, S. 80-81.

Wright, T. A./Bonett, D. G. (2007): Job Satisfaction and Psychological Well-Being as Nonadditive Predictors of Workplace Turnover. In: Journal of Management, 33. Jg. (2007), H. 2, S. 141-160.

Wucknitz, U. D. (2000): Mitarbeiter-Marketing. Göttingen 2000.

Wucknitz, U. D./Heyse, V. (2008): Retention-Management. Schlüsselkräfte entwickeln und binden. Münster 2008.

Wunderer, R. (1991): Personalmarketing. Die Kunst, attraktive und effektive Arbeitsbedingungen zu analysieren, zu gestalten und zu kommunizieren. In: Die Unternehmung, 2. Jg. (1991), H. 45, S. 119-131.

Wunderer, R. (2009): Führung und Zusammenarbeit. Eine unternehmerische Führungslehre. Köln 2009.

Wunderer, R./Jaritz, A. (2007): Unternehmerisches Personalcontrolling. Evaluation der Wertschöpfung im Personalmanagement. 4., akt. Aufl., Wiesbaden 2007.

Wunderer, R./Küpers, W. (2003): Demotivation – Remotivation. Wie Leistungspotenziale blockiert und reaktiviert werden. München [u. a.] 2003.

Yan, A./Zhu, G./Hall, D. (2002): International Assignments for Career Building: A Model of Agency Relationships and Psychological Contracts. In: The Academy of Management Review, 27. Jg. (2002), H. 3, S. 373-391.

Yu, L. (2001): Do Relationships Matter? In: MIT Sloan Management Review, 43. Jg. (2001), H. 1, S. 14.

Zaugg, R. J. (2009): Nachhaltiges Personalmanagement: eine neue Perspektive und empirische Exploration des Human Resource Management. Habilitation. Wiesbaden 2009.

Zech, C. (2002): Hochschulen und ihre Alumni. Entwicklungen, Strukturen und Best Practice der Absolventenkontaktpflege in Deutschland sowie weiterführende Ansätze zum Bindungs-Management. In: alumni-clubs.net e. V. (Hrsg.): Alumni-Schriftenreihe. Band 4. Mannheim, Siegen 2002.

Zelewski, S. (2006): Relativer Fortschritt von Theorien - Ein strukturalistisches Rahmenkonzept zur Beurteilung der Fortschrittlichkeit wirtschaftswissenschaftlicher Theorien. In: Zelewski, S./Akca, N. (Hrsg.): Fortschritt in den Wirtschaftswissenschaften - Wissenschaftstheoretische Grundlagen und exemplarische Anwendungen. Wiesbaden 2006, S. 217-336.

Zhang, P. (2013): The Affective Response Model: A Theoretical Framework of Affective Concepts and Their Relationships in the ICT Context. In: MIS Quarterly, 37. Jg. (2013), H. 1, S. 247-274.

Ziegele, F./Langer, M. (2001): Alumni-Arbeit beginnt im Studium. In: Stifterverband für die Deutsche Wissenschaft e. V. (Hrsg.): Alumni Netzwerke – Strategien der Absolventenarbeit an Hochschulen. Essen 2001, S. 46-51.

Zineldin, M. (2005): Quality and Customer Relationship Management (CRM) as Competitive Strategy in the Swedish Banking Industry. In: The TQM Magazine, 17. Jg. (2005), H. 4, S. 329-344.

Zirnsack, E. (2008): Employer Branding als Ausprägung des strategischen Personalmarketings. Eine Betrachtung vor dem Hintergrund des (prognostizierten) Fachkräftemangels in Deutschland. Saarbrücken 2008.

PERSONAL, ORGANISATION UND ARBEITSBEZIEHUNGEN

Herausgegeben von Prof. Dr. Fred G. Becker, Bielefeld, Prof. Dr. Stefan Süß, Düsseldorf, und Prof. Dr. Maike Andresen, Bamberg

Band 55
Sascha Piezonka
Bindungsmanagement im industriellen Mittelstand – Eine explorative Studie bei Ingenieuren
Lohmar – Köln 2013 • 332 S. • € 63,- (D) • ISBN 978-3-8441-0255-0

Band 56
Johannes Becker
Employability von IT-Freelancern – Eine empirische Analyse auf Basis des Resource-based View
Lohmar – Köln 2013 • 248 S. • € 56,- (D) • ISBN 978-3-8441-0289-5

Band 57
Linda Amalou-Döpke
Personalcontrolling als Instrument des Personalmanagements in seiner Austauschbeziehung zur Unternehmensleitung – Eine empirische Analyse
Lohmar – Köln 2014 • 264 S. • € 57,- (D) • ISBN 978-3-8441-0323-6

Band 58
Monika Küpper
Wandel am Rande des Kerns? – Eine explorative Analyse des Arbeitskräftemanagements von KMU im Spannungsfeld von Flexibilität und Stabilität
Lohmar – Köln 2014 • 248 S. • € 56,- (D) • ISBN 978-3-8441-0327-4

Band 59
Yasmin Theresia von Khurja
Untersuchung von Anreizsystemen zur Verbesserung der Aufsichtsratstätigkeit
Lohmar – Köln 2015 • 200 S. • € 49,- (D) • ISBN 978-3-8441-0378-6

Band 60
Ann Kristin von der Mosel
Regain Management als Element des externen Personalmarketings – Entwicklung eines Entscheidungsrahmens
Lohmar – Köln 2015 • 340 S. • € 63,- (D) • ISBN 978-3-8441-0415-8

JOSEF EUL VERLAG